CERAMIC MEMBRANE TECHNOLOGY
FOR WATER TREATMENT
AND APPLICATION

# 陶瓷膜水处理技术与应用

姚 宏 等编著

化学工业出版社
·北京·

## 内 容 简 介

《陶瓷膜水处理技术与应用》介绍了陶瓷膜分离技术的基本知识、基本原理，突出陶瓷膜在工业废水与生活污水治理中的应用，着重介绍了陶瓷膜分离技术的制膜方法、工艺过程、应用领域、应用实例以及陶瓷膜新耦合技术等。针对陶瓷膜技术在水处理中的应用，本书共设置了 10 章，第 1～3 章介绍了陶瓷膜现状、陶瓷膜的制备与表征；第 4 章介绍了陶瓷膜在分离领域中的过程特性；第 5～9 章介绍了陶瓷膜在工业废水、生活污水、饮用水净化、铁路交通废水等领域的应用；第 10 章介绍了陶瓷膜新耦合技术。

《陶瓷膜水处理技术与应用》具有一定的实践应用价值和研究参考价值，可为水处理技术、环境保护等相关领域的研究者、决策者、管理者和教育者提供参考，还可以作为高等院校环境及相关专业本科生或者研究生的教学用书，还可用作水处理技术、环境保护等相关领域的培训教材使用。

**图书在版编目（CIP）数据**

陶瓷膜水处理技术与应用/姚宏等编著.—北京：化学工业出版社，2021.6（2022.4 重印）
ISBN 978-7-122-38898-8

Ⅰ.①陶⋯　Ⅱ.①姚⋯　Ⅲ.①陶瓷薄膜-废水处理-研究　Ⅳ.①TM28

中国版本图书馆 CIP 数据核字（2021）第 064776 号

---

责任编辑：满悦芝　　　　　　　　　　　文字编辑：丁海蓉
责任校对：田睿涵　　　　　　　　　　　装帧设计：张　辉

---

出版发行：化学工业出版社（北京市东城区青年湖南街 13 号　邮政编码 100011）
印　　装：北京建宏印刷有限公司
787mm×1092mm　1/16　印张 15¾　字数 386 千字　　2022 年 4 月北京第 1 版第 2 次印刷

---

购书咨询：010-64518888　　　　　　　　售后服务：010-64518899
网　　址：http://www.cip.com.cn
凡购买本书，如有缺损质量问题，本社销售中心负责调换。

---

定　　价：88.00 元　　　　　　　　　　　　　　　　　　版权所有　违者必究

# 前 言

在我国，人均水资源少，水需求量大，水环境污染严重。随着经济、技术的快速发展，人民生活不断改善，工业化生产水平不断提升，在人民生活和工业生产中产生的生活污水和工业废水对生态环境造成了很大的压力。陶瓷膜分离技术是近年来迅速发展的一种新型水处理技术。陶瓷膜作为一种无机膜，具有耐高温、耐强酸强碱和有机溶剂腐蚀、耐微生物腐蚀、机械强度高、孔径分布窄等突出优点，在水环境领域具有广阔的发展前景。陶瓷膜分离技术既有分离、浓缩、纯化和精制的功能，又有高效、节能、环保、过滤简单、易于控制等特点，在海水淡化、给水处理、生活污水处理和工业废水处理过程中均有较好的处理效果。陶瓷膜可在严苛的条件下进行长期稳定的分离操作，尤其是在钢铁、印染、医药、食品等工业废水和养殖废水等条件苛刻、工作环境恶劣的体系中，陶瓷膜展现出较为明显的技术优势，已经在全世界范围内逐步得到推广。同时，陶瓷膜可以与光催化技术耦合，通过光、电催化或微波、化学（如臭氧、过氧化氢、过硫酸盐）辅助技术与陶瓷膜耦合，实现更加高效地降解污染物的同时，增强陶瓷膜的抗污染性和延长其使用寿命，具有广阔的应用前景。

本书作者通过深入的调研和分析，对陶瓷膜分离技术在水处理中的应用进行了详细的总结。全书共 10 章：第 1 章重点介绍了陶瓷膜的发展、基本特性和应用及经济性分析；第 2 章主要介绍多孔陶瓷膜的成膜机理、制备方法和工业化制备工艺；第 3 章主要介绍杂化陶瓷膜的成膜机理、负载方法和制膜工艺与应用；第 4 章主要介绍陶瓷膜在分离领域中的过程特性，包括吸附和浓差极化现象、污染机理与控制和陶瓷膜的清洗与再生；第 5 章主要介绍陶瓷膜在工业废水处理中的应用，分别介绍陶瓷膜在处理电镀废水、脱脂废水、垃圾渗滤液、研磨废水、油田废水、印花废水、发酵废水和淀粉废水中的应用；第 6 章主要介绍陶瓷膜在饮用水净化中的应用；第 7 章主要介绍陶瓷膜在生活污水处理中的应用，分别介绍了陶瓷膜在处理农村和城市生活污水及餐饮废水中的应用；第 8 章主要介绍陶瓷膜在海水淡化中的应用；第 9 章主要介绍陶瓷膜在铁路交通建设与运营污水处理中的应用；第 10 章基于陶瓷膜水处理技术的现状，介绍陶瓷膜的新技术进展，并对陶瓷膜水处理技术的发展进行了展望。各章节根据实际情况附有案例分析。

本书可作为高等学校师生的教材或教学参考书，也可作为国内外化学工程与技术专业、水处理专业及膜分离等环境保护相关领域技术人员、科研人员、政府工作人员的参考资料。通过此书，期望读者对陶瓷膜、陶瓷膜分离技术及其在水处理中的应用、陶瓷膜新技术的发展有一个较为全面的了解。

本书由姚宏主要负责，其中第 1～3 章由姚宏、张文、刘芳编写，第 4、10 章由姚宏、吴欢欢、孙绍斌编写，第 5、9 章由姚宏、胡智丰编写，第 6～8 章由姚宏、吴欢欢编写，全书由姚宏统稿。

在本书的编写过程中，参考了国内外专家学者的经验和文献资料，在此表示衷心的感谢。感谢北京高校卓越青年科学家计划项目（BJJWZYJH01201910004016）资助。

由于本书涉及内容庞杂，信息更新很快，编者水平有限，书中内容并不全面，不妥和疏漏之处敬请读者批评指正，以便在后续工作中加以改进和完善。

编著者

2021 年 5 月

# 目 录

## 第3章　杂化陶瓷膜的制备

## 第6章 陶瓷膜在饮用水净化中的应用

## 第9章　陶瓷膜在铁路交通建设与运营污水处理中的应用

## 第10章　陶瓷膜的新技术进展及展望

# 第1章 概述

陶瓷膜分离技术是指在分子水平上不同粒径的混合物在通过半透膜时，实现选择性分离的技术。由于其既有分离、浓缩、纯化和精制的功能，又有高效、节能、环保、分子级过滤及过滤过程简单、易于控制等特征，已广泛应用于食品、医药、生物、环保、化工、冶金、能源、石油、电子、仿生等领域，产生了巨大的经济效益和社会效益，成为当今分离科学中最重要的手段之一。

作为一类新型的膜分离介质，陶瓷膜具有诸多有机聚合物膜无法比拟的优点，主要表现在：

① 热稳定性好，耐高温。以 $Al_2O_3$、$ZrO_2$、莫来石和堇青石等为主要材质的陶瓷膜及其组件与装置可在 $400 \sim 800 ℃$ 甚至 $1000 ℃$ 下稳定使用。

② 化学稳定性好，可耐酸碱物质、有机溶剂和微生物的侵蚀。因此，既可用于石油化工、催化反应等高温强腐蚀环境中，也可大规模应用于食品加工、生物制药等领域，且能用蒸汽进行同步杀菌消毒。

③ 机械强度高，耐磨、耐冲刷。陶瓷膜本身一般至少可耐压 5MPa 以上，在高压下不变形。

④ 易清洗和再生。陶瓷膜具有上述三方面优点，从而可实现清洗和再生技术手段的多样性，如化学清洗、高温焙烧、高压反冲洗和在线蒸汽清洗与消毒等等，所需时间短、成本低。

⑤ 微观结构可控，膜孔径分布窄、分离选择性好。能够通过原料和制备工艺的优化选择，实现膜微观结构的目标性调整与控制，获得孔径分布窄、选择性好的陶瓷膜。

⑥ 使用寿命长。陶瓷膜由于膜材质耐腐蚀，再生性能好，重复使用率高，从而可减少更换次数，降低了生产成本。一般可使用 $3 \sim 5$ 年，甚至 $8 \sim 10$ 年。

⑦ 环境友好。陶瓷膜材质、膜制备过程和膜分离过程，都不会对环境产生污染。

正是由于陶瓷膜具有以上诸多优点，目前陶瓷膜技术受到了世界各国的广泛关注。无机陶瓷膜从材质到构型，从制备技术到传质理论模型，从产业化发展到应用领域的开拓，都取得了长足的进展，一个以无机陶瓷膜技术为核心的绿色科技领域正在形成。

但是陶瓷膜由于在膜材质和制备工艺方面的局限性，也存在一些缺点，如材质少、质脆、不易加工、高温下密封困难、价格高和不耐高浓度强碱腐蚀等。这也在一定程度上限制了陶瓷膜的推广应用，需在今后的研究开发中逐步克服。

# 1.1　陶瓷膜的发展

## 1.1.1　陶瓷膜简介

陶瓷膜（ceramic membrane）又称无机陶瓷膜，是以无机陶瓷材料经特殊工艺制备而形成的非对称膜，图1-1为陶瓷膜的结构。

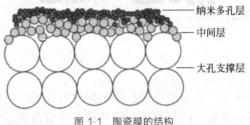

　　　　　　　　　　　　　　　　　　———— 纳米多孔层
　　　　　　　　　　　　　　　　　　———— 中间层
　　　　　　　　　　　　　　　　　　———— 大孔支撑层

图 1-1　陶瓷膜的结构

陶瓷膜管壁密布微孔，在压力作用下，原料液在膜管内或膜外侧流动，小分子物质（或液体）透过膜，大分子物质（或固体）被膜截留，从而达到分离、浓缩、纯化和精制等目的。

陶瓷膜具有分离效率高、效果稳定、化学稳定性好、耐酸碱、耐有机溶剂、耐菌、耐高温、抗污染、机械强度高、再生性能好、分离过程简单、能耗低、操作维护简便、使用寿命长等众多优势，已经成功应用于食品、饮料、植（药）物深加工、生物医药、发酵、精细化工等众多领域，可用于工艺过程中的分离、澄清、纯化、浓缩、除菌、除盐等。然而，由于需要承受压降差异，必须达到特定的厚度要求，因此，它们的成本往往过高。

无机陶瓷膜是高性能膜材料的重要组成部分，属于国家重点大力发展的战略新兴产业，是新材料领域的重要组成部分。无机陶瓷膜是由无机金属氧化物制备而成的具有高效分离功能的薄膜材料。耐高温、耐化学侵蚀、机械强度好、抗微生物侵蚀能力强、渗透通量大、可清洗性强、孔径分布窄、使用寿命长等特点，使得陶瓷膜的发展十分迅速，销售量已占整个膜市场的10%～20%，并以年增长35%的速度发展着，现已在化学与石油化工、食品、生物、医药、环保等领域成功应用。

陶瓷膜的使用起源于20世纪40年代的气体分离。第二次世界大战期间，为了获取高浓度的铀235，研究者利用气体扩散分离技术，借助于孔径为6～40nm的陶瓷膜进行铀浓缩。在40～50年代期间，无机膜的研究和生产属于机密，基本无相关报道，研究者一般将此阶段定义为陶瓷膜发展的第一阶段。

20世纪60年代末，无机膜主要应用于核电站燃料分离等核工业。但是陶瓷膜的应用已不仅仅局限于核工业，而是将有机膜中比较成熟的反渗透和电渗析工艺进行扩展，应用到陶瓷膜工艺中。研究者将不同金属氧化物利用黏合剂黏合起来形成无机膜，利用制得的金属氧化物薄膜进行无机膜的反渗透和电渗析研究。到 70 年代末和 80 年代，陶瓷膜工艺已经基本上从核工业中分离出来，并进入了主要包括饮料、乳制品等食品及制药、气体分离和水处理等民用工业领域。此阶段膜制备技术进一步提升，出现了膜层和支撑体结构的非对称陶瓷膜，而且孔径可达纳米级别。研究者将 80 年代定义为陶瓷膜发展的第二阶段。

陶瓷膜发展的第三阶段开始于 20 世纪 90 年代。此阶段延续了第二阶段中陶瓷膜在民用工业上的应用。并且随着材料科学的发展，陶瓷膜也有了新的特征：一方面表现为在气体的催化和分离工艺中，出现了同时具有催化和分离作用的陶瓷膜，即膜反应器单元；另一方面表现为陶瓷膜在水处理中得到广泛应用，并出现了关于陶瓷膜复合工艺研究的报道。

国外多孔陶瓷材料的研究和开发已有 80 余年历史，应用也有近 30 年历史，其产品的产业化、商业化程度已达到较高的水平，产品的技术水平也有了很大提高。目前国外已有专业的多孔陶瓷材料及陶瓷膜材料生产厂家 300 余家，其中美国、日本、法国等国家在陶瓷膜的开发和应用方面发展极为迅速。而且研究发现，国外陶瓷膜生产商在膜的孔径分布、机械强度和配套组件方面均优于国内厂商。这与国内现代陶瓷膜制备技术研究起步较晚有关。

我国从 20 世纪 80 年代开始无机膜的研究工作，国内陶瓷膜的研究始于陶瓷膜发展的第三阶段。90 年代，孟广耀和徐南平等先驱者对陶瓷膜的制备与应用进行了综述，并在随后进行了相关实验研究。研究内容多为陶瓷膜的制备及表征，陶瓷膜在工业废水和中药制备领域的应用等，迄今已取得了很大的进步，陶瓷膜用于废水处理也已逐步走向工程化。但相比之下，国内在多孔陶瓷材料产业发展方面与国外先进国家相比存在明显不足，其一是国内绝大多数人对多孔陶瓷材料缺乏必要的了解，其二是国内多孔陶瓷材料的发展技术不平衡。

根据中国膜工业协会的统计，我国无机陶瓷膜市场占到整个膜市场的 3% 左右，远低于国际 10%～20% 的比例，但增长速度快。同时，我国膜市场也只占国际膜市场的 15% 左右，但其增长速度大于国际市场的增长速度。

目前超滤膜、反渗透膜等已被广泛应用于各领域，而纳滤膜、微滤膜从技术水平和应用方面来说都刚刚起步。近年来，在国家科技攻关政策的扶持下，尤其是在国家环保、节能政策的引导下，国内多孔陶瓷材料及膜材料技术有了较快的发展，产业化及市场化规模逐渐扩大。如中材高新材料股份有限公司（山东工业陶瓷研究设计院）、江苏久吾高科技发展公司（简称江苏久吾高科）、合肥世杰膜工程有限责任公司等企业在陶瓷膜材料制备技术方面逐渐形成了自己的技术优势，在一定程度上达到国外先进水平。

国际上无机陶瓷分离膜的研究主要针对对称膜，其研究内容主要集中在以下几个方面：膜及膜反应器制备工艺的研究、膜过滤与分离机理的研究、多孔介质微孔结构的表面改性、无机膜显微结构及性能的测试与表征。其中膜工艺的研究相对较多，且多为微滤膜与超滤膜，反渗透膜则较少，制备完好、致密、无缺陷的反渗透膜或对反渗透膜结构性能的测试与表征都是当前的研究热点和难点课题。

陶瓷膜的发展经历了从军事到工业、从军用到民用的过程，取得了巨大成果。实现了从气体分离到固液分离，从单一物理截留到膜反应器的催化反应功能，但仍有许多问题需要解决和深入研究。

## 1.1.2　陶瓷膜分类

根据外观形貌，陶瓷膜可分为板式膜、管式膜、蜂窝陶瓷膜和纤维陶瓷膜等。板式膜在实验室研究中较为常用；管式膜分为单通道和多通道两类，单通道膜因填装密度小等缺点逐步被多通道膜取代，多通道膜常见管道数有 7、19 和 37 等；蜂窝陶瓷膜和纤维陶瓷膜则是近些年开发的新型陶瓷膜，这两种构型很大程度上提高了陶瓷膜的填装密度。单通道膜的填装密度为 $30\sim250m^2/m^3$，多通道膜的填装密度为 $130\sim400m^2/m^3$，而蜂窝陶瓷膜和纤维陶瓷膜的填装密度可达 $800m^2/m^3$。

根据结构特点，陶瓷膜可分为均质膜和非均质（异质）膜两大类。均质膜主要应用于实验室规模的科学研究，而异质膜则多应用于实际工程。如表 1-1 所示，异质陶瓷膜的结构分为支撑层、过滤层和分离层三层。支撑层为膜提供机械强度，其孔径和孔隙率较大，减小液体输送阻力，渗透性强；过滤层介于支撑层和分离层之间，主要作用是对支撑层进行修饰，防止分离层在涂覆过程中向支撑层渗透而导致通量下降；分离层即陶瓷膜的功能层，陶瓷膜的分离过程主要在该层进行。

表 1-1　异质陶瓷膜的结构特性

| 结构层 | 厚度 | 孔隙率/% | 作用 |
|---|---|---|---|
| 支撑层 | $1\sim10mm$ | $30\sim65$ | 保证机械强度 |
| 过滤层 | $10\sim100\mu m$ | $30\sim40$ | 防止膜层颗粒向支撑层渗透 |
| 分离层 | $1\sim10\mu m$ | $40\sim50$ | 过滤分离 |

陶瓷膜按照膜层结构的不同，可以分为致密膜和多孔膜两大类。其中致密膜主要由经稳定的铁矿等材料制备，具有选择性透氧功能，在以氧化反应为主的膜反应器、传感器等领域有潜在应用前景。而多孔膜主要是由 $Al_2O_3$、$ZrO_2$ 和 $TiO_2$ 等材料制备而成，按 IUPAC（国际纯粹与应用化学联合会）推荐的分类标准，多孔膜根据其孔径的大小又可分为大孔膜、介孔膜和微孔膜三类（表 1-2）。一般将孔径大于 50nm 的归类于大孔膜；孔径介于 $2\sim50nm$ 的归为介孔膜；而孔径小于 2nm 的则为微孔膜。目前，已经工业化应用的陶瓷膜多为大孔膜和介孔膜，分别应用于微滤和超滤范围。

表 1-2　陶瓷膜按孔径大小分类

| 类型 | 孔径/nm | 分离机理 | 应用 |
|---|---|---|---|
| 大孔膜 | $>50$ | 筛分 | 超滤、微滤 |
| 介孔膜 | $2\sim50$ | 努森扩散 | 超滤、微滤、气体分离 |
| 微孔膜 | $<2$ | 微孔扩散 | 气体分离 |
| 致密膜 | — | 扩散 | 气体分离 |

按照陶瓷膜中无机粒子的种类，可以将膜分为以下几种：

① $Al_2O_3$ 膜：$Al_2O_3$ 陶瓷膜具有较好的力学性能和稳定性，且膜材料与制膜成本较低，因此常被用作载体膜。李健生等使用氧化铝颗粒通过相转化法与反应键合过程相结合的办法成功制备了陶瓷微滤膜，该膜的相对收缩率小、机械强度高，适用于苛刻的分离条件。此外，李等还使用异丙醇铝通过溶胶-凝胶法制备出无缺陷的 $\gamma$-$Al_2O_3$ 陶瓷膜。Liu 等将氧化铝颗粒分散到有机黏合溶液中制备出陶瓷膜，结果表明通过在铸膜溶液中添加不同粒径的 $Al_2O_3$ 颗粒可以制备出具有高机械强度及适宜渗透性能的膜。

② $TiO_2$ 膜：相对于铝、硅、锆等膜，钛系列膜具有很多独特的性能，例如高水通量、半导体特性、光催化性能以及抗化学腐蚀性。$TiO_2$ 溶胶通常由 $Ti(OC_2H_5)_4$、$Ti(OC_3H_7)_4$、$Ti(OC_4H_9)_4$ 及 $TiCl_4$ 等前驱体制成。Zhan 等使用钛酸四丁酯 $[Ti(OBu)_4]$ 通过溶胶-凝胶

技术制备出 $TiO_2/Ti$ 复合陶瓷膜，气体分离测试中的结果表明该膜具有很高的选择性及稳定性。Chen 等利用 $TiO_2$ 纳米粒子和膜表面磺酸基团的静电自组装作用，通过控制异丙醇钛的水解，制备出具有抗污染特性的膜，其被污染的速率及污染程度都很低。

③ $SiO_2$ 膜：无定形硅膜以其经济性和实用性成为无机材料中的佼佼者，以表面活性剂为模板的多孔氧化硅具有均一的微孔尺寸、规整的孔结构及可观的比表面积，它们可通过溶胶-凝胶法或化学气相沉积技术制备多孔硅膜。随着多孔硅膜技术的改进和发展，人们希望得到具有更高的气体选择渗透性并且孔径可被精确控制的膜。硅膜的原料通常为正硅酸甲酯、正硅酸乙酯、硅酸盐和不同粒径的二氧化硅球体。李晓光等将具有表面活性的硅溶胶置于中空纤维膜的内腔中，得到了具有高分离性能的无缺陷的陶瓷膜。

④ 其他：氧化锆是一种具有良好力学性能的抗菌仿生材料。Erhan 等选择了具有高机械强度及氧原子传导性能，且价格相对低廉的氧化钇稳定的氧化锆作为膜材料，结果表明可以用来制备无孔结构的陶瓷膜。Liu 等制备了不对称氧化锆（YSL）陶瓷膜，并考察了不同制备条件，如铸膜液组成、无机材料粒径及烧膜工艺等对最终膜性能的影响，即对膜结构、气体透过性及机械强度等的影响。Fei Chen 等通过类似的方法利用 $Zr(OC_3H_7)_4$ 的水解制备了平均粒径为 30nm 左右的溶胶，得到的多孔膜可作为电化学相关设备用于苛刻的条件下流体的分离，例如固体氧化物燃料电池、氧气泵及化学气体传感器等。

除上述膜材料之外，还有很多其他的具有特殊功能的无机材料被用于无机膜的制备。如，由于钯膜具有更高的氢气渗透选择性，致密钯金属及钯合金膜通常被用于氢气分离。还有很多研究都表明，使用 $SrCe_{0.95}Yb_{0.05}O_{3-\alpha}$（SCYb）等具有离子和电子传导性能的材料能够成功地制备陶瓷膜。Zhang 等使用不同含量镍纳米颗粒在酚醛树脂/乙醇溶液中的分散体系对多孔氧化铝支撑体内表面进行浸渍涂覆，得到了镍填充的陶瓷膜。Liao 等采用两次化学电镀的办法制备了含有 Pb 的陶瓷膜，该膜在体系的分离中表现出很高的氢气渗透通量和选择性。

### 1.1.3 陶瓷膜国内外性能对比

虽然国内陶瓷膜的研究起步较晚，但由徐南平院士带领的团队堪称国内陶瓷膜的技术先锋，也是突破国外技术的封锁和垄断的先头兵。目前，相对于国外陶瓷膜的发展，国内陶瓷膜的制造技术还不能与国外"同步"。

在技术上，由于国外的陶瓷膜制造厂家，在制造设备和成本上会比较用心，所以很多已经极大地实现了制造的机械自动化，也就实现了产品质量的稳定性、可控性。另外，人为干扰对产品合格率的影响比较小，更大程度地反映了产品配方的适用性。国内陶瓷膜在制造过程中的机械自动化程度还无法与国外相比拟，制造支撑体的过程中，为了能够使泥料顺利挤出，加入了不少的黏结剂、油性防裂剂和增塑剂，使得支撑体从挤出到烘干过程中，合格率较低。而成形工艺对人员素质的依赖性高，使得每批产品的重复性、稳定性都被降低，比如挤出过程中的接坯技术、烘干工艺等。另外，国外很多厂家在陶瓷膜的制造过程中，会用比较偏硬的泥料，优点是变形小，生产出的产品表面光滑、合格率高，甚至抽完真空的泥料，可以用机械吸盘手柄直接吸附起来。而国内的模具没有达到相应的制造标准，使用硬料很可能会导致生产出来的陶瓷膜容易开裂，内部会产生蚯蚓状的隐裂纹，局部也会有环状裂纹，对陶瓷膜性能产生较大影响。

随着陶瓷膜技术的不断成熟，国内陶瓷膜的研究人员越来越多。如江苏久吾高科是陶瓷膜的开创者，是国内少数几家具有自主研发和生产系列化陶瓷膜材料产品能力的公司，现已获得 70 项发明专利以及 49 项实用新型专利，研发成果丰硕。一些新兴的陶瓷膜公司也如雨后春笋般发展起来，比如早期以技术型为主的厦门三达膜科技有限公司，现在其子公司——三达陶瓷技术有限公司正在帮助集团往制造型、生产型转变。三达陶瓷有着自己的生产线，在近一两年的工程应用、旧芯替换中，大量将自主研发的陶瓷膜投放到实际应用中。

国外的陶瓷膜起步早，且研究的系统性、深度都远好于国内，如法国的诺华赛是一家致力于在生命科学产业为合成分子与生物分子的生产提供分离纯化工艺解决方案的公司。诺华赛在医药、食品、生物工程等领域，特别是奶制品及淀粉深加工领域开发了一系列运行成本低、环保型的新型生产工艺。

诺华赛下属分支机构遍布世界各地，在法国、德国和巴哈马群岛拥有 6 个受美国食品药物管理局监管的生产基地，在比利时拥有两个专注于生物制药的生产场所，此外，诺华赛在美国、中国、日本均设有研发及设备制造基地。诺华赛 2014 年末的员工数约为 1125 名，专利数超过 200 项，已设计并制造超过 2000 套分子净化系统供世界各地的客户使用。2014 年度，诺华赛营业收入达到 2.49 亿欧元。

在无机膜领域，诺华赛已有超过数十年的设计、生产和销售经验，其生产的超滤陶瓷膜、微滤陶瓷膜已广泛应用于食品生产、过程工业等传统生产领域，在生物制药领域，诺华赛也已有超过 20 年的设计、生产和销售经验。

美国的颇尔公司创立于 1946 年，于 1992 年 10 月 5 日在纽约证券交易所上市，目前总部位于纽约。颇尔公司已经成为一家国际领先的过滤、分离和净化技术的集成系统提供商，其下属分公司、子公司、制造厂、实验室遍布世界 30 余个国家和地区，共有员工约 10900 人，曾被财富杂志评列为美国 500 家最大的工业企业之一。在陶瓷膜领域，颇尔公司早在 1984 年就已将陶瓷膜技术进行商业化应用，目前，其生产的陶瓷膜产品涵盖从超滤到微滤的多个孔径规格，且已广泛运用到发酵、生物制药等应用环境恶劣的生产工艺中。

颇尔公司于 1993 年在中国设立独资子公司颇尔过滤器（北京）有限公司，并设置了过滤技术应用研究实验室、过滤器外壳加工组装厂及现货仓库，为中国用户提供专业的技术服务和技术支持及其过滤器产品，其产品包括各种微孔过滤膜、过滤器，各种孔径的超滤膜、超滤系统及各种转印膜。

法国的达美工业是一家专业生产陶瓷膜的厂家，产品规模齐全、分离精度高，能够提供一体化的过滤系统设备，产品广泛应用于食品饮料、生物化工、制药、环保等各种领域。达美工业能够生产微滤、超滤和极细超滤陶瓷膜，在德国、加拿大、墨西哥和中国都设有子公司，用于开拓欧洲、美洲及亚洲的市场，产品销往 30 多个国家。

达美工业于 2004 年在中国设立独资子公司达美分离技术（苏州工业园区）有限公司以拓展中国市场，该子公司主要负责达美工业产品在中国的市场开拓、用户产品测试、代理商的技术支持和售后服务等业务。

系统完善的技术体系使得这些厂家在支撑体制作、涂膜的方法和功能膜的开发方面比国内丰富了很多。这就使得陶瓷膜在越来越多的领域有很好的适用性。

## 1.1.4　陶瓷膜市场应用情况分析

陶瓷膜也被称为无机陶瓷膜，是以氧化铝（$Al_2O_3$）、氧化锆（$ZrO_2$）和氧化钛（$TiO_2$）

等粉体为原材料，采用特殊工艺制备而形成的非对称膜。陶瓷膜具有良好的化学稳定性和耐酸耐碱性、机械强度大、耐高温、分离率高等优良特征，在食品工业、环境工程、生物工程、石油化工、冶金等多个领域得到广泛应用。

与其他膜产品相比，陶瓷膜的价格相对较高，但是陶瓷膜凭借着良好的产品性能受到下游用户的欢迎，其具有较强的竞争力，具体表现为两个方面。一方面，陶瓷膜具有较长的使用寿命，主要是因为产品的机械强度高以及耐高温、耐酸碱的特性免去膜组件的高频率更换；另一方面，陶瓷膜的膜通量比普通有机膜高近五倍，具备极高的处理效率。得益于陶瓷膜优异的产品性能，产品的应用范围快速扩大，2014～2019 年，我国陶瓷膜市场规模成长快速，年均复合增长率超过 16%，2019 年行业市场规模达到 2.5 亿元。

国际市场中陶瓷膜的研发和应用时间较早，20 世纪 80 年代，美国、日本、法国和德国陆续出现了商品化的陶瓷膜制造公司。我国陶瓷膜的起步时间比较晚，在发展初期无法与国外产品竞争，但经过多年发展，国产陶瓷膜企业凭借价格竞争力、产品适用性及全过程服务等优势开始逐步实现进口替代。

但总的来看，由于陶瓷膜具有较高的技术壁垒和市场壁垒，目前国内能够掌握核心技术和整体解决方案全过程业务的企业比较少，多数企业的业务范围仅限于采购陶瓷膜材料及组件进行成套设备加工和工程安装。

目前国外主要供应陶瓷膜的企业包括美国颇尔、法国诺华赛、法国达美工业等。国内最大的供应商是江苏久吾高科，占据国内市场份额的 40% 以上，是行业的龙头企业，下游应用领域包括生物医药、食品、化工、特种水处理等，陶瓷膜应用面积达 4.49 万平方米，公司能够提供包括技术研发、工艺设计、设备制造、工程施工、运营等在内的膜集成技术整体解决方案。公司在巩固传统优势领域的同时，也在不断拓展新的领域，目前在制糖、生物发酵制燃料乙醇、船舶烟气脱硫等领域都实现了技术突破。

除了江苏久吾高科之外，其他的生产企业还包括合肥世杰膜工程、厦门三达膜科技、湖州奥泰膜科技、浙江净源膜科技、上海科琅膜科技等公司。这些企业技术实力相对较强，陶瓷膜业务体系也相对完善。

# 1.2 陶瓷膜的基本特性

## 1.2.1 陶瓷膜的结构和分离原理

多孔陶瓷膜是无机膜中的一种，是以无机陶瓷为材料，经特殊工艺加工而成的非对称膜。陶瓷膜有管状结构（单通道管和多通道元件）和平板结构，管壁或平板上密集地分布了很多微孔，主要由多孔陶瓷膜支撑体、中间层和膜层 3 部分组成。一般商用膜在设计上采用复合材料，膜层厚度为 $1～2\mu m$，中间层厚度为 $10～20\mu m$，多孔支撑层厚度为 2mm，大多数陶瓷膜的 pH 值在 0～14 之间，TMP（跨膜压差）值在 17bar（$1bar=10^5 Pa$）以上。

膜层直接参与膜分离过程，是陶瓷膜的核心部分。膜孔径、膜厚度及膜孔隙率直接决定了膜通量，对膜的渗透性能有着决定性的影响。其孔径通常在几十纳米到几十微米之间，厚度通常在几十纳米到几百微米之间，孔隙率通常在 30%～35%。目前制备的方法有微弧氧化法、溶胶-凝胶法、固态粒子烧结法等。

　　支撑体的作用是为膜层提供机械强度和支撑作用，是陶瓷膜制备及应用的基础。支撑体应有良好的化学稳定性、热稳定性和足够的机械强度，并具有尽可能低的流动阻力，以保证膜分离过程顺利进行。这些膜是由金属（如铝、钛或锆）以氧化物、氮化物或碳化物的形式为支撑材料制成的，目前常用的支撑材料有氧化铝（$Al_2O_3$）、二氧化钛（$TiO_2$）、二氧化硅（$SiO_2$）和氧化锆（$ZrO_2$）等。虽然一些制造商也生产纳滤膜，但最终得到的膜通常在纳滤膜和超滤膜的范围内。

　　中间层介于支撑体和膜层之间，其作用是防止膜层与支撑体的脱落，同时防止制备过程中原料颗粒向支撑体扩散，增大支撑体孔径，减小流动阻力。中间层的孔径和厚度介于支撑体和膜层之间，形成陶瓷膜结构的梯度变化，减少压力损失和流动阻力，避免跨越陶瓷膜压力梯度（跨膜压差）大幅度降低。

　　陶瓷膜分离技术主要是依据"筛分理论"，根据在一定的膜孔径范围内渗透的物质分子直径不同则渗透率不同，原料液在膜管内或膜外侧流动，小分子物质或液体透过膜，大分子物质或固体被膜截留，使流体达到分离、浓缩、纯化和环保等目的。图1-2详细介绍了陶瓷膜的孔径分类及其对溶质、粒子的截留能力。

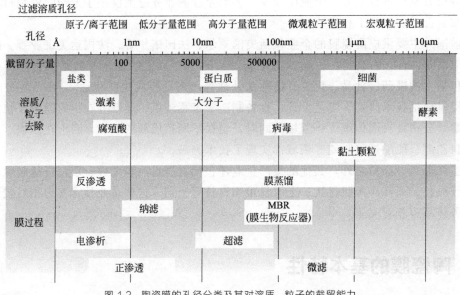

图1-2　陶瓷膜的孔径分类及其对溶质、粒子的截留能力

　　陶瓷膜在液体分离方面，主要是以压差为推动力，利用膜的"筛分"作用进行分离。此时膜的物理结构对分离机理起决定性作用。此外，吸附和电性能等因素对膜的截留也有影响。

　　陶瓷膜的截留机理与其结构的关系很大，通过电镜观察表明，陶瓷膜截留作用大体可分为以下两类：

　　① 膜表面层截留：包括机械截留作用（截留比膜孔径大或相当的微粒等杂质，即过筛作用）、物理作用或吸附截留作用（包括吸附和电性能在内的影响）、架桥作用（微粒在膜孔的入口处因为架桥作用被截留）。

　　② 膜内部截留：膜的网络内部截留作用，指将微粒截留在膜内部而非膜表面。

　　陶瓷膜的气体分离机理主要有黏性流、努森扩散、毛细管冷凝、选择吸附/表面扩散和分子筛分。

① 努森扩散。当膜孔径远大于气体分子平均自由程时，表现为黏性流，黏性流没有分离效果；而当膜孔径远小于气体分子平均自由程时，气体分子与孔壁之间的碰撞占主要地位，此时努森扩散占主导地位，两组分的分离系数与被分离气体的分子量的平方根成反比。基于这种分离机理的陶瓷膜的选择性不高，有理论上限，因此其使用范围不广，但在分离 $H_2$、$He$、$CO_2$、$O_2$ 等组分时具有较高的选择性。

② 毛细管冷凝。在高压和低温条件下，混合气体中的一种或几种气体被选择性吸附在膜的表面，并在膜孔内发生毛细管冷凝。由于此组分在孔内凝聚，阻碍了其他组分的通过，于是发生凝聚的组分同没有发生凝聚的组分得以分离。这种机理要求膜孔为中等孔，一般在 $3 \sim 10nm$ 之间，适用于有凝聚组分的气体分离，如从 $H_2$ 中分离出 $H_2S$。利用这种机理，易冷凝气体可以得到很好的分离，但分离程度受冷凝气体的分压、陶瓷膜的孔径和几何尺寸的影响。

③ 选择吸附/表面扩散。表面扩散是指混合气体中的一种或几种组分在膜孔表面的吸附性较好，其扩散速度比其他组分快，从而实现气体的分离。一般来说，增大膜的表面积、减小膜孔径可提高膜的表面吸附量和扩散通量。选择吸附表面扩散机理主要由混合气体组分的吸附选择性决定，依靠气体在膜孔表面吸附性能的差异，使气体得以分离，膜孔径一般在 $0.5 \sim 1nm$ 之间。因为易吸附气体的表面扩散速度较快，同时会阻碍弱吸附气体分子以努森扩散形式通过膜孔，所以增加了总的膜分离选择性，因此利用这种分离机理可以同时具有高选择性和高渗透性，被认为是一种较有希望的分离方式。

④ 分子筛分。当膜的孔径大小与气体分子的直径相当时，可认为膜表面具有无数的微孔，像筛子一样根据分子的大小实现分离，它要求膜孔径唯一。分子筛分的基本原理是直径小的分子通过膜，而直径大的分子则被截留，因而有很高的分离选择性和渗透通量。分子与膜孔的相互作用极大地影响或改变被分离物的吸附和扩散性能。

在以上几种分离机理中，黏性流无选择性，努森扩散选择性不高，而高温使气体不能按毛细管冷凝机理进行分离，因此用于气体分离的陶瓷膜主要以选择吸附/表面扩散和分子筛分机理为主。

### 1.2.2 陶瓷膜的特性

与其他膜材料相比，陶瓷膜具有优异的材料性能，已成为膜领域发展最迅速、最具应用前景的膜材料之一。

① 良好的化学稳定性。耐酸、耐碱、耐高温（800℃）、耐腐蚀、耐有机溶剂，应用范围广，可用于各种酸性、碱性及腐蚀性液体，用清洗剂清洗后可重复使用，可用蒸汽直接杀菌消毒，使用寿命长（大于 5 年）。

② 机械强度大，能承受一般高压（1MPa），不易损坏和变形，可反向冲洗，维持系统的连续稳定运行。

③ 陶瓷膜的结构可控，孔径分布窄，过滤精度高，其分布呈正态分布，误差±10% 内的孔径占 80% 以上；孔隙率高，约为 35%～40%，保证了较高的膜通量。

④ 生物稳定性好，不与各类微生物作用，同时材料本身可进行强酸强碱处理，使其广泛应用于生物工程和医学领域。

⑤ 无机膜材料的稳定性及其易再生的特点决定了该类材料的使用寿命大大延长，即使

在恶劣环境中也能稳定工作数年。

⑥ 环境友好。无机膜从原料的选择、膜的生产组装到膜的使用整个环节都不会对环境产生明显的污染。

在陶瓷膜的应用中其也存在一些不足，主要表现为：

① 价格高。虽然陶瓷膜的性能在很多方面优于有机膜，但一般陶瓷膜的成本是有机膜的几倍或更高，在一定程度上限制了陶瓷膜的推广和应用。

② 脆性。陶瓷材料均由离子键或共价键组成，缺少滑移系统以缓冲材料变形。当外加负荷超过承载范围时，由于缺乏韧性以克服外加负荷引起的变化，可能在表面形成裂纹，随分离过程进行裂纹将逐渐扩大加深，表现为陶瓷膜的脆性，在一定程度上缩短了膜的使用寿命。

# 1.3　陶瓷膜的应用及经济性分析

人类进入 21 世纪以后，健康、能源、资源以及环境已经成为人类面临的几大主题，陶瓷膜优良的材料性能大大地拓宽了其应用领域，特别是在生物医药、食品与饮料工业、石油工业、化工行业、特种水处理及其他高温、高压、高腐蚀性环境中更是表现出无可替代的作用。

## 1.3.1　生物医药

陶瓷膜在生物化工和中药制备领域的应用研究是近年来人们关注的热点，主要涉及发酵液菌体脱除、无菌水生产、膜生物反应器的研究以及低分子有机物的澄清富集和生物膜反应器。在去除发酵液中的菌体收集抗生素类小分子物质方面的应用，在国内已有数十套工业规模装置；陶瓷膜在中药精制方面的研究也逐渐成为热点。采用陶瓷膜技术不仅可提高产品得率、降低装置负荷，还可使得废水排放量大大减少，有利于环境保护。

陶瓷膜已成为生物医药行业优先选择的分离技术，可广泛应用于发酵氨基酸、抗生素、有机酸等发酵液的处理，去除其中的菌丝体、大分子蛋白质、酵母细菌壁碎片、细胞纤维等，降低下游处理工艺如树脂交换、活性炭吸附等的处理成本和处理负荷，提高产品收率 2%~5%，废水处理负荷降低 40% 以上。从发酵液中回收的蛋白质可作为动物饲料或肥料等。

据调查统计，2014 年在生物医药领域新安装与更换的陶瓷膜约 $2.6 \times 10^4 \ m^2$，约占全年陶瓷膜安装总量的 29.1%。其中在传统发酵液领域的应用规模存在小幅萎缩，主要是由于发酵产品的市场环境持续恶化，但得益于陶瓷膜在功能糖、中药提取等领域新应用的开发与拓展，使得陶瓷膜在整个生物医药领域的应用规模同比持平。功能糖包括功能性低聚糖、功能性膳食纤维、功能性糖醇，在生产过程中可采用陶瓷膜除杂；而中药提取过程中也可采用陶瓷膜实现提取液的分离纯化。随着小孔径陶瓷超滤膜的应用开发，凭借其化学稳定性高、抗污染、易清洗等特点，已开始替代有机卷式膜用于产品的分离与浓缩。功能糖和中药提取已成为生物医药领域陶瓷膜新的业务增长点。

植物类药材作为中药的主体，入药部位无论是根、根茎、茎、皮，还是叶、花、果，都是植物体的组织器官，其水煎液中所含的除各种不同的活性有效成分外，无一例外地均有大量构成各组织、器官细胞壁的成分及所贮藏的营养物等。有关研究表明,植物细胞壁的化学成分主要为纤维素、半纤维素、果胶、多糖和蛋白质等,它们的分子量很大,除少数外,一般无药理活性。而纤维素在其中含量最高,以干重为基础计算,可占总重的50%左右,它们的分子量为1600000~2400000,在水中可以以胶体形式存在。现代研究亦表明,中药有效成分如生物碱、黄酮等,其分子量大多数不超过1000,它们是构成"天然组合化学库"中药药效物质的主体,而无效成分如淀粉、蛋白质、果胶等属于分子量在50000以上的高分子物质。

种种原因限制了中药在市场的竞争力。其原因是多方面的,最根本的原因是药效物质基础不明确。因而中药药效物质基础是中药现代化行动中的重中之重,已成为本学科前沿问题。中医药理论的核心是整体观念、辨证论治。"药有个性之特长,有合群之巧用",中药及其复方发挥的都是综合性的药理作用。

依据现代天然产物化学的研究,许多植物药已能分离鉴定出100种左右化学成分。因此一个单味中药组成的复方,可能含有几十种化学成分。这就有理由推论中药复方是天然组合化学库,即根据中医理论和实践以及单味药功能主治性,通过人工组合形成具有疗效的相对安全的天然组合化学库。另外,现代药理学的研究揭示中药复方有多个作用靶点。复方中多种有效成分以低于它们中某一单体治疗剂量进入人体后,有选择地反复作用于某种疾病的多个直接靶点治标和间接靶点治本,从而达到治疗疾病的目的。对于这个观点,中国科学院昆明植物研究所的周俊教授提出"天然组合化学库"与"多靶作用机理",从物质基础与作用机理两方面发表了精辟的见解。

因此,最大限度地去除中药及其复方中的无效物质,尽可能完整地保留各种有效物质,应是现代中药开发的主要思路。现代膜分离技术正是利用膜孔径大小特征将物质进行分离,从而达到对不同分子量大小及不同孔径大小的成分进行分离的目的。因此,采用膜分离技术对中药及其复方进行"集群筛选",既符合中医药传统理论,又与当前国际上方兴未艾的天然组合化学库的思路不谋而合。

综上所述,由于植物类中药成分的多元化,为从中药及其复方中获取尽可能完整的"天然组合化学库",适宜的分离技术应使被分离产物具有某一分子量区段的多种成分、有效成分或有效部位,而摒弃植物细胞壁等大分子无效成分。现代膜分离技术正是利用膜孔径大小特征将物质进行分离,膜分离产物可以是单一成分,也可以是某一分子量区段的多种成分。大多数膜分离过程中物质不发生相变,分离系数较大,操作温度可在常温,所以膜分离过程具有节能、高效等特点,而膜家族的重要组成部分无机陶瓷膜,因其构成基质为无机材料及其特殊的结构特征,而具有如下优点:耐高温,适用于处理高温、高黏度流体;机械强度高,具有良好的耐磨、耐冲刷性能,可以高压反冲使膜再生;化学稳定性好,耐酸碱、抗微生物降解;使用寿命长,一般可用半年,甚至一年。这些优点,与有机高分子膜相比较,使它在许多方面有着潜在的应用优势,尤其适合于中药煎煮液的精制。其中孔径为$0.2\mu m$的微滤膜可用于除去药液中的微粒、胶团等悬浮物,而孔径为$0.1\mu m$、$0.05\mu m$及更小的超滤膜则可用于不同分子量成分的分级处理。目前国内绝大多数中药厂家以水煎煮为基本提取工艺,因而无机陶瓷膜分离技术在我国中药行业具有普遍的适用性。

膜分离技术在中药领域的应用最早见于日本,日本于20世纪60~70年代将膜分离技术应用于汉方制剂的精制,其他国家未见相关报道。国内膜分离技术在中药制剂中的研究始于70年代末。最早的报道见于1979年《中草药通讯》杂志的"应用超滤技术制备中草药注射液"一文，由中国人民解放军北京医药局率先在这方面展开研究。1982年，超滤法制备中药注射剂的工艺研究通过鉴定，国内有关药学专家认为超滤法制备中药注射剂是提高中药注射剂质量的一个重大突破。此后，不断有采用超滤技术制备中药注射剂和口服液，以及分离纯化中药有效成分和精制中药浸膏的研究报道，主要是有机高分子膜超滤过程的应用研究。国内对无机陶瓷膜微滤在中药制剂中的工艺研究相对较少，国内文献检索蓝星公司、南京工业大学膜科学与技术研究所和江南大学等单位有研究报道，但仍以南京中医药大学植物药深加工中心为主。

李博等用孔径为 $0.2\mu m$ 的无机陶瓷膜对甘草、当归、大黄、枳实、苦参等常用中药和解毒颗粒、麻杏石甘汤及热毒净颗粒等几味复方的水提液进行微滤，对水提液微滤前后性状、总固体、指标成分等的变化进行对比分析。研究发现中药水提液微滤前均为浑浊液体，微滤后成为颜色变浅的澄明液体，有效成分损失率一般小于总固体去除率，总固体中有效成分含量可提高 20%～30%。潘剑等以 HPLC（高效液相色谱）法测定孔径 $0.2\mu m$ 无机陶瓷膜微滤前后黄芩等几种中药水提液中主要指标性成分含量及固含物，各主要指标性成分微滤前后相对含量提高率及转移率分别为 4%～9% 和 70%～80% 左右。结果说明无机陶瓷膜微滤技术对上述中药水提液具有较好的澄清除杂效果。潘林梅等将无机陶瓷膜微滤技术应用于清络通痹颗粒的精制，考察无机陶瓷膜精制前后各样品的总黄酮含量、总固含物量、浊度等指标，收效佳。

李长兴考察 $Al_2O_3$ 陶瓷微滤膜微滤技术对枳实和苦参水提液的澄清效果。采用 HPLC 法测定枳实水提液中辛弗林的含量，用紫外分光光度法测定苦参水提液中的总黄酮含量，并与传统的醇沉法作对比。与醇沉技术比较，微滤的澄清除杂效果与其基本相近，有效成分的保留率优于醇沉法，且微滤操作简单，常温下进行，生产周期短，省去了大量使用乙醇及浓缩蒸发过程，有望成为澄清中药水提液的一种新技术。

戴荣辉对无机陶瓷膜微滤技术、醇沉、高速离心、絮凝澄清、大孔树脂吸附进行了比较，发现无机陶瓷膜微滤精制中药水提液的综合效果优于其他方法。

张瑞华等就膜分离工艺对清络通痹颗粒抑制佐剂性关节炎大鼠滑膜细胞分泌 TNF（肿瘤坏死因子）作用的影响做了研究，通过分离、培养三组（治疗组、模型组、阳性组）佐剂性关节炎大鼠膝关节滑膜细胞，检测其培养上清中肿瘤坏死因子的生物活性，从细胞分子水平研究膜分离技术对中药复方制剂抗类风湿性关节炎作用的影响，研究表明，膜分离工艺制备的清络通痹颗粒具抑制佐剂性关节炎大鼠滑膜细胞分泌 TNF 的作用。

南京工业大学考察了皮康宁复方中药水提液的微滤澄清工艺参数，研究了操作压差、流速、温度等条件对膜通量的影响，对污染机理进行了初步分析，采用多种清洗剂交替清洗，使膜通量得到很好的恢复。

姚吉伦等采用陶瓷膜错流过滤技术处理银杏水解液，通过实验研究，确定了银杏水解液合适的错流过滤工艺参数：膜孔径 $0.2\mu m$，操作压力 0.05MPa，错流速度 2.4m/s，温度 60℃。通过膜污染阻力的分析得知，该体系膜阻力在总阻力中所占的比例较小，而可逆阻力较大，清洗容易。此结果也证明了将陶瓷膜应用于银杏水解液工艺的潜在意义。

### 1.3.2　化工与石化

化工与石化工业领域中的大多数过程涉及苛刻环境，液体分离工艺要求较高。陶瓷膜可很好地适应高温、高酸碱性、强腐蚀性等工艺条件，具有巨大的应用发展空间。陶瓷膜沉淀反应器用于氯碱行业盐水精制工艺是化工领域陶瓷膜应用的典型案例，目前行业普及率已超过 25%。受经济形势影响，氯碱行业下行，同时陶瓷膜应用率也已达到较高水平，2014 年氯碱行业陶瓷膜安装面积出现萎缩。但近年来随着化工领域对陶瓷膜的认知程度不断提高，一些应用方向取得了突破。例如将陶瓷膜精制技术用于真空制盐的卤水精制和药用盐精制，实现了陶瓷膜沉淀反应器技术从氯碱行业向制盐行业的拓展；陶瓷膜技术还用于盐湖资源化利用的多个过程，已在锂、镁、钾、钠等资源化工艺中实现应用；陶瓷膜技术在煤化工领域中用于工艺过程水处理和油水分离，也获得了很好的应用效果。新兴应用的发展在一定程度上弥补了原有化工与石化领域的萎缩，所以 2014 年化工与石化领域安装陶瓷膜面积与 2013 年的 $1.14 \times 10^4 \, m^2$ 基本持平，约占全年陶瓷膜安装总量的 21.5%。未来还有很多基于陶瓷膜技术的应用等待开拓，陶瓷膜在化工与石化领域的发展空间依然十分广阔。

目前陶瓷超滤膜处理含乳化油废水技术仍处于试验阶段，市场上应用较多的陶瓷膜材料主要有氧化铝、氧化钛、氧化锆和氧化钛。

Cui 等利用原位水热技术将 NaA 型沸石修饰到 $Al_2O_3$ 管式陶瓷膜上并对含乳化油废水进行处理。制备了三种不同孔尺寸的陶瓷膜，分别为 $1.2 \mu m$、$0.4 \mu m$ 和 $0.2 \mu m$。并应用 $1.2 \mu m$（$NaA_1$）和 $0.4 \mu m$（$NaA_2$）陶瓷膜对油含量为 100mg/L 的乳化油进行处理。实验结果表明，当采用孔尺寸为 $1.2 \mu m$（$NaA_1$）陶瓷膜时，在过滤压力 50kPa 条件下，超过 99% 的油被去除，过滤液的油含量低于 1mg/L。

此外，Eykens 等利用较低成本的无机前驱体，如高岭土、石英、长石、碳酸钠、硼酸和钠金属硅酸盐等材料制备了陶瓷膜，并用乳化油进行分离实验。通过调变乳化油的浓度从 125mg/L 到 250mg/L，以及跨膜压差从 68.95kPa 到 275.8kPa，考察了合成陶瓷膜的过滤表现。在跨膜压差 68.95kPa、乳化油浓度 250mg/L、过滤时间为 60min 的条件下，制备陶瓷膜的油截留率为 98.8%，膜通量为 $5.36 \times 10^{-6} \, m^3/(m^2 \cdot s)$。实验结果表明合成陶瓷膜可以较好地分离乳化油，过滤液水质满足排放标准（乳化油 < 10mg/L）。

Sathish 等通过将纳米尺度的 $ZrO_2$ 涂覆在 $Al_2O_3$ 微滤膜上以提高基底陶瓷膜的抗污染能力，减小膜的污染程度。研究发现纳米颗粒涂覆过程并没有形成单独的分离层，而是提高了陶瓷膜表面的亲水性。在过滤浓度为 1g/L 的乳化油时，膜的稳定通量可以保持在 88%，油截留率为 97.8%。改性陶瓷膜的膜污染减少的主要原因是修饰的纳米颗粒提高了陶瓷膜的表面亲水性。此外，反冲技术以及错流过滤工艺也在一定程度上减少了陶瓷膜的污染。

Hubadillah 等利用高岭土、叶蜡石、长石、球黏土、石英和碳酸钙制备了低成本的陶瓷膜，并且考察了二氧化钛的含量对膜孔尺寸、孔隙率、机械强度和纯水通量等重要参数的影响。在最佳制备条件下合成陶瓷膜，并将其用于乳化油的处理。考察了不同操作压力、不同乳化油浓度等条件对合成陶瓷膜的抗污染表现。Fatimah 等通过改变无机物前驱体和黏土的组成，利用单轴压缩方法制备了低成本的无机陶瓷膜。合成陶瓷膜的平均孔径分布为 $0.45 \sim 1.30 \mu m$，孔隙率为 23% ~ 30%，纯水通量为 $(0.37 \sim 3.97) \times 10^{-6} \, m^3/(s \cdot kPa)$。在不同操作压力（69 ~ 345kPa）、不同错流流速 $[(2.78 \sim 13.9) \times 10^{-7} \, m^3/s]$ 条件下，考察了合成陶瓷膜对乳化油（100mg/L）的过滤表现。在以上操作条件下，合成陶瓷膜的油截留率从 89% 增加到 97%，膜渗透通量从 $1.33 \times 10^{-5} \, m/s$ 增加到 $1.91 \times 10^{-5} \, m/s$。

### 1.3.3 食品与饮料

陶瓷膜技术适用于食品与饮料行业中高热敏性、易挥发和对化学试剂敏感的体系，可应用于各类酒、果汁饮料、食品添加剂、调味品、植物提取物等的过滤除菌和澄清。陶瓷膜近年来在食品与饮料行业发展势头良好，2014 年安装陶瓷膜面积约 $0.75 \times 10^4 m^2$，同比增幅超过 15%，约占全年陶瓷膜安装总量的 14.2%。除了在传统的果汁、茶饮料、保健酒、啤酒等应用方向继续发展外，陶瓷膜在食醋、酱油等调味品的澄清过滤方面实现突破，能够提高产品质量、保持产品品味、延长产品保质期，受到调味品行业的广泛关注，市场拓展较快；陶瓷膜还在多个新品种植物提取中实现应用，在植物提取物的澄清、过滤和提纯工艺中优势明显。食品与饮料行业已成为陶瓷膜最值得发展的市场，预计未来将继续增长。

陶瓷膜在工业应用中主要是用于液体的过滤分离。首先应用的是牛奶及果酒除菌过滤。采用孔径 $1 \sim 1.5 \mu m$ 的微过滤膜脱除低脂牛奶中的细菌，效率达 99.6%，滤速达 $500 \sim 750 L/(m^2 \cdot h)$，由这种工艺生产出来的牛奶其低温保存期由未处理的 $6 \sim 8d$ 延长至 $16 \sim 21d$，处理过程中通过提高膜面流速而减少污染。此外，将巴氏灭菌过程与陶瓷膜结合可以生产出浓缩型巴氏灭菌牛奶，Membralox 膜和 Carbosep 膜在这方面均有成功应用的经验。

果汁澄清是无机陶瓷膜应用最为成功的例子之一。以水果压榨出汁而制成的果汁饮料中含有许多悬浮的固形物以及引起果汁变质的细菌、果胶和粗蛋白等，这些物质如果不除去不但影响果汁的外观，而且影响果汁的货架期。所以果汁的澄清在果汁饮料的生产中是一个关键的步骤。而膜分离技术能够很好地除掉果汁中的这些物质，所以现在已广泛应用于果汁的澄清，其中有机膜会破坏果汁的颜色和口味，而无机微滤膜不但可以获得较高的渗透通量和截留率，而且可以减少蛋白质在膜表面的吸附，减轻膜污染。此外，由于无机膜本身所具有的理化稳定性好、抗微生物能力强、机械强度高、耐高温、孔径分布窄、分离效率高、使用寿命长等优点以及可以进行高压反冲和蒸汽在线消毒，因而在果汁饮料工业中有着广泛的应用前景。20 世纪 80 年代初，无机陶瓷膜已成功地在法国奶业和饮料业（果汁、葡萄酒、苹果酒、啤酒）得到了推广应用，澄清的果汁品质优良，比传统的分离、硅藻土过滤加巴氏消毒生产的果汁更具有芳香味。邢卫红等人应用无机膜对甘蔗汁、草莓汁及南瓜汁的澄清过滤进行了初步尝试，取得了较好的结果，为纯天然果汁饮料的澄清提供了一条经济且切实可行的途径。以后越来越多的研究人员和厂家都采用无机陶瓷膜技术对果汁进行澄清，并且也都取得了很好的效果。

陶瓷膜在酒类和发酵液的过滤除菌、除杂领域中的应用已有近 15 年的历史，过滤白酒通量可达 $50 \sim 250 L/(m^2 \cdot h)$，对红酒则只有 $50 \sim 100 L/(m^2 \cdot h)$，在啤酒生产中，采用孔径 $0.5 \mu m$ 的陶瓷膜，色度截留率仅 3%，发泡蛋白有明显损失，除菌率达 100%。

### 1.3.4　特种水处理

近年来，国家对废水治理的投入持续增长，陶瓷膜可与有机膜优势互补，共同处理苛刻体系的工业和市政污水，成为该类废水处理回用的核心技术。钢铁、印染、医药、食品等工业废水和养殖废水等体系普遍条件苛刻、工作环境恶劣，陶瓷膜在这些废水处理中展现出较为明显的技术优势，逐步开始推广。2014 年安装面积约 $0.73 \times 10^4 m^2$，约占全年陶瓷膜安装总量的 13.8%。近年来陶瓷膜的应用开始扩展到油田水处理领域，每年的油田采出污水、钻井废液、压裂废水水量超过 $20 \times 10^8 t$，采用陶瓷膜处理油田采出水，可以达到低渗透油田回注水质指标，逐步开始在行业内进行推广，预期将形成数十亿元的市场规模。

下面，着重介绍一下陶瓷膜在海水淡化预处理、给水处理、工业废水处理、生活污水处理等特种水处理方面的应用。

**（1）海水淡化预处理**

在这水危机和水污染的时代，淡水资源短缺已成为一个严峻的问题。从总体上讲，解决缺水问题必须节流与开源并举。但是，随着经济的高速发展和人民生活水平的不断提高，即使严格控制用水，未来的水资源短缺形势仍十分严峻。因此，在节水同时，重视开发新水源也很重要。

面对浩瀚的海洋，发展海水淡化技术、向海洋要淡水是全世界解决水资源短缺的共同趋势。早在 20 世纪 50 年代，为解决"水的危机"，美国从 1952 年起专设盐水局，74 年后转为资源技术局，不断推进水资源脱盐技术的进步。经过多年研究、开发和产业化，形成蒸馏法和膜法两大主流技术，海水淡化不仅技术上可行，而且经济上也可接受，发展十分迅速。大多数国家由于水资源问题的日益突出，都直接卷入了海水淡化的发展潮流。目前，世界上无论中东的产油国家还是西方的发达国家，都十分重视海洋经济，发挥海岸优势，建设有相当规模的海水淡化厂或海水淡化示范装置。从 20 世纪 70 年代至今，世界范围内海水淡化的装机容量以高于 6% 的速度增长。

膜分离过程是一门新兴的多种学科交叉的高技术。半个世纪以来，膜分离完成了从实验室到大规模工业应用的转变，已成为工业上气体分离、水处理、化学和生化产品分离与纯化的重要过程。表 1-3 列出了主要膜分离过程的推动力和分离机理。

表 1-3　主要膜分离过程的推动力和分离机理

| 过程 | 推动力 | 分离机理 | 主要功能 |
|---|---|---|---|
| 微滤 | 压力差 | 筛分 | 能截留 $0.1\sim1\mu m$ 之间的颗粒，允许大分子有机物和无机盐等通过，阻挡悬浮物、细菌、部分病毒及大尺度胶体的透过 |
| 超滤 | 压力差 | 筛分 | 能截留 $0.002\sim0.1\mu m$ 之间的颗粒和杂质，允许小分子物质和无机盐等通过，阻挡胶体、蛋白质、微生物和大分子有机物 |
| 纳滤 | 压力差 | 筛分与扩散 | 能截留物质的大小约为 $1nm(0.001\mu m)$，截留无机盐的能力为 $10\%\sim90\%$ 之间，对单价阴离子盐溶液的脱除率低于高价阴离子盐溶液 |
| 反渗透 | 压力差 | 溶解-扩散 | 能阻挡所有溶解性盐及分子量大于 100 的有机物，但允许水分子透过 |
| 电渗析 | 电位差 | 离子在电场中的传递 | 能阻挡非解离和大分子颗粒，用于水溶液中酸、碱、盐的脱除 |
| 气体分离 | 压力差 | 筛分与溶解-扩散 | 能阻挡难渗透气体，用于混合气体的分离 |
| 渗透气化 | 分压差 | 溶解-扩散 | 能阻挡不易溶解或难挥发组分，用于水-有机物的分离 |

膜分离技术用于脱盐始于 1953 年，美国 C. E. Reid 教授在佛罗里达大学首先发现醋酸纤维素具有良好的半透性。1960 年，美国加利福尼亚大学的 S. Loeb 和 S. Sourirajan 制得世界上第一张高脱盐率、高通量的不对称醋酸纤维素反渗透膜。20 世纪 70 年代初，美国 DuPont 公司研制出由芳香族聚酰胺中空纤维制成的 B-10 渗透器，使膜分离技术真正应用于海水淡化。与此同时，美国陶氏公司和日本东洋纺公司先后开发出三醋酸纤维素中空纤维反渗透器，用于海水和苦咸水淡化。20 世纪 80 年代中期之后，特别是近几年，反渗透海水脱盐（seawater reverse osmosis，SWRO）复合膜技术、高回收率工艺、功或压力交换器集成技术、段间能量回收集成技术，使膜法成为全球发展最快也是最主要的海水淡化方法，淡化成本下降近 1/2。目前全世界最大的膜法海水淡化工程是以色列 Ashkelon，日产淡水 $3.3\times10^5m^3$。较著名的国内外膜法海水淡化研发机构和工程及膜公司有：以色列 IDE 科技有限公司、美国陶氏、美国 GE、法国威立雅水务、英国 Weir 热能、日本海德能、荷兰诺瑞特、

加拿大泽能和杭州水处理中心、天津淡化所、浙江欧美塞尔、北京赛恩斯特（CNC）水技术公司等。

20世纪90年代末，集成膜系统（integrated membrane system，IMS）应用于海水淡化中，即将微滤（microfiltration，MF）、超滤（ultrafiltration，UF）作为反渗透（reverse osmosis，RO）或者纳滤（nanofiltration，NF）脱盐的预处理技术，代替传统预处理方法。IMS系统具有可靠性高、对原水的水质变化相对不敏感、操作费用低且均为商品化组件式装置的特点，受到国际海水淡化界的广泛关注。

目前海水淡化的主要方法是反渗透。传统预处理方法采用有机微滤膜、超滤膜。但有机膜存在寿命短、易老化等问题，且海水水质较差，更加速了其老化，平均使用寿命不足3年。近年来，有关陶瓷膜用于海水淡化预处理的研究渐多。在反渗透过程中，陶瓷膜作为预处理部分，能去除胶体、悬浮物质、大分子有机物、细菌和病毒，且出水水质稳定，能减轻反渗透膜的负担，延长膜的使用寿命。

由于海水的盐度、硬度、总固溶物及其他杂质的含量均较高，易造成反渗透膜污堵、蒸馏淡化装置结垢等问题，导致运行和维护费用、能耗及造水成本增加，因此必须对进料海水进行适当的预处理。预处理可以降低清洗的次数（清洗费用一般占总运行费用的5%～20%），延长反渗透膜的使用寿命和提高蒸馏淡化装置的热效率，降低淡化过程的能耗及维护费用。因此，合理的预处理工艺是淡化装置成功运行的决定性因素之一。

无论是哪种海水淡化技术，在制定海水预处理方案时应充分考虑到：

① 海水中存在大量微生物、细菌和藻类。海水中细菌、藻类的繁殖和微生物的生长不仅会给取水设施带来许多麻烦，而且会直接影响海水淡化设备及工艺管道的正常运转。

② 风浪、潮汐作用使海水中混杂大量泥沙，浊度变化大，易造成海水预处理系统运转不稳定。

③ 海水具有较大的腐蚀性，海水预处理系统设备要考虑耐腐蚀性。传统的海水预处理工艺包括多个环节：加氯杀菌、在线絮凝、两级多介质过滤（粗过滤和精过滤）、加酸调pH、加阻垢剂和还原剂（$NaHSO_3$）、保安过滤等。但传统的多介质和保安过滤器并不能有效去除胶体和悬浮物质。Dong等在新加坡沿岸对传统预处理工艺进行考察后得出结论，$5\mu m$ 和 $1\mu m$ 精密过滤器产水的SDI（污泥密度指数）值分别为6.1～6.7、4.3～6.2，远不能达到反渗透进水的要求（SDI<4.0）。此外，在反洗之后的滤饼形成期，高浓度的胶体和悬浮物质会随出水排出来；在两次反洗之间的过滤过程中滤速会加快，导致胶体和悬浮物质提前穿透。因此，出水水质会产生较大波动，在预防结垢和污染方面均能力有限。随着反渗透膜技术和蒸馏技术的日臻完善，传统预处理工艺已成为海水淡化的主要制约因素。

20世纪90年代末，集成膜系统的研究开发，用超滤膜分离技术代替传统的预处理方法应用于海水淡化中。UF是一种以压力为推动力的膜分离技术，其膜孔径通常为2～100nm，截留分子量一般为500～500000。采用UF海水预处理工艺，具有下列优点：

① 能够截留海水中固体悬浮物、胶体和微小细菌，降低污泥密度指数（SDI），从而降低了RO膜污染的趋势，且UF出水水质稳定，不受原海水水质变化的影响。

② 可取代传统预处理工艺中的多个步骤。空间利用率高，与传统预处理工艺相比，可节省约50%的空间，且操作工艺简单可靠，管理方便。

③ 减少对环境的影响。传统预处理工艺需加入若干化学试剂（如絮凝剂、杀生剂、水质稳定剂、阻垢剂等），且最终随浓水排放，无论哪种排放方案，或多或少均会对环境产生

不利影响，采用 UF 技术后，化学试剂的使用量将大幅度减少，从而减轻环境压力。

Kang 等在美国 Tampa Bay（坦帕湾）、红海和地中海进行了超滤中试研究，采用 Hydranautics 的 40″HYDRAcap UF 组件代替传统预处理过程，UF 膜进料流量控制在 95～98L/h，跨膜压力（TMP）为（1.5～2.1）×$10^{-2}$MPa，UF 系统水回收率可达 94%。结果表明，UF 是传统海水淡化预处理强有力的替代工艺，不仅过程简单、易操作，并且能够为 RO 提供稳定进水。RO 及预处理系统运行状况如表 1-4 所示，直接表明 UF 可以使 RO 清洗周期延长，膜更换率降低，通量增加，水回收率增加。

表 1-4 RO 及预处理系统在墨西哥湾、红海和地中海的应用

| 项目 | 墨西哥湾 | | 红海 | 地中海 |
|---|---|---|---|---|
| 海水 TDS/($10^4$mg/L) | 1.50～2.80 | 1.50～2.80 | 4.20 | 4.5 |
| 海水浊度/NTU | 1～10(平均3～4) | 1～10 | 0.2～1.1 | 1～10 |
| 预处理方式 | Hydranautics UF | DMF(管式微滤膜) | Hydranautics UF | Hydranautics UF |
| RO 通量/LHM | 20.4 | 13.6 | 19 | 15～19 |
| RO 回收率/% | 65 | 35～50 | 55 | 50 |
| RO 膜更换率/% | 10 | 15 | 10 | 8 |
| RO 清洗频率/次 | 3 个月 | 1 个月 | 6 个月 | 6 个月 |

Goh 等考察 SWRO 的四种预处理方法（传统法、砂滤-UF、UF、MF）对于新加坡海水的处理效果，其中传统法采用介质过滤，UF［膜材质为 PES（聚醚砜树脂）］膜孔径为 0.01μm，MF［膜材质为 PVDF（聚偏氟乙烯）］膜孔径为 0.1μm。实验结果表明，多介质过滤预处理的出水水质较差且波动大，SDI 平均为 4.5 左右；而膜法预处理的出水水质较好，SDI 小于 3.0。膜法预处理对 TOC（总有机碳）、总悬浮固体、胶体硅的去除率分别为 30%～60%、50%～80%、85%～95%，但活性硅、油和脂的去除率很低。另外，砂滤-UF 系统出水的 SDI 比直接 UF 系统大，即砂滤并没有改善 UF 的出水水质，其原因还有待于进一步研究。但 Zhang 等曾指出，当原海水的总悬浮固体超过 20mg/L 时，采用砂滤会有较好的去除效果。

21 世纪初，研究者们对 UF 不同操作模式（错流过滤和死端过滤）进行了试验研究。Xing 等用新型的毛细管型 UF 膜处理高度污染的表层海水，其可以进行频繁、短时、自动清洗膜，且能够在较低的错流流速下可靠运行。UF 膜的截留分子量为 150～200kDa，可确保 RO 在高通量和高截留率下操作，水回收率为 65%，产水量提高 10%。预处理能耗约为 0.15～0.31kW·h/$m^3$，淡化水成本可降低约 10%。荷兰 X-flow 公司开发出新型 UF 技术——Aqua FlexTM 和 XIGATM 技术，操作模式全部采用死端过滤，大大降低了运行能耗，典型的 TMP 是 0.03～0.08MPa。Aqua FlexTM 技术可处理高达 1000mg/L 悬浮固体的原水，XIGATM 技术主要处理悬浮固体小于 50mg/L 的原水。Cebollero 运用 LHS 型 XI-GATM UF 系统在荷兰作为 SWRO 的预处理工艺，结果表明能耗大约为 0.10kW·h/$m^3$，约为错流能耗的 1/20～1/10。Szymański 等在加勒比海采用 S-225 型 PES/PVP 共混毛细管 UF 膜（耐酸碱、耐氧化），考察其作为 RO 预处理的可行性。同时配合投加 FeCl$_3$ 絮凝剂和化学增强反洗（CEB）。经过 2500h 的测试，有 98.4% 的测试数据 SDI<3.00，SDI 平均值为 1.4，浊度去除率达到 99.1%，说明该 UF 的出水水质较好。

Zhang 等采用 Aquasource 公司的中空纤维 UF 膜（截留分子量为 100kDa）在直布罗陀

海峡进行了 UF 预处理和传统预处理对比性能试验。UF-RO 流程为先加入硫酸调节海水 pH 值为 8，再通过 $200\mu m$ 的过滤器进入 UF 装置，死端过滤，透过液用 5mg/L 的 $Cl_2$ 消毒后进入 RO 装置。传统预处理系统主要采用双介质过滤器。试验结果表明，UF 的出水水质（SDI 为 0.8）明显优于传统预处理的出水水质（SDI 为 2.7～3.4）。此外，还考察了不同通量 [60～150L/($m^2$·h)] 和是否投加 $FeCl_3$ 对 UF 的影响。试验中发现，初始通量控制在 60L/($m^2$·h)，逐渐增大到 80L/($m^2$·h) 的过程中，TMP 也逐渐增加；当通量大于 80L/($m^2$·h) 时，UF 膜污染加剧，TMP 迅速升高。Liu 等用 XIGATM UF 膜处理海水也得到类似结果，解决方法是使用 CEB [以 EDTA（乙二胺四乙酸）和酶为化学试剂]控制通量在 75L/($m^2$·h)，回收率达到 89%。而 Zsirai 等则采用加 $FeCl_3$ 和化学冲洗来解决 TMP 迅速升高问题，结果表明，在原海水中投放 $FeCl_3$，CEB 加入 NaClO（每隔 4h 反冲一次）和 $HNO_3$（每隔 8h 反冲一次）可有效提高出水水质。但 Teuler 等曾在 Canaries（加那利群岛）做过相同试验，却得出不同结论：20℃下，通量为 100L/($m^2$·h) 的 Canaries 海水不会使 TMP 迅速升高，UF 膜不存在污染问题。Kim 等报道位于夏威夷群岛的 SWRO 装置（$1.9\times10^5 m^3$/d）于 2002 年采用中空纤维 UF 膜（膜孔径为 0.005～0.01$\mu m$）进行预处理。原海水经 $5\mu m$ 的过滤器后进入 UF 系统。UF 系统采用死端过滤，运行过程中 TMP 逐渐升高。一个月后 TMP 升至 0.14MPa 时，反冲采用 CEB（化学试剂为 30mg/L 的 NaClO），反冲周期为 60min，反冲时间为 30s。运行结果表明，CEB 能有效降低 TMP，并保持稳定状态。此外，RO 产水量提高 10%，TDS 为 150～325mg/L，由此可见 UF 出水可确保 RO 高通量。

孙文勇等对内压式和外压式中空纤维膜超滤组件在海水淡化预处理中的应用做了比较。结果表明：内压式通量比外压式要高，而 TMP 则比外压式低，因此内压式产水透过率比外压式要高 1 倍以上；两者出水水质均非常稳定，符合海水淡化反渗透进水要求。在进水浊度小于 20NTU 时，内压式超滤膜组件作为反渗透的预处理工艺比外压式更有优势。

目前将陶瓷膜作为预处理单元已得到了初步应用，其中较为成功的案例为舟山海水淡化中所采用的陶瓷膜预处理单元。截至 2009 年日处理水量已达 150t，出水指标满足各项规范要求。随着淡水资源日益稀缺，海水淡化将成为解决水资源问题的重要途径，陶瓷膜在这一领域将会发挥更大的作用。

**(2) 给水处理**

无机膜在饮用水处理中的应用可以追溯到 20 世纪 60 年代。Chang 等在 1965 年提出了用一种无机膜进行苦咸水离子交换制取淡水的方法。这是目前发现的最早利用无机膜进行水处理的报道。研究发现，磷酸锆膜和氧化锆膜分别适用于阳离子交换和阴离子交换，并且将膜与有机膜进行了简单对比。此时的膜并不是严格意义上的陶瓷膜，仅仅是用某些有机黏合剂将金属氧化物黏结后所形成的无机膜。在接下来的几年中，He 等分别就此类无机膜进行了苦咸水电渗析制取淡水的研究，讨论了不同材料和工艺参数对工艺的影响。

20 世纪 70 年代，关于无机膜或陶瓷膜的报道主要集中于苦咸水淡化的反渗透工艺研究。但此时的研究主要是对膜的可渗透性和渗透压进行研究，所用陶瓷膜为改性过的多孔陶瓷，未涉及支撑层与膜层、孔径和过滤压力等，因此还不是严格意义上的陶瓷膜过滤。1971 年，Rastogi 利用氰亚铁酸铜改性的多孔陶瓷膜对水和重水的透过性以及氯化钾在水和重水中透过膜的性能进行了研究，希望借此了解生物过程中膜的性能。1972 年，Korngold 等制作了利用陶瓷膜进行反渗透制取淡水的实验装置，其工作原理与当前应用较多的内压式陶瓷膜过滤装置相似，并出现了过膜压力、过滤通量等参数，同时也提及了膜的制备工艺。1974年，Thomas 和 Sheppard 利用陶瓷管和氧化锆粉体制作了动态无机膜，并对含有氯化钠的配水和苦咸水进行了超滤小试和中试研究，同时也对中试的经济条件进行了分析。研究中主要考察了压力、通量、对氯化钠和硬度的去除效果等指标。结果显示，经过预先负载氧化锆的陶瓷管能更好地去除氯化钠和硬度，并且能够将通量提高 50% 左右。研究中还将 7 根陶瓷管组成组件，类似于现在的纤维陶瓷膜或整体式多通道陶瓷膜。但是研究中所用无机膜为动态无机膜，即利用陶瓷管表面形成的无机过滤层进行过滤，因此对膜的孔径分布等参数无法控制。20 世纪 70 年代的无机膜或陶瓷膜都不是完整意义上的陶瓷膜，膜材料中含有有机物是影响无机膜过滤性能和应用的主要限制因素。

20 世纪 80 年代，膜材料的制备有了进一步的发展，陶瓷膜在饮用水处理中的研究也逐渐增加。1984～1985 年间，荷兰 Twente 技术大学的 Leenaars 等研究者将氧化铝陶瓷膜和支撑体的制备工艺进一步提升，制作出了标称孔径为 2.7nm、孔隙率 50% 且孔径分布窄的薄氧化铝陶瓷膜，并对孔径分布的影响因素和烧结温度等进行了研究。至此，由膜体和支撑体组成陶瓷膜的形式基本定型并开始广泛传播。

1985 年，Leenaars 等利用制备的陶瓷膜对水、正己烷、乙醇和丁醇的透过性能进行研究，这是利用现代陶瓷膜对液体过滤进行系统研究的开始。研究中将膜的流体阻力分为膜阻力和支撑体阻力两部分，并利用 Kozeny-Carman 模型对膜的特性进行了表征，发现膜支撑体中的弯曲孔道导致了 Kozeny-Carman 常数高于其他研究。研究者利用聚乙二醇研究了不同烧结温度制备的陶瓷膜的截留分子量，并与动态无机膜和 Union Carbide/SFEC 的碳氧化铝膜进行了对比。

1985 年，Kimura 将膜技术在日本的发展和应用做了综述。陶瓷膜已经在牛奶处理等工业中应用，并且已经有了成形的商品陶瓷膜。

1986 年，日本的研究者 Asaeda 等利用改进陶瓷膜研究了水和乙醇混合气体的分离，虽然其主要目的是用于气体分离，但是其采用的陶瓷膜也已经具备了现代陶瓷膜的特征：采用了支撑体和膜层的非对称膜结构，利用烧结的办法将膜体与支撑体结合起来并控制孔径。20 世纪 80 年代，荷兰和日本的研究者将陶瓷膜制备和其在液体分离中的研究推进了一大步，使陶瓷膜进入了现代陶瓷膜的时代，这也促进了陶瓷膜在水处理中的应用。

从 20 世纪 80 年代末开始，日本对陶瓷膜在水处理中应用的报道开始增多。1989 年，日本已有研究者利用陶瓷膜过滤发酵液和均匀悬浮液。Matsumoto 研究了在错流过滤和反冲洗模式下陶瓷膜过滤酵母液的性能，并且利用 700℃ 的蒸汽将受污染膜的过滤性能恢复到初始状态。Chang 等研究发现，在错流过滤模式下，利用非对称管式陶瓷膜过滤液相、气液两相和气液固三相三种不同的原液，较小孔径和低渗透阻力的陶瓷膜具有较高的渗透通量。而且，由于紊流状态加剧，气液两相原液的过滤通量随着气量增加而增加。在跨膜压差 50kPa 下存在着临界过滤通量。还有研究者研究了陶瓷膜在膜生物反应器中的应用，对不同孔径陶瓷膜进行了对比。

从 20 世纪 90 年代开始，陶瓷膜已经在食品和饮用水处理中广泛应用。1990 年，当时已有十多家商品陶瓷膜的生产商，主要应用于食品工业。Van 等介绍了错流模式的微滤在食品工业中的应用，并指出在食品工业的消毒和清洁方面陶瓷膜具有很大的优势。其实，20 世纪 80 年代法国就开始用陶瓷膜进行工业规模的饮用水生产。膜过滤可以保证稳定的水质，减少药剂使用量，相对反渗透工艺能耗较低和能够快速启动。但是膜污染仍是低压膜工艺广泛应用的一个限制因素。

虽然20世纪80年代法国已开始利用陶瓷膜进行饮用水生产，但是目前最早的关于陶瓷膜在饮用水处理中的英文报道是在1991年。法国的Moulin利用现场中试分别研究了孔径分布为3nm的中空纤维有机膜和孔径分布为200nm、50nm的多通道陶瓷膜在饮用水处理中的应用。结果发现，陶瓷膜和有机膜均能有效地将原水中的浊度去除，在原水浊度为0.7～100NTU之间时，出水浊度均保持在0.1NTU，原水有机物为5mg/L和6mg/L时，出水有机物为0.5mg/L。

Moulin开创了陶瓷膜在饮用水处理中研究的先河。同时，研究者首次介绍了絮凝剂（聚合硫酸铝）和粉末活性炭与陶瓷膜集成工艺在饮用水处理中的应用，发现随着絮凝剂投加量的增加，氧化铝陶瓷膜的通量和对浊度与有机物的去除效果都有提高。而且，Moulin首次介绍了氧化剂（氯气）与混凝剂同时与陶瓷膜过滤工艺组合。发现采用折点加氯的方法将氧化剂与混凝剂同时使用，陶瓷膜集成工艺能够去除90%的有机物和94%的氨氮，并且氧化剂的加入减缓了陶瓷膜的污染。在1991年的美国水协膜技术会议中，Weisner做了利用管式陶瓷膜过滤地表水的研究报告。同年在法国的国际无机膜会议和美国奥兰多的美国水协膜技术两次会议中，Moulin介绍了其使用臭氧作为氧化剂控制膜的污染，并取得了相当好的效果，这是首次关于利用臭氧控制陶瓷膜污染的报道。从20世纪80年代初开始，陶瓷膜及其集成工艺在饮用水处理中的研究逐渐增多。

Ma等用一种新的方法将纳米颗粒的银粘连在多孔陶瓷膜表面。实验表明改性后的陶瓷膜对埃希氏大肠杆菌具有抑制性。很可能是溶液中的银离子直接杀死细菌，亦可能是抑制了细菌的繁殖。但是此种改性膜的主要问题是成本高，据计算，仅银单质的成本就为1800元/$m^2$，而且陶瓷膜改性后的稳定性是所有改性工艺应该考虑的问题，因为陶瓷膜的使用寿命至少为10～15年，所以改性后的陶瓷膜也应达到此寿命，但是黏合在陶瓷膜表面的银是否能在长期的使用过程中保持其稳定性有待商榷。

徐小桃采用硅藻土梯度陶瓷微滤膜对自来水的净化进行了研究，标称孔径0.1$\mu$m的梯度陶瓷膜，可完全滤除水中的大部分致病病菌以及铁、红虫和各种悬浮微粒。污染后的膜通过简单的机械清刷，通量可完全恢复。其中的问题是，虽然机械清刷能够较好地恢复膜的通量，但是操作难度较大，特别是工程应用中的膜组件更是不易清洗。实际上，未经改性的普通陶瓷膜也具有较好的去除浊度等污染物的能力。已有中试研究表明，0.1$\mu$m的陶瓷膜在过滤粒径为0.5$\mu$m、含量为0.1%～1.0%的悬浮固体颗粒物时，能够完全将悬浮物去除，而且经过一定时间间隔的反冲洗可以非常有效地降低膜污染。进行死端过滤时，原水的回收率达95%以上。这都表明陶瓷膜在水处理中特别在去除颗粒物方面具有很强的能力。

给水处理中，陶瓷膜通常用于高附加值产品，其成本与传统工艺相比更高，由于不添加化学药剂、出水水质稳定，在欧洲地区已有较长的应用历史。在国内，近年来家用陶瓷膜净水器也正在兴起，过滤过程中能保留水中有益的矿物质，去除细菌、铁锈、重金属离子等，不产生二次污染，可直接饮用，市场前景广阔。

**（3）工业废水处理**

工业废水排放量大、成分复杂、对环境污染严重。如印染废水、造纸废水、炼油废水等水质复杂，常含有大量生物难降解有机污染物，传统的污水处理工艺很难达到预期处理效果。陶瓷膜分离工艺具有出水水质好且稳定性高、操作简单、无需添加化学试剂、占地面积少等特点，在工业废水处理方面逐渐表现出优势。陶瓷膜对工业废水中油脂废水、纺织废水、印染废水等都有较好的去除效果，可作为预处理和二级处理单元，提高工业废水处理效果。

印染废水主要来源于退浆、漂炼、染色、整理等工序，具有色度深、有机物含量高、碱性大、可生化性差和有生物毒性等特点，是难处理的工业废水之一。陶瓷膜在处理印染废水方面的优势具体表现为通量高、出水水质好、使用寿命长等。Muleja 等采用膜孔径为200nm 的氧化铝微滤膜处理印染废水，不溶性染料的去除率高达 98%，可溶性染料的去除率在加入一些表面活性剂辅助的情况下可达 96%；中试试验结果表明染料和 COD（化学需氧量）的去除率分别达到 80% 和 40%。丁逸洲采用膜孔径为 20nm 的氧化铝膜管处理印染废水，色度去除率为 90%，COD 的去除率为 65%，用硝酸溶液作为洗涤剂清洗膜 20min，膜通量能恢复到原来的 81%。周振等采用陶瓷膜对印染废水进行深度处理，工程实践证实印染废水经深度处理后达标排放且回用率可达 40%，回用水可用于漂洗工序以满足生产需求。Alventosa-delara 等采用陶瓷超滤膜对活性黑 5 进行脱色，对于 50mg/L 的活性黑 5 水溶液，在操作压力为 4bar 和错流流速为 2.53m/s 的条件下，超滤膜的通量为 255.86L/(m²·h)，活性黑 5 的截留率高达 95.2%。

造纸废水主要源于制浆蒸煮废水，含有木质素、挥发性有机酸、纤维素、半纤维素等有机物和氢氧化钠、硫化钠、硫代硫酸钠、硫酸钠等无机物。造纸废水固体悬浮物含量高、色度大且含有芳香类生物难降解物质，传统水处理技术对其处理效率较低，生化出水很难达标排放，而陶瓷膜分离对其具有良好的处理效果。Tang 等采用 800nm 微滤膜和 50nm 超滤膜的陶瓷膜组合工艺对造纸废水进行处理，结果表明微滤膜对 COD 的去除率为 30%～45%，超滤膜对 COD 的去除率为 55%～70%，组合工艺出水可达回用要求。Zhang 等采用 200nm 陶瓷微滤膜与有机超滤膜的组合工艺对再生纸废水进行处理，结果表明再生纸废水的 COD 去除率为 84.6%，废水经处理后达到造纸废水排放标准。

染料生产废水具有成分复杂、有机物浓度高、可生化性差等特点，一直是工业污水处理的重点和难点，并且随着现代染料产品朝着抗光解性、抗氧化性、抗生物降解性方向的发展，染料生产废水的处理难度进一步加大。近年来，陶瓷膜分离技术在染料生产废水的处理上得到关注。Luster 等对比研究了陶瓷膜和有机膜对 DSD 酸（2'-二磺酸）酸析废水的处理效果，结果表明陶瓷膜对废水有良好的处理效果，COD 的去除率在 70% 以上，且与有机膜相比，陶瓷膜易于清洗再生，使用寿命长。Feizpoor 等利用陶瓷纳滤膜处理甲基橙、中性红和碱性品红三种小分子染料废水，结果表明陶瓷膜的截留效率与染料分子结构、性质及染料/膜间的相互作用有关，陶瓷纳滤膜对碱性品红的截留率为 90%，对甲基橙的截留率为 70%，对中性红的截留率仅为 30%。

易佑宁等采用陶瓷膜-生化组合综合处理油脂废水，COD 去除率为 97.3%，油去除率为 96.8%～99.0%。姜建友等用陶瓷膜处理乳酸发酵废水，实验结果表明在适当的操作条件下，陶瓷膜过滤乳酸发酵废水后 COD 去除率可达 80%。

**（4）生活污水处理**

和工业废水相比，生活污水污染程度较低，但排放量依然较大，如处理不当或直接排放，也会对环境造成污染，容易引起水体富营养化，造成水体污染，对饮用水源构成威胁。

生活污水具有排放量大且集中、水质稳定的特点，对其处理后加以利用是一种解决水资源短缺的有效方法。目前，传统生物处理法是处理生活污水最常用的方法，该方法存在占地面积大、剩余污泥多等缺点，而利用陶瓷膜分离工艺替代传统处理工艺表现出出水水质稳定、病菌去除率高、占地面积小等优势，在生活污水的处理中具有广阔的应用前景。艾玉莲在利用陶瓷微滤膜处理城市二级生化出水时发现，陶瓷膜的使用可以降低混凝剂的用量并且增加磷的去除率。张洁等采用平板陶瓷膜组建的生物反应器处理 COD 为 100mg/L、氨氮浓度为 80mg/L 的生活污水，COD 的去除率为 73%，氨氮的去除率为 30%。

陶瓷膜-生物反应器处理生活污水体积小、能耗低、投资少，受到广泛关注。Hu 等用陶瓷膜-生物反应器处理生活污水，结果表明出水水质较好，各项指标均达到了生活杂用水水质标准，通过物理清洗和化学清洗相结合的方式可使膜通量恢复 90% 以上。陈广春等用陶瓷膜过滤餐饮废水，结果发现随膜孔径的减小，COD 去除率明显下降，当孔径小于 $0.05\mu m$ 时，COD 去除率可达 90% 以上。

# 1.4 陶瓷膜的未来发展趋势和展望

经过十余年的发展，无机陶瓷膜及其成套设备已有一定规模的应用，包括在生物、发酵、化工、食品、饮料等领域，与此同时，随着环境污染的加剧，各行各业的环保意识不断增强，政府对环境的管理要求不断提高，膜技术在污水处理领域的应用正在逐步扩大，陶瓷膜特别是在难降解水处理方面具有极大优势。根据中国膜工业协会的统计，2017 年陶瓷膜的安装面积为 $50000m^2$，2018 年和 2019 年约为 $53000m^2$。

## 1.4.1 生物医药领域发展趋势

随着生物和发酵工业生产体系的逐步扩大和完善，以及对生产精细化要求的逐步提高，在生物和发酵工业生产过程中具有独特优势的无机陶瓷膜的应用得到进一步扩大，例如在氨基酸、有机酸、功能糖、生物制药和天然产物的提取方面。根据中国膜工业协会的统计，2017 年，生物和发酵产品领域无机陶瓷膜的安装面积约为 $25000m^2$。2018 年安装了约 $26000m^2$ 的无机陶瓷膜。随着新产品的开发和生物发酵领域工艺的改进，该领域陶瓷膜的市场规模将稳步增长，预计 2020 年到 2025 年陶瓷膜在这一领域的安装面积将进一步增长，市场空间约为 $150000m^2$。

## 1.4.2 化工与石化领域发展趋势

随着陶瓷膜认知度的不断提高，陶瓷膜在化工领域的应用在 2014 年显示出了突破性的增长，例如在真空制盐过程中，前期卤水精制处理，以及在药用盐的精制环节，陶瓷膜的使用量显著增加。根据中国膜工业协会的统计，2018 年该领域安装了约 $140000m^2$ 的无机陶瓷膜，2019 年与 2018 年的安装量基本持平。化工与石化行业具有巨大的潜力，随着对陶瓷膜认知水平的进一步提高，保守估计该领域陶瓷膜的推广应用速度将呈现快速增长的趋势，2020～2025 年该领域的市场空间预计约为 $110000m^2$。

## 1.4.3 食品与饮料领域发展趋势

伴随着人均消费水平的提高，各行各业对食品和饮料的安全意识和质量要求正在迅速提升。食品工业中的膜技术主要涉及清洁消毒操作。无机陶瓷膜具有以下优点：使用寿命长、运行稳定、分离效率高，还可以在蒸汽消毒后保持食品和饮料的原始风味。因此，啤酒生产、牛奶消毒、茶的深加工等过程均使用陶瓷膜进行处理，在酱油、醋等调味料的生产过程中陶瓷膜的使用量也在不断扩大，据调查统计，食品饮料行业 2018 年共安装无机陶瓷膜约 65500$m^2$，2019 年安装约 750000$m^2$。至 2025 年国内食品和饮料领域无机陶瓷膜应用的市场空间将超过 30000$m^2$。

### 1.4.4 特种水处理领域发展趋势

生态环境部的数据显示，2019 年中国废水排放量为 716.2 亿吨，其中工业废水为 205.9 亿吨，占总量的 28.7%。近年来，国家大力鼓励和促进水污染控制、节能减排的实施，重视水资源的循环利用，解决水资源匮乏地区的饮水问题，形成了较为明确的指导方针，促进了循环水市场和中小城镇的发展。据文献调查统计，2018 年至 2019 年，水处理行业安装了约 15000$m^2$ 的无机陶瓷膜，目前，各级地方政府的扶持政策营造了良好的市场氛围，因此无机陶瓷膜在水处理领域具有广阔的发展应用空间。据估计，2020 年至 2025 年，用于水处理的无机陶瓷膜的安装面积将达到 40 万平方米。

## 参 考 文 献

[1] Eykens L, De Sitter K, Dotremont C, Pinoy L, Van der Bruggen B. Membrane synthesis for membrane distillation: A review [J]. Separation and Purification Technology, 2017, 182: 36-51.

[2] 刘丽俐. 低成本微孔陶瓷膜的研制 [J]. 耐火与石灰, 2017, 42 (6): 39-41.

[3] 姚吉伦. 陶瓷膜技术在水处理中的研究进展 [J]. 重庆理工大学学报, 2016, 30 (12): 69-74.

[4] 侯立红. 多孔陶瓷及陶瓷膜过滤材料国内发展现状及问题分析 [J]. 应用技术, 2015 (4): 46-49.

[5] Hubadillah S K, Othman M H D, Matsuura T, Ismail A F, Rahman M A, Harun Z, et al. Fabrications and applications of low cost ceramic membrane from kaolin: A comprehensive review [J]. Ceramics International, 2018, 44 (5): 4538-4560.

[6] Kang G D, Cao Y M. Application and modification of poly (vinylidene fluoride) (PVDF) membranes: A review [J]. Journal of Membrane Science, 2014, 463: 145-165.

[7] Kim J, Van der Bruggen B. The use of nanoparticles in polymeric and ceramic membrane structures: Review of manufacturing procedures and performance improvement for water treatment [J]. Environmental Pollution, 2010, 158 (7): 2335-2349.

[8] Choudhary N S, Saraf N, Saigal S, Mohanka R, Rastogi A, Goja S, Menon P B, Soin A S. Low-dose short-term hepatitis B immunoglobulin with high genetic barrier antivirals: The ideal post-transplant hepatitis B virus prophylaxis [J]. Transplant Infectious Disease An Official Journal of the Transplantation Society, 2015, 17 (3): 329-333.

[9] Samaei S M, Gato-Trinidad S, Altaee A. The application of pressure-driven ceramic membrane technology for the treatment of industrial wastewaters: A review [J]. Separation and Purification Technology, 2018, 200: 198-220.

[10] Chang H, Li T, Liu B, Vidic R D, Elimelech M, Crittenden J C. Potential and implemented membrane-based technologies for the treatment and reuse of flowback and produced water from shale gas and oil plays: A review [J]. Desalination, 2019, 455: 34-57.

[11] Hashim S S, Somalu M R, Loh K S, Liu S, Zhou W, Sunarso J. Perovskite-based proton conducting membranes for hydrogen separation: A review [J]. International Journal of Hydrogen Energy, 2018, 43 (32): 15281-305.

[12] Kumari P, Bahadur N, Dumée L F. Photo-catalytic membrane reactors for the remediation of persistent or-

ganic pollutants：A review [J]. Separation and Purification Technology，2020，230：115-878.

[13] Athayde D D，Souza D F，Silva A M A，Vasconcelos D，Nunes E H M，Diniz da Costa J C，et al. Review of perovskite ceramic synthesis and membrane preparation methods [J]. Ceramics International，2016，42（6）：6555-6571.

[14] Timmer J M K，van der Horst H C，Labbé J P. Cross-flow microfiltration of β-lactoglobulin solutions and the influence of silicates on the flow resistance [J]. Journal of Membrane Science，1997，136（1）：41-56.

[15] Matsumoto Y，Totsuka Y，Sakata T，et al. Characteristic of filtration for methane fermentation suspension by ceramic membranes. Semicontinuous filtration fermentation and membrane permeability. ：Semicontinuous filtration fermentation and membrane permeability [J]. Kagaku Kogaku Ronbunshu，1989，15（1）：145-151.

[16] Shenvi S S，Isloor A M，Ismail A F. A review on RO membrane technology：Developments and challenges [J]. Desalination，2015，368：10-26.

[17] Liu Y，Peng M，Jiang H，Xing W，Wang Y，Chen R. Fabrication of ceramic membrane supported palladium catalyst and its catalytic performance in liquid-phase hydrogenation reaction [J]. Chemical Engineering Journal，2017，313：1556-1566.

[18] Zhan Y，Long Z，Wan X，Zhang J，He S，He Y. 3D carbon fiber mats/nano-$Fe_3O_4$ hybrid material with high electromagnetic shielding performance [J]. Applied Surface Science，2018，444：710-720.

[19] Chen C J，Fang P Y，Chen K C. Permeate flux recovery of ceramic membrane using $TiO_2$ with catalytic ozonation [J]. Ceramics International，2017，43（1）：758-764.

[20] 李晓光，丁书强，卓锦德，曾宇平，珂王，宁马.溶胶-凝胶法制备陶瓷膜研究进展 [J].无机盐工业，2019，51（1）：7-11.

[21] Salimi K，Yilmaz M，Rzayev Z M，Piskin E. Controlled graft copolymerization of lactic acid onto starch in a supercritical carbon dioxide medium [J]. Carbohydr Polym，2014，114：149-156.

[22] Liu L，Wang D K，Martens D L，Smart S，Diniz da Costa J C. Interlayer-free microporous cobalt oxide silica membranes via silica seeding sol-gel technique [J]. Journal of Membrane Science，2015，492：1-8.

[23] Chen F，Zhou H，Lu T. High temperature oxidation resistance of plasma sprayed NiCrAl（$ZrO_2$，$Y_2O_3$）gradated coating on stainless steel surface [J]. Trans Nonferrous Met Soc China，2007，17：871-873.

[24] Zhang W，Gu J，Zhang C，Xie Y，Zheng X. Preparation of titania coating by induction suspension plasma spraying for biomedical application [J]. Surface and Coatings Technology，2019，358：511-520.

[25] Korngold E，et al. Experimental reverse osmosis apparatus for membranes in the external surface of ceramic tubes [J]. Desalination，1972，11（1）：125-127.

[26] Wang Z，Ma J，Tang C Y，Kimura K，Wang Q，Han X. Membrane cleaning in membrane bioreactors：A review [J]. Journal of Membrane Science，2014，468：276-307.

[27] Anderson E C，Holland L M，Prine J R，Thomas R G. Lung response to localized irradiation from plutonium microspheres [J]. Inhaled Part，1975，2：615-623.

[28] Athanasekou C P，Romanos G E，Katsaros F K，Kordatos K，Likodimos V，Falaras P. Very efficient composite titania membranes in hybrid ultrafiltration/photocatalysis water treatment processes [J]. Journal of Membrane Science，2012，392-393：192-203.

[29] Ben-Sasson M，Lu X，Nejati S，Jaramillo H，Elimelech M. In situ surface functionalization of reverse osmosis membranes with biocidal copper nanoparticles [J]. Desalination，2016，388：1-8.

[30] Cebollero J A，Lahoz R，Laguna-Bercero M A，Peña J I，Larrea A，Orera V M. Characterization of laser-processed thin ceramic membranes for electrolyte-supported solid oxide fuel cells [J]. International Journal of Hydrogen Energy，2017，42（19）：13939-13948.

[31] Corneal L M，Baumann M J，Masten S J，Davies S H R，Tarabara V V，Byun S. Mn oxide coated catalytic membranes for hybrid ozonation-membrane filtration：Membrane microstructural characterization [J]. Journal of Membrane Science，2011，369（1-2）：182-187.

[32] Elangovan M, Dharmalingam S. Effect of polydopamine on quaternized poly (ether ether ketone) for antibiofouling anion exchange membrane in microbial fuel cell [J]. Polymers for Advanced Technologies, 2018, 29 (1): 275-284.

[33] Cheng X, Liang H, Ding A, Qu F, Shao S, Liu B, et al. Effects of preozonation on the ultrafiltration of different natural organic matter (NOM) fractions: Membrane fouling mitigation, prediction and mechanism [J]. Journal of Membrane Science, 2016, 505: 15-25.

[34] Chang H C, Huang D Y, Wu M S, Chu C L, Tzeng S J, Lin W W. Spleen tyrosine kinase mediates the actions of EPO and GM-CSF and coordinates with TGF-beta in erythropoiesis [J]. Biochim Biophys Acta Mol Cell Res, 2017, 1864 (4): 687-696.

[35] Chen J, Asano M, Yamaki T, Yoshida M. Preparation and characterization of chemically stable polymer electrolyte membranes by radiation-induced graft copolymerization of four monomers into ETFE films [J]. Journal of Membrane Science, 2006, 269 (1-2): 194-204.

[36] Duan Z, Zhao Y, Ren Y, Jia J, Ma L, Cui J, et al. Facile micro-patterning of ferromagnetic $CoFe_2O_4$ films using a combined approach of sol-gel method and UV irradiation [J]. Ceramics International, 2019, 45 (1): 369-377.

[37] Chen Q Y, Zou Y L, Fu W, Bai X B, Ji G C, Yao H L, et al. Wear behavior of plasma sprayed hydroxyapatite bioceramic coating in simulated body fluid [J]. Ceramics International, 2019, 45 (4): 4526-4534.

[38] Fatimah I, Sahroni I, Putra H P, Rifky Nugraha M, Hasanah U A. Ceramic membrane based on $TiO_2$-modified kaolinite as a low cost material for water filtration [J]. Applied Clay Science, 2015, 118: 207-211.

[39] Guanhong S, Xiaodong H, Jiuxing J, Yue S. Parametric study of Al and $Al_2O_3$ ceramic coatings deposited by air plasma spray onto polymer substrate [J]. Applied Surface Science, 2011, 257 (17): 7864-7870.

[40] Halfer T, Zhang H, Mädler L, Rezwan K. Ceramic mask-assisted flame spray pyrolysis for direct and accurate patterning of metal oxide nanoparticles [J]. Advanced Engineering Materials, 2013, 15 (8): 773-779.

[41] Kaur H, Bulasara V K, Gupta R K. Influence of pH and temperature of dip-coating solution on the properties of cellulose acetate-ceramic composite membrane for ultrafiltration [J]. Carbohydr Polym, 2018, 195: 613-621.

[42] Ke D, Vu A A, Bandyopadhyay A, Bose S. Compositionally graded doped hydroxyapatite coating on titanium using laser and plasma spray deposition for bone implants [J]. Acta Biomater, 2019, 84: 414-423.

[43] Khan M, Zeng Y, Lan Z, Wang Y. Reduced thermal conductivity of solid solution of 20% $CeO_2 + ZrO_2$ and 8% $Y_2O_3 + ZrO_2$ prepared by atmospheric plasma spray technique [J]. Ceramics International, 2019, 45 (1): 839-842.

[44] Kujawa J, Cerneaux S, Kujawski W. Removal of hazardous volatile organic compounds from water by vacuum pervaporation with hydrophobic ceramic membranes [J]. Journal of Membrane Science, 2015, 474: 9-11.

[45] Bao Y, Tay Y S, Lim T T, Wang R, Webster R D, Hu X. Polyacrylonitrile (PAN)-induced carbon membrane with in-situ encapsulated cobalt crystal for hybrid peroxymonosulfate oxidation-filtration process: Preparation, characterization and performance evaluation [J]. Chemical Engineering Journal, 2019, 373: 425-436.

[46] Espíndola J C, Cristóvão R O, Mendes A, Boaventura R A R, Vilar V J P. Photocatalytic membrane reactor performance towards oxytetracycline removal from synthetic and real matrices: Suspended vs immobilized $TiO_2$-P25 [J]. Chemical Engineering Journal, 2019, 378: 114-122.

[47] Geng P, Chen G. Magnéli $Ti_4O_7$ modified ceramic membrane for electrically-assisted filtration with antifouling property [J]. Journal of Membrane Science, 2016, 498: 302-314.

[48] Grilli R, Di Camillo D, Lozzi L, Horovitz I, Mamane H, Avisar D, et al. Surface characterisation and photocatalytic performance of N-doped $TiO_2$ thin films deposited onto 200 nm pore size alumina membranes by sol-gel methods [J]. Materials Chemistry and Physics, 2015, 159: 25-37.

[49] He M, Hu H, Wang P, Fu H, Yuan J, Wang Q, et al. Preparation of a biocomposite of sericin-g-PMMA via HRP-mediated graft copolymerization [J]. Int J Biol Macromol, 2018, 117: 323-330.

[50] Gugliuzza A，Aceto M C，Drioli E. Interactive functional poly（vinylidene fluoride）membranes with modulated lysozyme affinity：a promising class of new interfaces for contactor crystallizers [J]. Polymer International，2009，58（12）：1452-1464.

[51] Hatat-Fraile M，Liang R，Arlos M J，He R X，Peng P，Servos M R，et al. Concurrent photocatalytic and filtration processes using doped $TiO_2$ coated quartz fiber membranes in a photocatalytic membrane reactor [J]. Chemical Engineering Journal，2017，330：531-540.

[52] 李博，李益群，濮均文，黄莎莎.基于资源化利用思路的陶瓷膜处理中药脉络宁生产废水的研究 [J].膜科学与技术，2017，37（6）：107-113.

[53] 潘剑，陶云国.陶瓷膜法提取多拉菌素的研究 [J].中国抗生素杂志，2017，42（9）：775-779.

[54] Kim K Y，Yang E，Lee M Y，Chae K J，Kim C M，Kim I S. Polydopamine coating effects on ultrafiltration membrane to enhance power density and mitigate biofouling of ultrafiltration microbial fuel cells（UF-MFCs）[J]. Water Res，2014，54：62-68.

[55] 李长兴.陶瓷膜在赖氨酸提取中的应用 [J].粮食与食品工业，2015，25（1）：28-30.

[56] 戴荣辉.凯膜和陶瓷膜盐水过滤技术应用比较 [J].碱氯工业，2015，51（7）：3-6.

[57] 张瑞华，张书文，刘鹭，逄晓阳，晶芦，汪建明.陶瓷膜对脱脂乳中酪蛋白与其他组分的高效分离 [J].食品科学，2017，38（10）：236-241.

[58] Cui Y H，Hu Z C，Ma Y D，Yang Y，Zhao C C，Ran Y T，et al. Porous nanostructured $ZrO_2$ coatings prepared by plasma spraying [J]. Surface and Coatings Technology，2019，363：112-119.

[59] Sathish S，Geetha M. Comparative study on corrosion behavior of plasma sprayed $Al_2O_3$，$ZrO_2$，$Al_2O_3/ZrO_2$ and $ZrO_2/Al_2O_3$ coatings [J]. Transactions of Nonferrous Metals Society of China，2016，26（5）：1336-1344.

[60] Dong G，Nagasawa H，Yu L，Guo M，Kanezashi M，Yoshioka T，et al. Energy-efficient separation of organic liquids using organosilica membranes via a reverse osmosis route [J]. Journal of Membrane Science，2020，597：117-758.

[61] Goh P S，Ismail A F. A review on inorganic membranes for desalination and wastewater treatment [J]. Desalinatio，2018，434：60-80.

[62] Zhao X，Zhang R，Liu Y，He M，Su Y，Gao C，et al. Antifouling membrane surface construction：Chemistry plays a critical role [J]. Journal of Membrane Science，2018，551：145-171.

[63] Xing J，Wang H，Cheng X，Tang X，Luo X，Wang J，et al. Application of low-dosage UV/chlorine pre-oxidation for mitigating ultrafiltration（UF）membrane fouling in natural surface water treatment [J]. Chemical Engineering Journal，2018，344：62-70.

[64] Leenaars A F M，Burggraaf A J. The preparation and characterization of alumina membranes with ultra-fine pores：Part 3. The permeability for pure liquids [J]. Elsevier，1985，24（3）.

[65] Szymański K，Morawski A W，Mozia S. Humic acids removal in a photocatalytic membrane reactor with a ceramic UF membrane [J]. Chemical Engineering Journal，2016，305：19-27.

[66] Zhang J，Yu H，Quan X，Chen S，Zhang Y. Ceramic membrane separation coupled with catalytic ozonation for tertiary treatment of dyestuff wastewater in a pilot-scale study [J]. Chemical Engineering Journal，2016，301：19-26.

[67] Liu B，Qu F，Yu H，Tian J，Chen W，Liang H，et al. Membrane fouling and rejection of organics during algae-laden water treatment using ultrafiltration：A comparison between in situ pretreatment with Fe（Ⅱ）/persulfate and ozone [J]. Environ Sci Technol，2018，52（2）：765-774.

[68] Zsirai T，Qiblawey H，Buzatu P，Al-Marri M，Judd S J. Cleaning of ceramic membranes for produced water filtration [J]. Journal of Petroleum Science and Engineering，2018，166：283-289.

[69] 孙文勇，李迎堂，肖光.陶瓷膜技术在精制盐水中的应用 [J].理论实践，2015，1：186-187.

[70] Chang Y，Ko C Y，Shih Y J，Quémener D，Deratani A，Wei T C，et al. Surface grafting control of PEGylated poly（vinylidene fluoride）antifouling membrane via surface-initiated radical graft copolymerization [J].

Journal of Membrane Science, 2009, 345 (1-2): 160-169.

[71]　Ma N, Fan X, Quan X, Zhang Y. Ag-TiO$_2$/HAP/Al$_2$O$_3$ bioceramic composite membrane: Fabrication, characterization and bactericidal activity [J]. Journal of Membrane Science, 2009, 336 (1-2): 109-117.

[72]　徐小桃. 浅析陶瓷膜技术在水处理中的应用 [J]. 工程技术, 2018, 1: 104-105.

[73]　Muleja A A, Mamba B B. Development of calcined catalytic membrane for potential photodegradation of Congo red in aqueous solution [J]. Journal of Environmental Chemical Engineering, 2018, 6 (4): 4850-4863.

[74]　丁逸洲. 无机陶瓷膜组合工艺在水处理中的应用研究综述 [J]. 山东工业技术, 2019, 1: 36-37.

[75]　周振, 姚吉伦, 庞治邦, 刘波. 用于水处理的陶瓷膜性能变化研究进展 [J]. 化学与生物工程, 2016, 33 (3): 1-4.

[76]　Tang Y P, Cai T, Loh D, O'Brien G S, Chung T S. Construction of antifouling lumen surface on a poly (vinylidene fluoride) hollow fiber membrane via a zwitterionic graft copolymerization strategy [J]. Separation and Purification Technology, 2017, 176: 294-305.

[77]　Zhang Q, Wang H, Fan X, Lv F, Chen S, Quan X. Fabrication of TiO$_2$ nanofiber membranes by a simple dip-coating technique for water treatment [J]. Surface and Coatings Technology, 2016, 298: 45-52.

[78]　Luster E, Avisar D, Horovitz I, Lozzi L, Baker M A, Grilli R, et al. N-doped TiO$_2$-coated ceramic membrane for carbamazepine degradation in different water qualities [J]. Nanomaterials (Basel), 2017, 7 (8): 1-19.

[79]　Feizpoor S, Habibi-Yangjeh A. Ternary TiO$_2$/Fe$_3$O$_4$/CoWO$_4$ nanocomposites: Novel magnetic visible-light-driven photocatalysts with substantially enhanced activity through p-n heterojunction [J]. J Colloid Interface Sci, 2018, 524: 325-336.

[80]　易佑宁, 彭文博. 陶瓷膜技术处理含油废水的应用研究 [J]. 江苏陶瓷, 2019, 52 (1): 31-35.

[81]　姜建友, 张纲领, 顾永华, 张亚辉, 范小辉, 唐小玲. 陶瓷膜过滤乳酸发酵液的应用试验 [J]. 江南化工, 2020, 47 (8): 77-82.

[82]　艾玉莲. 陶瓷膜再生工艺研究 [J]. 清洗世界, 2016, 32 (9): 16-43.

[83]　洁张, 丰高, 高文华, 安富强. 污水处理中陶瓷膜清洗技术的研究进展 [J]. 广州化工, 2020, 48 (15): 38-40.

[84]　Hu Y, Milne N, Gray S, Morris G, Jin W, Duke M, et al. Combined TiO$_2$ membrane filtration and ozonation for efficient water treatment to enhance the reuse of wastewater [J]. Desalination and Water Treatment, 2011, 34 (1-3): 57-62.

[85]　Zhang Z, Xu X, Zhang J, Chen D, Zeng D, Liu S, et al. Silver-doped strontium niobium cobaltite as a new perovskite-type ceramic membrane for oxygen separation [J]. Journal of Membrane Science, 2018, 563: 617-624.

# 第2章 多孔陶瓷膜的制备

## 2.1 成膜机理

无机膜的制备是无机膜科学的基础，目前已成为研究的热点。无机陶瓷膜制剂使用煅烧后的粉末经过烧结加工制成所需的几何形状，从而形成最终的陶瓷膜。烧结步骤对膜的最终性能至关重要，因为它决定了膜的一系列性质，如孔隙率、相对密度、致密化、收缩性能、表面形貌和晶粒尺寸等。

制备陶瓷膜最简单的方法是应用固态粒子烧结法将粉末压入 1~2mm 厚的圆盘中，然后烧结。然而，在膜基质中有杂质氧化物生成的可能性，这些氧化物形成了氧离子运输的非离子域，对膜的性能有害。通过化学气相沉积、溶胶-凝胶法、阳极氧化法等传统粉末法制备的膜的粒度、均匀性、纯度都对膜的最终性能有重要的影响。例如，烧结温度超过 800℃ 的致密膜通常能获得最高的氧通量。

传统的多孔陶瓷膜的制作工艺种类繁多，通常有流延成型法、挤压法、注浆成型法、溶胶-凝胶法和造孔剂工艺等。根据不同的制作工艺，制备出的多孔陶瓷的孔径尺寸大小和孔隙结构都不相同，所以我们需要依据实际的不同用途，来选择不同的制备成型工艺。具体工艺介绍如下。

### 2.1.1 流延成型法

流延成型工艺可用来制作几毫米厚的平板片状的多孔陶瓷膜，是目前可获得高质量超薄陶瓷膜的较成熟的制备成型方法。Barbosa 等用这种方法制备出 0.8mm 厚的陶瓷膜。流延成型的主要步骤包括浆料的制备、流延成型和干燥烧结。首先，将粉料分散在液体溶剂中，将分散剂、增塑剂和黏结剂加入其中搅拌球磨，得到均匀的、可稳定流动的浆料。然后，将浆料倒入模具中，刮刀和基带相对运动，浆料由加料斗在刮刀的狭缝中流出，平整地流延在衬带上。可以根据需要，调节刮刀的高度，从而调节膜的厚度，使用该方法一般可获得平整的、厚度可控的陶瓷膜。最后，将湿膜带烘干，形成陶瓷带素胚，再根据所需的尺寸进行切割。

## 2.1.2　挤压法

挤出成型工艺的制作方法是用球磨机将溶剂、陶瓷粉、塑化剂和黏结剂等均匀混合，形成均匀、分散的陶瓷浆料。将浆料放入一个密闭的模具内，给其施加压力作用，浆料会从规则喷嘴中被挤出，再在外部固化成型。样品的形状取决于模具挤出喷嘴的内部结构，长度可根据所需尺寸进行切割，方便批量生产。可以制备多边形、多通道管材，是高分离面积陶瓷的重要制备方法。挤出成型法具有可以制备孔径较大的样品（>1mm），孔的大小和形状可控，适合制备细长的样品，生产效率尚可等优点。

挤压法是将陶瓷浆液在高压条件下挤出模具孔来制膜。该方法中浆料必须表现出一定的流变特性，以便获得所需的几何形状。例如，该方法需要低黏度的浆料通过冲压模具形成几何形状，而冲压模具必须保持环形形状，并且需要足够高的黏度，以支持最终的形状。成型材料的几何形状由模具尺寸和样品切割的长度决定。所需的几何形状成型后，加工材料经过两步热处理进行烧结。第一步是在低加热速率下降解添加到挤出浆料中的有机化合物；第二步是在高温下进行烧结，保证膜的致密性。该方法制备的管状膜具有较厚的管壁，会减少氧通量，需要开发新的挤压技术来减小壁厚和改善通量。

## 2.1.3　注浆成型法

注浆成型的步骤是将准备好的陶瓷泥浆倒进多孔的模型内，多孔模具有吸水性，使泥浆被吸水而形成了均匀的泥层，且泥层会随着时间的推移越来越厚，当厚度达到所需时，则将多余的泥浆倒出，与模具表面接触部分的泥层会继续脱水而和模具脱离，形成毛坯。此方法的缺点是耗费时间较长。

## 2.1.4　溶胶-凝胶法

溶胶-凝胶法是一种重要的多孔陶瓷膜的制备方法，其膜孔径大小通常在 $2\sim100nm$ 之间。此方法一般用有机溶剂溶解金属醇盐 [如 $Si(OCH_3)_4$、$Si(OC_2H_5)_4$、$Al(OC_4H_9)_3$、$Zr(SiOC_3H_7)_4$ 等]，在水中快速强烈水解为溶胶，再经过低温干燥后凝胶化为干燥胶。然后再经过一定温度的高温处理，烧结得到所需的多孔陶瓷膜，膜的孔径较小，可以用于超滤和气体分离。Salarizadeh 等用该方法制备出了孔径很小（小于 1.7nm）的氧化铁膜；Cui 等制备出了孔径仅为 4nm 的氧化锆陶瓷膜。

溶胶-凝胶法的优点有：简便，价格便宜；制得的陶瓷膜的孔径可控，大小分布均匀；合成所需的温度低；可大面积制作薄膜等。但缺点是金属醇盐和有机物价格较高，随着透气选择性的升高，渗透率降低，所以今后的发展方向是提高选择性且不降低渗透性。

## 2.1.5　造孔剂工艺

添加造孔剂是制作多孔陶瓷膜最常见的方法，它的原理是在陶瓷坯体内加入造孔剂，这些造孔剂被坯体内的陶瓷颗粒包覆，占据了一定的空间，随后陶瓷坯体经过煅烧，造孔剂会从坯体中排出而形成气孔。本方法烧结所得到的样品具有高强度和高气孔率，工艺的关键在于造孔剂种类和量的选择。一般来说，常用的高温分解型造孔剂有 $NH_4Cl$、$(NH_4)_2CO_3$、$NH_4HCO_3$ 等；挥发性的造孔剂有 PVA（聚乙烯醇）、石墨、PVB（聚乙烯醇缩丁醛酯）、碳粉、PMMA（聚甲基丙烯酸甲酯）等。由于有些造孔剂在陶瓷烧结温度以下就会挥发，所以一部分孔会在高温煅烧时闭塞，导致低透过性。一些无机盐造孔剂可以解决以上问题，这些造孔剂（如 $CaCl_2$、$NaCl$、$Na_2SO_4$、$CaSO_4$ 等）可以溶于水、酸和碱，且熔点高，它们在煅烧温度下仍然可以留在陶瓷坯体中，最后用水、酸或碱溶解这些造孔剂从而形成多孔结构。在制备陶瓷膜材料时，通常是提高烧结温度来提高陶瓷膜的机械强度，但这也会导致孔隙率的下降，同时会导致一些气孔变成闭气孔，失去传质作用。造孔剂的使用既可以获得高强度又可以获得高孔隙率，是一种非常优良的多孔陶瓷膜制备方法。

### 2.1.6　相转化法固化成型

在 20 世纪 60 年代，Loeb 和 Sourirajan 等首次使用相转化工艺。魏永明等描述了相转化方法的过程是：含有陶瓷粉体、黏结剂和溶液等的聚合物溶液浸入非溶剂里，非溶剂和溶剂之间进行物质交换，溶剂会从聚合物溶液中扩散出去，非溶剂会扩散到聚合物溶液中，这种物质交换会导致聚合物溶液从稳态变为不稳态，发生相的转换，固化形成陶瓷膜。使用相转化方法，可制备超滤、微滤和反渗透等非对称结构的多孔陶瓷膜，同时也可制备对称结构的微孔膜。20 世纪 90 年代，Lee 和 Kim 等第一次用相转换方法来制备中空纤维，是在用此方法制备高分子膜的基础上，将陶瓷粉体加入聚合物溶液中，使从纺丝头挤出来的浆料进入非溶剂中就得到了非对称的中空纤维坯体，经过高温烧结去掉高分子后，就制备出了中空纤维。此方法的工艺较简单，可控制成膜的形态与结构，一步成型，且制得的膜有良好的性能，近年来使用十分广泛。

## 2.2　陶瓷膜制备方法

无机膜的制备是无机膜科学的基础，目前已成为研究的热点。无机陶瓷膜的制备包括膜层的制备和膜的成型方法两部分，其中膜层的制备方法主要包括固态粒子烧结法、化学气相沉积法、阳极氧化法和溶胶-凝胶法，常用的膜的成型方法包括带铸法、挤压法和中空纤维法。

### 2.2.1　固态粒子烧结法

固态粒子烧结法（悬浮粒子法）是最常用于制备陶瓷膜的方法之一。基膜的制备是无机膜研究的基础。一方面由于强度问题，无基体的无机膜没有任何实用价值；另一方面只有有了较好的支撑体，溶胶-凝胶法、化学气相沉积法才有可能用于膜的制备。该法源于传统的陶瓷生产工艺，其过程为：将氧化物粉末、碳酸盐等固体颗粒研磨成细粉粒，与粘接剂机械混合均匀成坯，低温干燥，然后通常在约 1200℃ 的高温下烧结即可，烧结过程一般从 8h 到 24h 不等，反应倾向于发生在混合固体的界面，离子从本体扩散到颗粒之间的界面。制备孔径超过 $0.1\mu m$ 的非对称微滤膜和支撑体主要采用悬浮粒子法，即首先将无机粉料微小颗粒或超细颗粒（$0.1\sim10\mu m$）与适当的介质混合分散形成稳定的悬浮液，多孔支撑体与悬浮浆料接触时，在毛细管力和黏附力的作用下形成涂层，干燥烧结后得到多孔陶瓷膜。郝艳霞等用该方法制备了超滤膜。

固态粒子烧结法是制备陶瓷膜最原始的方法之一。该方法的一个优点是文献中大量的实验数据都具有可用性。虽然这种方法可以制备出孔径均匀、致密的膜片，但可能会有杂质生成。Ben-Sasson 等将 $Ba_{1-x}Sr_xCo_{1-y}Fe_yO_{3-\delta}$ 和 $La_{0.3}Ba_{0.7}Co_{0.2}Fe_{0.8}O_{3-\delta}$ 分别在 1200℃ 高温下处理 24h，在 1250℃ 高温下处理 24h，在 1250℃ 高温处理 15h，结果发现制备的陶瓷膜中都有一些杂质生成。由于反应过程中相的稳定性较差，会影响膜材料的同质性和纯度。同时，原始粒子大小、升温速度、粘接剂及烧结终温等对孔径和膜结构有一定的影响。尽管固态粒子烧结法有这些缺点，该方法仍然是一种简单、快速制备陶瓷膜的方法。

## 2.2.2　化学气相沉积法

一般采用溅射、气相沉积等得到致密的膜。但如果控制一定的过程参数和条件，这些薄膜制备技术也能用于制备多孔陶瓷膜，已有 $Si_3N_4$ 等多孔膜采用该方法制备成功。CVD 法（化学气相沉积法）可以在相对较低的温度下沉积元素及化合物，但 CVD 法设备要求复杂，不常被使用，也不适合工业化生产。

## 2.2.3　阳极氧化法

阳极氧化法是将高纯金属箔置于酸性电介质溶液（如硫酸、磷酸）中进行电解阳极氧化，氧化过程中，金属箔的一侧形成多孔氧化层（另一侧金属被酸溶解），再经适当的热处理即可得到稳定的多孔结构氧化物膜，具有接近直孔的结构，可以是对称的，也可以是非对称的，取决于电解氧化过程。本方法由于设备原因，主要应用于实验室研究，无法在工厂里面进行大规模的工业化生产。

## 2.2.4　溶胶-凝胶法

溶胶-凝胶法是目前制备无机陶瓷膜最重要的一种方法。通常是以金属醇盐为原料，经有机溶剂溶解后在水中通过强烈快速搅拌进行水解，水解混合物经脱醇后，在 90～100℃ 以适量的酸（pH＜1.1）使溶胶沉淀进行胶溶，形成稳定的胶态悬浮液，溶胶经低温干燥后形成凝胶，控制一定的温度与湿度继续干燥成膜。凝胶膜再经高温焙烧后制成具有陶瓷特性的氧化物膜。用此法制备的无机陶瓷膜孔径可达 1～100nm，适用于气体分离和超滤。另外，很容易通过在溶胶中引入第二种组分制出多种组分的复合膜；如 $Al_2O_3$-$TiO_2$ 等。还可以用二次浸渍、涂敷等方式对孔径进行改性。所以该法被称为制备无机膜（$0.1～10\mu m$）的一种最有效的方法。适当的介质混合分散形成稳定的悬浮液，多孔支撑体与悬浮浆料接触时，在毛细管力和黏附力的作用下形成涂层，干燥烧结后得到多孔陶瓷膜。王黔平等用溶胶-凝胶法对制备 $Al_2O_3$-$ZrO_2$-$SiO_2$ 复合膜进行了研究，成功地制备出了 $Al_2O_3$-$ZrO_2$-$SiO_2$ 复合膜。

溶胶-凝胶法是制备超滤陶瓷膜和纳滤陶瓷膜的重要方法，基本制备过程为金属盐前驱体在水或有机溶剂中发生水解或醇解反应生成的纳米粒子聚集形成溶胶；溶胶在陶瓷、金属和塑料等基体上进行浸渍或者旋转涂膜形成溶胶膜；溶胶膜再经过凝胶、干燥和煅烧后制得陶瓷膜。该方法能有效避免膜层出现裂纹和针孔，制得的陶瓷膜具有薄膜均匀、孔径小且分布窄的特点。另外，可通过在溶胶体系中加入活性组分使陶瓷膜具有活性组分的功能。

按照所得溶胶的方式不同，溶胶-凝胶法分为胶体凝胶法和聚合凝胶法。胶体凝胶法是金属盐水解产生的水合金属氧化物与加入的电解质作用形成溶胶，而后溶胶胶粒间通过范德华力和静电力的作用聚集到一起形成凝胶的方法，这种方法可以用于制备几到几十纳米孔径的超滤陶瓷膜。聚合凝胶法则是醇盐水解形成聚合物胶体，该方法可以用于制备孔径小于1nm的纳滤膜。

溶胶-凝胶法制备陶瓷膜的过程分为胶体的制备、涂覆和热处理三个阶段，陶瓷膜的质量与三个阶段的完成度息息相关。

加水量是胶体制备过程中的重要调控参数，直接影响金属盐水解聚合产物的结构。加水量少，金属盐水解不完全，聚合产物的交联度低，凝胶时间长；加水量多，则聚合产物的交联度高，凝胶时间短；加水过量，则会立即形成沉淀，凝胶失败。林涛等发现加水量直接影响二氧化硅膜的质量，加水太少，膜质不均匀且开裂；加水过多，薄膜形貌不规则且有凝块。Pelaez等证实溶胶的稳定性与加水量有关，底物浓度越高，即加水量越少，溶胶的稳定时间越短。

溶胶剂对胶体制备过程中胶体的形成有重要影响，进而影响成膜质量。Gasiorek等利用溶胶-凝胶法制备二氧化硅溶胶时发现，底物中酸含量的增加会增大水解产物的聚合度，减短凝胶时间；Dave发现随着十二烷基苯磺酸钠的加入，膜表面颗粒分布均匀，团簇现象得到改善，成膜质量得到提高。

浸涂时间和浸涂次数是胶体涂覆的主要影响因素，时间影响成膜质量，次数影响成膜厚度。热处理主要分为干燥和煅烧两步，环境温度和湿度是干燥的主要影响因素，而升温速度、煅烧温度和煅烧时间是煅烧的主要影响因素。

此外，利用相分离-滤取法、辐射-腐蚀法、薄膜沉积法等方法也可以进行无机陶瓷膜的制备。

### 2.2.5　薄膜沉积法

薄膜沉积法是指将膜材料通过离子溅射和气相沉积等方式负载在基体上成膜的方法，多用于制备致密膜，也可用于制备多孔膜。根据沉积方式不同，主要有化学气相沉积法、阳极氧化法和化学镀膜法等。

**(1) 化学气相沉积法**

化学气相沉积法（CVD）是指含有构成薄膜元素的化合物通过气相化学反应在基体表面沉积一层薄膜的方法。该方法所得膜层匀质致密且与基体结合牢固，但是对设备的要求较高，反应通常在高温（900～2000℃）条件下进行，目前的研究正朝着低温方向发展。Li等借助外置电感耦合等离子辅助的方式实现二氧化硅薄膜的低温沉积；Putkonen等采用等离子体增强技术在220℃的低温下获得二氧化硅的多层沉积。气相沉积法的影响因素很多，沉积方式、底物浓度、载体性质等均对沉积结果有影响。

**(2) 阳极氧化法**

阳极氧化法是制备多孔膜的重要方法之一。该方法将合金材料置于酸性电解质如草酸、硫酸和磷酸等中进行阳极氧化处理，多孔膜在其表面上逐渐形成。根据氧化速率快慢，阳极氧化法分为温和氧化法和剧烈氧化法两种：温和氧化法的膜生长速率较慢，成膜孔间距与电压比例系数一般为 25nm/V；剧烈氧化法所得的膜孔间距较大，膜层较厚，具有大的纵横比（＞1000）。这种方法制得的陶瓷膜孔道几乎垂直于膜表面，膜制品具有耐磨、耐腐蚀等性能。

**（3）化学镀膜法**

化学镀膜法是金属离子在还原剂的作用下还原成金属原子沉积在基体表面形成金属镀层的方法。作为一种优良的表面处理技术，化学镀膜法制得的膜具有膜质均匀、涂层紧密和机械强度高等特点。例如，该方法制备的致密型钯膜对氢具有选择透过性，在分离和催化领域有着广泛的应用前景。

除上述方法外，陶瓷膜的制备方法还有很多，例如分相法、水热法、合成法等。

# 2.3　工业化制备工艺

多孔陶瓷膜的微观结构包括膜分离层的孔径及孔径分布、孔道的空间结构、膜厚度与表面性质等，具有不同微观结构的陶瓷膜分离性能差异很大。如何通过对膜制备过程参数的调控，实现膜及膜材料的制备从以经验为主向定量控制的转变，需要通过对膜制备过程中控制参数与膜微结构定量关系的研究，建立膜制备过程的数学模型，从而实现膜制备过程的定量控制。

## 2.3.1　多孔陶瓷膜厚度的模型化与定量控制

厚度的控制对膜质量的影响很大，膜厚度直接与膜的渗透通量相关，相同条件下，膜厚度越大，过滤阻力越大，渗透通量越低。从渗透通量考虑，膜越薄越好，但膜厚度同时与膜的完整性关系密切，膜层涂覆太薄，将导致膜的完整性降低，而膜层过厚将有可能在热处理过程中产生开裂现象。膜厚度是陶瓷膜制备过程中最重要的控制指标之一。

膜的厚度主要取决于涂膜方式、制膜液的性质及相应的工艺条件。为实现对膜厚度的控制，必须建立膜形成过程的数学模型，实现膜制备过程中膜厚度的定量控制。通过"浸浆（slip-coating）"成型法涂膜机理可以知道，过程包括浆料与多孔载体接触以及接触后载体与浆料的分离。对于浆料与多孔载体的接触过程，Leenaars 等和 Tiller 等从浆料与载体接触过程中的毛细过滤现象出发，从理论上阐述了"毛细过滤（capillary filtration）"机理，并建立起膜厚度与制膜液物性参数、支撑体微结构参数以及涂膜工艺参数之间的数学模型。Guo 等对浸浆涂膜过程中毛细过滤机理作用下的湿膜形成进行了定量描述，可以定量预测不同涂膜时间内湿膜的厚度，并通过调整悬浮浆料的浓度、黏度、浸浆时间和提升速度有效控制膜厚度在 5～7μm。Fan 等同样以经典毛细过滤机理为理论基础，推导出多层管式吸浆速率数学表达式，建立了陶瓷膜厚度层状吸浆模型，可以对溶胶-凝胶法制备的顶层超滤膜的厚度进行定量预测和控制。但是这些模型均没有考虑支撑体与浆料的脱离速率对膜厚的影响。支撑体与浆料的分离过程，被认为由"薄膜形成（film-coating）"机理控制，Warsinger 等建立了该过程中所形成的黏滞层厚度与脱离速度之间的关系，之后进一步研究，建立了黏滞层厚度与悬浮液黏度、浆料脱离速率、悬浮液固含量、悬浮液表面张力和重力之间的数学关系。

对于实际成膜过程，所形成的膜厚度是由毛细过滤和薄膜形成的两种机理共同作用的结果。Chang 等同时考察了毛细过滤和薄膜形成两种成膜机理和外加压力对湿膜成长的贡献，对浸浆法制备陶瓷膜过程中湿膜生长表达式进行修正。同时提出浸浆过程中，存在一个与制膜液黏度、粉体浓度、支撑体的孔径和渗透率等因素相关的饱和时间。当浸浆时间大于饱和时间时，毛细过滤机理将消失，湿膜厚度增加的速率小于饱和时间前的速率。Chen 等通过引入化学工程学科理论与实验相结合的模型化方法，建立了陶瓷膜厚度的定量控制模型。以传统的毛细过滤理论为基础，在不忽视支撑体（底膜）的渗透性能对膜厚度影响的前提下，推导出由该机理所形成的膜厚与制膜液各物性参数和工艺参数间的数学关系。结合典型的薄膜形成理论方程式，建立起膜厚与膜制备过程控制参数间的定量关系模型。

$$L = k_1 e^{0.989W} \eta^{-0.2085} \gamma^{-1.4451} Q t^{1/2} + k_2 e^{0.0952W} \eta^{-0.1887} \gamma^{-1.1241} (Q + 5987.1429) U^{2/3}$$

$$(2-1)$$

式中　$L$——膜厚；

$k_1, k_2$——膜制备过程控制参数；

$\eta$——膜液黏度；

$e$——粉体浓度；

$\gamma$——支撑体孔径；

$Q$——渗透率；

$t$——浸浆时间；

$U$——浸浆速度。

该膜厚度控制模型已经得到实验验证，当改变涂膜液中固含量时，由于固体对黏度也有较大影响，导致了涂膜液黏度的复杂变化，模型能够很好地预测这一现象。该数学模型已经用于指导陶瓷膜的工业化生产，实现根据支撑体的性能定量控制膜的厚度，从而生产出性能稳定的陶瓷膜。

### 2.3.2　多孔陶瓷膜孔径的模型化与定量控制

孔径分布是决定无机膜的渗透率和渗透选择性的关键因素。基于粒子堆积制备而成的陶瓷膜，孔结构非常复杂，膜孔相互交联，孔与孔之间四通八达，其三维空间结构是典型的无序状态。影响陶瓷膜孔径及分布的最主要因素是用于制膜的粒子的粒径大小及其分布。另外，热处理工艺条件对膜孔径变化也有影响。建立膜孔径的定量控制模型的关键在于建立膜孔径与制膜粉体性质和烧结条件之间的函数关系，这是膜孔径设计的基础。王沛等在研究微滤膜的膜厚与膜孔径之间的关系时提出了层状结构模型，将空间网络状膜孔结构简化看成直通柱状孔，孔与孔互相平行且互不相通，通过几点假设，推导得到无机多孔膜孔径分布的层状结构数学模型：

$$f^n(r) = [1 - F^0(r)] f^{n-1}(r) + [1 - F^{n-1}(r)] F^0(r) \quad (2-2)$$

式中　$f^{n-1}(r)$——膜厚为（$n-1$）的膜的微分孔径分布；

$F^{n-1}(r)$——积分分布；

$F^0(r)$——其微分分布函数每个单层膜具有相同的孔径分布。

经实验证明，对于溶胶-凝胶法制备的超滤膜，模型预测的变化趋势与实验得到的规律完全一致，可以为孔径的定量化制备提供指导性意义。对于该模型来说，单层膜的孔径分布是至关重要的，采用不同的单层膜的分布，预测结果也就不同，单层膜的孔径分布可以通过对膜的电镜照片进行图像分析等方法直接测定得到，也可以根据一定的条件假设使其符合某一分布。

在用粒子烧结法制备陶瓷微滤膜的过程中，烧结对于膜的完整性和微观结构等重要的指标参数也有影响。Amiri 等采用凝胶铸膜法制备了孔隙率＞70%的微孔氧化铝载体，通过调节烧结温度，可以控制孔径在 $0.42 \sim 0.56 \mu m$，且分布均一。烧结过程中，孔径等结构参数对于烧结温度最为敏感。同时，烧结中膜厚对孔结构的影响也不容忽视。当膜层厚度远远小于支撑体的尺寸时，支撑体的影响起主导作用，与支撑体接触的粒子烧结行为必然受到支撑体的约束，不能像对称材料那样自由地重排和收缩，所以在相同的温度变化范围内，与对称材料孔径的变化表现出不同的趋势。Sathish 等分别对具有对称结构和非对称结构的 $ZrO_2$、$Al_2O_3$ 微滤膜在一定温度区间内的孔径变化进行了对比研究，发现对称膜孔径略微减小，而非对称膜孔径明显增大。同样这些模型也可指导陶瓷膜生产过程中平均孔径的微调，满足不同应用体系对膜孔径的需求。

## 2.3.3 高孔隙率多孔陶瓷膜的定向制备

孔隙率是膜微结构的又一个重要参数。无机膜的孔隙率是膜的微孔总体积（与微孔大小及数量有关）与膜的总体积之比。研究表明，对于孔径大致相同的膜，孔隙率越大，相应地在同等压力下流体的通量就越大，反之通量就越小。陶瓷微滤膜大多采用固态粒子烧结法制备，固态粒子堆积造成的孔隙形成了膜的孔道，因此膜层初始孔隙率由颗粒的形状和堆积方式决定，而堆积方式通常可以通过粒子的配位数来量化，当颗粒为圆球形时，初始孔隙率与颗粒配位数 $c$ 之间存在一定的关系。在烧结过程中，随着颈部连接并增长引起体积收缩，陶瓷膜孔隙率呈下降趋势。由于担载膜的收缩受到支撑体的限制，整个体积收缩仅仅发生在垂直膜面的方向上，因此一维收缩引起的孔隙率的变化可以通过式(2-3) 和式(2-4) 得到：

$$\phi_T = 1 - \frac{1-\phi}{1-(\varepsilon_T)_z} \tag{2-3}$$

$$\varepsilon_T = \int \varepsilon_T dt = \int \varepsilon_{free}[(1+N)/(1-N)]dt \tag{2-4}$$

式中　$\varepsilon_T$——垂直孔隙率；

$\varepsilon_{free}$——自由孔隙率；

$\phi_T$——垂直膜面收缩系数；

$\phi$——自由收缩系数；

$N$——颗粒配位数。

文献报道的孔隙率一般只有 $30\% \sim 40\%$，在确保孔径分布不变的前提下，提高孔隙率以增加过滤孔道对于膜的应用非常重要。随着材料自组装技术的发展，以模板剂构成孔道，由纳米粉体在模板剂周围静电自组装形成孔壁，可以完全改变原有的成孔机理，在孔径不变的情况下可以获得高孔隙率的膜。Das 采用离心和抽滤等组装方法组装模板，采用溶胶-凝胶技术制备出一系列三维有序大孔陶瓷材料，如多孔 $TiO_2$、$Al_2O_3$ 和 $ZrO_2$ 等。Mcclure 等报道了在多孔氧化铝支撑体上制备出连续的有序介孔 $SiO_2$ 膜，膜层的厚度约为 $1\mu m$，膜孔径分布很窄。在同样范围内，以纳米粒子为壁形成的孔道数量与以粒子堆积所形成的孔的数量相比大大增加，而所形成的孔道大小基本一致，这有利于提高膜材料的分离与渗透性能。Xia 等首次研究了这种有序大孔材料的分离和力学性能，但是研究只局限于非支撑结构的有机材料，无法达到应用的水平。Zhao 等以 PMMA 为模板成孔，采用共沉淀法制备了三维有序大孔 $ZrO_2$、$SiO_2$、$Al_2O_3$ 对称陶瓷膜，并采用浸浆法制备了非对称 α-$Al_2O_3$ 膜。由于PMMA 是直径均一的不溶于水的有机聚合物微球，可以均匀分散在水中并在水中与纳米粒子发生静电自组装形成有序的结构排列，经过焙烧后便留下了排列有序的膜孔道，得到了孔径均一、孔隙率高的膜。

# 2.4　陶瓷膜制备工艺发展趋势和展望

经过多年的发展，国产多孔陶瓷材料和陶瓷膜产品在制备技术、应用和开发方面取得了长足进步，但与国外先进国家相比，制造水平、产业化规模以及应用和发展仍存在差距。主要体现在以下几个方面。

从产品结构和技术发展的角度来看，中国开发的多孔陶瓷和陶瓷膜材料大多以低端产品为主，产品制备技术落后，与国外同类产品相比在产品性能上有一定差距。这些差异主要表现在以下几个方面：微孔结构均匀性差，耐过滤性高，介电和耐腐蚀性差等。就多通道陶瓷膜产品而言，尽管国内外技术水平差距不大，国外在某些高端产品以及产品应用和开发方面仍具有明显优势，例如日本的 NGK 和法国的 Verya 推出了大型蜂窝陶瓷膜元件，进一步增加了膜过滤面积，并设置了多个平行出水口穿过结构的通道，大大减少了流体的渗透路径，单个膜元件的过滤面积可以达到 $15m^2$ 以上，最大跨膜压差可以达到 1.0MPa，具有很高的净水效率，但我国研制的陶瓷膜不仅过滤面积小，透水性差，而且抗污染能力差，使用寿命短。在高温陶瓷膜材料领域，国内的发展主要基于硬质陶瓷膜过滤材料，但产品种类少，并且耐高温性在一定程度上受到限制。经过半个世纪的发展，国外研制的硬质陶瓷膜材料，主要由短纤维组成。还开发了真空吸滤陶瓷纤维过滤材料，该材料优先采用长纤维缠绕或制备的陶瓷纤维复合过滤材料，使得高温陶瓷膜的热稳定性和渗透性大大提高，应用领域更加广泛。

从工业技术水平来看，目前国内多孔陶瓷和陶瓷膜材料的生产厂家有数百个，产业规模也有数亿元，但除了江苏久吾高科、南京凯米和中材高新等具有大规模生产能力，其他公司规模普遍较小，生产技术相对落后，生产设备简陋，产品开发和质量控制能力相对较差。与国外相关公司相比，如美国的颇尔、英国的 TENAMT 和德国的 BWF，中国陶瓷膜产品的产业化规模和技术水平仍存在一定差距。

在产品应用开发方式上，尽管目前国内开展了很多多孔陶瓷和陶瓷膜材料单元的开发，且产品种类较多，但多数企业由于人力、财力有限，在产品开发研究中的应用工作较少，设备和工程产品的开发能力不足，市场开发能力较弱。与其他产品相比，陶瓷膜产品的国内市场占有率低，市场竞争力不高，产品市场仍面临多元化、小批量市场开发阶段，产品商业化水平低。

从行业的支持来看，近年来世界各国都在支持和发展高性能陶瓷膜材料产业，但受到研究人员相对短缺、宣传、资金申请等问题，与其他过滤材料相比，陶瓷膜行业的资金支持力度相对不足，陶瓷膜材料在节能减排领域应用的政策尚需进一步加强，国内陶瓷膜技术发展缓慢，产品产业化和商品化程度缓慢。

# 参 考 文 献

[1] Peng M，Liu Y，Jiang H，Chen R，Xing W. Enhanced catalytic properties of Pd nanoparticles by their deposition on ZnO-coated ceramic membranes [J]. RSC Adv, 2016, 6 (3)：2087-2095.

[2] Barbosa Ad S，Barbosa Ad S，Barbosa T L A，Rodrigues M G F. Synthesis of zeolite membrane（NaY/alumina）：Effect of precursor of ceramic support and its application in the process of oil-water separation [J]. Separation and Purification Technology，2018，200：141-154.

[3] Pawłowski L. Application of solution precursor spray techniques to obtain ceramic films and coatings [J]. Future Development of Thermal Spray Coatings，2015：123-141.

[4] Chen J，Asano M，Yamaki T，Yoshida M. Preparation and characterization of chemically stable polymer electrolyte membranes by radiation-induced graft copolymerization of four monomers into ETFE films [J]. Journal of Membrane Science，2006，269 (1-2)：194-204.

[5] Eykens L，De Sitter K，Dotremont C，Pinoy L，Van der Bruggen B. Membrane synthesis for membrane distillation：A review [J]. Separation and Purification Technology，2017，182：36-51.

[6] Zsirai T，Qiblawey H，Buzatu P，Al-Marri M，Judd S J. Cleaning of ceramic membranes for produced water filtration [J]. Journal of Petroleum Science and Engineering，2018，166：283-289.

[7] Kujawa J，Cerneaux S，Kujawski W. Removal of hazardous volatile organic compounds from water by vacuum pervaporation with hydrophobic ceramic membranes [J]. Journal of Membrane Science，2015，474：11-19.

[8] Salarizadeh P，Javanbakht M，Pourmahdian S，Bagheri A，Beydaghi H，Enhessari M. Surface modification of $Fe_2TiO_5$ nanoparticles by silane coupling agent：Synthesis and application in proton exchange composite membranes [J]. Journal of Colloid and Interface Science，2016，472：135-144.

[9] Cui Y H，Hu Z C，Ma Y D，Yang Y，Zhao C C，Ran Y T，et al. Porous nanostructured $ZrO_2$ coatings prepared by plasma spraying [J]. Surface and Coatings Technology，2019，363：112-119.

[10] Anas S，Mahesh K V，Jeen Maria M，Ananthakumar S. Sol-gel materials for varistor devices [J]. Environment and Electronic Applications，2017：23-59.

[11] Ben-Nissan B，Choi A H，Macha I J，Cazalbou S. Sol-gel nanocoatings of bioceramics [J]. Handbook of Bioceramics and Biocomposites，2016：735-756.

[12] Athayde D D，Souza D F，Silva A M A，Vasconcelos D，Nunes E H M，Diniz da Costa J C，et al. Review of perovskite ceramic synthesis and membrane preparation methods [J]. Ceramics International，2016，42 (6)：6555-6571.

[13] 魏永明，杨晓天，许振良. 相转化法聚合物/溶剂/非溶剂铸膜体系的热力学计算 [J]. 南京工业大学学报（自然科学版），2005 (02)：1-4.

[14] Lee S H，Kim J J，Kim S S，et al. Morphology and performance of polysulfone hollow fiber membrane [J]. John Wiley & Sons, Ltd，1993，49 (3)：539-548.

[15] Hubadillah S K，Othman M H D，Matsuura T，Ismail A F，Rahman M A，Harun Z，et al. Fabrications and applications of low cost ceramic membrane from kaolin：A comprehensive review [J]. Ceramics International，2018，44 (5)：4538-4560.

[16] 郝艳霞，李健生，王连军. 固态粒子烧结法制备 YSZ 超滤膜 [J]. 中国陶瓷工业，2005 (1)：22-25.

[17] Wang Z，Ma J，Tang C Y，Kimura K，Wang Q，Han X. Membrane cleaning in membrane bioreactors：A review [J]. Journal of Membrane Science，2014，468：276-307.

[18] Ben-Sasson M，Lu X，Nejati S，Jaramillo H，Elimelech M. In situ surface functionalization of reverse osmosis membranes with biocidal copper nanoparticles [J]. Desalination，2016，388：1-8.

[19] Li W，Gao L，Liu Y，Ma Z，Wang F，Li H. Preparation，modification and characterization of plasma sprayed graphite/$SiO_2$ powder and related coating [J]. Ceramics International，2019，45 (2)：2250-2257.

[20] Lv B，Mücke R，Fan X，Wang T J，Guillon O，Vaßen R. Sintering resistance of advanced plasma-sprayed thermal barrier coatings with strain-tolerant microstructures [J]. Journal of the European Ceramic Society，2018，38 (15)：5092-5100.

[21] 田秀淑，张光磊，王黔平，吕臣敬. 溶胶-凝胶法制备 $Al_2O_3$-$SiO_2$-$ZrO_2$ 复合膜的成膜工艺研究 [J]. 中国陶瓷，2006 (5)：14-17.

[22] Ben Mansour N，El Mir L. Study of carbon/copper nanocomposite synthesized by sol-gel method [J]. Journal of Materials Science：Materials in Electronics，2016，27 (11)：11682-11690.

[23] de Ferri L，Lorenzi A，Carcano E，Draghi L. Silk fabrics modification by sol-gel method [J]. Textile Research Journal，2016，88 (1)：99-107.

[24] Mahltig B，Grethe T，Haase H. Antimicrobial coatings obtained by sol-gel method [J]，2016：1-27.

[25] Ahile U J，Wuana R A，Itodo A U，Sha'Ato R，Dantas R F. A review on the use of chelating agents as an alternative to promote photo-Fenton at neutral pH：Current trends，knowledge gap and future studies [J]. Sci Total Environ，2020，710：134-872.

[26] Denisov N M，Chubenko E B，Shevtsova T A，Bondarenko V P，Borisenko V E. Photoluminescence of ZnO/C Nanocomposites Formed by the Sol-Gel Method [J]. Journal of Applied Spectroscopy，2018，85 (3)：422-427.

[27] Pelaez M，Falaras P，Likodimos V，Kontos A G，de la Cruz A A，O'Shea K，et al. Synthesis，structural characterization and evaluation of sol-gel-based NF-$TiO_2$ films with visible light-photoactivation for the removal of microcystin-LR [J]. Applied Catalysis B：Environmental，2010，99 (3-4)：378-387.

[28] Gasiorek J，Szczurek A，Babiarczuk B，Kaleta J，Jones W，Krzak J. Functionalizable sol-gel silica coatings for corrosion mitigation [J]. Materials (Basel)，2018，11 (2)：1-18.

[29] Dave B C. Sol-gel coating methods in biomedical systems [J]. Medical Coatings and Deposition Technologies，2016：373-402.

[30] Bengtsson-Palme J，Hammaren R，Pal C，Ostman M，Bjorlenius B，Flach C F，et al. Elucidating selection processes for antibiotic resistance in sewage treatment plants using metagenomics [J]. Sci Total Environ，2016，572：697-712.

[31] Dobaradaran S，Nodehi R N，Yaghmaeian K，Jaafari J，Niari M H，Bharti A K，et al. Catalytic decomposition of 2-chlorophenol using an ultrasonic-assisted $Fe_3O_4$-$TiO_2$@MWCNT system：Influence factors，pathway and mechanism study [J]. J Colloid Interface Sci，2018，512：172-189.

[32] Putkonen M，Bosund M，Ylivaara O M E，Puurunen R L，Kilpi L，Ronkainen H，et al. Thermal and plasma enhanced atomic layer deposition of $SiO_2$ using commercial silicon precursors [J]. Thin Solid Films，2014，558：93-98.

[33] Cebollero J A，Lahoz R，Laguna-Bercero M A，Peña J I，Larrea A，Orera V M. Characterization of laser-processed thin ceramic membranes for electrolyte-supported solid oxide fuel cells [J]. International Journal of Hydrogen Energy，2017，42 (19)：13939-13948.

[34] Cai Z，Liu B，Zou X，Cheng H M. Chemical vapor deposition growth and applications of two-dimensional materials and their heterostructures [J]. Chem Rev，2018，118 (13)：6091-6133.

[35] Bointon T H，Jones G F，De Sanctis A，Hill-Pearce R，Craciun M F，Russo S. Large-area functionalized CVD graphene for work function matched transparent electrodes [J]. Sci Rep，2015，5：164-165.

[36] Brom J E，Weiss L，Choudhury T H，Redwing J M. Hybrid physical-chemical vapor deposition of $Bi_2Se_3$ films [J]. Journal of Crystal Growth，2016，452：230-234.

[37] Dai H，Kou H，Wang H，Bi L. Electrochemical performance of protonic ceramic fuel cells with stable Ba-$ZrO_3$-based electrolyte：A mini-review [J]. Electrochemistry Communications，2018，96：11-15.

[38] Daood U，Matinlinna J P，Fawzy A S. Synergistic effects of VE-TPGS and riboflavin in crosslinking of dentine

[J]. Dent Mater, 2019, 35 (2): 356-367.

[39] Demiral H, Demiral I. Preparation and characterization of carbon molecular sieves from chestnut shell by chemical vapor deposition [J]. Advanced Powder Technolog, 2018, 29 (12): 3033-3039.

[40] Leenaars A F M, Burggraaf A J. The preparation and characterization of alumina membranes with ultrafine pores. 2. The formation of supported membranes [J]. Academic Press, 1985, 105 (1).

[41] Guo H C, Ye E, Li Z, Han M Y, Loh X J. Recent progress of atomic layer deposition on polymeric materials [J]. Mater Sci Eng C Mater Biol Appl, 2017, 70 (Pt 2): 1182-1191.

[42] Fan W, Bai Y. Review of suspension and solution precursor plasma sprayed thermal barrier coatings [J]. Ceramics International, 2016, 42 (13): 14299-14312.

[43] Warsinger D M, Chakraborty S, Tow E W, Plumlee M H, Bellona C, Loutatidou S, et al. A review of polymeric membranes and processes for potable water reuse [J]. Prog Polym Sci, 2016, 81: 209-237.

[44] Chang Y, Ko C Y, Shih Y J, Quémener D, Deratani A, Wei T C, et al. Surface grafting control of PEGylated poly (vinylidene fluoride) antifouling membrane via surface-initiated radical graft copolymerization [J]. Journal of Membrane Science, 2009, 345 (1-2): 160-169.

[45] Chen Q Y, Zou Y L, Fu W, Bai X B, Ji G C, Yao H L, et al. Wear behavior of plasma sprayed hydroxyapatite bioceramic coating in simulated body fluid [J]. Ceramics International, 2019, 45 (4): 4526-4534.

[46] 王沛, 徐南平, 时钧. 多孔陶瓷膜层状结构模型的改进 [J]. 南京化工大学学报 (自然科学版), 1998 (3): 97-100.

[47] Amiri S, Rahimi A. Hybrid nanocomposite coating by sol-gel method: a review [J]. Iranian Polymer Journal, 2016, 25 (6): 559-577.

[48] Sathish S, Geetha M. Comparative study on corrosion behavior of plasma sprayed $Al_2O_3$, $ZrO_2$, $Al_2O_3/ZrO_2$ and $ZrO_2/Al_2O_3$ coatings [J]. Transactions of Nonferrous Metals Society of China, 2016, 26 (5): 1336-1344.

[49] Fu Y, Chen X, Zhang B, Gong Y, Zhang H, Li H. Fabrication of nanodiamond reinforced aluminum composite coatings by flame spraying for marine applications [J]. Materials Today Communications, 2018, 17: 46-52.

[50] Garcia-Casas A, Aguilera-Correa J J, Mediero A, Esteban J, Jimenez-Morales A. Functionalization of sol-gel coatings with organophosphorus compounds for prosthetic devices [J]. Colloids Surf B Biointerfaces, 2019, 181: 973-980.

[51] Gaur S, Singh Raman R K, Khanna A S. In vitro investigation of biodegradable polymeric coating for corrosion resistance of Mg-6Zn-Ca alloy in simulated body fluid [J]. Mater Sci Eng C Mater Biol Appl, 2014, 42: 91-101.

[52] Das P, Paul S, Bandyopadhyay P P. Tribological behaviour of plasma sprayed diamond reinforced molybdenum coatings [J]. International Journal of Refractory Metals and Hard Materials, 2019, 78: 350-359.

[53] Mcclure C D, Oldham C J, Parsons G N. Effect of $Al_2O_3$ ALD coating and vapor infusion on the bulk mechanical response of elastic and viscoelastic polymers [J]. Surface and Coatings Technology, 2015, 261: 411-417.

[54] Xia J, Huang X, Liu L Z, Wang M, Wang L, Huang B, et al. CVD synthesis of large-area, highly crystalline $MoSe_2$ atomic layers on diverse substrates and application to photodetectors [J]. Nanoscale, 2014, 6 (15): 8949-8955.

[55] Zhao L, Zhang H, Xing Y, Song S, Yu S, Shi W, et al. Studies on the magnetism of cobalt ferrite nanocrystals synthesized by hydrothermal method [J]. Journal of Solid State Chemistry, 2008, 181 (2): 245-252.

[56] Bhattacharjee C, Saxena V K, Dutta S. Fruit juice processing using membrane technology: A review [J]. Innovative Food Science & Emerging Technologies, 2017, 43: 136-153.

[57]  Cassano A, De Luca G, Conidi C, Drioli E. Effect of polyphenols-membrane interactions on the performance of membrane-based processes. A review [J]. Coordination Chemistry Reviews, 2017, 351: 45-75.

[58]  Kim J, Van der Bruggen B. The use of nanoparticles in polymeric and ceramic membrane structures: Review of manufacturing procedures and performance improvement for water treatment [J]. Environmental Pollution, 2010, 158 (7): 2335-2349.

[59]  Samaei S M, Gato-Trinidad S, Altaee A. The application of pressure-driven ceramic membrane technology for the treatment of industrial wastewaters: A review [J]. Separation and Purification Technology, 2018, 200: 198-220.

# 第3章　杂化陶瓷膜的制备

## 3.1　成膜机理

负载型膜反应器的典型特点是通过简单的杂化分离膜，实现其他技术和膜分离两个相互独立的单元合并为一个单元操作。

当以无机陶瓷过滤膜（如 $Al_2O_3$ 膜）作为载体时，形成同时具有其他技术和膜分离多功能的杂化陶瓷膜反应器。功能性材料与膜分离的耦合技术在保持各单个处理工艺特性和处理能力的基础上存在明显耦合协同效应。很多研究表明，功能性材料与无机膜分离技术的结合，不但可以提高最终污染物废水的处理效率，而且可以预防膜污染、提高膜通量。Kim 等研究发现，光催化剂的负载可以在一定程度上缓解膜污染现象的发生，且处理过程中，由于负载的光催化剂与膜材料中特定官能团发生相互作用被牢牢结合在负载膜上，从而使得光催化剂脱落率低，保证了光催化分离膜的连续使用。

当将催化剂在分离膜背面进行负载时，由于催化剂的负载面不同，耦合工艺的作用途径、效果和工艺特性也完全不同。一般来说，在分离膜正面负载的光催化膜反应器中，光催化反应的主要作用是将进水溶液中的大分子有机污染物通过催化降解转变为分子量更小、环境和生物毒性更低的中间产物，再使其通过复合膜出水，膜分离浓缩液中仅残留少量污染物分子，膜在复合分离工艺中的主要作用是为催化剂提供多孔载体、强化催化反应的传质过程和增加催化剂与反应底物的接触时间。可见，耦合工艺的主导反应为催化反应，这种负载方式的工艺特点就是对污染物的降解转化能力很强，反应底物能够得到较为彻底的转化和降解，但矿化效果较差，处理出水化学需氧量残留率仍然较高，需进行二次处理。而将催化剂在膜背面负载，耦合工艺的主导工艺是膜分离工艺，膜与进水溶液直接接触，首先对大分子污染物和胶体污染物进行选择性截留，水中小分子有机物透过分离膜后与催化剂层接触。由此可见，大分子污染物被直接截留在膜分离浓缩液中而不进入光催化氧化体系中，这使得催化反应只对水中小分子污染物降解和矿化，出水水质不但降解效果好，而且矿化度高，一般情况下无需进行后续处理。然而这种负载方法的不足在于，对膜污染现象不能起到根本的防治和减缓。

　　因此，负载型光催化膜反应器处理技术能够充分利用膜的分离特性，将反应底物、中间产物和最终产物进行快速有效的相分离，提高光催化反应对反应底物和有毒有害中间产物光降解的选择性，进而提高废水处理效果和处理工艺的经济性，出水水质优良，同时还可通过对耦合分离膜的合理选择和对分离膜过滤速度的适当控制，实现不同有机污染物与光催化剂的接触程度和时间不同，针对不同性质的废水和污染物达到最佳的光催化处理效果，实现对整个处理过程的有效控制。

# 3.2　陶瓷膜的负载方法

## 3.2.1　溶胶-凝胶法

　　近 30 年来，溶胶-凝胶复合材料作为有机-无机纳米复合材料的制备已成为材料科学研究的一个引人注目的新领域，加大这一领域的研究能促进新型有机/无机杂化多功能涂层的发展，具有广阔的应用前景。

　　溶胶-凝胶法被描述为分子前驱体在溶液中经过聚合反应形成网络的方法。具体来说，含高化学活性组分的化合物作为前驱体，在液相条件下将其均匀混合，并进行水解、缩合化学反应，在溶液中形成稳定的透明溶胶体系，溶胶经陈化胶粒间缓慢聚合，形成三维网络结构的凝胶，凝胶网络间充满了失去流动性的溶剂，形成凝胶。凝胶经过干燥、烧结固化制备出分子乃至纳米亚结构的材料。通常，溶胶-凝胶法包括 4 个阶段（如图 3-1）：①水解；②缩合聚合单体形成链和离子；③增长的粒子；④聚合物的聚集结构紧随其后形成网络，扩展在整个液体介质中，形成增厚的凝胶。一旦水解反应开始，水解反应和缩合反应同时发生，水解和缩合的步骤产生低分子量的副产品。

前驱体 $\xrightarrow[\text{缩合作用}]{\text{水解作用}}$ 溶胶 $\xrightarrow[\text{凝胶化}]{\text{沉积作用}}$ 负载 $\xrightarrow[\text{干燥}]{\text{蒸发}}$ 干凝胶涂层 $\xrightarrow[\text{压实}]{\text{烧结}}$ 致密涂层

图 3-1　溶胶-凝胶法步骤

　　溶胶-凝胶法的制备过程可以通过改变工艺参数来控制，以达到最终涂层的预期性能。溶胶-凝胶过程（如图 3-2）主要是基于金属烷氧化物的水解和缩合反应。生成的氧化物材料根据反应速率和随后的干燥、加工步骤呈现出从纳米连接溶胶到连续聚合物凝胶的不同结构。通过对溶胶-凝胶反应参数的精确控制，我们可以设计出具有新性能的新材料，这些新材料可以以玻璃、纤维、陶瓷粉末和薄膜的形式应用于许多领域。溶胶-凝胶法的原理和应用已经有很多的研究。低反应温度和低反应压力使得无机材料中含有有机基团，从而得到一类由无机材料和有机材料组成的新型材料。无机部分赋予了涂层增强力学的性能，而有机部分会使涂层系统有更好的灵活性，与有机涂料有更好的兼容性。

　　溶胶-凝胶法为各种基体的涂层提供了一种简单、有效的方法，包括金属、塑料等涂层。但也存在一些问题：①所使用的原料价格比较昂贵，有些原料为有机物，对健康有害；②通常整个溶胶-凝胶过程所需时间较长，常需要几天或几周，例如，文献中报道了 $ZnO/TiO_2$ 纳米复合材料的合成就需要 3 天的时间，而在硅基体上涂覆 ZnO 膜需要 1 周的时间；③凝胶中存在大量微孔，在干燥过程中又将会逸出许多气体及有机物，并产生收缩。

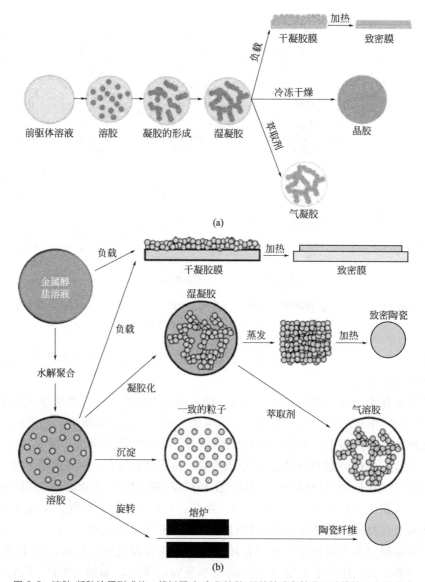

图 3-2　溶胶-凝胶涂层形成的一般过程（a）和溶胶-凝胶技术各阶段和路线的示意图（b）

## 3.2.2　物理气相沉积法

物理气相沉积（PVD）技术是一种真空沉积法，它修饰材料的表面，在各种类型的底物上沉积一种具有特定功能的薄膜（如图 3-3）。该技术制备的薄膜具有硬度高、摩擦系数低、耐磨性好、化学稳定性好等优点。PVD 技术已广泛应用于材料、电子、航天、光学等领域。使用耐磨性、耐腐蚀性、超导性、光导率和电导率来制作薄膜。除了传统的真空蒸发和溅射沉积技术外，最近几十年还开发了各种离子束沉积、离子镀和离子束辅助沉积技术。沉积的类型包括：真空蒸发、溅射、离子电镀等。目前，物理气相沉积技术不仅可以沉积金属膜、合金薄膜，而且可以沉积化合物、陶瓷、半导体、聚合物膜等。

从历史上看，最早用于 PVD 工艺的技术是真空蒸发。真空蒸发的基本原理是将金属、金属合金或化合物在真空下蒸发，然后沉积在基体表面。蒸发法通常采用电阻加热、高频感

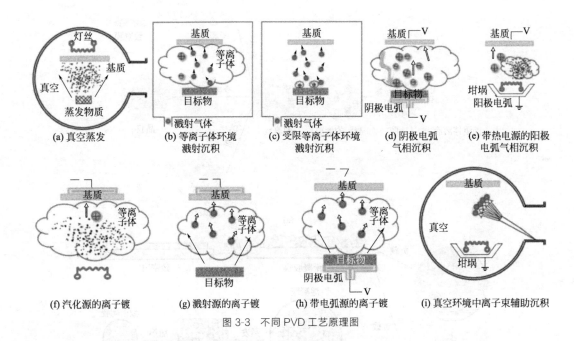

图 3-3  不同 PVD 工艺原理图

应加热、电子束、激光束、离子束高能轰击等方式。金属、金属合金或化合物被蒸发成气相，然后沉积在基板的表面。

真空离子镀技术是近十年来发展最快的一种表面处理技术，已成为当今最先进的表面处理方法之一。离子电镀的基本原理是将原子的电镀材料引入真空环境中，并使用等离子体技术，将电镀部分电离成离子，并生成高能中性原子，并采用负偏压将其镀在衬底上。因此，在深负偏压作用下，离子沉积在衬底表面形成薄膜。离子电镀最常见的形式是一种基于等离子体的工艺，它可以用来激活活性物质，同时产生相对容易吸附的新化学物质，促进沉积过程。

物理气相沉积工艺广泛应用于制备具有耐磨性、耐腐蚀性、超导性、光电导率和电导率的薄膜。许多有机材料和几乎所有的无机材料都可以用沉积法沉积。PVD 工艺已逐渐成为一项具有广阔应用前景的新技术，并朝着环保、清洁的方向发展。然而，PVD 技术也存在一些问题。例如，人们倾向于开发基于钛的纳米复合硬涂层，如锡、TiC、Ti-CN、TiBN、Ti-Al-N 等，但对其表面磨损的了解甚少。材料的磨损取决于涂层的厚度、实验温度、所使用的载荷等。此外，溅射沉积过程降低了系统的泵送速度，不易去除气体污染。在等离子体镀膜过程中，泵送速度有时受到限制，出现膜污染问题。

### 3.2.3  化学气相沉积法

化学气相沉积（CVD）是近几十年来发展起来的一项制备无机材料的新技术。CVD 是一种气相元件或含有薄膜元件的化合物在基体的固体表面产生化学反应和输运反应形成薄膜的技术。近年来，化学气相沉积被广泛应用于新晶体的制备，沉积各种单晶、多晶或玻态无机薄膜材料。大致可以分为三个步骤。首先，挥发性气体物质形成。其次，挥发性气体物质被转移到沉积区。最后，通过底物表面的化学反应形成薄膜。化学气相沉积技术可分为两种类型，开管流法和闭管流法。密封方法是将反应材料放置在真空泵反应器两侧，将输送气体注入反应器内，再密封。控制两端温度，形成温度梯度。开管流法分为热壁和冷壁两种。近年来，CVD 被广泛应用于二维材料及其异质结构的生长。

化学气相沉积对半导体工业具有相当重要的意义。同时，CVD 法也是合成过渡金属二硫化物（TMDC）的主要方法之一。然而，用这种方法生产的材料的质量受到其生长过程中形成的缺陷的限制。这肯定会带来一些问题。化学气相沉积过程会产生或多或少带电荷的杂质和缺陷，而高质量的 TMDC 及其对纯净、高性能光电子和电子的需求，必然会减少电荷载体的迁移率。希望在 CVD 生长过程中找到减少带电杂质和修复缺陷的原理和方法。

### 3.2.4 火焰喷涂热解法

火焰喷涂技术作为一种新的表面防护和表面强化工艺，在近 20 年里得到了迅速发展，已成为金属表面工程领域中一个十分活跃的分支。其原理如图 3-4，它是利用燃气乙炔、丙烷、甲基乙炔-丙二烯（MPS）、氢气或天然气与助燃气体氧混合燃烧作为热源，喷涂材料则以一定的传输方式进入火焰，加热到熔融或软化状态，然后在高速气流的推动下形成雾流，喷射到基体上，喷射的微小熔融颗粒撞击在基体上时，产生塑性变形，成为片状叠加沉积涂层。

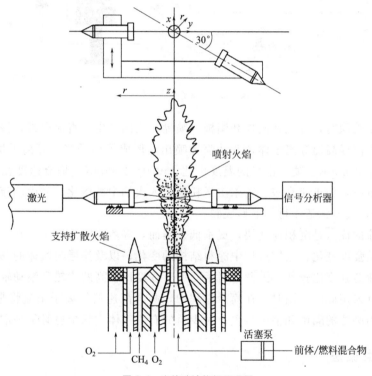

图 3-4 火焰喷涂热解原理图

根据喷涂材料的不同，火焰喷涂可分为丝火焰喷涂和粉末火焰喷涂。丝火焰喷涂是直径为 1.8~4.8mm 的金属丝连续被加热到熔点，然后通过气帽的压缩空气将其雾化为喷射粒子，再依靠空气流加速喷射到基体上，堆积成涂层。粉末火焰喷涂是粉末进入氧气-燃气火焰，迅速熔化，然后依靠火焰加速喷射到基体上形成涂层。火焰喷涂的优点是可以通过喷涂时间控制薄膜厚度。在很多情况下，湿涂层比气溶胶工艺慢。火焰喷涂的优点是操作简便、成本低廉，喷涂设备移动方便，适于外场作业。但是，这种喷涂工艺受到氧气-燃气火焰最高温度的限制，所以，熔点高的材料不适于使用这种方法。而且所形成的涂层孔隙率高，涂层强度低，涂层与基体的黏结力差，不能承受交变载荷和冲击载荷，对基体表面的要求也高。

### 3.2.5　等离子喷涂法

等离子喷涂是一种材料表面强化和表面改性的技术，它具有以下优点：超高温特性，便于进行高熔点材料的喷涂；喷射粒子的速度高，涂层致密，黏结强度高；由于使用惰性气体作为工作气体，所以喷涂材料不易氧化。如图 3-5，等离子喷涂技术是采用由直流电驱动的等离子电弧作为热源，等离子弧是一种高能束热源，其横截面的能量密度可提高到 $10^5 \sim 10^6$ W/cm$^2$，弧柱中心温度可升高到 $15000 \sim 33000$K，可以将陶瓷、合金、金属等材料加热到熔融或半熔融状态，并以高速喷向经过预处理的工件表面而形成附着牢固的表面层的方法。

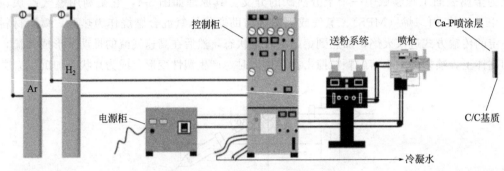

图 3-5　等离子喷涂原理图

进行等离子喷涂时，首先在阴极和阳极（喷嘴）之间产生一直流电弧，该电弧把导入的工作气体加热电离成高温等离子体，并从喷嘴喷出，形成等离子焰，等离子焰的温度很高，其中心温度可达 30000K，喷嘴出口的温度可达 $15000 \sim 20000$K。焰流速度在喷嘴出口处可达 $1000 \sim 2000$m/s，但迅速衰减。粉末由送粉器送入火焰中被熔化，并由焰流加速得到高于 150m/s 的速度，喷射到基体材料上形成膜。

等离子喷涂的优点是沉积速度快，成本低。然而，等离子喷涂涂层存在的问题包括涂层与金属基体黏结强度变化、涂层过程中涂料结构的变化，以及涂层与基体的黏附性差。等离子喷涂的涂层疲劳强度比较低。因此，对承受疲劳强度比较高的齿轮和滚动轴承的滚珠、滚柱等表面不适宜采用此法。同时，在喷涂过程中，高温高速的等离子焰流将带来高的噪声。因此，必须采用必要的隔声和消声装置；对少量的有害气体和粉尘也必须采取相应的措施。

### 3.2.6　接枝共聚法

接枝共聚可以描述为一种接枝共聚物的共聚合方法。由于接枝共聚物具有构成它的两种聚合物的综合性能，因此它成为一种重要的聚合物。例如，如果可染色聚合物附着在纤维的主链上，则可以改善染色性能；在膜表面上的接枝共聚可以改善其亲水性或疏水性。表面接枝共聚具有化学结构和几何控制的多功能性。表面接枝共聚可以改变膜的表面，并且不牺牲 PVDF（聚偏氟乙烯）膜的优异物理和化学性质。研究表明，接枝共聚的活化过程取决于化学引发剂或不同能量源的高能辐射，如臭氧、紫外线、电子束、血浆等。

聚合物膜与单体的接枝共聚效果可以通过接枝效率表示。接枝效率的大小与自由基的活性有关，引发剂的选择也很关键。温度也会影响接枝效率。提高聚合温度通常会提高接枝效率，因为链转移反应的活化能高于生长反应的活化能，并且温度对链转移反应速率常数的影响是显著的。

随着接枝共聚方法的不断发展，其在生物医学纺织品等工业方面存在潜在的应用。然而，接枝共聚方法也存在问题。首先，当使用接枝共聚时，单体不可避免地存在一定程度的自聚合以形成均聚物。因此，通常通过溶剂萃取或沉淀除去均聚物，然后鉴定接枝共聚物的结构。其次，传统的自由基聚合技术对聚合物的结构有一定的控制，并且不能生产精确定义的聚合物以获得高精度。

### 3.2.7　硅烷耦合法

硅烷耦合法是一种重要的、应用领域日渐广泛的膜涂层方法。其主要由偶联剂决定，偶联剂主要用作高分子材料的助剂，能增进无机物和有机物之间的黏合性能。偶联剂分子结构的最大特点是分子中含有化学性质不同的两个基团：一个是亲无机物的基团，易与无机物表面起化学反应；另一个是亲有机物的基团，能与合成树脂或其他聚合物发生化学反应或生产氢键溶于其中。因此偶联剂被称作"分子桥"，用以改善无机物与有机物之间的界面黏结，从而大大提高复合材料的性能，如物理性能、电性能、热性能、光性能等。

硅烷偶联剂（SCA）是人们研究最早、应用最早的偶联剂。由于其独特的性能及新产品的不断问世，使其应用领域逐渐扩大，已成为有机硅工业的重要分支。

硅烷偶联剂（简称"SCA"或硅烷）的通式为 $R_nSiX_{4-n}$。式中，R 为非水解的、可与高分子聚合物结合的有机官能团，根据高分子聚合物的不同性质，R 应与聚合物分子有较强的亲和力或反应能力。X 为可水解基团，遇水溶液、空气中的水分子或无机物表面吸附的水分均可引起分解，与无机物表面有较好的反应性。硅烷偶联剂由于在分子中具有这两类化学基团，因此既能与无机物中的羟基反应，又能与有机物中的长分子链相互作用起到偶联的功效，如图 3-6，其作用机理大致分为 3 步：①X 基水解为羟基；②羟基与无机物表面存在的羟基生成氢键或脱水成醚键；③R 基与有机物相结合。

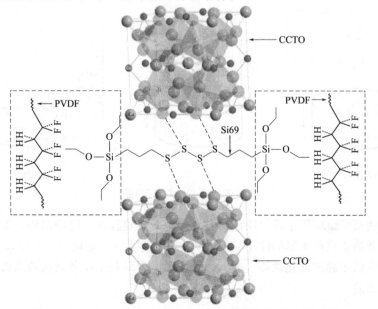

图 3-6　在 CCTO@Si69/PVDF 复合材料中 Si69 的"桥接效应"示意图

有机功能硅烷常被用作复合材料的偶联剂，它们被广泛用于处理无机基体，如金属、玻璃和矿物，以增强无机基体和聚合物基体之间的相容性，但由于硅烷易水解的特性，采用UV（紫外线）等固化剂可能会在材料表面产生额外的官能团，有利于功能性涂料更有效地黏附在基体上。

硅烷耦合法可以克服聚合物与无机材料之间不相容的局限性，提供良好的化学键合和分散性，对材料新性能的开发具有重要的意义。然而，偶联剂的使用也会带来一些问题。例如硅烷偶联剂在潮湿条件下不稳定，有可能发生水解而使涂层破坏。而且对于有过滤功能的多孔材料，运用偶联剂进行涂覆会堵塞部分膜孔，导致膜的渗透性降低。

### 3.2.8 浸涂法

浸涂法是指将膜基板浸入含有涂层物质的溶液中，然后将涂层基板浸出并干燥。如图3-7所示，浸涂法通常可以分为五个独立的步骤：浸泡、浸出、沉积、排水和蒸发。前三个步骤依次进行，后两个步骤同时进行。该技术可以在各种形状的致密或多孔膜基板上进行涂膜，包括平板、管状和中空纤维。膜涂层可通过自组装或溶胶-凝胶工艺形成，通过调整浸镀时间、浸出速度、溶液组成、浸镀周期等工艺参数，可控制镀层厚度。优点包括：通用性强、操作方便。

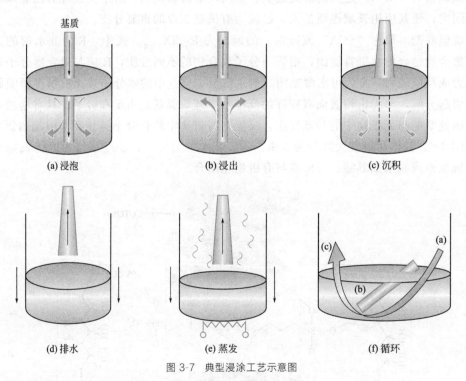

图 3-7  典型浸涂工艺示意图

尽管浸涂法被广泛应用于催化膜的制备，但该技术也存在一定的缺陷，如涂层的厚度不均匀（通常较低的边负载更厚的涂层），这是由"楔形效应"造成的，它降低了催化剂涂层的质量，同时降低了膜的催化性能。此外，该技术主要局限于制备致密的涂层，但对多孔涂层的涂覆能力较差。

## 3.3　制膜工艺与应用

### 3.3.1　溶胶-凝胶法

近年来，溶胶-凝胶技术已成功地应用于金属氧化物涂层、功能陶瓷等无机表面。Dave 介绍了一种利用溶胶-凝胶法在硬质陶瓷基板上涂覆硅烷制备多孔生物医用材料的方法。硅烷初始水解形成硅烷醇，硅烷醇相互缩合形成硅氧烷键。然后，Si—O—Si 和 Si—OH 基团在陶瓷基体表面形成氢键，使硅沉积在基体表面。硅氧烷连接的聚合物网络与悬垂的硅醇基团形成了多孔结构。这种涂层可以捕获药物、生物分子、蛋白质、酶，甚至细胞。Yu Shunzhi 等人用溶胶-凝胶法在钛基板上制备了一种 MgO 膜，用于骨植入物的生物活性和抗菌表面改性。$MgAc_2$ 在 323℃ 下水解熔融形成 MgO 溶胶，MgO 溶胶在缩聚反应中生成—Mg—O—Mg—。然后，通过—Mg—O—Mg—与—OH 在钛表面的相互作用，将 MgO 膜涂覆在钛表面。这种材料与成骨细胞具有生物相容性，对大肠杆菌有轻微的抗菌作用。Mariusz Walczak 等报道了溶胶-凝胶法在钛合金 Ti-6Al-4VELI（astm-5 级）上沉积 $SiO_2$-$TiO_2$ 涂层的结果。以钛支撑氧化物 $Ti(OC_3H_7)_4$ 和四乙氧基硅烷 $[Si(OC_2H_5)_4]$ 为原料，水解制备了钛硅溶胶。然后，钛硅溶胶与钛合金之间形成的 Ti—OH 羟基使 $SiO_2$—$TiO_2$ 涂层在钛合金表面。涂层均匀，薄，有光泽，不脱落，还具有抗菌活性。

溶胶-凝胶法可以在有机聚合物的两端或侧链引入官能团，极大地提高了其他材料在有机表面的结合能力。Dorota Kowalczyk 等采用溶胶-凝胶法和填充技术在聚丙烯和聚对苯二甲酸乙烯（乙烯对苯二甲酸酯）织物上沉积了石墨烯修饰涂层。在范德华力和氢键作用下，将石墨烯涂覆在织物表面。用含有石墨烯的有机硅溶胶填充物使聚合物织物具有导电性。Laviniade Ferri 等以正硅酸乙酯为前驱体，采用溶胶-凝胶法在丝绸表面加载 $SiO_2$ 涂层，以提高丝绸的耐磨性和防水性能。以水、3-缩水甘油氧丙基三甲氧基硅烷、氟代烷氧基烷、盐酸为原料合成了含氟硅烷氧基化合物的溶胶。在织物涂布时，将未染色的斜纹丝浸湿在溶胶中，并用实验室的拨浆去除多余的液体。织物风干 2h，再于 100℃ 下烘干 30min。

### 3.3.2　物理气相沉积法

物理气相沉积技术具有操作简单、膜成分易于控制的特点。因此，该技术在无机基板上得到了成功的应用。Arfaoui 等在 500℃ 高真空室（约 $10^{-9}$ Pa）中，流动氧条件下，将高纯 $WO_3$ 和 $MoO_3$ 粉末（Aldritch，99.9%）沉积在玻璃基板上，1h。经 X 射线衍射，$WO_3$ 和 $MoO_3$ 分别沿单斜结构边缘（200）和正交相结晶。$WO_3$ 和 $MoO_3$ 膜对乙醇气具有较高的光催化活性和传感性能。Bethany 等利用磁控溅射技术成功地将 Ti—Si—B—C 和 Ti—Si—B—C—N 涂覆在不锈钢（SS304）上，并在氩气和氮气环境下进行了溅射。结果表明，涂层表面具有较高的模量和硬度，范围在 240～320GPa 和 23～27GPa 之间。

电弧离子镀工艺是一种制备多层膜的环保型工艺。Wang 等采用电弧离子镀技术在 316L 不锈钢（SS316L）表面制备了致密光滑的 Ti/(Ti，Cr) N/CrN 合金多层膜，并将其作为质子交换膜燃料电池（PEMFC）使用。涂覆的 316L 不锈钢与 Toray® 炭纸的界面接触电阻（ICR）低于未涂覆的 SS316L 钢。

　　Yi 等利用闭合场非平衡磁控溅射离子镀（CFUBMSIP）研究了一系列多层梯度 TiAlN 涂层在 $Ti_6Al_4V$ 基体上的生物医学应用。在溅射反应过程中，闭环光发射监测器（OEM）控制氮的流动。涂层的组成由目标溅射电流、偏置电压和反应物气体流量决定。多层梯度 TiAlN 涂层对 $Ti_6Al_4V$ 基体具有较强的附着力，使得 TiAlN 涂层的杨氏模量、硬度和耐磨性均高于未涂层 $Ti_6Al_4V$ 基体。

### 3.3.3　化学气相沉积法

　　化学气相沉积在半导体工业中有着广泛的应用。化学气相沉积是合成过渡金属二硫化物（TMDs）的主要方法之一。Wang 等成功报道了利用 CVD 在熔融态玻璃上生长毫米级单层 $MoSe_2$ 晶体。结果表明，该"液体"玻璃基体可用于生产高质量、大尺寸的二维材料。Wu 等通过在 CVD 炉中向单点提供面积较小的源气体来制备铁芯，然后可以制备单位尺寸为 1in（$1in=0.0254m$）的单晶石墨烯畴。将局部前驱体加料方法与 CVD 方法相结合，可以加速高质量二维材料的开发。Xia 等利用 CVD 在 $SiO_2/Si$、云母和 Si 衬底上生长大面积的高结晶 $MoSe_2$ 原子层。将高结晶 $MoSe_2$ 原子层应用于光探测器，具有良好的光响应性和快速响应特性（如图 3-8）。Hafeez 等分别在 $SiO_2/Si$ 和蓝宝石衬底上沉积了单晶六角 $ReS_2$ 片和大面积连续双层 $ReS_2$ 膜。这可用于制备基于多晶薄膜和单晶片的光电探测器，其中，单晶 $ReS_2$ 优异的光电性能具有成为高性能纳米光电探测器的潜力。

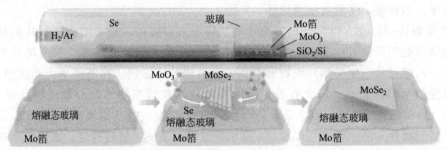

图 3-8　熔融态玻璃上 $MoSe_2$ 单层膜的合成工艺及形貌

　　Kozen 等将 $ALDAl_2O_3$ 涂层直接涂在 Li 金属箔上，并将其涂在 LiS 电池系统上，显著降低了 LiS 电池外的第一循环容量损失，并增加了保护。在原子层沉积（ALD）过程中，他们还在序列的特定位置演示了 $N_2$ 等离子体剂量，以提高 LiPON（锂-磷氧氮化）膜的含氮能力。这一结果为三维固态微/纳米电池的应用提供了很好的前景。

### 3.3.4　火焰喷涂热解法

　　目前，火焰喷涂热解法（FSP）已被开发用于制造多孔薄膜，可调孔隙率，用于化学传感器、光电探测器和太阳能电池。Torben Halfer 等采用陶瓷掩膜辅助火焰喷涂热解法在玻璃基底上包覆一层 $SnO_2$ 纳米颗粒。简言之，制备了一种含 $0.5MSn(II)$ 和 $O_2$ 的溶液前驱体，在高温下制备 $SnO_2$ 纳米粒子。$SnO_2$ 粒子在水冷玻璃基板上热泳沉积，形成多层纳米粒子，具有很高的轮廓精度，如图 3-9 所示。陈洪军等采用火焰喷涂热解法将多孔 $WO_3$ 薄膜沉积在掺氟氧化锡（FTO）玻璃上，制备了一种新型半导体电极。$WO_3$ 通过注射泵进入喷嘴，然后被氧气弥散气体雾化。雾化前驱体溶液由周围预混的 $CH_4/O_2$ 小火焰点燃，形成连续的喷雾火焰。随后，前驱体的燃烧导致钨原子形成超饱和蒸汽，形成稳定的团簇，然后成长为纳米颗粒和更大的类裂团聚体。这种气溶胶作为薄膜沉积在 FTO 玻璃基板上。该电极不仅具有半导体光电极的性质，而且可以吸收太阳辐射，产生光激发电荷，并进一步分裂水生成 $H_2$。

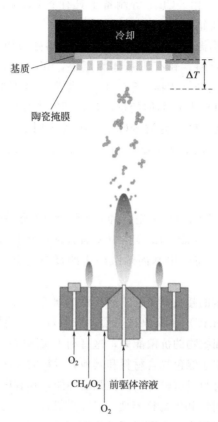

图 3-9　CMA-FSP 陶瓷膜火焰喷涂热解法原理图

火焰喷涂热解技术已广泛应用于防腐涂料、海洋基础设施防生物絮凝处理等领域。Liu 等将辣椒素粉末（一种杀菌剂）涂覆在高密度聚乙烯（HDPE）上，采用火焰喷涂法均匀分布。该涂料在 HDPE 表面对革兰氏阴性大肠杆菌、革兰氏阳性芽孢杆菌和三角铁 Phaeodac-tylum 具有良好的防污性能。Jia 等采用火焰喷雾热解法将铜颗粒包裹在 HDPE 表面，提高其耐蚀性。涂层中铜离子的释放阻碍了海洋生物的附着。

### 3.3.5　等离子喷涂法

等离子体涂层广泛应用于材料表面的耐磨性、耐热性和耐腐蚀性等领域，广泛应用于降低陶瓷表面的磨损，以及航空发动机和燃气轮机部件表面的隔热。A. Wrona 等通过等离子喷涂在不锈钢基体上沉积了由铜或铜合金制成的保护涂层，如铜-二氧化钛复合材料。这种涂层大大加快了大肠杆菌细胞的繁殖和生长。Anil Kumar 等将 $Fe_{2.5}Cr_{6.7}Si_{2.5}B_{0.7}C$（质量分数）作为贫组分，通过大气等离子喷涂（APS）在低碳钢基体上制备了铁基非晶态/纳米晶复合涂层，以达到耐磨的目的。An 等通过空气等离子喷涂（APS）在网状结构的 3.4%（体积分数）TiBw/Ti64 复合材料上设计并制备了抗氧化钴泥涂层，目的是提高 800℃ 以上钛基复合材料（TMCs）的最高使用温度。在 APS 沉积过程中，空气会与熔融液滴表面发生反应。在涂层中的所有元素中，Al 表现出较强的氧化热力学倾向，导致 $Al_2O_3$ 成为区域"1"的暗相。在两个不同的固溶体阶段生成的内在的液滴由于快速凝固，区域"2"含有丰富的铝被视为"β-Al"，明亮的区域"3"为 γ-Al。此外，涂层中还生成少量白色颗粒（区域"4"和"6"），被认为是 TaC 相。Chen 等制备了具有 NiCrAl 底层和 $ZrO_2＋Y_2O_3$ 顶层的等离子喷涂涂层，以防止不锈钢氧化。

由于等离子喷涂产生的高温会使有机基体材料发生熔融或损伤，通常用于无机基体材料的合金涂层，如金属或陶瓷材料。在有机基体涂层上，Wrona 等通过等离子喷涂在柔性碳纤维增强聚合物上制备了有机硅氧化物（$SiO_xC_y$）薄膜，显著提高了柔性碳纤维增强聚合物的耐划痕性能。通过提高 $O_2$ 与前驱体的进给比，同时增加大气压介质阻挡放电，可以将 $SiO_xC_y$ 薄膜的化学成分从类硅转变为类 $SiO_2$。Sun 等采用空气等离子喷涂（APS）技术在碳纤维增强不饱和聚酯表面沉积铝和陶瓷（$Al_2O_3$）涂层，以改善聚合物表面的力学性能。

### 3.3.6　接枝共聚法

Tang 等在聚偏氟乙烯（PVDF）中空纤维膜内表面热诱导两性离子聚合物接枝共聚，使 PVDF 膜具有良好的抗污染性能。Li 等在引发剂偶氮双异丁基腈（AIBN）聚合物的作用下，通过物理吸附自由基聚合将聚甲基丙烯酸磺丁酯接枝到 PVDF 膜上。它还使 PVDF 膜具有良好的抗污染性能。

各种合成聚合物和纤维素的接枝共聚已得到广泛的研究。Liu 等成功地接枝单体甲基丙烯酰丙基三甲基氯化铵（APTMAC）在棉织物表面，采用自由基接枝共聚法将抗菌涂层嫁接到棉织物表面，可以明显增强棉织物的抗菌能力，这有利于实际应用在生物医学纺织品。Thakur 等将乙烯基单体接枝共聚到用于绿色复合材料和其他新材料的表面天然纤维素聚合物上。接枝玻璃纤维预成型的绿色复合材料具有较好的抗拉强度性能，具有广阔的工业应用前景。

聚多巴胺具有一定的黏附性和生物相容性，可在无机材料和有机材料表面实现自聚合涂层功能，其涂覆可提高膜的防污能力，并取得了较为理想的效果。Arena 等发现，用多巴胺对反渗透膜表面进行修饰后，水通量增加了 8～15 倍。Kim 等在超滤膜表面涂覆一层聚多巴胺，发现 MFC（微生物燃料电池）体系中电荷转移电阻显著降低，MFC 的最大输出电功率增大。Elangovan 和 Dharmalingam 修改聚醚醚酮（polyetheretherketone，QPEEK）和聚多巴胺（polydopamine）调查 MFC 的改性膜的性能。结果表明，改性后的膜增加了抗菌污染性能。

将聚多巴胺涂覆在 PVDF 材料或膜上，可获得显著的改性效果。Xi 等发现，聚多巴胺与疏水 PVDF 表面的黏附可以显著提高膜的亲水性。曾等采用聚多巴胺改性高岭土/PVDF 膜处理印染废水，改善了膜的微观结构、亲水性和抗污染性能。Mayeen 等发现，聚多巴胺和 $BaTiO_3$ 可以有效提高 $BaTiO_3$-PVDF-TRFE 纳米颗粒的电导率、电磁性能和热稳定性。

然而，目前的研究大多集中在膜的亲水性和耐水性上，对聚偏氟乙烯膜在 MFC 系统中的其他性能及其处理实际有机废水的能力还没有相关的报道。此外，多巴胺本身具有很强的黏附性。它会不会对稳定膜中其他粒子的掺杂起到很好的作用？膜表面和内部结构的修饰颗粒是否会影响多巴胺在膜上的结合，进而影响膜的整体性能？有报道称，多巴胺会与 $TiO_2$ 中的 Ti 原子配位，并与材料表面的水合羟基共价结合，修饰 $TiO_2$ 表面。然而，多巴胺和 $TiO_2$ 的结合对它们各自的性能都有影响，多巴胺与其他掺杂物质的联合应用能否实现协同增强，共同提高 PVDF 膜的综合性能？所有这些问题都需要进一步验证、讨论和分析。

### 3.3.7 硅烷耦合法

无机反应基团的偶联剂能很好地与大多数无机底物结合，特别是当底物表面含有硅、铝或大多数重金属时。Park 等采用三甲氧基硅烷偶联剂将树脂复合水泥与涂硅钛板黏结。结果表明，树脂复合材料与硅化钛玻片表面的键合是通过界面上的低聚硅氧烷的相互扩散，并在相间区域与渗透聚合物网络交联而成。徐飞高等以 N-(2-氨基乙基)-3-氨基丙基甲基二甲氧基硅烷（AEAPMDMS）为硅烷偶联剂，活化方解石基体表面，形成游离羟基。羟基与四乙氧基硅烷（TEOS）反应，以防止方解石受到酸的攻击，提高其机械强度。

一种具有双重功能的偶联剂将增强粘接，并保护粘接免受潮湿引起的脱粘。张东梅等用钛酸酯偶联剂对纳米级 $TiO_2$ 进行处理，使偶联剂官能团与 $TiO_2$ 表面的羟基发生反应。改性二氧化钛通过偶联剂分子与聚苯乙烯（PS）材料结合，提高了 $TiO_2$/PS 复合材料的机械强度。Myung Hyun Park 等利用聚二甲基硅氧烷（PDMS）、多壁碳纳米管（MWNT）和锆酸铝偶联剂制备了 PDMS/MWNT/二氧化硅涂层。由于偶联剂的加入，涂层表面的二氧化硅醇基团与 PET（热塑性聚酯）基体上的羟基形成了强氢键。氢键大大提高了涂层与基体之间的附着力。Carlos A. Diaz 等对纳米黏土进行硅烷处理，将羟基转化为硫醇基团，然后将荧光染料与硅烷改性纳米黏土进行共轭。纳米黏土经荧光素-5-马来酰亚胺（荧光素）或四甲基罗丹明-5-马来酰亚胺（罗丹明）标记后，在 220℃ 以下仍具有良好的热稳定性。

### 3.3.8 浸涂法

浸涂法多用于涂覆无机催化剂，如 $TiO_2$、镍、沸石（H-ZSM-5、H-USY）等。二氧化钛（$TiO_2$）是最受欢迎的光催化剂，被广泛应用于传统滤膜污染物的降解。在大多数研究中，光催化膜是通过在过滤膜上浸渍二氧化钛溶胶，然后煅烧得到所需的晶相来制备。Zhang 等将锐钛矿相 $TiO_2$ 纳米纤维涂覆在陶瓷中空纤维膜表面，于 500℃ 下煅烧 2h。所制备的光催化膜的孔隙率高达 80%，对腐殖酸的去除率接近 90%（单独过滤腐殖酸去除率为 29%）。

离子交换树脂、硫磺酸、全氟磺酸等有机催化剂也可以通过浸涂法负载在膜上。Fan 等将大孔树脂、水和流变改性剂混合制成浸涂悬浮液，将预湿的聚乙烯醇（PVA）渗透汽化膜浸入悬浮液中 2min，然后在 90℃ 空气中干燥 2h，在 PVA 膜表面包覆了一层厚度约为 25mm（约 40mg）的"干泥状"大孔树脂层。该渗透汽化膜具有催化活性，同时可以进行酯化催化获得较高的酯产率。

## 3.4 杂化陶瓷膜研究展望

对材料界面的物理和化学涂层机理的基本了解将为开发和应用先进的多功能材料奠定基础。已经开发了用于膜改性和功能化的催化剂涂层技术，以使膜具有表面反应性和其他理想的物理化学性质。本小节综述了这些技术的原理、优点/局限性和成功的应用。显然，涂层技术的发展及其在催化膜改性中的应用已经取得了重大进展。表 3-1 提供了这些技术之间的一般比较，以指导适当选择特定的催化膜涂层方法。

表 3-1　不同涂层技术的原理、应用、优点和局限性的总结和比较

| 涂层技术 | 偶联剂法(耦合法) | 物理气相沉积 | 溶胶-凝胶法 | 浸涂法 |
|---|---|---|---|---|
| 原理 | 偶联剂作为"分子桥梁",在涂层材料和基体材料之间建立化学结合或黏附。偶联剂既含有亲无机的基团,很容易与无机物质的表面发生反应,也含有亲有机的基团,可以与聚合物反应或产生氢键 | 物理气相沉积是指在低压或真空环境中以蒸气形式将原子或分子的固体源或液体源蒸发,并凝结在基板上 | 分子前体在液体介质中通过高级缩合反应形成氧化网络,形成聚合的聚合物层 | 在浸涂过程中,材料的湿层以颗粒分散的悬浮体或溶胶的形式沉积在干燥的支撑表面,然后进行受控的烧结过程 |
| 应用范围 | 所有的物理涂层技术都可应用于无机或聚合物基体上的涂层 | | | |
| 优点 | 克服聚合物与无机材料结合时的不相容性 | 几乎所有无机材料和大部分有机材料的负载过程都是无污染的 | 提供了一种简单而有效的涂层方法;可以很好地控制涂层的结构;活性涂层试剂或组分可以实现在分子水平上的均匀分散 | 一种方便的膜涂层技术;广泛应用于在多孔载体上制备大孔至微孔水平的陶瓷膜 |
| 局限性 | 硅烷偶联剂在湿条件下不稳定;对于多孔材料,偶联剂的使用不可避免地会堵塞一些表面孔隙 | 原材料的利用率相对较低;沉积过程中难以控制通量分布和涂层的厚度 | 整个溶胶-凝胶法制备过程耗时长,成本高;凝胶中可能存在微孔,在干燥过程中会有大量气体和有机物逸出,从而产生收缩 | 涂层烧结过程需要重复几次;制备步骤多、膜渗透性低、催化剂失活、烧结过程能耗高 |
| 涂层技术 | 火焰喷涂技术 | 等离子喷涂技术 | 化学气相沉积法 | 接枝共聚法 |
| 原理 | 火焰喷雾热解采用燃气作为热源。喷射材料以一定的传播方式进入火焰,并被加热至熔融或软化状态。在高速气流的推动下,形成雾流并喷淋在基体上 | 等离子喷涂是利用等离子弧作为高能光束的热源,将材料熔化并喷涂在基体表面 | 化学气相沉积是通过在涂层材料和基体之间发生化学反应形成薄膜的过程 | 接枝共聚物是通过化学键合两个不同的聚合物链而形成的 |
| 应用范围 | 所有的化学涂层技术都可用于无机基体和有机聚合物基体 | | | |
| 优点 | 通过改变喷涂时间来控制薄膜厚度;不需要干燥步骤,节省时间 | 超高温有利于高熔点材料的喷涂;粒子被高速喷射以形成密集的涂层;喷涂材料不易氧化 | 提高晶体或晶体薄膜的性能;CVD 沉积膜的形成很简单;所需的反应源材料相对容易获得;很容易控制薄膜的组成和特性;灵活性很大 | 在不牺牲薄膜优良的物理和化学性能的情况下,对薄膜表面进行改性 |
| 局限性 | 涂层中的孔隙往往是应力集中的部位,导致涂层的强度和伸长率有限;沉积金属粉末可能发生热降解;由于形成时间短,板间的键合通常很弱;沉积金属粉末可能发生热降解 | 涂层与金属基体之间的附着力小;等离子喷涂涂层的疲劳强度较低;高温高速的等离子火焰流在喷涂过程中不可避免地会带来很高的噪声 | 在 CVD 薄膜形成过程中,杂质或缺陷会影响涂层质量;沉积速率不高,不如蒸发镀和离子镀,甚至低于溅射镀;参与沉积的反应源和反应后残留的气体都是有毒的 | 单体必然会形成一定程度的均聚;传统的自由基聚合技术对聚合物的结构缺乏一定的控制;它不能生产高精度的精确定义的聚合物膜 |

　　虽然涂层技术已经在各种领域得到了广泛的应用，但是在膜过滤材料上进行催化剂涂层的工业化似乎还为时过早，这可能是由于工艺复杂以及对膜渗透性或催化剂活性的一些负面影响。例如，在多孔膜表面涂覆容易造成孔隙堵塞，不利于降低膜的渗透性，增加水力阻力。因此，当需要更高的泵送压力或能量来维持理想的过滤通量时，膜操作成本可能会增加。目前迫切需要开发更精密的涂层技术来控制和优化涂层的厚度、孔隙率或催化剂的分布。此外，涂层技术如加热或烧结处理是在高温下操作的，在此期间，严重的催化剂失活、其他对涂层质量和功能的不利影响经常发生。例如，陶瓷膜上的催化剂涂层往往需要高温烧结，这不可避免地改变了涂层材料的结晶度和相变等理化性质，从而可能降低或消除所设计涂层的理想性能。其他次要但相关的问题，如涂层质量（如稳定性、强度）和耐环境风化性，也仍然是重要的研究领域。

　　膜涂层的可靠性和耐久性不仅决定了其性能，而且决定了其经济可行性。所制备的催化剂具有较高的活性、选择性和稳定性。不幸的是，在膜上固定后，催化剂的活性在大多数情况下往往受到几个关键因素的限制，如在相对较薄的膜上催化剂负载量不足。要大规模生产功能性过滤膜必须进一步解决这些新型固定化技术的限制，并确保其经济可行性。

## 参 考 文 献

[1]　徐飞高，李丹，袁艳丽，林娜. 疏水二氧化硅涂层对石材的抗酸保护性能 [J]. 腐蚀科学与防护技术，2012，24（5）：392-396.

[2]　Gasiorek J，Szczurek A，Babiarczuk B，Kaleta J，Jones W，Krzak J. Functionalizable sol-gel silica coatings for corrosion mitigation [J]. Materials (Basel)，2018，11（2）：1-18.

[3]　Anas S，Mahesh K V，Jeen Maria M，Ananthakumar S. Sol-gel materials for varistor devices [J]. Environment and Electronic Applications，2017：23-59.

[4]　Dave B C，Dunn B，Valentine J S，et al. Sol-gel encapsulation methods for biosensors [J]. Analytical Chemistry，1994，66（22）：1120-1127.

[5]　Fang C，Pu M，Zhou X，Lei W，Pei L，Wang C. Facile preparation of hydrophobic aluminum oxide film via sol-gel method [J]. Front Chem，2018，6：308-309.

[6]　Garcia Casas A，Aguilera Correa J J，Mediero A，Esteban J，Jimenez Morales A. Functionalization of sol-gel coatings with organophosphorus compounds for prosthetic devices [J]. Colloids Surf B Biointerfaces，2019，181：973-980.

[7]　Guglielmi M，Martucci A. Sol-gel nanocomposites for optical applications [J]. Journal of Sol-Gel Science and Technology，2018，88（3）：551-563.

[8]　Wang T，Wang Z，Wang P，Tang Y. An integration of photo-fenton and membrane process for water treatment by a PVDF@CuFe$_2$O$_4$ catalytic membrane [J]. Journal of Membrane Science，2019，572：419-427.

[9]　Yang C，Song H S，Liu D B. Effect of coupling agents on the dielectric properties of CaCu$_3$Ti$_4$O$_{12}$/PVDF composites [J]. Composites Part B：Engineering，2013，50：180-186.

[10]　Zeng G，Ye Z，He Y，Yang X，Ma J，Shi H，et al. Application of dopamine-modified halloysite nanotubes/PVDF blend membranes for direct dyes removal from wastewater [J]. Chemical Engineering Journal，2017，323：572-583.

[11]　Ramos F J，Oliva-Ramirez M，Nazeeruddin M K，Grätzel M，González Elipe A R，Ahmad S. Nanocolumnar 1-dimensional TiO$_2$ photoanodes deposited by PVD-OAD for perovskite solar cell fabrication [J]. Journal of Materials Chemistry A，2015，3（25）：13291-13298.

[12]　Wang F，Guo Z. Facile fabrication of ultraviolet light cured fluorinated polymer layer for smart superhydrophobic surface with excellent durability and flame retardancy [J]. J Colloid Interface Sci，2019，547：153-161.

［13］ Kang G D，Cao Y M. Application and modification of poly（vinylidene fluoride）（PVDF）membranes——A review ［J］. Journal of Membrane Science，2014，463：145-165.

［14］ Li X，Pang R，Li J，Sun X，Shen J，Han W，et al. In situ formation of Ag nanoparticles in PVDF ultrafiltration membrane to mitigate organic and bacterial fouling ［J］. Desalination，2013，324：48-56.

［15］ Baptista A，Silva F，Porteiro J，Miguez J，Pinto G. Sputtering physical vapour deposition（PVD）coatings：A critical review on process improvement and market trend demands ［J］. Coatings，2018，8（11）：402-403.

［16］ Barreau N，Frelon A，Lepetit T，Gautron E，Gautier N，Ribeiro-Andrade R，et al. High efficiency solar cell based on full PVD processed Cu（In，Ga）Se$_2$/CdIn$_2$S$_4$ heterojunction ［J］. Solar RRL，2017，1（11）：1700140-1700141.

［17］ Bointon T H，Jones G F，De Sanctis A，Hill-Pearce R，Craciun M F，Russo S. Large-area functionalized CVD graphene for work function matched transparent electrodes ［J］. Sci Rep，2015，5：16464.

［18］ Cai Z，Liu B，Zou X，Cheng H M. Chemical vapor deposition growth and applications of two-dimensional materials and their heterostructures ［J］. Chem Rev，2018，118（13）：6091-6133.

［19］ Han H V，Lu A Y，Lu L S，Huang J K，Li H，Hsu C L，et al. Photoluminescence enhancement and structure repairing of monolayer MoSe$_2$ by hydrohalic acid treatment ［J］. ACS Nano，2016，10（1）：1454-1461.

［20］ Wang H，Zhu D，Jiang F，Zhao P，Wang H，Zhang Z，et al. Revealing the microscopic CVD growth mechanism of MoSe$_2$ and the role of hydrogen gas during the growth procedure ［J］. Nanotechnology，2018，29（31）：314001-314002.

［21］ Hong P Y，Al Jassim N，Ansari M I，Mackie R I. Environmental and public health implications of water reuse：Antibiotics，antibiotic resistant bacteria，and antibiotic resistance genes ［J］. Antibiotics（Basel），2013，2（3）：367-399.

［22］ Tian F，Wu Z，Yan Y，Ye B C，Liu D. Synthesis of visible-light-responsive Cu and N-codoped AC/TiO$_2$ photocatalyst through microwave irradiation ［J］. Nanoscale Res Lett，2016，11（1）：292-293.

［23］ Chen H，Mulmudi H K，Tricoli A. Flame spray pyrolysis for the one-step fabrication of transition metal oxide films：Recent progress in electrochemical and photoelectrochemical water splitting ［J］. Chinese Chemical Letters，2019，4084：1-4.

［24］ Halfer T，Zhang H，Mädler L，Rezwan K. Ceramic mask-assisted flame spray pyrolysis for direct and accurate patterning of metal oxide nanoparticles ［J］. Advanced Engineering Materials，2013，15（8）：773-779.

［25］ Heine M C，Mädler L，Jossen R，Pratsinis S E. Direct measurement of entrainment during nanoparticle synthesis in spray flames ［J］. Combustion and Flame，2006，144（4）：809-820.

［26］ Mardali M，SalimiJazi H R，Karimzadeh F，Luthringer B，Blawert C，Labbaf S. Comparative study on microstructure and corrosion behavior of nanostructured hydroxyapatite coatings deposited by high velocity oxygen fuel and flame spraying on AZ61 magnesium based substrates ［J］. Applied Surface Science，2019，465：614-624.

［27］ Ong Y S，Kam W，Harun S W，Zakaria R. Fabrication of polymer microfiber through direct drawing and splicing of silica microfiber via vapor spray and flame treatment ［J］. Applied Optics，2015，54（13）：3863-3864.

［28］ Pillai A L，Kurose R. Combustion noise analysis of a turbulent spray flame using a hybrid DNS/APE-RF approach ［J］. Combustion and Flame，2019，200：168-191.

［29］ Fan W，Bai Y. Review of suspension and solution precursor plasma sprayed thermal barrier coatings ［J］. Ceramics International，2016，42（13）：14299-14312.

［30］ Huang C J，Yang K，Li N，Li W Y，Planche M P，Verdy C，et al. Microstructures and wear-corrosion performance of vacuum plasma sprayed and cold gas dynamic sprayed Muntz alloy coatings ［J］. Surface and Coatings Technology，2018：1-13.

［31］ Kumar A，Nayak S K，Bijalwan P，Dutta M，Banerjee A，Laha T. Optimization of mechanical and corrosion properties of plasma sprayed low-chromium containing Fe-based amorphous/nanocrystalline composite coating

[J]. Surface and Coatings Technology，2019，370：255-268.

[32]　Landes K. Diagnostics in plasma spraying techniques [J]. Surface and Coatings Technology，2006，201 (5)：1948-1954.

[33]　Wang Y，Zhao Y，Darut G，Poirier T，Stella J，Wang K，et al. A novel structured suspension plasma sprayed YSZ-PTFE composite coating with tribological performance improvement [J]. Surface and Coatings Technology，2019，358：108-113.

[34]　Wrona A，Bilewska K，Lis M，Kamińska M，Olszewski T，Pajzderski P，et al. Antimicrobial properties of protective coatings produced by plasma spraying technique [J]. Surface and Coatings Technology，2017，318：332-340.

[35]　Yang Y C，Wang P H，Tsai Y T，Ong H C. Influences of feedstock and plasma spraying parameters on the fabrication of tubular solid oxide fuel cell anodes [J]. Ceramics International，2018，44 (7)：7824-7830.

[36]　Su X，Li S，Cai J，Xiao Y，Tao L，Hashmi M Z，et al. Aerobic degradation of 3，3′，4，4′-tetrachlorobiphenyl by a resuscitated strain Castellaniella sp. SPC4：Kinetics model and pathway for biodegradation [J]. Sci Total Environ，2019，688：917-925.

[37]　Steiling W，Almeida J F，Assaf Vandecasteele H，Gilpin S，Kawamoto T，O'Keeffe L，et al. Principles for the safety evaluation of cosmetic powders [J]. Toxicol Lett，2018，297：8-18.

[38]　Cooper C S，Laurendeau N M. In-situ calibration technique for laser-induced fluorescence measurements of nitric oxide in high-pressure，direct-injection，swirling spray flames [J]. Combustion Science and Technology，2000，161 (1)：165-189.

[39]　Dimitriadi M，Eliades G. Reactivity of dental silane coupling agents [J]. Dental Materials，2017，33：25-26.

[40]　Hasan M，You Z，Satar M，Warid M，Kamaruddin N，Ge D，et al. Effects of titanate coupling agent on engineering properties of asphalt binders and mixtures incorporating LLDPE-CaCO$_3$ pellet [J]. Applied Sciences，2018，8 (7)：1029-1030.

[41]　Hassan M，Wang X，Wang F，Wu D，Hussain A，Xie B. Coupling ARB-based biological and photochemical (UV/TiO$_2$ and UV/S$_2$O$_8^{2-}$) techniques to deal with sanitary landfill leachate [J]. Waste Manag，2017，63：292-298.

[42]　Hsiang H I，Chen C C，Tsai J Y. Dispersion of nonaqueous Co$_2$Z ferrite powders with titanate coupling agent and poly (vinyl butyral) [J]. Applied Surface Science，2005，245 (1-4)：252-259.

[43]　Kuo K H，Chiu W Y，Hsieh K H. Synthesis of UV-curable silane-coupling agent as an adhesion promoter [J]. Materials Chemistry and Physics，2009，113：941-945.

[44]　Liu S，Ma C，Cao W，Fang J. Influence of aluminate coupling agent on low-temperature rheological performance of asphalt mastic [J]. Construction and Building Materials，2010，24 (5)：650-659.

[45]　Lu Y，Li X，Wu C，Xu S. Comparison between polyether titanate and commercial coupling agents on the properties of calcium sulfate whisker/poly (vinyl chloride) composites [J]. Journal of Alloys and Compounds，2018，750：197-205.

[46]　Mallakpour S，Madani M. A review of current coupling agents for modification of metal oxide nanoparticles [J]. Progress in Organic Coatings，2015，86：194-207.

[47]　Elshereksi N W，Ghazali M J，Muchtar A，Azhari C H. Aspects of titanate coupling agents and their application in dental polymer composites：A review [J]. Advanced Materials Research，2015，1134：96-102.

[48]　Yan H，Yuanhao W，Hongxing Y. TEOS/silane-coupling agent composed double layers structure：A novel super-hydrophilic surface [J]. Energy Procedia，2015，75：349-354.

[49]　Yu S，Oh K H，Hwang J Y，Hong S H. The effect of amino-silane coupling agents having different molecular structures on the mechanical properties of basalt fiber-reinforced polyamide 6，6 composites [J]. Composites Part B，Engineering. 2019，163：511-521.

[50]　Jiang J，Zhu L，Zhu L，Zhu B，Xu Y. Surface characteristics of a self-polymerized dopamine coating deposited on hydrophobic polymer films [J]. Langmuir，2011，27 (23)：14180-14187.

[51] Kaur H, Bulasara V K, Gupta R K. Influence of pH and temperature of dip-coating solution on the properties of cellulose acetate-ceramic composite membrane for ultrafiltration [J]. Carbohydr Polym, 2018, 195: 613-621.

[52] Gugliuzza A, Aceto M C, Drioli E. Interactive functional poly (vinylidene fluoride) membranes with modulated lysozyme affinity: a promising class of new interfaces for contactor crystallizers [J]. Polymer International, 2009, 58 (12): 1452-1464.

[53] Zhang Q, Wang H, Fan X, Lv F, Chen S, Quan X. Fabrication of $TiO_2$ nanofiber membranes by a simple dip-coating technique for water treatment [J]. Surface and Coatings Technology, 2016, 298: 45-52.

[54] Yu Shunzhi, et al. Biocompatible MgO film on titanium substrate prepared by sol-gel method [J]. Rare Metal Materials and Engineering, 2018, 47 (9): 2663-2667.

[55] Kowalczyk D, Brzeziński S, Kamińska I. Multifunctional nanocoating finishing of polyester/cotton woven fabric by the sol-gel method [J]. Textile Research Journal, 2017, 88 (8): 946-956.

[56] Ferri L, Lorenzi A, Carcano E, Draghi L. Silk fabrics modification by sol-gel method [J]. Textile Research Journal, 2016, 88 (1): 99-107.

[57] Arfaoui A, Touihri S, Mhamdi A, Labidi A, Manoubi T. Structural, morphological, gas sensing and photocatalytic characterization of $MoO_3$ and $WO_3$ thin films prepared by the thermal vacuum evaporation technique [J]. Applied Surface Science, 2015, 357: 1089-1096.

[58] Bethany R Hannas, Parikshit C Das, Hong Li, Gerald A LeBlanc. Intracellular conversion of environmental nitrate and nitrite to nitric oxide with resulting developmental toxicity to the crustacean daphnia magna [J]. PLOS ONE, 2010, 5 (8).

[59] Wang L, Qiao L, Zheng J, Cai W, Ying Y, Li W, et al. Microstructure and properties of FeSiCr/PA6 composites by injection molding using FeSiCr powders by phosphating and coupling treatment [J]. Journal of Magnetism and Magnetic Materials, 2018, 452: 210-218.

[60] Yi N, Bao S, Zhou H. Preparation of microstructure controllable superhydrophobic polytetrafluoroethylene porous thin film by vacuum thermal evaporation. pdf [J]. Front Mater Sci, 2016, 10 (3): 320-327.

[61] Wu Z, Fang J, Xiang Y, Shang C, Li X, Meng F, et al. Roles of reactive chlorine species in trimethoprim degradation in the UV/chlorine process: Kinetics and transformation pathways [J]. Water Res, 2016, 104: 272-282.

[62] Xia J, Huang X, Liu L Z, Wang M, Wang L, Huang B, et al. CVD synthesis of large-area, highly crystalline $MoSe_2$ atomic layers on diverse substrates and application to photodetectors [J]. Nanoscale, 2014, 6 (15): 8949-8955.

[63] Hafeez M, Gan L, Li H, Ma Y, Zhai T. Large-area bilayer $ReS_2$ film/multilayer $ReS_2$ flakes synthesized by chemical vapor deposition for high performance photodetectors [J]. Advanced Functional Materials, 2016, 26 (25): 4551-4560.

[64] Kozen A C, Lin C F, Pearse A J, Schroeder M A, Han X. Next-generation lithium metal anode engineering via atomic layer deposition [J]. ACS NANO, 2015, 9 (6): 5884-5892.

[65] Liu Y, Shao X, Huang J, Li H. Flame sprayed environmentally friendly high density polyethylene (HDPE)-capsaicin composite coatings for marine antifouling applications [J]. Materials Letters, 2019, 238: 46-50.

[66] Jia Z, Liu Y, Wang Y, Gong Y, Jin P, Suo X, et al. Flame spray fabrication of polyethylene-Cu composite coatings with enwrapped structures: A new route for constructing antifouling layers [J]. Surface and Coatings Technology, 2017, 309: 872-879.

[67] Kumar A, Kumar R, Bijalwan P, Dutta M, Banerjee A, Laha T. Fe-based amorphous/nanocrystalline composite coating by plasma spraying: Effect of heat input on morphology, phase evolution and mechanical properties [J]. Journal of Alloys and Compounds, 2019, 771: 827-837.

[68] An Q, Huang L, Wei S, Zhang R, Rong X, Wang Y, et al. Enhanced interfacial bonding and superior oxidation resistance of CoCrAlY-$TiB_2$ composite coating fabricated by air plasma spraying [J]. Corrosion Science,

2019：102-108.

[69] Chen Fei, et al. High temperature oxidation resistance of plasma sprayed NiCrAl (ZrO$_2$, Y$_2$O$_3$) gradated coating on stainless steel surface [J]. Trans Nonferrous Met Soc China, 2007, 17：871-873.

[70] Sun Y, Yang Z, Tian P, Sheng Y, Xu J, Han Y F. Oxidative degradation of nitrobenzene by a Fenton-like reaction with Fe-Cu bimetallic catalysts [J]. Applied Catalysis B：Environmental, 2019, 244：1-10.

[71] Tang Y P, Cai T, Loh D, O'Brien G S, Chung T S. Construction of antifouling lumen surface on a poly (vinylidene fluoride) hollow fiber membrane via a zwitterionic graft copolymerization strategy [J]. Separation and Purification Technology, 2017, 176：294-305.

[72] Liu Y, Peng M, Jiang H, Xing W, Wang Y, Chen R. Fabrication of ceramic membrane supported palladium catalyst and its catalytic performance in liquid-phase hydrogenation reaction [J]. Chemical Engineering Journal, 2017, 313：1556-1566.

[73] Thakur V K, Thakur M K, Gupta R K. Development of functionalized cellulosic biopolymers by graft copolymerization [J]. Int J Biol Macromol, 2013, 62：44-51.

[74] Arena G, Pappalardo A, Pappalardo S, Gattuso G, Notti A, Parisi M F, et al. Complexation of biologically active amines by a water-soluble calix [5] arene [J]. Journal of Thermal Analysis and Calorimetry, 2015, 121 (3)：1073-1079.

[75] Elangovan M, Dharmalingam S. Effect of polydopamine on quaternized poly (ether ether ketone) for antibiofouling anion exchange membrane in microbial fuel cell [J]. Polymers for Advanced Technologies, 2018, 29 (1)：275-284.

[76] Xi Z Y, Xu Y Y, Zhu L P, Wang Y, Zhu B K. A facile method of surface modification for hydrophobic polymer membranes based on the adhesive behavior of poly (DOPA) and poly (dopamine) [J]. Journal of Membrane Science, 2009, 327 (1-2)：244-253.

[77] Mayeen A, Kala M S, Jayalakshmy M S, Thomas S, Rouxel D, Philip J, et al. Dopamine functionalization of BaTiO$_3$：An effective strategy for the enhancement of electrical, magnetoelectric and thermal properties of BaTiO$_3$-PVDF-TrFE nanocomposites [J]. Dalton Trans, 2018, 47 (6)：2039-2051.

[78] Park S J, Jin J S. Effect of silane coupling agent on interphase and performance of glass fibers/unsaturated polyester compositest [J]. Journal of Colloid and Interface Science, 2001, 242 (1)：174-179.

[79] Park M H, Ha J H, Song H, Bae J, Park S H. Enhanced adhesion properties of conductive super-hydrophobic surfaces by using zirco-aluminate coupling agent [J]. Journal of Industrial and Engineering Chemistry, 2018, 68：387-392.

[80] Diaz C A, Xia Y, Rubino M, Auras R, Jayaraman K, Hotchkiss J. Fluorescent labeling and tracking of nanoclay [J]. Electronic Supplementary Material, 2012, 5 (1)：164-168.

[81] Warsinger D M, Chakraborty S, Tow E W, Plumlee M H, Bellona C, Loutatidou S, et al. A review of polymeric membranes and processes for potable water reuse [J]. Prog Polym Sci, 2016, 81：209-237.

[82] Amiri S, Rahimi A. Hybrid nanocomposite coating by sol-gel method：a review [J]. Iranian Polymer Journal, 2016, 25 (6)：559-577.

[83] Guo H C, Ye E, Li Z, Han M Y, Loh X J. Recent progress of atomic layer deposition on polymeric materials [J]. Mater Sci Eng C Mater Biol Appl, 2017, 70 (Pt 2)：1182-1191.

# 第4章 陶瓷膜在分离领域中的过程特性

## 4.1 概述

　　膜分离技术是用天然或人工合成膜以外界能量或化学位差为推动力（如压力差、蒸气压差、浓度差、电位差等），对双组分或多组分溶质和溶剂进行分离、分级、提纯或浓缩的新型分离技术。目前已经深入研究和开发的膜分离技术主要有以下几类。以压力差为推动力的膜分离过程：微滤（MF）、超滤（UF）、纳滤（NF）、反渗透（RO）、膜生物反应器（MBR）等；以蒸气压差为推动力的膜分离过程：气体分离、渗透汽化（PV）等；以电位差为推动力的分离过程：电渗析（ED）等。正在开发研究的新型膜过程有：膜蒸馏、正渗透、支撑液膜、膜萃取、控制释放膜、仿生膜及生物膜等。与传统分离技术相比，它们具有设备简单、操作方便、分离效率高、节能、易于放大且易与其他分离反应技术相集成等优点，已经在众多领域得到广泛应用。但在膜分离过程中存在膜污染现象，导致渗透通量及截留率随运行时间的延长而下降，不仅降低了生产效率，增加了能耗，还缩短了膜的使用寿命，极大限制了膜分离技术的应用。

　　微滤（MF）是利用微孔膜孔径的大小，以压差为推动力，将滤液中大于孔径的微粒、悬浮物、细菌等悬浮物质截留下来，达到去除滤液中微粒与溶液澄清的膜分离技术，其基本原理是筛孔分离过程。通常，微孔膜孔径在 $0.1\sim10\mu m$ 范围内，其操作压差约为 $0.01\sim0.2MPa$，因此，微滤膜能对大直径的菌体、悬浮固体等进行分离，可用于一般料液的澄清、过滤、空气除菌。微滤膜的材质分为有机和无机两大类，有机聚合物有醋酸纤维素、聚丙烯、聚碳酸酯、聚砜、聚酰胺等，无机膜材料有陶瓷和金属等。鉴于微孔滤膜的分离特征，微孔滤膜的应用范围主要是从气相和液相中截留微粒、细菌以及其他污染物，以达到净化、分离、浓缩的目的。

　　超滤（UF），膜两侧需压力差，是介于微滤和纳滤间的一种膜过程，膜孔径在 $0.05\mu m$ 至

1nm 之间。超滤是一种能够将溶液进行净化、分离、浓缩的膜分离技术，超滤过程通常可以理解成与膜孔径大小相关的筛分过程。以膜两侧的压力差为驱动力，以超滤膜为过滤介质，在一定的压力下，当水流过膜表面时，只允许水及比膜孔径小的小分子物质通过，达到溶液净化、分离、浓缩的目的。对于超滤而言，膜的截留特性是以对标准有机物的截留分子量来表征，通常截留分子量范围在 1000～300000，故超滤膜能对大分子有机物（如蛋白质、细菌）、胶体、悬浮固体等进行分离，广泛应用于料液的澄清、大分子有机物的分离纯化、除热源。

　　纳滤（NF），是介于 RO 和 UF 之间的一种压力驱动型膜分离技术，能截留有机小分子而使大部分无机盐通过。日本学者还对纳米膜的分离性能进行了具体的定义：操作压力小于 1.5MPa，截留分子量 200～1000，NaCl 的透过率不小于 90％的膜可以认为是纳滤膜。它具有两个特性：①对水中分子量为数百的有机小分子组分具有分离性能；②对于不同价态的阴离子存在 Donnan（唐南）效应。同时，物料的荷电性、离子价数和浓度对膜的分离效应也有很大影响。

# 4.2　陶瓷膜分离过程中分离性能的理论计算

## 4.2.1　膜通量与截留率

　　无机膜技术在液相体系中应用最广的是微滤和超滤，其基本原理是在压力差下，利用膜孔的筛分特性，使混合物组分得到分级或分离。产品可以是渗透液、截留液或两者皆有。无机膜的分离特性以渗透通量和渗透选择性为衡量指标，二者均与膜结构、分离对象体系性质及操作条件等密切相关。陶瓷膜的渗透通量和截留率可通过如下公式计算得到：

$$J = \frac{\Delta m}{At} \tag{4-1}$$

$$R = \left(1 - \frac{C_p}{C_f}\right) \times 100 \tag{4-2}$$

式中　$J$——膜通量，$kg/(m^2 \cdot h)$；

　　$\Delta m$——渗透液质量，kg；

　　$A$——膜面积，$m^2$；

　　$t$——测试时间，h；

　　$R$——截留率，％；

　　$C_p$——渗透液中的溶质浓度；

　　$C_f$——原料液中的主体浓度。

　　工业上对于过滤膜的要求是高的选择分离性和高渗透性，选择性对应的是孔径分布的宽度，可以通过膜最大孔径、平均孔径、最小孔径和最可几孔径等参数来反映，而渗透性则是指较高的渗透通量，这也是评价过滤膜的重要指标。对于多孔陶瓷过滤膜而言，膜厚度、膜孔径分布、膜孔隙率和孔道的弯曲因子是影响渗透通量和分离性能的主要因素。

## 4.2.2　临界通量

　　临界通量（critical flux）的概念最初来自膜过滤（主要是微滤和超滤）研究领域，近年来被逐步引入膜生物反应器膜污染研究方面。膜生物反应器在低于临界通量下运行时，大量的活性污泥颗粒不会在膜表面沉积，从而可达到降低膜污染的目的，因此开展临界通量研究具有非常重要的现实意义。1995 年 Field 等首次提出了临界通量的概念，认为膜系统在过滤开始时存在一个临界通量，低于此值运行时污染物不会在膜面沉积，膜的边界层形成滤饼的速度为零，膜的过滤阻力不随时间或过膜压差的改变而改变，但高于此值运行时，膜的边界层将逐步形成滤饼，膜的过滤阻力随时间的延长或过膜压差的增加而增加。

目前，无机膜中临界通量的测定方法主要包括流量阶梯法、压力阶梯法、滞后效应法、工作曲线作图法、直接观测法和质量守恒法等。这些方法都是基于微滤或超临界区悬浮物在膜表面沉积形成滤饼层，膜阻力相应提高的原理，采用流量阶梯法确定临界通量。即先保持操作中在某一较小的通量 $J_0$ 下运行一段时间，记为阶梯间隔时间（$\Delta t$），记录该过程中 TMP 的变化，然后逐步提高膜通量 $J_1$；并持续过滤相同的阶梯间隔时间，其中通量的提高值称为流量阶梯（$\Delta J = J_1 - J_0$），记录该过程过膜压差的变化，之后不断提高膜通量，重复上述步骤，直至过膜压差有突然的变化或者过膜压差不再稳定。设此时的膜通量为 $J_{N+1}$（$N$ 为实验中流量阶梯的增加次数），则 $J_N$ 为这个操作条件下维持过膜压差稳定的最大膜通量，认为临界膜通量介于 $J_{N+1}$ 和 $J_N$ 之间。

# 4.3　陶瓷膜分离过程中的膜污染机理研究

## 4.3.1　膜污染与污染物

### （1）膜污染基本概念

膜污染是膜分离过程中所面临的一个重要问题，是膜分离技术大规模推广的瓶颈。因此，研究膜污染的成因，确定膜污染的特性，分析膜污染的各种影响因素，从而缓解膜污染的发生，延长膜的使用周期，对于膜技术的应用具有极其重要的意义。膜污染是指处理物料中的微粒、胶体粒子或溶质大分子等污染物由于与膜存在物理化学相互作用或机械作用而引起的在膜表面或膜孔内吸附、沉积造成膜孔径变小或堵塞，使膜产生渗透通量与分离特性的不可逆变化现象，其主要的污染作用方式（图 4-1）有：溶液中溶质在膜表面的吸附、胶体颗粒物质对膜孔的堵塞、污染物絮体在膜表面的沉积吸附、膜面滤饼层形成、复合污染物污染。物理污染包括膜表面的沉积、膜孔内的阻塞，这与膜孔结构、膜表面的粗糙度、溶质的尺寸和形状等有关。化学污染包括膜表面和膜孔内的吸附，这与膜表面的电荷性、亲水性、吸附活性点及溶质的荷电性、亲水性、溶解度等有关。膜污染还可能由微生物在膜运行过程或停运中的繁殖和积累造成。

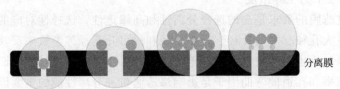

(a) 膜孔堵塞　　(b) 吸附污染　　(c) 滤饼层形成　　(d) 复合污染

图 4-1　膜污染作用方式

### （2）污染物分类

① 无机污染。无机污染主要是指氯化钠、碳酸钙与钙、钡、锶等硫酸盐及硅酸盐等无机盐结垢物质的污染，其中碳酸钙和硫酸钙最常见。结垢是膜过程中无机污染的主要形式，

而结晶和颗粒污染物则是结垢过程中重要的要素，结晶是由于盐离子在膜表面团聚，颗粒污染物则出现在胶体物由主体溶液向膜面对流传递的过程中。对于无孔膜，颗粒污染物沉积在膜面形成滤饼；对于多孔膜，除了形成滤饼外，污染物还会堵塞膜孔。它们的污染机理主要是在膜表面结晶，以 $CaSO_4$ 为例，首先其被膜截留在膜面富集形成浓差极化层，通量迅速下降，之后 $CaSO_4$ 成核，形成滤饼，通量再次大幅下降。Lee 等认为无机污染的结晶有两种可能的方式。一种是当主体溶液过饱和时，由于离子之间的无序碰撞而形成水垢，然后结合其他杂质离子形成离子簇开始结晶，等到晶体大小超过临界值时，团聚出现，形成滤饼。另一种可能就是颗粒结晶直接发生在膜表面，盐离子先在膜表面活性位点成核，之后晶体横向生长。当主体溶液饱和后，两种污染机理将同时发生，如图 4-2 所示。无机污染受以下多种因素的影响：膜表面粗糙度（膜面越粗糙则越容易成核）、膜面剪切力、跨膜压力、溶液化学性质（离子组成）、颗粒大小和浓度、温度以及膜的亲水性。

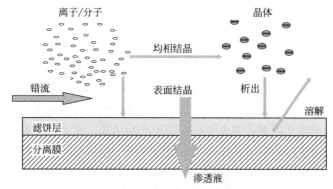

图 4-2　无机污染形成示意图

　　② 有机污染。有机污染的研究主要集中在天然有机物（NOM）、蛋白质、多糖、微生物对膜的污染，其机理包括膜面吸附、膜孔堵塞和凝胶层的形成。Huisman 等发现蛋白质对超滤膜的污染，开始主要是蛋白质与膜的吸附作用，但在污染程度较大的区域，则是蛋白质之间的作用，在膜面形成凝胶层。Kim 等在研究天然有机物对微滤膜的污染机理中，发现污染初期是对膜孔的填堵使有效孔径减小，之后开始在膜面形成一层凝胶层。Warczok 等利用原子力显微镜对污染过后的膜横截面进行观察，发现部分膜孔被堵塞，并且在膜分离层沉积了一层胶体颗粒，膜结构变得更加紧凑且出现分层，这可能是由于高压对膜产生了压实作用。Costa 等则认为有机污染机制包括：膜孔堵塞，膜孔缩小，滤饼形成。膜孔堵塞有完全堵塞和部分堵塞之分，前者是污染物到达膜孔从而将其堵塞，后者是污染物沉积在其他污染物上或者直接在膜表面沉积。膜孔缩小指小于膜孔的污染物吸附到孔内壁上，减小有效孔径。而滤饼形成则是污染物相互作用，在已形成的污染层上沉积。其机理示意如图 4-3。

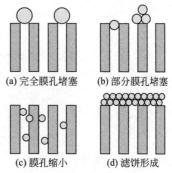

图 4-3　有机污染机理示意图

　　③ 微生物污染。微生物污染主要是由微生物及其代谢物组成的黏泥，膜表面易吸附腐殖质、聚糖脂、微生物进行新陈代谢活动的产物等大分子物质，具备了微生物生存的条件，极易形成一层生物膜，因此造成膜的不可逆堵塞，使水通量下降，主要发生在膜生物反应器中。可溶性微生

物代谢物也会与膜面发生相互作用，吸附至膜面，堵塞膜孔，前期的通量衰减主要由亲水性物质导致，污染机制主要是分子间相互作用，其疏水作用并不明显，并且反冲清洗难以将这部分污染去除。微生物污染还可能发生在反渗透或纳滤的水处理过程中，Chong 等认为反渗透的微生物污染不仅增大了膜阻，他们还认为微生物污染随着通量增大而增大，因为微生物生长与膜表面营养物质浓度成正比，通量增大使得浓差极化增大，从而膜表面的有机物浓度升高，污染加重。而 Vrouwenvelder 等认为在长时间（150 天）运行下，微生物污染与通量关系不大，因此临界通量的概念对控制微生物污染并不适合，并且微生物污染对膜过程最大的影响是增加压降。这种相反的结论可能因为：一是实验时间不同；二是计算方法不同，表征手段不同；三是两者使用料液不同，前者料液中含有 2000mg/L NaCl，而后者料液电导率低于 50mS/cm；四是两者使用膜组件不一样，前者为膜片，后者为卷式膜组件。因此Chong 等认为微生物在膜表面生长而吸附形成一层生物膜，不仅阻挡盐离子反扩散，还增加了总的膜阻，从而在恒通量模式下跨膜压力不断上升，通量越高，这种作用越明显。

**（3）膜污染分类**

广义的膜污染主要包括浓差极化、膜孔堵塞以及表面沉积。浓差极化是指由于过滤过程的进行，水的渗透流动使得大分子物质和固态颗粒物质不断在膜表面积累，膜表面的溶质浓度高于料液主体浓度，在膜表面一定厚度层产生稳定的浓度梯度区。过滤开始，浓差极化也就开始；过滤停止，浓差极化现象也就自然消除。因此，浓差极化现象是可逆的。膜孔堵塞指污染物结晶、沉淀、吸附于膜孔内部，造成膜孔不同程度的堵塞，通常比较难以去除，一般认为是不可逆的。表面沉积指各种污染物在膜表面形成附着层。附着层包括三类：饼层（活性污泥絮体沉积和微生物附着于膜表面形成）、凝胶层（溶解性大分子有机物发生浓差极化，因吸附或过饱和而沉积在膜表面形成）、无机污染层（溶解性无机物因过饱和沉积在膜表面形成）。疏松的泥饼层可通过曝气等水力清洗去除，一般认为是可逆的，但如果膜污染发展到一定程度，泥饼层被压实而变得致密，使反应器本身的曝气作用无法将其进行去除时，则成为不可逆污染。凝胶层和无机污染层需要经过碱洗或酸洗等化学清洗才能去除，一般认为是不可逆的。

无机膜在分离过程中，膜的分离性能随时间有明显的变化，最典型的现象就是通量随时间的变化。造成通量衰减的原因有多种，包括浓差极化、吸附、膜孔的堵塞以及凝胶层或污染层的传递增加了阻力，发生这些现象的程度取决于膜本身、过滤液和过滤过程等。这些阻力如图 4-4 所示。对不同的膜过程以及不同的应用体系，各种阻力在总阻力中所占比例会有

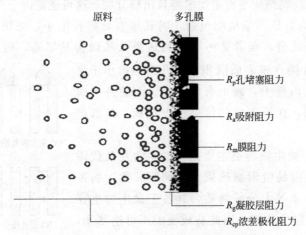

图 4-4　压力驱动过程中各种传质阻力示意图

所不同。明确各部分阻力的大小，有助于选择合适的办法来减小相应的阻力，从而达到提高通量、增强无机膜技术的经济可行性的目的。

### 4.3.2　浓差极化

#### （1）浓差极化的定义

在压力驱动膜过程中，由于料液中水（或小分子物）透过膜，而溶质被膜阻留，使膜表面上溶质的浓度升高。在浓度梯度作用下，溶质从膜面向本体溶液反向扩散，形成边界层，使流体阻力和渗透压增加，从而导致溶剂透过通量减小。当溶剂向膜面流动引起的溶质向膜面流动速度与由浓度梯度引起的溶质向本体溶液扩散速率达到平衡时，在膜面附近形成一个稳定的浓度梯度区，膜表面浓度 $C_2$ 高于主体溶液浓度 $C_1$，这一区域称为浓差极化边界层，这一现象叫浓差极化，$C_2/C_1$ 叫浓差极化度，浓差极化为可逆过程。浓差极化引起的稳态浓度分布见图 4-5。

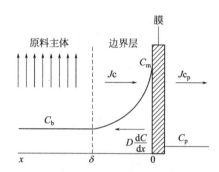

图 4-5　浓差极化引起的稳态浓度分布

$C_b$—料液浓度；$C_m$—膜面浓度；$C_p$—渗透液浓度；$Jc$—通量；

$Jc_p$—渗透后通量；$D$—扩散系数；$\delta$—边界层厚度

浓差极化会使膜的截留率和膜通量发生变化。对于溶质为盐等低分子量物质时，往往因为膜表面处溶质浓度升高，实测的截留率会低于真实或本征截留率。而对于大分子溶质混合物，往往会出现被完全截留的高分子量溶质形成动态膜，而使得小分子量溶质的截留率升高的现象。浓差极化往往造成膜通量的下降，特别是在微滤和超滤过程中。在超滤过程中浓差极化显得特别显著，当膜表面溶质浓度增大时，即达到了最大的凝胶值（如利用超滤进行蛋白分离），称为凝胶极化，凝胶层成为决定通量的制约因素，此时操作压差增大使得凝胶阻力增大，推动力的增大为阻力的增大所抵消，渗透通量不变。

浓差极化系数可对边界层的传质平衡微分方程进行积分并结合边界条件来求得。稳态下的积分传质方程为：

$$J_s = D_s \frac{dC}{dx} + J_w C = J_w C_p \tag{4-3}$$

由边界条件：$x=0$，$C=C_b$，$x=\delta$，$C=C_m$，得出如下方程：

$$\int_{C_m}^{C_p} \frac{1}{(J_s - J_w C)} dC = \int_0^\delta \frac{1}{D_s} dx \tag{4-4}$$

$$\ln \frac{C_b - C_p}{C_m - C_p} = \frac{J_w \delta}{D_s} \tag{4-5}$$

$$\frac{C_b - C_p}{C_m - C_p} = \exp\frac{J_w \delta}{D_s} \tag{4-6}$$

扩散系数 $D$ 与边界层厚度 $\delta$ 之比称为传质系数 $k$：

$$k = \frac{D}{\delta} \tag{4-7}$$

如引入本征截留率方程：

$$R_{obs} = 1 - \frac{C_p}{C_m} \tag{4-8}$$

则可得到浓差极化数：

$$\frac{C_m}{C_b} = \frac{\exp\left(\dfrac{J}{k}\right)}{R_{obs} + (1-R_{obs})\exp\left(\dfrac{J}{k}\right)} \tag{4-9}$$

当溶质被完全截留时：

$$\frac{C_m}{C_b} = \exp\left(\frac{J}{k}\right) \tag{4-10}$$

式中　$J$——渗透通量；

　　　$D$——扩散系数；

　　　$k$——传质系数；

　　　$\delta$——边界层厚度；

　　$R_{obs}$——指本征截留率；

　　　$C_b$——料液浓度；

　　　$C_p$——溶质的渗透浓度；

　　　$C_m$——膜面浓度。

　　这是关于浓差极化的基本方程，它以简单的形式表明了与浓差极化有关的两个参数（通量 $J$ 与传质系数 $k$）以及决定这两个参数的因素（通量与膜有关，传质系数与流体力学状态有关）。

**（2）浓差极化的影响**

　　出现浓差极化现象后，会出现如下几种可能。

　　一种可能是截留率会下降：由于膜表面处溶质浓度增高，实测的截留率会低于真实或本征截留率。当溶质为盐等低分子量物质时通常如此。

　　另一种可能是截留率上升：对于大分子溶质混合物，尤其会出现这种现象，此时浓差极化对选择性有显著影响，被完全截留的高分子量溶质会形成一种次级膜或动态膜，从而使得小分子量溶质的截留率提高。

　　通量降低：通量和传质系数对浓差极化影响很大。对于所选用的膜，一旦膜确定，则这个参数不再变化，而传质系数明显地受体系流体力学的影响。传质系数关联式一般可表示为：

$$Sh = \frac{k d_h}{D} = a Re^b Sc^c \left(\frac{d_e}{L}\right)^d \tag{4-11}$$

　　式中，$a$、$b$、$c$、$d$ 为四个无量纲常数，作为参数，表示流体的流动状态；$Sc$ 为 Schmidt 数；$Sh$ 为 Sherwood 数；$Re$ 为雷诺数；$k$ 为传质系数，m/s；$d_h$ 为扩散系数，$m^2/s$；$d_e/L$ 为

混合液体的黏性参数。

影响传质系数 $k$ 的主要因素有流速、溶质扩散系数、黏度、密度和膜器的形状和规格。在这些参数中，流速和溶质扩散系数是最重要的。

**（3）浓差极化的危害**

① 浓差极化使膜表面溶质浓度增高，引起渗透压的增大，从而减小传质驱动力。

② 当膜表面溶质浓度达到其饱和浓度时，会在膜表面形成沉积或凝胶层，增加透过阻力。

③ 膜表面沉积层或凝胶层的形成会改变膜的分离特性。

④ 当有机溶质在膜表面达到一定浓度时有可能对膜发生溶胀或溶解，恶化膜的性能。

⑤ 严重的浓差极化导致结晶析出，阻塞流道，运行恶化。

**（4）浓差极化的防治**

由浓差极化形成的原理知，减小浓差极化边界层厚度，提高溶质传质系数，均可减少浓差极化，提高膜的透液速度。主要的防治途径有：

① 加强进料的预处理；

② 选择合适膜组件：组件结构，加入紊流器，料液横切流向设计，螺旋流；

③ 合理的过程设计：料液脉冲流动，提高流速；

④ 合适的操作参数的选择：适当提高进料液温度以降低黏度，增大传质系数等。

### 4.3.3　吸附和堵塞过程

凡大分子与膜表面接触都会发生强弱不同的相互作用，此现象通常称为吸附，结果导致膜孔减小而使渗透通量衰减。膜的吸附行为非常复杂，需要进行研究，借以了解和预测过滤过程中对渗透通量衰减的影响。此外，颗粒悬浮液体系中粒子大小分布不一，不同大小的粒子对膜产生不同的污染形式：尺寸比膜孔小的颗粒将进入膜孔内发生膜孔内堵塞现象，造成陶瓷膜的孔隙率下降，过滤阻力迅速增大；尺寸大于膜孔的部分粒子在膜面和膜孔口发生覆盖并形成滤饼层。颗粒悬浮液过滤开始阶段，膜渗透通量主要由颗粒对膜孔的堵塞程度决定。通常用来度量膜污染程度的方法是：首先，测定初始纯水透水率；其次，膜污染后，仅用清水清洗一下，再测定纯水透水率，然后定义一个比值或膜阻力系数来表示其污染程度。根据达西（Darcy）定律，膜的通量可表示为：

$$J_v = \frac{\Delta p}{\mu (R_m + R_p + R_f)} \tag{4-12}$$

式中　$J_v$——膜通量，$m^3/(m^2 \cdot h)$；

　　　$\Delta p$——膜两侧的压力差，Pa；

　　　$\mu$——溶液的黏度，$Pa \cdot s$；

　　　$R_m$——膜自身的阻力，与膜孔径大小、孔密度、孔深度等因素有关，$m^{-1}$；

　　　$R_p$——浓差极化边界层的阻力，$m^{-1}$；

　　　$R_f$——膜污染产生的总阻力（包括生物堵塞产生的阻力），$m^{-1}$。

式(4-12)表明，膜通量 $J_v$ 与膜两侧的压力差 $\Delta p$ 成正比，与总阻力成反比。由式(4-12)可以知道，膜的总阻力由膜自身的阻力 $R_m$、浓差极化边界层阻力 $R_p$ 和膜污染产生的阻力 $R_f$ 三部分组成。

### 4.3.4　凝胶层和滤饼层形成过程

膜污染形成有众多因素，其中膜表面凝胶层和滤饼层的形成被认为是其主要成因。在膜过滤过程中，膜孔堵塞一般来说是发生在膜过滤的初始阶段，而后形成滤饼层，形成的滤饼层有保护膜孔的作用。凝胶层的形成是膜污染综合因素的结果，是后续阶段一直在发生的过程。进水料液中有机物性质及生物过程和膜材料本身特性、过滤进程中的浓差极化和膜孔堵塞等因素均与凝胶层的形成有密切关系。凝胶层形成的第一步是有机物的吸附，而后在膜面浓差极化、微生物间相互作用以及膜孔堵塞等众多因素的综合作用下厚度逐渐增加，造成更为严重的膜污染。而且有研究表明，膜生物反应器中膜过滤总阻力的主要贡献者即为凝胶层阻力和滤饼层阻力。

Lencki 等通过对膜过滤不同的果汁时的膜面滤饼层结构进行观察，发现了过滤性质不一的果汁，会形成结构差异很大的滤饼层结构，并且絮体越松散，形成的滤饼层结构也就越疏松。Hwang 等也对膜过滤过程中形成的滤饼层的动态特性进行了研究并且发现，形成的滤饼层为多孔网状结构，且过滤过程主要分三段：污染物沉积在膜表面；滤饼层逐渐成形且有压缩发生；形成的滤饼层在厚度和结构上逐渐趋于稳定。黄霞等分析了包括附着和悬浮在内的两种生长型膜生物反应器，研究发现：在悬浮生长型膜生物反应器中，微生物和进料溶液中的悬浮物质、颗粒物质交联在一起，而凝胶层在膜外表面形成，且厚度较厚；由于附着的填料吸附了料液中的溶解性有机物，进水料液中溶解性有机物的浓度相对较低，使得与悬浮型相比，附着生长型膜生物反应器在膜外表面形成的凝胶层相对薄一些，形成速度也相对较慢。王颖等运用扫描电镜对 MBR 膜外表面进行了观察，发现在膜外表面的凝胶层将膜与微生物包裹在一起，且凝胶层中无机物与有机物均被丝状细菌网状黏连，形成了一定大小的菌胶团。

众多学者通过观察扫描电镜下的滤饼层状态发现，滤饼层为动态的多孔介质，外力可导致其发生形变，因此膜过滤过程中存在着滤饼层的压缩过程。Marel 等最早提出的压力阶梯法可用于证实膜过滤过程中滤饼层压缩现象确实存在，通过循环恒压—升压—稳压的方法，观察期间膜通量的变化。较高的压力会导致滤饼层压缩，通量迅速下降，以此来判断滤饼层的压缩是否存在。Thomas 等建立了一个滤饼层模型，可以用过滤过程中的通量和压力数据来计算滤饼层阻力。建立模型时假设滤饼层压缩真实存在，实验结果与假设吻合。证明滤饼层压缩是膜过滤过程中一个不可忽略的过程。Poorasgari 等在对 MBR 系统中滤饼层的压缩问题的研究中发现，滤饼层的压缩会严重影响 MBR 系统运行，这种现象在短期的膜过滤过程中尤为突出，而形成的滤饼层可通过释放压力使其疏松而后脱落。

### 4.3.5　膜污染预测模型

实际上，在膜污染形成过程中，从热力学角度出发，污染物粒子与膜材料的相互作用是形成膜污染的主要原因。很多研究应用 XDLVO extended Derjaguin-Landau-Verwey-Overbeek 理论对反渗透、纳滤、微滤和超滤过程中的膜污染情况进行了研究，由于膜面与污染物具有不同的特性，导致其各个作用力的大小不同，污染情况也不同。XDLVO 理论可以用来定量描述两种光滑表面相互作用的强弱，主要包括：①范德华力（LW），主要由中性原子之间的色散力产生，也称为非极性作用力；②极性作用力（即非共价给电子-受电子作用，又称作路易斯酸碱作用，AB），存在于浸没在极性溶剂（如水）中的两个表面之间；③静电作用力（EL），由表面电荷产生，对于均带负电的膜和污染物，体现为排斥作用。上述几种作用力的总和（总界面作用能，$\Delta G^{TOT}$）反映了光滑平面与光滑平面之间的界面相互作用程度，随着两平面间距（$h$）的变化，两者间作用能随之变化，两者之间的关系可由以下公式计算所得：

$$\Delta G^{TOT}(h) = \Delta G^{LW}(h) + \Delta G^{AB}(h) + \Delta G^{EL}(h) \tag{4-13}$$

$$\Delta G^{LW}(h) = \Delta G_{d_0}^{LW} \frac{d_0^2}{h^2} \tag{4-14}$$

$$\Delta G^{AB}(h) = \Delta G_{d_0}^{AB} \exp\left(\frac{d_0 - h}{\lambda}\right) \tag{4-15}$$

$$\Delta G^{EL}(h) = \varepsilon_0 \varepsilon_r k \xi_f \xi_m \left[\frac{\xi_f^2 + \xi_m^2}{2\xi_f \xi_m}(1 - \coth kh) + \operatorname{csch}(kh)\right] \tag{4-16}$$

式中，$\Delta G_{d_0}^{LW}$、$\Delta G_{d_0}^{AB}$、$\Delta G^{EL}$ 表示两平面相互接触时单位面积上的界面自由能（$d_0 = 0.158nm$），可由以下方程计算：

$$\Delta G_{d_0}^{LW} = -2(\sqrt{\gamma_m^{LW}} - \sqrt{\gamma_w^{LW}})(\sqrt{\gamma_f^{LW}} - \sqrt{\gamma_w^{LW}}) \tag{4-17}$$

$$\Delta G_{d_0}^{AB} = 2[\sqrt{\gamma_w^+}(\sqrt{\gamma_f^-} + \sqrt{\gamma_m^-} - \sqrt{\gamma_w^-}) + \sqrt{\gamma_w^-}(\sqrt{\gamma_f^+} + \sqrt{\gamma_m^+} - \sqrt{\gamma_w^+}) - (\sqrt{\gamma_f^- \gamma_m^+} - \sqrt{\gamma_f^+ \gamma_m^-})] \tag{4-18}$$

$$\Delta G_{d_0}^{EL} = \varepsilon_0 \varepsilon_r k \xi_f \xi_m \left[\frac{\xi_f^2 + \xi_m^2}{2\xi_f \xi_m}(1 - \coth kd_0) + \operatorname{csch}(kd_0)\right] \tag{4-19}$$

式中，下标 m、w、f 分别表示平面膜、水溶液以及污染物分子；$d_0$ 为污染物与膜表面的最小作用距离（0.158nm）；$\lambda$ 为水溶液中 AB 作用的衰减长度（$\lambda = 0.6nm$）；$k$ 为玻耳兹曼常数（$1.38 \times 10^{-23}$J/K）；$\xi$ 为污染物与膜面的表面电位，可测定其 Zeta 电位获得；$\varepsilon_0$、$\varepsilon_r$ 分别为真空介电常数（$8.854 \times 10^{-12}$C$^2$/J·m）及水溶液相对介电常数（78.4）；$\gamma^{LW}$、$\gamma^-$、$\gamma^+$ 分别为范德华、电子供体、电子受体表面张力分项。膜表面张力参数（$\gamma_m^{LW}$、$\gamma_m^+$、$\gamma_m^-$）或污染物表面张力参数（$\gamma_f^{LW}$、$\gamma_f^+$、$\gamma_f^-$）可根据杨氏扩展方程[式(4-20)和式(4-21)]计算所得。

$$\frac{(1+\cos\theta_0)}{2}\gamma_l^{TOT} = \sqrt{\gamma_l^{LW}\gamma_s^{LW}} + \sqrt{\gamma_l^-\gamma_s^+} + \sqrt{\gamma_l^+\gamma_s^-} \tag{4-20}$$

$$\gamma_l^{AB} = 2\sqrt{\gamma^+\gamma^-} \tag{4-21}$$

$$\gamma^{TOT} = \gamma^{LW} + \gamma^{AB} \tag{4-22}$$

$$\kappa = \sqrt{\frac{e^2 \sum n_i z_i^2}{\varepsilon_0 \varepsilon_r kT}} \tag{4-23}$$

上式中，$\kappa$ 为德拜常数倒数（nm$^{-1}$），可由式(4-23)计算；$e$ 为电子电荷（$1.6 \times 10^{-19}$C）；$z_i$ 为离子价；$n_i$ 为溶液中 $i$ 离子的摩尔浓度；$T$ 为热力学温度（K）；$\theta_0$ 为样品表面上不同测试剂的本征接触角；下标 s、l 分别代表固体表面及测试液滴。采用的三种接触角测试剂分别为二碘甲烷（非极性）、超纯水（极性）和甘油（极性），各测试剂的表面能数据如表 4-1 所示。

表 4-1　三种测试剂的表面能数据　　　　　　　　　　单位：mJ/m²

| 液体 | $\gamma^{LW}$ | $\gamma^+$ | $\gamma^-$ | $\gamma^{AB}$ | $\gamma^{TOT}$ |
|---|---|---|---|---|---|
| 超纯水 | 21.8 | 25.5 | 25.5 | 51.0 | 72.8 |
| 甘油 | 34.0 | 3.9 | 57.4 | 30.0 | 64.0 |
| 二碘甲烷 | 50.8 | 0.0 | 0.0 | 0.0 | 50.8 |

根据上述两个无限光滑平面间相互作用的关系，将污染物假设为球形颗粒物（半径为 $r_0$，nm），则可用以下公式计算并描述球形污染物颗粒与光滑膜面间的相互作用能：

$$\Delta G_{mwf}^{TOT}(h) = \Delta G_{mwf}^{LW}(h) + \Delta G_{mwf}^{AB}(h) + \Delta G_{mwf}^{EL}(h) \tag{4-24}$$

$$\Delta G_{mwf}^{LW}(h) = 2\pi r_0 \Delta G_{d_0}^{LW} \frac{d_0^2}{h^2} \tag{4-25}$$

$$\Delta G_{mwf}^{AB}(h) = 2\pi r_0 \Delta G_{d_0}^{AB} \exp\left(\frac{d_0 - h}{\lambda}\right) \tag{4-26}$$

$$\Delta G_{mwf}^{EL}(h) = \pi r_0 \varepsilon_0 \varepsilon_r \left[ 2\xi_f \xi_m \ln\frac{1 + \exp(-\kappa h)}{1 - \exp(-\kappa h)} + (\xi_f^2 + \xi_m^2)\ln[1 - \exp(-2\kappa h)] \right] \tag{4-27}$$

通常采用 XDLVO 理论计算污染物与膜面间相互作用能的研究过程中，大多是在假设膜表面是无限光滑的基础上开展的。因此，污染物与膜面之间的 LW、AB 和 EL 作用能可通过上述方程计算所得。

# 4.4　陶瓷膜污染影响因素

## 4.4.1　膜材料和膜结构性质

### (1) 膜面粗糙度

关于热力学相互作用的研究大多是在假设膜表面是无限光滑的基础上开展的。而事实上，膜表面并非是无限光滑的。已有报道指出，膜面粗糙度会对膜与胶体颗粒、NOM 污染物之间的热力学相互作用产生强烈的影响。因此，表面粗糙度在吸附污染过程中扮演着很重要的角色，会促进膜污染的形成。Bowen 等将原子力显微镜（AFM）与胶体探针联用以定量测定膜面粗糙度对膜面吸附特性的影响，结果表明胶体探针与膜面上的峰之间的吸附作用力要远小于与谷之间的作用力，所以在过滤的初始阶段，颗粒更容易聚集到粗糙膜表面的谷中，因而粗糙膜的通量衰减更快。该结论被 Vrijenhoek 等证实，他们考察了膜面物理化学性质对过滤氧化硅悬浮液渗透通量的影响，发现在该研究中膜污染程度完全由膜表面粗糙度决定，颗粒在粗糙膜表面上的沉积导致了膜通量的衰减远大于光滑膜，而其他物理化学性质对通量的影响则很小。粗糙膜利于污染形成的其他原因是大的粗糙度会增加颗粒与膜间的接触面积，同时可以产生一定的摩擦阻力抑制颗粒从膜面脱离。Chen 等通过 BET（比表面积测试法）表征了不同粗糙度膜的表面积，发现粗糙度显著增加了膜表面积，使更多的蛋白被膜表面吸附，导致通量衰减迅速。Lin 等提出若将膜面上粗糙度的形状也定义成一个正弦函数，如图 4-6 所示，那么就能使表面元素集合（SEI）法则计算所得结果更接近实际情况，实验结果表明，与污泥颗粒-平滑膜面的作用能相比，污泥颗粒在粗糙膜表面上更容易发生黏附，较小的凸起半径将更有利于污泥颗粒在膜面上的黏附，并且还存在一个"临界"凸起半径，当凸起半径大于该半径时，总作用能在特定的分离距离内将会是排斥的，此时的情况将非常有利于膜污染的缓解和控制。

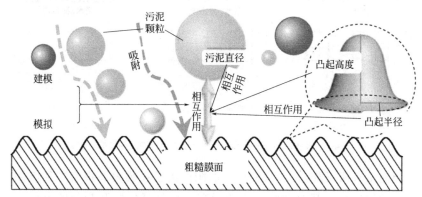

图 4-6　粗糙膜面与污泥颗粒之间相互作用力之间的影响的模拟示意

### （2）膜面亲疏水性

除了膜表面粗糙度外，膜表面的亲疏水性也是影响膜污染的重要因素。通常亲水性强的膜能够减少膜污染的形成。Bruggen 等研究了超滤膜预处理对纳滤膜处理含 $0.1\mu m$ 与 $1\mu m$ 乳胶粒子以及有机污染物的废水性能的影响。虽然颗粒和有机物都会导致通量下降，但是污染程度取决于所使用的纳滤膜材料的性质，疏水材料的膜通量衰减更严重。Boussu 等在研究不同亲水性的纳滤膜对四种不同尺寸和表面电荷的胶体颗粒的过滤行为时，同样发现疏水膜表现为更严重的污染，整个疏水膜表面形成了致密的滤饼，加重了通量的衰减。Brant 等用胶体探针技术和原子力显微镜技术研究了氧化硅和聚苯乙烯胶体颗粒在三种商业亲水膜表面的吸附，结果表明疏水性的聚苯乙烯胶体颗粒比亲水性的氧化硅颗粒在膜表面的吸附更弱，仅靠传统的 DLVO（Derjaguin-Landau-Verwey-Overbeek）理论不能解释这种现象，因为根据 DLVO 理论疏水性的聚苯乙烯胶体颗粒应该具有更强的吸附，只能从颗粒与膜面水层结构以及氢键作用的角度来解释。另据研究表明，在膜对蛋白质溶液分离时，亲水性膜受到的膜污染程度比疏水性膜要轻，而且膜的亲水性越好，蛋白质对膜的污染越小。Ochoa 等通过调节 PMMA 在制膜液中的含量，制成了具有不同亲水性的超滤膜，并将其用于处理乳化油废水，发现亲水性的膜受到的污染程度要比疏水性的膜低。当然，疏水性膜在制备单分散油包水乳液、气体分离以及非水溶液体系分离中具有更好的分离性能。Zhang 等制备了亲水、超亲水、疏水、超疏水纳滤膜，研究了这几种改性膜的抗 NOM 污染物能力，XDLVO 理论计算和实验结果均表明，超亲水改性膜与污染物之间的排斥力最大，抗污染性能最强。Lin 等设计了三种表面带有不同电荷和亲疏水性的蒸馏膜，如图 4-7 所示，研究了不同改性膜的抗油污染能力，其结果表明，表面带负电且具有亲水性能的改性膜抗油污染性能最好，说明膜面电荷和膜的亲疏水性对膜的污染具有较大的影响。

### （3）膜面电荷

膜面的荷电特性是其重要性质，膜表面的电荷主要来自溶液的离子吸附或膜表面如羧基、氨基、磺酸基等官能团的解离。在膜分离过程中，一般通过调节溶液的 pH 值或者加入电解质使膜 Zeta 电位和等电点发生变化，从而优化荷电膜的分离性能。Zhao 等发现不同阳离子类型及不同阴离子类型的盐对微滤过程的影响不同，发生特征吸附的高价态阳离子如 $Al^{3+}$、$Fe^{2+}$ 的存在会使颗粒的分散性变好，并在膜表面发生吸附，改变表面性质，引起污

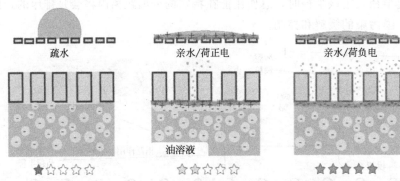

图 4-7　表面带不同电荷和亲疏水性改性膜抗油污染性能对比

染的增强，使膜通量有所下降。$Al_2(SO_4)_3$ 的阴阳离子在膜表面都有特征吸附无机盐的特点，由于两种离子的平衡，其对微滤过程的影响主要是降低膜和颗粒的电位，颗粒粒径增大，使膜通量增高。荷电膜可以应用在具有电荷的溶液体系中，如菌体颗粒、蛋白和无机酸等溶液。James 等研究了陶瓷膜在过滤酵母悬浮液时 Zeta 电位对渗透通量的影响，实验发现 pH 值对膜的 Zeta 电位影响大于 $Al_2(SO_4)_3$ 电解质浓度。在 UF 陶瓷膜过滤酵母悬浮液时，调节 pH 值可以获得更高的渗透通量。Lawrence 等使用纳滤膜浓缩乳清蛋白，通过调节 pH 值改变蛋白的荷电性，使其与膜面的静电力变为排斥力，从而降低了膜的污染并增加了其渗透通量。Pastor 等通过调节 pH 值的方法来改变 RO 膜对水中硼酸的去除率，在 pH 值为 9.5 时，硼酸以 $B(OH)_4^-$ 的形式存在，荷电的 RO 膜对其去除率可达 90% 以上，而 pH 值为 6 时，硼酸去除率仅为 60%。总之，通过改变荷电膜的荷电性以及膜与溶质之间的相互作用力，能有效地改变荷电膜的截留效果和渗透通量。Zhang 等通过调节污泥溶液 pH 值改变膜面与污染物之间的 Zeta 电位，考察了 MBR 中污染物与膜面相互作用以及膜污染情况，结果发现利用 XDLVO 理论模拟分析，存在一个临界 pH 值使得污染物与膜面之间能垒大于零，这有利于 MBR 中膜污染的控制与调节。

### 4.4.2　料液性质

#### (1) 料液成分

由于料液中各种成分之间会产生相互作用，如改变分子疏水性、形态，阻碍分子反扩散，影响分子间的范德华力，加速微生物生长等等，因此料液成分会对膜污染产生显著影响。XDLVO 理论认为当颗粒表面的范德华作用能大于双电层作用能时，颗粒会自发地相互接近最终形成团聚物，对膜面孔隙造成堵塞，形成膜污染。Zhong 等考察了纳米颗粒（平均粒度 60nm）与微米颗粒（平均粒度 1μm）混合体系的膜污染程度（图 4-8）发现，在某个配比下，混合体系的污染程度要大于单纯的纳米颗粒体系或者微米颗粒体系。这是因为微米颗粒充当了滤饼骨架，增加了滤饼厚度，同时纳米颗粒填充到微米颗粒中间，降低了滤饼孔隙率，增加了滤饼比阻。Elysee Collen 等发现 30%（质量分数）乙醇会使 0.1%（质量分数）明胶在超滤膜面形成团

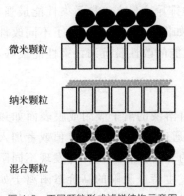

图 4-8　不同颗粒形成滤饼结构示意图

聚层，造成通量衰减，当乙醇浓度大于 30%（质量分数）时，膨胀的大分子凝胶层在膜面形成，而使得通量衰减减轻，而随着 $(NH_4)_2SO_4$ 浓度的上升，通量衰减更加严重，当盐浓度高于 12%（质量分数）时，膜表面形成浓厚的凝胶层，通量衰减最为严重。Lee 等发现当胶体污染单独存在时，膜面浓差极化是主要污染机制；当天然有机物单独存在时，天然有机物与 $Ca^{2+}$ 相互作用是污染的主要机制；而当胶体与天然有机物同时存在时，两种污染机制同时存在，但其通量衰减程度却比两者单独存在时污染程度之和要小，这可能是因为天然有机物的存在使胶体稳定性增强，而胶体的存在会与天然有机物争夺 $Ca^{2+}$。然而 Li 等则认为胶体污染物与天然有机物同时存在时会发生协同效应，比单独污染物存在时污染要严重，这主要是污染物间的相互作用导致其反扩散效应降低，从而使得污染物更快更多地沉积在膜表面。并且由于胶体物质的存在，$Ca^{2+}$ 在有机物分子间的搭桥效应明显减弱。Zhao 等发现有机物溶液中加入 $Ca^{2+}$ 后对有机污染的影响不一，对于部分有机物，由于离子强度增加会使得滤饼孔隙率下降，从而加速通量衰减，但是对于有的有机物，$Ca^{2+}$ 的加入促使有机物间团聚，从而更容易受力，远离膜面，或者改变了有机污染物的疏水性。因此，料液成分越多，其污染机制越复杂，污染的控制和清洗越困难，需要对料液进行一定的预处理，除去部分污染物。

在膜生物反应器中，污泥混合液的性质也会对膜污染有影响。其中悬浮物、胶体、可溶性物质是膜污染的主要因素；$Ca^{2+}$ 可能与胞外聚合物结合形成凝胶层，增加污染层的孔隙率，从而使过滤阻力减小；胞外多聚物也是膜生物反应器中膜污染的重要因素。另外，污泥颗粒的尺寸分布也会对膜污染产生影响，通常较大的颗粒在膜上沉积不会影响膜过滤性能。Pan 等发现丝状细菌会产生更多的可溶性微生物产物（包括可溶性多糖和蛋白），这类产物可与膜面发生作用从而加重膜污染，并且这类污染还难以通过加强膜面剪切力进行控制。

**(2) 料液 pH 值**

料液 pH 值影响溶质形态和荷电，同时也会对膜面的荷电以及疏水性能产生影响，从而对膜污染产生影响。Brinck 等发现在碱性条件下，脂肪酸以盐的形式存在，不会吸附到疏水膜的孔内，而酸性条件下，由于脂肪酸对膜的吸附污染，通量迅速下降。Manttari 等研究了 pH 值对 8 种商业纳滤膜的影响，发现对于大部分纳滤膜来说，碱性条件下膜荷电性能和亲水性能提高，从而使膜与溶质间的电荷排斥增强，溶质在膜面及膜孔的吸附也减弱，进而降低膜污染。在低 pH 值下溶质分子有效半径减小，使其更容易吸附到膜表面，并且较低 pH 值下，溶质荷电更可能下降，造成分子之间的团聚，进而加重膜污染。Al-Amoudi 在综述纳滤处理饮用水过程中的污染问题时，认为高离子强度和低 pH 值并且存在 $Ca^{2+}$ 时，通量衰减最为严重，因为会形成紧凑的有机污染层，而低离子强度和高 pH 值下的有机污染最轻，如图 4-9 所示。Schafer 等则认为在高 pH 值下会形成钙离子与有机物的结合体，从而沉积在膜表面。Rabiller Baudry 等在利用膜处理牛奶时，碱性 pH 下 $Ca^{2+}$ 与磷酸盐结合，之后与蛋白质团聚，但由于这些团聚体体积较大并且带有电荷，因此对膜的污染有限，膜污染随着 pH 值的上升而下降，并且不需要用酸液清洗，表示无机污染基本可以忽略。

**(3) 料液离子强度**

料液中离子强度较高时，在屏蔽膜表面电荷的同时，也会减小溶质的水化半径并增大有效膜孔半径，从而使溶质更容易吸附到膜表面和进入膜孔，不仅容易堵塞膜孔而且形成的滤饼也更加致密。如图 4-9 所示，在高离子强度和低 pH 值下，溶质分子间的电荷被屏蔽，并

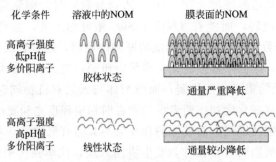

图 4-9　pH 值和离子强度对膜污染的影响

且其表面水化层也由于离子强度的升高变薄，从而电荷排斥和疏水作用都减弱，更容易发生团聚而沉积在膜表面。$Ca^{2+}$ 浓度在膜污染中扮演重要的角色，因为它会与有机物结合形成更加浓厚紧密的污染层，这源于 $Ca^{2+}$ 对有机大分子间的搭桥作用。Yu 等发现对于海水反渗透脱盐，在离子强度 10mmol/L 时，$Ca^{2+}$ 的引入导致非常明显的通量衰减，并且 $Ca^{2+}$ 浓度越高，污染越严重，但离子强度为 600mmol/L 时，$Ca^{2+}$ 的加入也加速通量衰减，但是其影响力大大减弱。不过在没有 $Ca^{2+}$ 时，比较不同离子强度下的通量衰减，可以发现离子强度为 600mmol/L 时通量衰减要比 10mmol/L 时严重得多，这还是证明离子强度较高时污染会加重，而此时料液中 $Ca^{2+}$ 浓度对膜污染的影响即可忽略。

### 4.4.3　操作条件

#### (1) 操作压力

操作压力越高，促使溶质向膜面迁移，膜面溶质浓度升高，浓差极化加重，促使浓差极化层向滤饼层转变，形成膜污染。在压力型驱动膜过程中，在临界通量下操作，膜面溶质浓度维持在较低的值，有机物不会团聚结合形成凝胶层或滤饼，无机盐不会发生结晶而结垢，膜污染可以控制在最低水平。

#### (2) 料液温度

对于恒流操作，温度上升，料液黏度下降，扩散系数增加，膜面溶质的反扩散增强，从而降低了浓差极化，缓解膜污染。但温度的上升会使料液中某些组分的吸附性增强，温度过高还会使蛋白质变性或失活而加重污染。Jawor 等认为随着温度上升，反渗透海水脱盐的回收率上升并且能耗降低，但由于无机盐更容易在膜表面结晶，因此面临着发生严重污染的风险。

#### (3) 料液流速

料液流速越大，膜面剪切力越高，聚集在膜面的污染物即可被冲洗掉，溶质就能更好地返回到主体溶液中，从而降低膜污染。Zhao 等通过改变膜面流速获得具有不同膜面剪切力的微滤装置，由 XDLVO 理论计算所得结果表明，膜面剪切力越大，污染物与膜面排斥力越大，污染物越不易被吸附至膜表面，膜污染可得到缓解。另外，传统的卷式膜组件或中空纤维组件，只能靠加快错流速度以提高膜面剪切力，但过高的错流速度会引起压降，从而损坏膜组件。剪切力强化膜组件则通过膜表面物体的搅拌或者旋转、膜本身的振动或旋转来增强膜表面剪切力，达到降低膜污染的效果。

# 4.5　陶瓷膜污染控制技术

根据陶瓷膜污染影响因素的性质，可以将膜污染控制策略分为以下四类：预处理；选膜及膜改性；优化操作条件；改变溶液性质。

## 4.5.1　预处理

预处理是指在原料液过滤前向其中加入适当的药剂，以改变料液或溶质的性质，或对其进行絮凝、过滤，以去除一些较大的悬浮粒子或胶状物质，或者调整料液的 pH 以去除污染物，从而减轻膜过程的负荷和污染。废水中较高浓度的金属离子对膜污染也有重要影响，有报道指出膜面污泥层中富含 Mg、Al、Ca 和 Fe 等元素，它们与有机大分子聚合物相互作用会促进膜面污泥层的形成和致密度，这些因素可以通过废水的预处理过程予以改善，具体措施包括粗筛、过滤、pH 调节等。Kim 等采用渗析器/沸石的预处理单元对进水中的氨氮予以去除（去除率＞90%），发现厌氧 MBR 运行过程中陶瓷膜表面的鸟粪石沉积大幅降低。Chen 等利用 XDLVO 理论研究了加有氯气的自来水与纯净水中污染物对微滤膜的污染，结果发现，氯气的存在降低了污染物与膜面之间的相互吸引力，从而降低膜污染。近年来开始采用微滤或超滤作为膜分离过程的预处理手段，可简化操作，大大降低成本。

## 4.5.2　选膜及膜改性

对膜的选择，应根据所处理物系的特点及所要达到的截留率来确定，对较大孔径的膜，尽管其初期通量较大，但由于浓差极化比较严重，并且溶质易进入膜孔而发生堵塞，形成滤饼层，通量衰减较快。因此对膜孔径的选择应比要求截留分子量要小，这样能获得较好的处理结果，还可减少溶质在膜孔上的吸附和堵塞造成的污染。膜的粗糙度、疏水/亲水性能、荷电性能也是决定膜污染的重要原因，除了根据料液选择合适材料的膜外，还可以对膜进行改性，改变膜面粗糙度或者在表面覆盖亲水基团，或者利用表面活性剂对膜进行处理改性，以增强膜的亲水性，提高其抗污染性能。固体表面粗糙度控制方法主要有打磨法、刻蚀法、化学沉积法以及模板法等。Zhong 等采用砂纸打磨以改变膜表面粗糙度，获得了一系列不同粗糙度的陶瓷膜。膜面粗糙度的控制主要通过选择不同表面粗糙度的砂纸来实现。将获得的不同粗糙度陶瓷膜用于纳米颗粒悬浮液的分离，发现存在一个最优的膜面粗糙度，可以显著减少颗粒在膜面的滤饼形成，获得较高的膜通量。Boributh 等利用壳聚糖溶液对 PVDF 微滤膜进行改性，使壳聚糖覆盖到微滤膜表面，改性膜表面亲水性增强，水通量下降，蛋白质对膜的污染也明显下降。Ba 等利用聚乙烯亚胺（PEI）对荷正电纳滤膜进行改性，一层水溶性聚合物吸附到膜表面，使其亲水性以及荷电性能都得到提升，更具有抗污染性。Yan 等对 $Al_2O_3$-PVDF 纳米复合材料管式超滤膜的研究，通过提高亲水性使其抗菌性能得到改善。

此外，还可通等离子体处理、辐照接枝、表面化学接枝、表面涂覆法等在膜表面接枝亲水性的功能基团，达到降低膜污染的目的。Yu 等采用紫外线诱导的改性方式将聚合丙烯酰胺接合到聚丙烯多孔滤膜上，改性后膜的水接触角随着接枝程度的增加而减小，改性后膜的抗污染性得到了提高。Sainbayar 等通过臭氧诱导在聚丙烯膜上接枝甲基丙烯酸羟乙酯

（HEMA），发现随着接枝程度的增加，水接触角降低而表面的 Zeta 电位增加。Kochan 等研究了聚偏氟乙烯（PVDF）、聚醚砜（PES）、聚砜（PSF）、醋酸纤维素（CA）四种材质的平片式超滤膜分别涂覆支化聚乙烯亚胺（PEI）、二甲基二烯丙基氯化铵均聚物（PDAD-MAC）和聚酰氯烯丙基胺（PAH）后过滤活性污泥上清液的膜污染情况，发现膜污染速率均有一定程度的降低。同时，人们还研究了基于两性物质和高分子共混的自组装制备的膜。两性物质是指既包含正电荷基团又包含负电荷基团的高分子材料，这一方法得到的改性膜表现出优越的抗蛋白质类物质污染的特征。

### 4.5.3　优化操作条件

通过改变料液性质，如降低离子强度、升高 pH 值、增加温度等都可以有效降低污染物与膜面之间的相互作用力，从而降低膜污染，但却增加了成本并且改变了产品性质，其经济性不佳。错流速度的增加受到压降的限制，并且同样会增加能耗，需要进行系统的优化。相比传统的错流过滤系统，剪切力强化技术可以提供较高的膜面剪切力而不会受到压降的影响。剪切力强化膜过滤系统一般采用平板膜，通过在膜表面形成较强的剪切力（膜表面物体的搅拌或者旋转、膜本身的振动或旋转），以降低溶质在膜表面的浓差极化，从而提高通量并降低透过液溶质浓度，同时也可以降低膜污染。典型的剪切力强化膜过滤系统有两种类型，即振动强化膜系统和旋转强化膜系统，见图 4-10。旋转膜系统可以产生较高的剪切力，但在工业放大上存在一定限制，而振动膜系统则更适用于大规模生产。

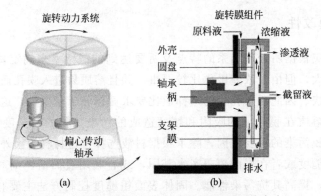

图 4-10　振动强化膜系统（a）和旋转强化膜系统（b）

已有众多剪切力强化膜组件实现商业化，如旋转圆筒膜组件图 4-11（a）、旋转圆盘组件图 4-11（b）、振动膜组件图 4-11（c）。对于剪切力强化膜系统的工业化，最大的问题是膜面积不够大（如旋转圆筒膜组件）和成本较高，但随着第二代系统如振动膜系统和多轴旋转陶瓷膜系统的出现，成本大幅下降，非常适合浓缩高浓度、高黏度的料液。

另外，浓差极化层汲取技术的开发也有利于膜污染的缓解。由于浓差极化造成通量衰减，影响分离效率和产品质量，而浓差极化作为压力驱动膜过滤中的固有现象难以完全消除，并且许多消除浓差极化的方法也是以生产成本增加为代价。浓差极化层内的溶质浓度非常高，可达其主体浓度的上百倍，所以才会形成凝胶层或滤饼层，并且浓差极化层可以快速地形成，所以浓差极化的形成本身就是一种快速高效的浓缩过程。如果可以将浓差极化层中高浓度溶质汲取出来，这样既获得了高浓度产品，又可以避免严重的通量衰减。万印华等首次提出了利用浓差极化层形成速度快、溶质浓度高的特点，通过操作条件的调控，调节浓差

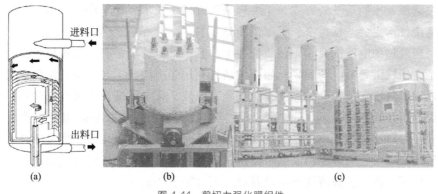

图 4-11　剪切力强化膜组件

极化层厚度和浓差极化层内溶质的浓度及其浓度分布，然后将浓差极化层的浓溶液通过浓缩液汲取器导出，从而在获得高浓度目标溶液的同时，及时将潜在的污染物排出，实现浓缩过程的连续操作。利用浓差极化浓缩生物大分子的方法和思路，巧妙地解决了膜浓缩过程中浓差极化和膜污染这一难题，是膜浓缩技术在原理和实施方式上的变革。

### 4.5.4　改变溶液性质

在 MBR 应用过程中，向污泥混合液中投加吸附剂、絮凝剂、载体、悬浮颗粒和其他化学物质可以改变污泥混合液性质。合适的投加剂可以起到一些重要的作用，例如吸附 SMP（溶解性微生物产物）、絮凝、促进絮体之间的交联等。投加粉末活性炭是应用最广泛的一种方式，主要作用是吸附上清液中的溶质和胶体物质，增大污泥絮体的粒径。别的吸附剂如沸石、膨润土等也被用于控制膜污染，这些物质通常具有高的吸附和离子交换能力，可以减少上清液中的有机物含量，因而可以减轻膜污染并提高出水水质。絮凝剂是另外一种类型的投加剂，絮凝剂能够通过电中和与架桥作用去除 SMP，同时能够破坏混合液中胶体的稳定性，增强污泥的絮凝性，降低上清液中小颗粒物含量，减缓此类物质引起的膜污染。常用的絮凝剂主要有 $Al_2(SO_4)_3$、$FeCl_3$、聚合氯化铝（PAC）、聚合硫酸铁（PFS）、聚丙烯酰胺（PAM）和壳聚糖。Ji 等系统考察了这 6 种絮凝剂对污泥性质的影响，发现有机絮凝剂主要起到降低 SMP 含量和分形维数值，增大污泥粒径的作用，而无机絮凝剂主要起到降低 SMP 含量和表面电荷值，增加污泥絮体的表面相对疏水性的作用。然而，投加化学絮凝剂可能会带来产生副产物或增加反应器中污泥体积等负面效果。另外一种较新的膜污染控制方法是采用臭氧对污泥改性处理。该研究表明，臭氧能够降低污泥絮体的表面电荷，增加其疏水性，进而提高污泥混合液中颗粒的絮凝能力，降低膜污染。此外，通过培养颗粒污泥来降低膜污染也是一种较新的策略。如 Martin Garcia 等发现相比于普通的厌氧 MBR，厌氧颗粒污泥 MBR 上清液中的胶体颗粒和 SMP 含量都低很多，因而膜污染较轻。

## 4.6　陶瓷膜的清洗与再生技术

### 4.6.1　陶瓷膜的清洗再生技术

陶瓷膜清洗技术发展至今，按照在清洗时是否对膜组器件进行拆卸调离，可分为原位清洗和非原位清洗，按照清洗的方式，主要包括物理清洗技术、化学清洗技术、生物清洗技术等。物理清洗技术主要是反冲洗、低压高流速清洗、负压清洗、冲洗、浸泡、机械刮除等，此外还包括新发展的电清洗及超声波清洗技术。其中，电清洗是利用电场使带电物质移动的原理，但是电清洗需要带电荷的膜；超声波清洗利用超声波技术与其他清洗技术结合，可以增强清洗效果，清洗到被污染的陶瓷膜的死角、空隙。化学清洗技术可以去除物理清洗难以去除的污染物质，其原理是利用清洗剂与污染物质的多项反应。根据陶瓷膜性质、料液特性、污染程度可以选择的常用化学清洗剂有酸碱液、螯合剂、氧化剂、表面活性剂等。生物清洗技术包括使用生物酶等生物制剂来清洗蛋白等污染物质，在陶瓷膜过滤食品料液过程中具有实际的应用价值。各种清洗方法及其特点汇总于表 4-2。

表 4-2　各种清洗方法及其特点

| 清洗方法 | 操作条件 | 特点 |
| --- | --- | --- |
| 一、原位清洗 | | |
| 1. 物理清洗 | 主要去除可逆污染 | 操作简单，持续时间短 |
| 水/气反冲洗 | 关键参数是反冲洗通量、持续时间和反冲洗频率，反冲洗通量一般为运行通量的 2～3 倍 | 可以去除膜面的污泥滤饼，但会损失过滤水量 |
| 间歇过滤(曝气吹扫) | 通常过滤 8～15min，停止 1～2min | 实施简单，在工程中已得到广泛应用 |
| 两者结合 | 将水反冲洗和间歇过滤联合使用 | |
| 2. 化学清洗 | 主要去除不可逆污染 | 需要一定的时间 |
| 化学强化反冲洗(CEB) | 将低浓度化学清洗药剂加入反冲洗水中，可以每天实施 | 强化对膜表面累积的溶解性物质的去除 |
| 维护性清洗(CIP) | 每 3～7d 用中等浓度化学药剂(200～500mg/L 的 NaClO)清洗一次，每次 30～120min；每月/季度用高浓度化学药剂(0.2%～0.3%NaClO)清洗一次 | 用于维持膜通量，降低恢复性清洗的频率 |
| 恢复性清洗 | 把膜池活性污泥抽空，原位注入化学药剂(0.2%～0.3% NaClO，结合使用 0.2%～0.3%的柠檬酸或 0.5%～1%的草酸)进行浸泡 | 用于 CIP 不能维持膜系统稳定运行的情况下 |
| 二、非原位清洗 | | |
| 1. 物理清洗 | 主要去除可逆污染 | 操作简单，持续时间短 |
| 水冲洗 | 用高压水冲洗膜表面，去除表面泥饼层 | |
| 擦洗 | 采用海绵等，擦除膜表面或膜孔中的污染物 | 不要划伤膜表面 |
| 2. 化学清洗 | 主要去除不可逆污染 | 需要一定的时间 |
| 恢复性清洗 | 把膜池活性污泥抽空，原位注入化学药剂(0.2%～0.3% NaClO，结合使用 0.2%～0.3%的柠檬酸或 0.5%～1%的草酸) | |

## (1) 物理清洗

物理清洗包括水力清洗、气体脉冲清洗、超声波清洗和脉冲电场等。其中应用最广泛的是水力清洗，包括正压冲洗、负压冲洗等。正压冲洗是通过高速的水流，增加膜表面的剪切力，去除膜表面的凝胶层。负压冲洗是通过在膜的透过液一侧施加压力，使透过液反向透过膜。该法一方面可以冲洗掉堵塞在膜孔内部的污染物，另一方面对料液侧膜表面的附着层也有一定的冲洗作用。但目前也出现了一些比较新颖的物理清洗方法，如脉冲电场膜清洗和超声波膜清洗，该类方法为陶瓷膜清洗的新技术。

此外，国内外的一些学者还研究了将两种或几种清洗方法联用，如超声波与物理清洗、物理法与化学法、电场与化学清洗相结合等。多种方法发生协同效应，清洗效果优于单一常规清洗方法。用超声波与表面活性剂结合清洗牛奶废水污染的微滤陶瓷膜，结果表明两者结合比其中任何一种清洗方法都好，同时，表面活性剂增加了超声波清洗的效果，两者在清洗过程中相互补充，使膜通量大大提高。Yin 等研究了陶瓷膜生物反应器处理生活污水后膜的清洗再生方法，研究结果表明，先在低压、高流速、(20±3)℃下水冲 20min，然后在 (50±3)℃下用 NaOH(1%) 和 NaClO(0.5%) 混合溶液清洗 50min，再在 (30±3)℃下用 HNO$_3$ 溶液（0.5%）清洗 5min，最后用水冲装置调节至中性，膜的清水通量可恢复到 80% 以上。田岳林等研究了孔径 50nm 陶瓷膜处理有机洗涤废水后的清洗再生方法。试验结果表明，质量分数 0.1% 的稀 HCl 和 0.2% 的草酸溶液都有较好的清洗效果，但同时以 3s/5s 的脉冲时间和频率进行反向脉冲清洗，可获得更好的清洗效果。

**（2）化学清洗**

化学清洗主要包括酸碱液清洗、表面活性剂清洗、氧化剂清洗、酶洗等。碱剂包括三聚磷酸钠、氢氧化钠等，碱性清洗剂去除的是大多数有机污染物，也可以去除油脂、蛋白质、胶体污染以及藻类等生物污染。酸剂包括盐酸、硫酸、硝酸、柠檬酸等，酸性洗液可以降低 pH 值，促进无机钙、镁等离子沉淀的溶解。金属盐、金属微粒及无机凝聚剂等引起的孔堵塞采用酸洗效果比较好。氧化剂包括过氧化氢、次氯酸钠等，能够氧化有机物和微生物，使其变性脱离膜表面，也可有效地清除蛋白质、油脂和藻类等物质的污染。其他化学药剂包括表面活性剂（如十二烷基磺酸钠）、酶（如果胶酶）、螯合剂（如乙二胺四乙酸）。表面活性剂可降低范德华力，其有亲水、亲油两种基团，吸引膜表面的有机物使其溶解在洗液中并最终被除去；酶可以分解去除微生物污染；螯合剂能够与 Ca$^{2+}$ 等金属离子络合，从而减少膜表面和膜孔内沉积的盐以及吸附的无机污染。

化学清洗剂必须依据污染物成分、污染程度以及膜的物理化学特性进行选择，其中污染物成分及膜的物化特性是选择合适化学药剂的主要因素。清洗剂的不同会直接影响到清洗效果、成本投入，而带有残余清洗剂的清洗废水则会对环境带来一定程度的影响。因此，清洗剂类型对化学清洗综合效应具有重要影响，选择化学清洗方案时的首要步骤即是确定合适的清洗剂。下面以陶瓷膜在不同应用领域中的应用为例，并介绍不同清洗技术对陶瓷膜再生效果的影响。

## 4.6.2　不同应用领域中陶瓷膜清洗技术的研究现状

**（1）食品发酵工业中陶瓷膜的清洗技术**

由于陶瓷膜的优点，陶瓷膜应用在食品行业中，对牛奶、果酒、果汁、饮料、白酒、啤酒等的除菌过滤效果十分显著。在其应用过程中，食品料液特性复杂，黏度大，因此对于陶瓷膜的污染状况比较复杂。对食品行业陶瓷膜污染后的清洗技术，研究人员做了大量的工作。

高璟等研究了陶瓷膜澄清食醋过程中，在不同的清洗剂、清洗时间、清洗压力、清洗温度条件下，清洗后陶瓷膜通量的恢复状况，指出采用氢氧化钠、双氧水、硫酸不同化学清洗剂，结合多步清洗法效果最好。李梅生等研究了被生酱油污染后的陶瓷膜的清洗技术。根据生酱油对膜的污染物质主要为蛋白质、固形物、食盐、色素分子及少量菌体碎片等，通过试验选择清洗效果较好的强碱清洗加硝酸清洗的化学清洗方式。在使用陶瓷膜浓缩乳酸菌发酵液时，金江等通过试验确定了采用氢氧化钠和硝酸的连续两步法清洗，膜通量恢复率较高。

**(2) 中药行业中陶瓷膜的清洗技术**

陶瓷膜应用在中药水提液的澄清处理中具有突出优势，并且这方面的研究日益增多。在使用陶瓷膜法过滤中药水提液过程中，由于中药提取液成分非常复杂，含有大量的固体颗粒、鞣质、胶质、蛋白质、淀粉及树脂等无药效的大分子物质，因此陶瓷膜极易污染。熊胜泉等通过研究发现，对于不同中药的药液成分造成的陶瓷膜污染，需采用不同的清洗工艺。

在中药行业中，陶瓷膜清洗技术的研究主要是针对不同中药液种类。樊文玲等比较了"碱＋氧化剂＋酸"清洗方法、酶清洗方法与"水冲洗＋超声波"清洗三种方法在陶瓷膜澄清糖渴清水提液过程中对污染陶瓷膜的清洗效果，发现酶法清洗效果较差，而"水冲洗＋超声波"清洗方法最佳。沈敏等在研究中发现，陶瓷膜过滤生地黄提取液过程中，对膜管造成污染的物质主要是大分子的多糖类物质。针对此污染物质，采用热水冲洗膜表面及 2% 的次氯酸钠溶液清洗，可使膜通量几乎完全恢复。付振生等研究了陶瓷膜分离提纯绿原酸提取液的膜清洗技术，比较了不同化学清洗剂的清洗效果，发现多聚磷酸钠的清洗效果最好，并且考察了多步清洗法的清洗效果，发现"1%氢氧化钙＋1%次氯酸钠＋1%多聚磷酸钠"清洗效果较好。

**(3) 废水处理中陶瓷膜的清洗技术**

与有机膜在废水处理中的应用相比较，陶瓷膜主要应用在水量较小、含油量高、碱性或酸性的废水中，这类废水极易损坏有机膜。在使用陶瓷膜处理含油废水方面，已经具有相应的工程应用，并且产生了一定的经济效益及社会效益。王长进等研究了陶瓷膜处理含油废水过程中膜的化学清洗技术，最终确定最佳的清洗组合为"1% $C_{18}H_{29}O_3SNa$ 清洗 5min，1.5% NaOH 清洗 15min，2.0% $HNO_3$ 清洗 10min"。郭弘针对冷轧厂废水处理中污染的陶瓷超滤膜的清洗做了研究，结论为使用 2%～2.5% 的阴离子表面活性剂、pH 值为 3 的酸洗液、pH 值为 11 的碱洗液对无机陶瓷膜进行清洗，可达到理想效果。陶瓷膜生物反应器处理废水为近些年来发展起来的新兴技术，王连军等研究了在应用陶瓷膜生物反应器处理啤酒废水中膜污染的清洗，最终采用了高压水冲洗之后，用 0.2% 次氯酸钠溶液浸泡 4h、0.1% 硝酸溶液浸泡 4h 的物理清洗与化学清洗相结合的清洗方式，效果较好。

综上，陶瓷膜以其独特的优势分离、浓缩成分较为复杂的料液，因此研究该类膜的清洗技术具有重要的意义。需要针对陶瓷膜在不同行业的应用方式，研究不同的清洗方法。在其研究过程中，可考虑新兴的清洗方法，如超声波清洗等与传统化学清洗相结合的方式，以提高清洗效率。

# 4.7　陶瓷膜分离过程中存在的问题与展望

陶瓷膜因其可在苛刻的水质条件下长期运行而受到青睐，在水处理过程中已取得了广泛应用，但膜污染仍是运行中必须面对的问题。而陶瓷膜污染主要受陶瓷膜参数（膜孔径、表面粗糙度等）和过滤物质的影响。在过滤介质中，无机颗粒引起的污染主要是滤饼层污染，而有机物的污染形式为膜孔堵塞作用。而在实际生产中，不可逆污染程度决定了陶瓷膜技术长期运行的能耗及可持续运行能力。因此，关于不可逆膜污染的研究更值得重视，常规的膜污染控制技术已不能解决该类不可逆膜污染。为了减轻陶瓷膜污染，新兴臭氧/陶瓷膜耦合技术应运而生。臭氧与有机污染物在陶瓷膜孔内发生催化反应，改变了有机物的分子结构，从而减轻了膜污染和提高了有机物的可生化性。臭氧与陶瓷膜的协同作用不仅可以控制膜污染，还可促进水中的有机物、消毒副产物、嗅味物质和新兴的微量污染物（如 PPCPs）等溶解性污染物的去除。

　　新兴臭氧/陶瓷膜耦合技术可利用臭氧的氧化作用，去除陶瓷膜膜面的有机污染物，降低陶瓷膜的不可逆污染，从而有效解决陶瓷膜污染后难恢复的问题。因此，未来可研究关注臭氧与陶瓷膜表面的协同作用，臭氧/陶瓷膜耦合技术促使陶瓷膜不仅具有分离功能，还具有催化氧化反应的功能，陶瓷膜相当于无数个并行的"纳米反应器"，从而在水处理工艺上实现将沉淀、普通过滤、膜过滤、催化氧化等多个处理单元集成于"臭氧/陶瓷膜"一个单元内进行，简化了工艺流程。与传统工艺相比，新工艺需要的构筑物更少，减少占地面积和投资成本，或者可以在现有处理构筑物基础上实现工艺的升级改造。然而，目前对臭氧/陶瓷膜耦合技术的研究仍集中于实验室研究，实际应用仍较少。因此，应尽快完善臭氧/陶瓷膜"纳米反应器"理论体系，由此扩大陶瓷膜的应用范围，在此方面实现陶瓷膜在水处理中的飞跃式发展。

## 参 考 文 献

[1]　Rabiller Baudry M，Bouzid H，Chaufer B，et al. On the origin of flux dependence in pH-modified skim milk filtration [J]. Dairy Sci Technol，2009（89）：363-385.

[2]　Jiraratananon R，Sungpet A，Luangsowan P. Performance evaluation of nanofiltration membranes for treatment of effluents containing reactive dye and salt [J]. Desalination，2000，130：177-183.

[3]　Nunes S P，Peinemann K V. Membrane technology [J]. Wiley Online Library，2001：198-220.

[4]　Marshall A，Munro P，Trägårdh G. The effect of protein fouling in microfiltration and ultrafiltration on permeate flux，protein retention and selectivity：A literature review [J]. Desalination，1993（91）：65-108.

[5]　Mohammad A W，Teow Y H，Ang W L，et al. Nanofiltration membranes review：Recent advances and future prospects [J]. Desalination，2015，356：226-254.

[6]　Ognier S，Wisniewski C，Grasmick A. Membrane bioreactor fouling in subcritical filtration conditions：A local critical flux concept [J]. Journal of Membrane Science，2004，229：171-177.

[7]　Field R W，Wu D，Howell J A，et al. Critical flux concept for microfiltration fouling [J]. Journal of membrane science，1995（100）：259-272.

[8]　Vrouwenvelder J，Van Paassen J，Van Agtmaal J，et al. A critical flux to avoid biofouling of spiral wound nanofiltration and reverse osmosis membranes：Factor fiction? [J]. Journal of Membrane Science，2009，326：36-44.

[9]　Le Clech P，Jefferson B，Chang I S，et al. Critical flux determination by the flux-step method in a submerged membrane bioreactor [J]. Journal of membrane science，2003，227：81-93.

[10]　She Q H，Wang R，Fane A G，et al. Membrane fouling in osmotically driven membrane processes：A review [J]. Journal of Membrane Science，2016，469：201-233.

[11]　Guo W S，Ngo H H，Li J X. A mini-review on membrane fouling [J]. Bioresource Technol，2012，122：27-34.

[12]　Shirazi S，Lin C J，Chen D. Inorganic fouling of pressure-driven membrane processes——A critical review [J]. Desalination，2010，250：236-248.

[13]　Lee S，Lee C H. Effect of operating conditions on CaSO$_4$ scale formation mechanism in nanofiltration for water softening [J]. Water Res，2000，34：3854-3866.

[14]　Huisman I H，Pradanos P，Hernandez A. The effect of protein-protein and protein-membrane interactions on membrane fouling in ultrafiltration [J]. Journal of Membrane Science，2000（179）：79-90.

[15]　Kim J S，Shi W，Yuan Y P，et al. A serial filtration investigation of membrane fouling by natural organic matter [J]. Journal of Membrane Science，2007，294：115-126.

[16]　Warczok J，Ferrando M，Lopez F，et al. Concentration of apple and pear juices by nanofiltration at low pressures [J]. J Food Eng，2004，63：63-70.

[17]　Costa A R，de Pinho M N，Elimelech M. Mechanisms of colloidal natural organic matter fouling in ultrafiltration [J]. Journal of Membrane Science，2006，281：716-725.

[18]　Vela M C V，Blanco S A，Garcia J L，et al. Analysis of membrane pore blocking models applied to the ultrafiltration of PEG [J]. Sep Purif Technol，2008（62）：489-498.

[19]　Lin H J，Zhang M J，Wang F Y，et al. A critical review of extracellular polymeric substances（EPSs）in membrane bioreactors：Characteristics，roles in membrane fouling and control strategies [J]. Journal of Membrane Science，2014，460：110-125.

[20]　Shen Y X，Zhao W T，Xiao K，et al. A systematic insight into fouling propensity of soluble microbial products in membrane bioreactors based on hydrophobic interaction and size exclusion [J]. Journal of Membrane Science，2010，346：187-193.

[21]　Chong T H，Wong F S，Fane A G. Implications of critical flux and cake enhanced osmotic pressure（CEOP）on colloidal fouling in reverse osmosis：Experimental observations [J]. Journal of Membrane Science，2008，314：101-111.

[22]　Chong T H，Wong F S，Fane A G. The effect of imposed flux on biofouling in reverse osmosis：Role of concentration polarisation and biofilm enhanced osmotic pressure phenomena [J]. Journal of Membrane Science，2008，325：840-850.

[23]　刘忠洲，续曙光.微滤、超滤过程中的膜污染与清洗 [J].水处理技术，1997，23：187-193.

[24]　邓玲，王晔.超滤过程中膜的吸附现象是造成膜污染的关键 [J].过滤与分离，1997：13-17.

[25]　Sablani S S，Goosen M F A，Al-Belushi R，et al. Concentration polarization in ultrafiltration and reverse osmosis：A critical review [J]. Desalination，2001，141：269-289.

[26]　Su X，Li W D，Palazzolo A，et al. Concentration polarization and permeate flux variation in a vibration enhanced reverse osmosis membrane module [J]. Desalination，2018，433：75-88.

[27]　余智勇，文湘华.厌氧膜生物反应器中亲疏水性有机物的膜污染特征 [J].中国环境科学，2018，38：2471-2476.

[28]　Kirschner A Y，Cheng Y H，Paul D R，et al. Fouling mechanisms in constant flux crossflow ultrafiltration [J]. Journal of membrane science，2019，574：65-75.

[29]　尤朝阳，吕伟娅，陈文燕.膜表面污染中凝胶层形成机理及控制的研究 [J].江苏环境科技，2005，18：1-3.

[30]　Riedl K，Girard B，Lencki R W. Influence of membrane structure on fouling layer morphology during apple juice clarification [J]. Journal of Membrane Science，1998，139：155-166.

[31]　Hwang K J，Liao C Y，Tung K L. Effect of membrane pore size on the particle fouling in membrane filtration [J]. Desalination，2008，234：16-23.

[32]　黄霞，莫罹.MBR 在净水工艺中的膜污染特征及清洗 [J].膜科学与技术，2003：1-7.

[33]　王颖，黄霞，袁其朋.膜-生物反应器处理高浓度有机废水膜污染影响因素的研究 [J].膜科学与技术，2004，24：1-5.

[34]　Van der Marel P，Zwijnenburg A，Kemperman A，et al. Influence of membrane properties on fouling in submerged membrane bioreactors [J]. Journal of membrane science，2010，348：66-74.

[35]　Thomas H，Judd S，Murrer J. Fouling characteristics of membrane filtration in membrane bioreactors [J]. Membrane Technology，2000（2000）：10-13.

[36]　Poorasgari E，Bugge T V，Christensen M L，et al. Compressibility of fouling layers in membrane bioreactors [J]. Journal of Membrane Science，2015，475：65-70.

[37]　Zamani F，Ullah A，Akhondi E，et al. Impact of the surface energy of particulate foulants on membrane fouling [J]. J Membrane Sci，2016，510：101-111.

[38] Tang C Y Y，Chong T H，Fane A G. Colloidal interactions and fouling of NF and RO membranes：A review [J]. Adv Colloid Interfac，2011，164：126-143.

[39] Brant J A，Childress A E. Assessing short-range membrane-colloid interactions using surface energetics [J]. J Membrane Sci，2002，203：257-273.

[40] Lin H J，Zhang M J，Mei R W，et al. A novel approach for quantitative evaluation of the physicochemical interactions between rough membrane surface and sludge foulants in a submerged membrane bioreactor [J]. Bioresource Technol，2014（171）：247-252.

[41] Hoek E M V，Bhattacharjee S，Elimelech M. Effect of membrane surface roughness on colloid-membrane DLVO interactions [J]. Langmuir，2003（19）：4836-4847.

[42] Bowen W R，Doneva T A. Atomic force microscopy studies of membranes：Effect of surface roughness on double-layer interactions and particle adhesion [J]. J Colloid Interf Sci，2000，229：544-549.

[43] Vrijenhoek E M，Hong S，Elimelech M. Influence of membrane surface properties on initial rate of colloidal fouling of reverse osmosis and nanofiltration membranes [J]. Journal of Membrane Science，2001（188）：115-128.

[44] Chen V，Kim K J，Fane A G. Effect of membrane morphology and operation on protein deposition in ultrafiltration membranes [J]. Biotechnol Bioeng，1995，47：174-180.

[45] Zhao L H，Shen L G，He Y M，et al. Influence of membrane surface roughness on interfacial interactions with sludge flocs in a submerged membrane bioreactor [J]. J Colloid Interf Sci，2015，446：84-90.

[46] Van der Bruggen B，Kim J H，DiGgiano F A，et al. Influence of MF pretreatment on NF performance for aqueous solutions containing particles and an organic foulant [J]. Sep Purif Technol，2004，36：203-213.

[47] Boussu K，Belpaire A，Volodin A，et al. Influence of membrane and colloid characteristics on fouling of nanofiltration membranes [J]. Journal of Membrane Science，2007，289：220-230.

[48] Brant J A，Childress A E. Colloidal adhesion to hydrophilic membrane surfaces [J]. Journal of Membrane Science，2004（241）：235-248.

[49] Ochoa N A，Masuelli M，Marchese J. Effect of hydrophilicity on fouling of an emulsified oil wastewater with PVDF/PMMA membranes [J]. Journal of Membrane Science，2003，226：203-211.

[50] Shan L L，Fan H W，Guo H X，et al. Natural organic matter fouling behaviors on superwetting nanofiltration membranes [J]. Water Res，2016（93）：121-132.

[51] Wang Z X，Jin J，Hou D Y，et al. Tailoring surface charge and wetting property for robust oil-fouling mitigation in membrane distillation [J]. Journal of Membrane Science，2016，516：113-122.

[52] Zhao Y H，Qian Y L，Zhu B K，et al. Modification of porous poly（vinylidene fluoride）membrane using amphiphilic polymers with different structures in phase inversion process [J]. Journal of Membrane Science，2008，310：567-576.

[53] Narong P，James A. Effect of the ζ-potential on the micro/ultra-filtration of yeast suspensions using ceramic membranes [J]. Sep Purif Technol，2006（49）：149-156.

[54] Lawrence N D，Perera J M，Iyer M，et al. The use of streaming potential measurements to study the fouling and cleaning of ultrafiltration membranes [J]. Sep Purif Technol，2006（48）：106-112.

[55] Pastor M R，Ruiz A F，Chillon M F，et al. Influence of pH in the elimination of boron by means of reverse osmosis [J]. Desalination，2001，140：145-152.

[56] Zhang Y，Zhang M J，Wang F Y，et al. Membrane fouling in a submerged membrane bioreactor：Effect of pH and its implications [J]. Bioresource Technol，2014，152：7-14.

[57] Koo C H，Mohammad A W，Suja'F，et al. Review of the effect of selected physicochemical factors on membrane fouling propensity based on fouling indices [J]. Desalination，2012，287：167-177.

[58] Zhong Z X，Chen R，Xing W，et al. Application of nickel catalysts in the system combining catalytic reaction with membrane separation [J]. Journal of Chemical Engineering of Chinese Universities，2008，22：49.

[59] Elysee Collen B，Lencki R W. Protein ultrafiltration concentration polarization layer flux resistance. 1. Importance of protein layer morphology on flux decline with gelatin [J]. Journal of Membrane Science，1997，129：

101-113.

[60] Lee S, Cho J W, Elimelech M. Combined influence of natural organic matter (NOM) and colloidal particles on nanofiltration membrane fouling [J]. Journal of Membrane Science, 2005, 262: 27-41.

[61] Li Q L, Elimelech M. Synergistic effects in combined fouling of a loose nanofiltration membrane by colloidal materials and natural organic matter [J]. Journal of Membrane Science, 2006, 278: 72-82.

[62] Zhao Y, Song L F, Ong S L. Fouling of RO membranes by effluent organic matter (EfOM): Relating major components of EfOM to their characteristic fouling behaviors [J]. Journal of Membrane Science, 2010, 349: 75-82.

[63] Pan J R, Su Y C, Huang C P, et al. Effect of sludge characteristics on membrane fouling in membrane bioreactors [J]. Journal of Membrane Science, 2010 (349): 287-294.

[64] Brinck J, Jonsson A S, Jonsson B, et al. Influence of pH on the adsorptive fouling of ultrafiltration membranes by fatty acid [J]. Journal of Membrane Science, 2000, 164: 187-194.

[65] Manttari M, Pihlajamaki A, Nystrom M. Effect of pH on hydrophilicity and charge and their effect on the filtration efficiency of NF membranes at different pH [J]. Journal of Membrane Science, 2006, 280: 311-320.

[66] Al-Amoudi A S. Factors affecting natural organic matter (NOM) and scaling fouling in NF membranes: A review [J]. Desalination, 2010, 259: 1-10.

[67] Schafer A I, Fane A G, Waite T D. Nanofiltration of natural organic matter: Removal, fouling and the influence of multivalent ions [J]. Desalination, 1998, 118: 109-122.

[68] Yu Y, Lee S, Hong S. Effect of solution chemistry on organic fouling of reverse osmosis membranes in seawater desalination [J]. Journal of Membrane Science, 2010, 351: 205-213.

[69] Jawor A, Hoek E M V. Effects of feed water temperature on inorganic fouling of brackish water RO membranes [J]. Desalination, 2009, 253: 44-57.

[70] Zhao F C, Chu H Q, Su Y M, et al. Microalgae harvesting by an axial vibration membrane: The mechanism of mitigating membrane fouling [J]. Journal of Membrane Science, 2016, 508: 127-135.

[71] Kim M, Lee H, Kim M, et al. Wastewater retreatment and reuse system for agricultural irrigation in rural villages [J]. Water Science and Technology, 2014 (70): 1961-1968.

[72] Lin T, Lu Z J, Chen W. Interaction mechanisms and predictions on membrane fouling in an ultrafiltration system, using the XDLVO approach [J]. Journal of Membrane Science, 2014, 461: 49-58.

[73] Yan Y Y, Gao N, Barthlott W. Mimicking natural superhydrophobic surfaces and grasping the wetting process: A review on recent progress in preparing superhydrophobic surfaces [J]. Adv Colloid Interfac, 2011, 169: 80-105.

[74] Zhong Z X, Li D Y, Zhang B B, et al. Membrane surface roughness characterization and its influence on ultrafine particle adhesion [J]. Sep Purif Technol, 2012, 90: 140-146.

[75] Boributh S, Chanachai A, Jiraratananon R. Modification of PVDF membrane by chitosan solution for reducing protein fouling [J]. Journal of Membrane Science, 2009, 342: 97-104.

[76] Ba C Y, Ladner D A, Economy J. Using polyelectrolyte coatings to improve fouling resistance of a positively charged nanofiltration membrane [J]. Journal of Membrane Science, 2010 (347): 250-259.

[77] Yan L, Hong S, Li M L, et al. Application of the $Al_2O_3$-PVDF nanocomposite tubular ultrafiltration (UF) membrane for oily wastewater treatment and its antifouling research [J]. Sep Purif Technol, 2009, 66: 347-352.

[78] Yu H J, Cao Y M, Kang G D, et al. Enhancing antifouling property of polysulfone ultrafiltration membrane by grafting zwitterionic copolymer via UV-initiated polymerization [J]. Journal of Membrane Science, 2009, 342: 6-13.

[79] Sainbayar A, Kim J S, Jung W J, et al. Application of surface modified polypropylene membranes to an anaerobic membrane bioreactor [J]. Environ Technol, 2001 (22): 1035-1042.

[80] Kochan J, Wintgens T, Melin T, et al. Characterization and filtration performance of coating-modified polymeric membranes used in membrane bioreactors [J]. Chem Pap, 2009, 63: 152-157.

[81]　Yang Y F，Li Y，Li Q L，et al. Surface hydrophilization of microporous polypropylene membrane by grafting zwitterionic polymer for anti-biofouling [J]. Journal of Membrane Science，2010，362：255-264.

[82]　Jaffrin M Y. Dynamic shear-enhanced membrane filtration：A review of rotating disks，rotating membranes and vibrating systems [J]. Journal of Membrane Science，2008，324：7-25.

[83]　万印华，陈向荣，苏志国.利用浓差极化浓缩生物大分子的膜过滤方法及其装置 [J].膜科学与技术，2007，12：125.

[84]　周小玲，陈建荣，余根英.膜生物反应器中膜污染机理和控制研究新进展 [J].环境科学与技术，2012，35：86-91.

[85]　甘光奉，甘莉.高分子絮凝剂研究的进展 [J].工业水处理，1999 (19)：6-7.

[86]　Ji L，Zhou J. Influence of aeration on microbial polymers and membrane fouling in submerged membrane bioreactors [J]. Journal of Membrane Science，2006 (276)：168-177.

[87]　Demir O，Filibeli A. Fate of return activated sludge after ozonation：An optimization study for sludge disintegration [J]. Environ Technol，2012 (33)：1869-1878.

[88]　Martin Garcia I，Monsalvo V，Pidou M，et al. Impact of membrane configuration on fouling in anaerobic membrane bioreactors [J]. Journal of Membrane Science，2011，382：41-49.

[89]　Mirzaie A，Mohammadi T. Effect of ultrasonic waves on flux enhancement in microfiltration of milk [J]. J Food Eng，2012，108：77-86.

[90]　Yin N，Zhong Z，Xing W. Ceramic membrane fouling and cleaning in ultrafiltration of desulfurization wastewater [J]. Desalination，2013，319：92-98.

[91]　田岳林，袁栋栋，李汝琪.陶瓷膜污染过程分析与膜清洗方法优化 [J].环境工程学报，2013，7：253-257.

[92]　高璟，刘有智，刘引娣.陶瓷膜澄清食醋的污染膜清洗与再生 [J].中国调味品，2014，39：51-56.

[93]　李梅生，赵宜江，张艳.被生酱油污染后的陶瓷膜再生方法的研究 [J].食品与发酵工业，2007，33：47-50.

[94]　金江，韩亦龙，何艳君.陶瓷膜处理乳酸菌发酵液的膜清洗研究 [J].食品与发酵工业，2006，32：67-70.

[95]　徐南平，邢卫红，赵宜江.无机膜分离技术与应用 [M].北京：化学工业出版社，2003：19.

[96]　金万勤，高洪宁，郭立玮.陶瓷微滤膜微滤法与醇沉法澄清 2 种中药水提液的比较研究 [J].中草药，2002，33：309-311.

[97]　熊胜泉，朱才庆，范其坤.中药口服液和注射液制备中膜清洗工艺的应用 [J].中成药，2005，27：645-648.

[98]　樊文玲，林瑛，郭立玮.陶瓷膜澄清糖渴清水提液的膜清洗研究 [J].中草药，2008 (39)：369-371.

[99]　沈敏，李卫星，邢卫红.陶瓷膜澄清生地黄提取液的膜污染和清洗研究 [J].膜科学与技术，2005 (25)：68-73.

[100]　付振生，金江.陶瓷膜分离提纯绿原酸提取液的膜清洗研究 [J].水处理技术，2010，36：111-114.

[101]　王长进，储凌，金江.陶瓷膜处理含油废水的膜化学清洗研究 [J].水处理技术，2010，36：52-55.

[102]　郭弘.在冷轧厂废水处理中污染陶瓷超滤膜的清洗 [J].水处理技术，2009，35：105-107.

[103]　王连军，蔡敏敏，荆晶.无机膜-生物反应器处理啤酒废水及其膜清洗的试验研究 [J].工业水处理，2000 (20)：32-34.

# 第5章 陶瓷膜在工业废水处理中的应用

## 5.1 概述

我国工业废水产生来源很多，构成成分复杂，性质多变。目前我国工业废水一般采用生物化学方法处理，以厌氧和好氧结合工艺为主要处理单元，存在占地面积大、装置结构复杂、处理周期长等缺点。而陶瓷膜作为一种无机膜，具有耐高温、耐强酸强碱和有机溶剂腐蚀、耐微生物侵蚀、机械强度高、孔径分布窄等突出优点，在水处理领域具有广阔的发展前景。陶瓷膜可在严苛的条件下进行长期稳定的分离操作，特别适合工业废水的处理。对于难生物降解的、含有某些特殊污染物质的工业废水更适合采用无机陶瓷膜处理。

陶瓷膜在工业废水的处理过程中主要可应用于废水的预处理、二级处理和深度处理过程中。

对于高浓度难降解的有机废水，常采用预处理方法，既可以去除部分有毒有害的有机物，改善其生物降解性，又为后续处理创造了条件。例如染料工业废水、农药生产废水、制药废水、焦化废水等含有浓度很高的有机污染物，在进入生物处理系统之前应采取相应的预处理措施。

废水传统的二级生物处理存在一些问题，如抗冲击能力差、占地面积大、系统不够稳定、处理后水质不理想、对特殊有机物质的处理效果差。而采用陶瓷膜替代传统的二级生物处理工艺，具有固液分离效率高、能耗低、工艺简单和易于自动化等优点。主要可应用于生活污水、低浓度重金属废水和含油废水等的处理。

工业废水水质成分复杂，采用传统的二级生物处理后，有些污染物不能达到排放要求，为进一步去除废水中的某些特殊的污染物，需要进行废水的深度处理。废水经深度处理后可回用于生产，在一定程度上能缓解淡水资源的紧缺局面。陶瓷膜是一种高效固液分离的方法，适用于工业废水的深度处理。

在我国，人均水资源少，水需求量大，部分水域水环境污染严重，陶瓷膜在此问题的解决上可以发挥重要的作用，在工业废水的处理领域有着巨大的市场发展空间。随着科学技术的不断进步和世界各国对环境保护问题的日益关注以及对满足精确控制条件的高性能过滤装置的需求，陶瓷膜在工业废水处理中的应用会越来越广泛。

# 5.2　电镀废水

## 5.2.1　电镀废水的来源

电镀行业是通用性强、使用面广、跨行业、跨部门的重要加工工业。电镀可以改变金属或非金属制品的表面属性，如抗腐蚀性、外观装饰性、导电性、耐磨性、可焊性等，广泛应用于机械制造工业、轻工业、电子电气工业等，某些特殊功能镀层还能满足国防尖端技术产品的需要。

电镀工艺是在含有预镀金属的盐类溶液中，以被镀基体金属为阴极，通过电解作用，使镀液中预镀金属的阳离子在基体金属表面沉积下来，形成具有新性能镀层的一种表面加工方法。

电镀工艺包括镀前处理（去锈、去油）、镀上金属层和镀后处理（钝化、去氢），常见的电镀工艺流程如图 5-1 所示。

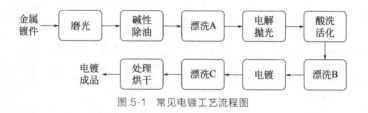

图 5-1　常见电镀工艺流程图

镀前处理包括磨光、碱性除油、电解抛光、酸洗活化等。前处理效果差，将会导致镀件品质不合格。磨光是除掉零件表面的锈蚀、毛刺、划痕、砂眼、焊缝和氧化层等缺陷，提高零件的平整度。碱性除油是除掉镀件表面保护性的油脂。电解抛光是进一步降低镀件表面的粗糙度。酸洗活化是除掉镀件表面锈斑和氧化膜，使镀件表面没有杂质。镀前处理工序产生的废水主要是含油废水和酸碱废水。

镀上金属层是电镀加工的核心工序，将直接影响镀件的表面性能。影响镀层质量的因素主要是主盐组分和添加剂。主盐组分与添加剂的组合决定了镀液的整体性能，比如在镀镍工艺中，加入十二烷基硫酸钠后，镀件表面张力下降，电沉积时在阴极析出的氢气气泡不易停留在阴极表面，由此可以减少镀层麻点和针孔。此工序产生的废水含有重金属离子、络合剂、光亮剂及表面活性剂等物质。

镀后处理用以增强镀层的耐腐蚀性、可焊性以及抗变色能力等性能，包括脱水处理、钝化处理、防变色处理以及提高可焊性处理。此工序产生的废水主要为钝化废水、刷洗地坪和极板的废水，含有重金属离子及少量的有机物。

近几十年来，我国电镀工业蓬勃发展，据业内估计，国内已有近 2 万家电镀企业，从业人数超过 50.0 万,年加工生产能力 2.5 亿～3.0 亿立方米,年产值约为 100.0 亿元,每年废水总排放量约 40.0 亿吨,占工业废水总排放量的 20% 左右,主要集中于山东、江苏、浙江、广东、福建等轻工业发达的省份。

我国电镀企业分布广泛,30% 在机械制造业,20% 在轻工业,20% 在电子电气工业,其余分布在航空、航天及仪器仪表等行业。我国电镀加工中应用最广的品种是镀锌,占 45%～50%,镀铜、镀镍、镀铬占 30%,转化膜占 15%,电子产品镀铅、锡、金约占 5%。

电镀工艺生产过程中产生的废水中含有大量的重金属、表面活性剂、光亮剂、络合物以及氰化物等有毒有害物质。离子态的重金属生物毒性高,难以生物降解。因此,若这类重金属未经有效处理排放进入水体中,会持续在生物体内积聚,通过食物链传递进入人体内,导致人体生理代谢紊乱,危害身体健康。如今,因电镀废水乱排放引起的环境污染问题已成为环境保护领域的突出问题之一。

### 5.2.2 电镀废水处理现状及排放标准

我国电镀废水处理现状如表 5-1 和表 5-2 所示。

表 5-1 我国电镀废水排污系数

| 产品名称 | 原料名称 | 工艺名称 | 规模等级 | 污染物指标 | 单位 | 产污系数① | 末端治理技术名称 | 排污系数② |
|---|---|---|---|---|---|---|---|---|
| 镀锌件 | 结构材料:钢铁工件 工艺材料:镀锌电镀液以及添加剂、酸碱液等 | 镀前处理—电镀—镀后处理 | 所有规模 | 工业废水量 | $t/m^2$ | 0.76 | 物理+化学 | 0.76 |
| | | | | 化学需氧量 | $g/m^2$ | 281.95 | 物理+化学 | 109.7 |
| | | | | 石油类 | $g/m^2$ | 38.9 | 上浮分离 | 7.3 |
| | | | | 六价铬 | $g/m^2$ | 18.3 | 氧化还原法 | 0.37 |
| | | | | 氰化物 | $g/m^2$ | 19.4 | 氧化还原法 | 0.34 |
| 镀铬件 | 结构材料:钢铁工件 工艺材料:镀铬电镀液以及添加剂、酸碱液等 | 镀前处理—电镀—镀后处理 | 所有规模 | 工业废水量 | $t/m^2$ | 0.92 | 物理+化学 | 0.92 |
| | | | | 化学需氧量 | $g/m^2$ | 338.95 | 物理+化学 | 134.3 |
| | | | | 石油类 | $g/m^2$ | 50.6 | 上浮分离 | 9.1 |
| | | | | 六价铬 | $g/m^2$ | 55.4 | 氧化还原法 | 0.41 |
| | | | | 氰化物 | $g/m^2$ | 23.7 | 氧化还原法 | 0.38 |
| 阳极氧化件 | 结构材料:有色金属 工艺材料:氧化液、酸碱液等 | 阳极氧化 | 所有规模 | 工业废水量 | $t/m^2$ | 0.68 | 物理+化学 | 0.68 |
| | | | | 化学需氧量 | $g/m^2$ | 253.95 | 物理+化学 | 98.7 |
| | | | | 石油类 | $g/m^2$ | 35.6 | 上浮分离 | 6.7 |
| 发蓝件 | 结构材料:有色金属 工艺材料:氧化液、酸碱液等 | 发蓝 | 所有规模 | 工业废水量 | $t/m^2$ | 0.61 | 物理+化学 | 0.68 |
| | | | | 化学需氧量 | $g/m^2$ | 228.95 | 物理+化学 | 87.7 |
| | | | | 石油类 | $g/m^2$ | 32.1 | 上浮分离 | 5.9 |

① 产污系数,即污染物产生系数,指在典型生产条件下,生产单位产品(或使用单位原料等)所产生的污染物量。

② 排污系数,即污染物排放系数,指在典型工况条件下,生产单位产品(或使用单位原料等)所产生的污染物量经末端治理设施削减后的残余量,或生产单位产品(或使用单位原料等)直接排放到环境中的污染物量。当污染物直排时,排污系数与产污系数相同。

表 5-2　电镀废水的种类、来源和主要污染物水平

| 序号 | 废水种类 | 废水来源 | 主要污染物水平 |
|---|---|---|---|
| 1 | 含氰废水 | 镀锌、镀铜、镀镉、镀金、镀银、镀合金 | 氰的络合金属离子、游离氰、氢氧化钠、碳酸钠等盐类,以及部分添加剂、光亮剂等。一般废水中氰浓度在 50mg/L 以下,pH 值为 8～11 |
| 2 | 含铬废水 | 镀铬、钝化、化学镀铬、阳极化处理 | 六价铬、三价铬、铜、铁等金属离子和硫酸等;钝化、阳极化处理等废水还有被钝化的金属离子、盐酸、硝酸,以及部分添加剂、光亮剂等。一般废水中六价铬浓度在 200mg/L 以下,pH 值为 4～6 |
| 3 | 含镍废水 | 镀镍 | 硫酸镍、氯化镍、硼酸、硫酸钠等盐类,以及部分添加剂、光亮剂等。一般废水中含镍浓度在 100mg/L 以下,pH 值在 6 左右 |
| 4 | 含铜废水 | 酸性镀铜 | 硫酸铜、硫酸和部分光亮剂。一般废水中含铜浓度在 100mg/L 以下,pH 值为 2～3 |
| | | 焦磷酸镀铜 | 焦磷酸铜、焦磷酸钾、柠檬酸钾、氨三乙酸等,以及部分添加剂、光亮剂等。一般废水中含铜浓度在 50mg/L 以下,pH 值在 7 左右 |
| 5 | 含锌废水 | 碱性锌酸盐镀锌 | 氯化锌、氢氧化钠和部分添加剂、光亮剂等。一般废水中含锌浓度在 50mg/L 以下,pH 值在 9 以上 |
| | | 钾盐镀锌 | 氯化锌、氯化钾、硼酸和部分光亮剂等。一般废水中含锌浓度在 100mg/L 以下,pH 值在 6 左右 |
| | | 硫酸锌镀锌 | 硫酸锌、硫脲和部分光亮剂等。一般废水中含锌浓度在 100mg/L 以下,pH 值为 6～8 |
| | | 铵盐镀锌 | 氯化锌、氧化锌、锌的络合物、氨三乙酸和部分添加剂、光亮剂等。一般废水中含锌浓度在 100mg/L 以下,pH 值为 6～9 |
| 6 | 磷化废水 | 磷化处理 | 磷酸盐、硝酸盐、亚硝酸钠、锌盐等。一般废水中含磷浓度在 100mg/L 以下,pH 值为 7 左右 |
| 7 | 酸、碱废水 | 镀前处理中的去油、腐蚀和浸酸、出光等中间工艺以及冲地坪等的废水 | 硫酸、盐酸、硝酸等各种酸类和氢氧化钠、碳酸钠等各种碱类,以及各种盐类、表面活性剂、洗涤剂等,同时还含有铁、铜、铝等金属离子及油类、氧化铁皮、沙土等杂质。一般酸碱废水混合后偏酸性 |
| 8 | 电镀混合废水 | ①除含氰废水外,将电镀车间排出废水混在一起的废水;②除各种分质系统废水外,将电镀车间排出废水混在一起的废水 | 其成分根据电镀混合废水所包括的镀种而定 |

　　为了应对严重的重金属污染问题,环境保护部和国家质量监督检验检疫总局在 2008 年 6 月 25 日联合颁布《电镀污染物排放标准》(GB 21900—2008),相比之前执行的《污水综合排放标准》(GB 8978—1996),新颁布的标准提高了电镀废水中多项重金属的排放限值,如表 5-3 所示。

表 5-3　电镀废水污染物排放标准（GB 21900—2008）（部分标准）

| 序号 | 污染项目 | 排放限值 | | | 污染物排放监控位置 |
| --- | --- | --- | --- | --- | --- |
| | | 表 1 | 表 2 | 表 3 | |
| 1 | 总铬/(mg/L) | 1.5 | 1.0 | 0.5 | 车间或生产设施废水排放口 |
| 2 | 六价铬/(mg/L) | 0.5 | 0.2 | 0.1 | 车间或生产设施废水排放口 |
| 3 | 总镍/(mg/L) | 1.0 | 0.5 | 0.1 | 车间或生产设施废水排放口 |
| 4 | 总镉/(mg/L) | 0.10 | 0.05 | 0.01 | 车间或生产设施废水排放口 |
| 5 | 总铜/(mg/L) | 1.0 | 0.5 | 0.3 | 车间或生产设施废水排放口 |
| 6 | 总锌/(mg/L) | 2.0 | 1.5 | 1.0 | 车间或生产设施废水排放口 |
| 7 | pH 值 | 6～9 | 6～9 | 6～9 | 企业废水总排放口 |
| 8 | $COD_{Cr}$/(mg/L) | 100 | 80 | 50 | 企业废水总排放口 |

注：本表中表 1、表 2、表 3 指 GB 21900—2008 中的相应表格。

### 5.2.3　处理方法与工艺

电镀废水成分比较复杂，除了含有铜、镍、锌、铬、镉、铅等重金属以外，还含有络合剂、表面活性剂、光亮剂、氰化物等有毒有害污染物。目前，处理电镀废水技术主要有化学处理法、物理化学处理法及膜分离法。其中，化学处理法包括氧化法、还原法及化学沉淀法；物理化学处理法包括活性炭吸附法、离子交换法及电化学法；膜分离法包括电去离子技术、超滤膜、纳滤膜及反渗透膜。虽然处理技术多种多样，但是每种方法均具有一定的适用性，实际工程往往需要将多种技术结合起来，因此，需要充分调研电镀废水厂实际水质组成，针对性选用相应的处理技术，保证出水达标排放，同时减少投资、运行成本。

**(1) 传统工艺**

① 工艺流程。化学沉淀法由于其处理工艺简单，沉淀剂来源广、价格低，可以同时沉淀多种重金属离子，常用于处理电镀废水。电镀废水常规处理工艺如图 5-2 所示。

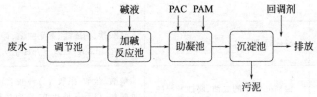

图 5-2　电镀废水常规处理工艺示意图

碱液与重金属离子反应生成氢氧化物絮体，这类絮体密度低，难以沉降。实际工程应用中，投加铝盐或铁盐混凝剂来中和絮体表面负电荷使絮体达到电荷零点而发生混凝；通过聚丙烯酰胺（PAM）的网捕作用使絮体变大，加快沉降速度，强化工艺的沉淀效果。混凝后废水溢流进入沉淀池，可以快速实现泥水分离，上清液经回调 pH 值至 6～9 后排放，污泥外运处理。

② 化学沉淀工艺的优点及局限性。为强化重金属氢氧化物的沉淀效果，后续工艺段会投加高分子混凝剂、助凝剂，导致无机污泥产生量增加 20%～30%，增加污泥资源化难度，受限于我国危险废物处理能力，电镀污泥无法及时处理将影响电镀厂的正常经营。再者工艺出水水质受沉淀效果影响大，仍有部分小颗粒絮体难以沉降，悬浮在沉淀池中，影响出水水

质，导致混凝-沉淀工艺不能完全去除废水中的重金属离子，难以达到《电镀污染物排放标准》中"表 2"排放限值。

**(2) 有机超滤膜深度处理工艺**

① 工艺流程。超滤膜可以有效去除水中的细小絮体悬浮物，具有出水水质稳定、运行维护方便、自动化程度高等优点，因此超滤膜技术在水处理中得到了广泛应用。

常见的有机超滤膜深度处理电镀废水工艺如图 5-3 所示。

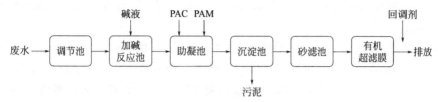

图 5-3　有机超滤膜深度处理电镀废水工艺示意图

通过氧化使络合态的重金属离子变成离子态，化学还原使六价铬离子变为三价铬离子，完成预处理进入调节池。投加碱液，使离子态的重金属转变为相应的氢氧化物絮体，再投加 PAC，进行快速混凝，使絮体脱稳，再投加 PAM，使絮体聚沉，在沉淀池实现固液分离，污泥外运处理。上清液进入砂滤系统，尽可能去除残余浊度，降低进入膜池的悬浮物负荷，最后经超滤膜处理，去除水中残留的颗粒物质，出水经回调 pH 值后达标排放。

② 工艺的优点及局限性。该工艺在常规处理工艺后增加砂滤池、有机超滤膜工艺段，系统出水能稳定达到《电镀污染物排放标准》中"表 2"标准，适用于新建及改扩建项目。该工艺的局限性在于未解决常规处理工艺中加药量大、污泥产生量高、运营成本高等问题；有机膜膜丝强度低、膜孔不均匀、耐污染能力差，由此导致有机膜使用寿命短（2～3 年）。总之，整个工艺单元冗长，占地面积大，增加了操作管理难度，投资及运行成本高。

## 5.2.4　陶瓷膜处理技术

**(1) 工艺流程**

陶瓷膜是近年来受到关注的新型膜产品，其主要由 $Al_2O_3$、$TiO_2$、$SiO_2$ 和 $ZrO_2$ 等分体材料经过高温烧制而成，具有非对称性的多孔结构。根据孔径的大小，可以分为 MF 膜（微滤膜，平均孔径 $0.1～10\mu m$）、UF 膜（超滤膜，平均孔径 $10～100nm$）、NF 膜（纳滤膜，平均孔径 $0.1～2nm$）以及 RO 膜（反渗透膜，平均孔径 $<1nm$），在水处理中应用较多的主要是 MF 和 UF 陶瓷膜。

与有机高分子膜相比，陶瓷膜具有比较良好的力学性能和化学稳定性，亲水性高，使用寿命长，可以承受比较严酷的氧化条件，承受较高的反冲洗强度。在电镀废水处理领域，采用陶瓷超滤膜可以形成短流程工艺，如图 5-4 所示。

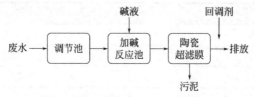

图 5-4　陶瓷超滤膜短流程处理工艺示意图

电镀废水经过适当的预处理进入调节池，然后进入反应池，在其中投加碱液，可以使离子态的重金属转变为相应的氢氧化物絮体，由于重金属氢氧化物絮体在 200nm 以上，选用平均孔径为 100nm 的陶瓷超滤膜，就可以实现对重金属氢氧化物絮体的高效截留，所产生的污泥外运处理，膜出水经 pH 值回调后达标排放。

刘欢等采用陶瓷膜短流程工艺处理重金属废水，在陶瓷膜池中进行曝气，缓解膜污染。现场中试发现，调节 pH=10，膜通量为 80L/(m² · h)，出水体积比为 15，出水中总 Cu、Ni 和 Cr 的质量浓度均达到了《电镀污染物排放标准》"表 3"排放限值，连续运行 11d 跨膜压差未明显增长。

武延坤等采用陶瓷膜短流程工艺处理电镀废水，选择 pH 值为 9.5，膜通量为 80L/(m² · h)，膜出水中 $Ni^{2+}$、$Cu^{2+}$ 及 $Cr^{3+}$ 的质量浓度分别低于 0.1mg/L、0.13mg/L 和 0.28mg/L，浊度低于 0.5NTU，系统运行稳定，跨膜压差未明显增长。短流程工艺可实现提高污泥浓缩 $Ni^{2+}$、$Cu^{2+}$ 及 $Cr^{3+}$ 重金属组分的含量，分别提高 42、80 和 92 倍，便于重金属回收，实现污泥资源化利用。

**（2）工艺的优点及局限性**

在陶瓷膜短流程工艺中，不需要投加混凝剂和高分子絮凝剂，直接进行过滤即可，处理后的水质达到《电镀污染物排放标准》中"表 3"排放限值。相较于传统处理工艺，减少了助凝池、沉淀池、砂滤池工艺段，实现了工艺集成，占地减少近 30%，而且膜污染得到缓解，操作压力低于 30kPa，膜使用寿命超过 10 年。

但是，关于陶瓷超滤膜处理电镀废水实际的工程案例还比较少，工艺的边界条件有待论证，工艺参数仍需要进一步优化，相关过程机理尚需深入研究。

### 5.2.5　案例分析

哈尔滨工业大学在广东深圳某电镀厂进行中试实验，实验原水为电镀厂综合废水，其水质情况见表 5-4。

表 5-4　广东深圳某电镀厂综合废水水质情况

| 污染指标 | 污染物含量 |
|---|---|
| pH 值 | 2.30～4.08 |
| 总镍/(mg/L) | 2.75～99.35 |
| 总铜/(mg/L) | 22.43～82.90 |
| 总铬/(mg/L) | 11.53～72.75 |

平板陶瓷膜来自日本明电舍株式会社，单片陶瓷膜参数如表 5-5 所示。试验为一个膜组件，内含 50 片陶瓷膜。

表 5-5　单片陶瓷膜参数

| 项目 | 参数 |
|---|---|
| 膜形状 | 平板膜 |
| 过滤方式 | 外进内吸式 |
| 材质 | 陶瓷膜部分 $Al_2O_3$ |
| 标称孔径 | 100nm |

续表

| 项目 | 参数 |
|------|------|
| 外形尺寸 | $W28mm \times H1046mm \times T6mm$ |
| 有效膜面积 | $0.5m^2$ |
| 使用 pH 值范围 | $2 \sim 12$ |

中试实验装置处理规模为 $10m^3/d$，每天运行 10h，包括调节池、加碱反应池、陶瓷膜反应池以及产水池，具体工艺流程如图 5-5 所示。

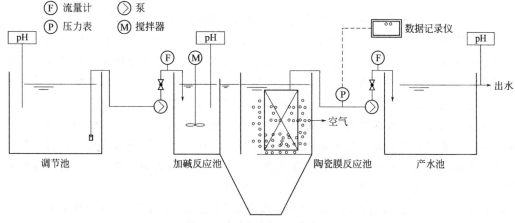

图 5-5　中试实验装置工艺流程图

进水泵和抽吸泵采用可定量控制转速的卧式离心泵，在泵出口分别装上转子流量计，可精确控制进出水量，膜恒通量运行。加碱反应池配置有 pH 计，控制碱液的剂量，同时配置了电动搅拌机，保证氢氧化物絮体混合均匀。

陶瓷膜反应池中膜组件下部安装有曝气装置，通过空气刮扫，减缓膜污染，避免出现污泥附着。出水端配置了压力表及数据记录仪，可连续监测跨膜压差（$\Delta$TMP），在高压力时预警，清洗膜组件。进出水泵及搅拌机均由时间继电器控制，可调控系统运行的频率。

调节池液位处于高位时，开启进水泵，废水泵入加碱反应池。由 pH 计控制加碱量，利用机械搅拌使碱液与废水充分混合反应，金属从离子态转化为颗粒态，形成重金属氢氧化物絮体沉淀。

反应后的废水溢流进入膜池，陶瓷膜采用恒定通量过滤的方式，每隔 10min 校准一次膜通量。膜抽吸泵的启动停止频率由时间继电器控制，每运行 9min，停机 1min。氢氧化物絮体被陶瓷膜截留，清水透过陶瓷膜，进入产水池，絮体沉入泥斗，定期由污泥泵抽走。在膜组件底部曝气，气水比控制为 15 : 1，减少陶瓷膜表面污染。当膜池处于低液位，或者 $\Delta$TMP 高于 30kPa 时，抽吸泵停止运行。陶瓷膜出水加酸回调至 pH 值为 6~9，达标排放。取进水池及陶瓷膜出水测试重金属含量，取膜池中重金属氢氧化物絮体测试粒径大小。

利用陶瓷膜短流程工艺处理电镀废水的中试试验表明，该工艺能够有效去除混合重金属絮体，pH＝9.5 时，电镀废水絮体颗粒粒径分布为 $6.54 \sim 74.00\mu m$，出水水质稳定达到《电镀污染物排放标准》"表 3" 排放限值。为了减少膜污染和保证系统稳定性，我们选择膜通量 $40L/(m^2 \cdot h)$ 为最佳运行参数。陶瓷膜对于 $\geqslant 2\mu m$ 的颗粒具有较好的去除效果，陶瓷膜出水颗粒粒径分布以 $2 \sim 5\mu m$ 居多，出水浊度低于 0.1NTU。投加 $Ca(OH)_2$ 产生的污泥量要远多于投加 NaOH，且容易在膜表面产生钙垢，为此推荐以 NaOH 作为碱剂。陶瓷膜连续运行 15d，膜出水稳定达到《电镀污染物排放标准》"表 3"排放限值，这说明陶瓷膜工艺能够有效去除重金属，而且可以耐受高浓度的悬浮物。

# 5.3　脱脂废水

## 5.3.1　脱脂废水的来源及特性

金属制品在进行涂漆、电镀、化学镀、磷化等表面处理前，以及在零部件生产中的清洗、维护清洗等过程中，都必须进行脱脂处理。金属零件的预处理是能否获得优质镀层的关键，镀层出现脱壳、气泡，甚至镀不上等质量事故大多是由于镀前处理不当和欠佳。因此电镀前必须除去金属表面的油脂、油污、残留杂质、氧化物，消除表面的粗糙状态，使其达到清洁和一定的光洁度，以便得到与基体结合牢固的膜层或镀层。

工业生产的许多领域都要对金属表面进行清洗脱脂，在汽车工业、机械和家用设备的制造业、钢铁工业、金属表面镀层工业和铝业等领域中，都涉及金属表面的清洗脱脂，其中应用广泛的领域是钢铁工业和汽车工业。在脱脂过程中，随着料液中污染物的增加，脱脂能力下降或者失去脱脂能力，需要对脱脂液进行定期排放。

2001 年北美的工业用金属清洗剂消费总额为 30.4 亿元，其中 50% 的份额是水基和半水基复配物。西欧达到 24.8 亿元，在 2001～2006 年间继续保持 1%～2% 的年平均增长率，到 2006 年消费额达到 26.8 亿元。日本 2001 年的消费额为 13.6 亿元，水基金属清洗剂占金属清洗剂消费额的 66%。中国的汽车产量增长幅度很大，如此巨大的金属清洗剂的消费产生了更为巨大的含油污水或废水。如果对这种废水进行再生，将会产生巨大的经济利益，对环境保护做出巨大的贡献。

脱脂废水中主要含有表面活性剂、微生物、乳化剂以及金属表面的污物。其中金属零件表面的污物主要有：

① 零件表面的氧化膜和锈蚀产物。

② 油污或其他有机物质。如加工过程中的防锈油、润滑油、手汗污染以及毛刺、灰尘、粉末等。这些油污包括矿物油、动物油和植物油。按其化学性质可以分为皂化油和非皂化油两大类，所有的动物油和植物油都与碱起皂化反应，将油脂溶解，称皂化油。各种矿物油都是非皂化油，如各种润滑油、防锈油等它们与碱不起皂化反应。

脱脂液废水主要有以下几方面的特征：

① 含各类表面活性剂、洗涤助剂（如磷酸盐、硫酸盐、碳酸盐等）。

② 洗下的油多呈乳化状态，油污多时也浮于液面。有机污染物含量高，化学耗氧量大。

③ 这种废水一般也不含有毒组分。除油废水的共同点是碱和无机盐含量比较高，pH 值比较高。

## 5.3.2　脱脂废水处理现状及存在问题

脱脂废水一般采用的处理流程是先对废水进行物化处理（即一级处理），再进行生物处理（即二级处理）。物化处理主要是通过物理法（沉淀、气浮、筛网）和化学法（中和、吹脱、混凝、消毒）去除水中的悬浮物，改变水中溶解物质（如软化、除盐、水质稳定等），降低水温，去除微量有机物。生物处理主要包括厌氧生物处理、好氧生物处理和厌氧-好氧生物处理。现有的脱脂废水处理工艺具有处理流程长、管理复杂、工程投资大、运行费用高的缺点。

**(1) 物化工艺处理脱脂废水**

① 投加混凝剂可以对脱脂废水中的有机物进行有效的去除。

② 在实际工程应用中，物化处理后的脱脂液不能直接进入生化处理系统。pH 值调节到 2~3，会破坏微生物的活性，建议与工厂内的其他废水相混合，然后再进行生化处理。

③ 混凝处理脱脂废水的效果并不理想，运行费用高，在工程上不具有推广的可行性。

**(2) 生物工艺处理脱脂废水**

① 厌氧工艺处理脱脂废水

a. 厌氧工艺处理脱脂废水是可行的。但是由于废水的可生化性差，所以厌氧过程中的产气量极小，以水解酸化作用为主，但在 COD 去除率达到 50%~60% 的同时，挥发酸的量占厌氧出水 COD 的比例均可达到 40%~50%，挥发酸等小分子物质很容易被好氧菌所吸收，所以厌氧工艺提高了废水的可生化性，这也更有利于之后好氧反应的进行。

b. 进水的碱度调节对厌氧反应的影响较明显。由于脱脂废水中含有大量的强碱弱酸盐，所以进水中的高碱度明显抑制了厌氧菌的活性，进水碱度维持在 3500mg/L，出水效果明显改善，有利于反应的进行。

c. 与淘米水相混合的处理效果最佳。与淘米水相混合的脱脂废水，进入厌氧反应器中，总 COD 去除率最高可达到 84%，但因考虑到在实际工程中，废水量大，而淘米水的量由于产生源的问题，量非常少，满足不了实际工程中的用量。所以此方法虽然可行，但还是不具有推广的可行性。

② 好氧工艺处理脱脂废水。在现在工业废水处理中，好氧生物接触氧化法应用非常广泛，主要是因为：该工艺是以附着在载体（填料）上的生物膜为主，具有活性污泥法特点的生物膜法，兼有活性污泥法和生物膜法的优点。因具有高效节能、占地面积小、耐冲击负荷、运行管理方便等特点而被广泛应用于各行各业的污水处理系统。生物接触氧化法的特点是在池内设置填料，池底曝气对污水进行充氧，并使池体内污水处于流动状态，以保证污水与污水中的填料充分接触，避免生物接触氧化池中存在污水与填料接触不均的缺陷。

③ 厌氧-好氧工艺处理脱脂废水。好氧工艺对污水的处理较为彻底，工艺稳定性高，启动时间短，且较少可能产生臭味，但由于曝气所需能耗较高，对营养物的要求高，相应产生的污泥量多。厌氧工艺在污水处理中有机负荷高、营养物需求量少、剩余污泥量少、能耗低且对有毒有害物质的耐受能力高于好氧工艺，但是厌氧工艺具有启动时间长、易产生臭味、气体收集问题等缺点，而它的主要局限性在于不能经济有效地达到较高的处理水平，一般不能达到污水处理的排放标准。基于好氧、厌氧工艺自身的优缺点，在对高浓度工业废水进行好氧生化处理之前，往往采用厌氧工艺作为预处理工艺来提高整个工艺的处理效果及经济可行性，这正是厌氧-好氧工艺的意义之所在。

### 5.3.3　陶瓷膜组合处理工艺案例分析及评价

本案例为南京跃进汽车厂的脱脂液处理，脱脂液主要成分为脱脂剂和拉延油，以及用该厂使用的脱脂剂和拉延油自配的乳化脱脂液。这两种料液油的含量均为 5g/L 左右。

脱脂剂由 A 剂、B 剂组成。A 剂为白色粉末状，主要是钠盐；B 剂是黏稠的液体，主要为表面活性剂。

本案例采用陶瓷微滤膜实验装置，如图 5-6 所示，膜管参数如表 5-6 所示。

表 5-6    陶瓷膜管规格参数

| 膜元件 | 膜孔径/nm | 膜通道 | 外径/mm | 孔道内径/mm | 膜面积/m² |
|---|---|---|---|---|---|
| 单通道膜管 | 50 | 1 | 12 | 6.5 | $4.49 \times 10^{-3}$ |
| 单通道膜管 | 200 | 1 | 12 | 6.5 | $4.49 \times 10^{-3}$ |
| 单通道膜管 | 500 | 1 | 12 | 6.5 | $4.49 \times 10^{-3}$ |
| 多通道膜管 | 200 | 19 | 31 | 4 | $100 \times 10^{-3}$ |

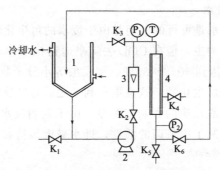

图 5-6    陶瓷微滤膜实验装置

1—陶瓷膜出水；2—蠕动泵；3—转子流量计；4—陶瓷膜组件；$K_1 \sim K_6$—止回阀

该案例的最佳工艺操作参数为：膜孔径 200nm，操作压力为 0.1MPa，操作温度在 40～50℃之间，膜面流速为 5～7m/s 左右，渗透通量可达 390L/(m²·h)。脱脂剂的透过率为 85%以上，油的截留率大于 99.4%。

陶瓷膜处理后的脱脂液可回用到脱脂工艺中，脱脂效果与新鲜脱脂液相当，可实现循环使用。

# 5.4    垃圾渗滤液

随着中国城市化的加快和居民生活水平的提高，城市生活垃圾的产量与日俱增。2013年，中国的生活垃圾总产量已经达到了 1.73 亿千克。由于处理成本低，采用卫生填埋处理的垃圾占总垃圾产量的 80%以上。在垃圾填埋的过程中以及填埋完成后会产生垃圾渗滤液。

垃圾渗滤液，又称浸出液或渗沥水，是垃圾填埋场中不可避免的二次污染物，是垃圾堆放过程中渗透出来的一种含有各种有机污染物和无机污染物的液体，不经处理排放会污染地表水和地下水，从而对人体和水生环境造成危害。由于垃圾种类、成分的多样性，产生的垃圾渗滤液成分复杂，同时垃圾渗滤液的水量受垃圾的性质、填埋场的土质、气象和水文条件的影响，因此，垃圾渗滤液的处理一直是世界性的一个难题。

## 5.4.1    垃圾渗滤液的特点

垃圾填埋场渗滤液主要来自三方面：一是外来水分，包括自然降水和地表径流；二是垃圾自身含有的水分；三是垃圾降解过程中大量的有机物在厌氧微生物及兼氧微生物的作用下转化后所释放的内源水。

渗滤液含有大量有机物和无机物，包括各种难降解有机物（如各种芳香族化合物和腐殖质等）、无机盐（如铵盐、碳酸盐和硫酸盐等）和金属离子（如铬离子、铅离子和铜离子等）。

垃圾渗滤液水质的具体特点如下。

### (1) 水质水量变化较大

渗滤液水质在不同填埋时段差异很大。通常，填埋初期，渗滤液呈黑色，可生化性较好，易于处理，而随着填埋时间的延长，渗滤液逐渐呈褐色，可生化性变差，且氨氮浓度明显增加，越来越难以处理。因此任何一个垃圾填埋场，其渗滤液处理工艺的选择不仅要满足近期渗滤液的水质特征和处理要求，还要兼顾远期变化后的渗滤液水质特征和处理要求，这使得渗滤液的处理工艺设计十分困难和复杂。

地域对渗滤液的水质也有很大的影响。相对来说，欧美国家的渗滤液中污染物浓度尤其是氨氮要低于亚洲国家。欧美国家渗滤液中氨氮的质量浓度一般在 1000mg/L 以内甚至更低，而亚洲国家渗滤液中氨氮的质量浓度一般都在 1000mg/L，甚至可以达到 5000mg/L。这可能与不同地区不同的文化和生活习惯有关。同一地点不同时间产生的渗滤液水质差别也很大，根据垃圾填场的场龄不同，垃圾渗滤液可以分为早期垃圾渗滤液（填埋场场龄 5a 以内）、中期垃圾渗滤液（填埋场场龄 5～10a）和晚期垃圾渗滤液（填埋场场龄 10a 以上）。

### (2) $COD_{Cr}$ 和 $BOD_5$ 浓度高

垃圾渗滤液中 $COD_{Cr}$ 最高达 80000mg/L，$BOD_5$ 最高达 35000mg/L，和城市污水相比，浓度相当高。一般而言，$COD_{Cr}$、$BOD_5$、$BOD_5/COD_{Cr}$ 随填埋场的"年龄"增长而降低，碱度含量则升高。

### (3) 垃圾渗滤液中有机物含量种类多

垃圾渗滤液中的污染物主要有高浓度的有机物质和无机盐，其中可检测出的有机污染物就有几十种，如单环芳烃类、多环芳烃类、杂环类、烷烃、烯烃类、醇类、酚类、酮类、羧酸类、酯类、胺类等。

### (4) 金属含量高

垃圾渗滤液中含有 10 多种金属离子，其中的重金属离子会对生物处理过程产生严重的抑制作用。

### (5) 微生物营养元素比例失调，氨氮含量高

由于影响垃圾渗滤液水质的因素很多，其可生化性 $BOD_5/COD_{Cr}$ 和营养素 C/N 的值也不是固定不变的，在不同场龄的垃圾渗滤液中，C/N 的值常出现失调的情况，$BOD_5/COD_{Cr}$ 值变化也大，常给生化处理带来一定难度。随着垃圾填埋场年限的增加，垃圾渗滤液中氨氮占的比例也相应增加。针对高浓度有机废水一般采用的生化处理工艺而言，垃圾渗滤液中营养比例失调，$BOD_5/COD_{Cr}$ 一般小于 0.2，甚至更低，而氨氮含量过高，但总磷含量却偏低。这更是现有"中老年"填埋场渗滤液的重要特征之一，这样微生物正常生长所需的氮磷元素比例严重失调，使其可生化性极差。

## 5.4.2　垃圾渗滤液处理现状及存在问题

目前，中国垃圾渗滤液处理的主要难点有：①有机物含量高，且含有大量有毒和大分子

有机物，采用单一的物化或者生化工艺无法实现达标排放，必须采用物化联合生化的组合处理工艺进行处理，如何选择合理、经济、有效的组合工艺是摆在垃圾渗滤液处理工作者面前的第1道难题。②氨氮含量高，实现有效彻底的脱氮困难。由于国家增加了对渗滤液总氮的排放标准，这对渗滤液的处理提出了更高的要求。传统的处理工艺尤其是核心的生物处理工艺一般能够有效去除渗滤液中的氨氮，但对于总氮的去除并不理想。如何提高生物处理工艺的总氮去除率是摆在垃圾渗滤液处理工作者面前的第2道难题。③水质水量的巨大变化增加了稳定达标排放的难度。不同季节、不同场龄的渗滤液水质水量相差巨大，这对处理工艺的选择和运行带来了挑战。在既定的组合工艺下，如何充分发挥现有工艺的最大处理能力和保证稳定的运行是摆在垃圾渗滤液处理工作者面前的第3道难题。④处理工艺复杂，处理成本高。目前的渗滤液处理厂，为了实现达标排放，除了采用组合工艺外，往往采用以纳滤或反渗透为主的膜处理工艺作为最后的深度处理，造成渗滤液处理成本长期居高不下。如何在保证处理效果的前提下降低渗滤液的处理成本是摆在垃圾渗滤液处理工作者面前的第4道难题。

对于渗滤液的处理，目前有两种观点：一种是排斥膜工艺，认为处理成本过高，不宜采用；另一种是过分依赖膜工艺，忽略了前面处理工艺的重要性。这两种观点都不太合理，膜工艺虽然投资和处理成本高，但的确可以有效保障出水水质，完全依赖膜工艺肯定也是目前经济状况所无法承受的，合理的处理工艺是充分发挥每个工艺的特点，尤其是生化工艺的潜力，在保证出水水质的前提下，尽可能地降低处理成本。

目前，我国《生活垃圾填埋场污染控制标准》（GB 16889—2008）颁布，国家针对垃圾渗滤液的排放标准更加严格，在此之前针对垃圾渗滤液处理通常采用物化混凝沉淀等方法与生物处理法相结合的工艺，经处理后的渗滤液基本可以达到排放标准。但是生化法面临的一个重要问题是不同地区填埋场垃圾种类不同，导致不同的填埋场渗滤液水质差异很大，部分填埋场的渗滤液中的重金属、病毒等污染物对生化系统中的微生物有强烈抑制甚至杀死现象，导致生化系统处理效果降低，甚至瘫痪，无法达到预期处理效果。随着填埋场的老龄化进程，产生的渗滤液中氨氮等污染物指标升高，可生化性能降低，如果处理工艺在不改变的情况下其效果更是随之降低。由于现行垃圾渗滤液排放标准更加严格，物化处理与生物处理的组合工艺并不能保证处理后的垃圾渗滤液达标排放，因此需要在生物处理基础上增加膜法组合处理工艺来实现垃圾渗滤液的达标排放。

在生化处理基础上应用膜法组合工艺处理垃圾渗滤液已在国外成熟应用，近年来国内也开始增加膜法组合工艺应用在垃圾渗滤液处理上。膜法组合工艺受垃圾渗滤液水质水量变化的影响小，能保证稳定出水，且在渗滤液可生化性能较差的情况下膜分离技术处理垃圾渗滤液时也能取得较好的效果。用于处理垃圾渗滤液的膜分离技术主要有膜生物反应器（MBR、TMBR）工艺、纳滤膜（NF）工艺、反渗透膜（RO）组合处理工艺。

### 5.4.3　陶瓷膜组合处理工艺案例分析及评价

#### (1) "多孔陶瓷微滤＋两级反渗透" 工艺

① 处理效果。实验用原液取自广西南宁市城南生活垃圾卫生填埋场渗滤液调节池。水样呈棕褐色，有刺激性氨味，pH 7.50～8.50，COD 1500～3900mg/L，$NH_3$-N 1300～2000mg/L，电导率 10～20mS/cm。

经过陶瓷微滤预处理后，出水的 COD 和 $NH_3$-N 去除率、脱盐率分别维持在 50.3%、30.2%、30.1% 以上，出水能达到反渗透膜进水要求并能有效提高反渗透系统的水回收率。"多孔陶瓷微滤＋两级反渗透"工艺处理垃圾渗滤液出水的 COD＜30mg/L，$NH_3$-N＜25mg/L，电导率＜180mS/cm，对 COD 去除率大于 99%，$NH_3$-N 和 TP 去除率大于 98%，总铬和六价铬去除率大于 99.9%，重金属离子去除率均大于 99%，且具有很高且稳定的脱盐率，各项指标满足《生活垃圾填埋场污染控制标准》（GB 16889—2008）。

②工艺对比与评价。通过表 5-7 的比较，我们可以看出，相比传统生化组合工艺，"多孔陶瓷微滤＋两级反渗透"处理工艺具有如下特点：

a. 工艺受进水水质影响较小，预处理简单。非常适合于水质水量变化大的废水。

b. 工艺污染物去除率高，保证达标排放。其出水水质完全可以达到《生活垃圾填埋场污染控制标准》（GB 16889—2008）。

c. 工艺运行稳定，适应性强。因膜组件采用物理截流，因此系统对进水水质要求和影响因素较少。

d. 工艺线路简单，设备较少，设备维修、维护方便，工艺先进、自动化程度高、操作简单，易于管理。

e. 虽然相对传统生化法投资成本高，但是运行费用低，总体运行成本（每吨水）相差不大。

f. 设备占地少，系统结构紧凑。采用模块化设计，建造、运输、安装方便。

g. 系统可扩充性强。可根据需要增加一级、二级或者高压膜组件。

h. 工艺用电、用药量较少；无污泥处理等附属设施。

表 5-7　工艺比较

| 评比类别 | 评比项目 | 传统生化组合工艺 | 多孔陶瓷微滤＋两级反渗透处理工艺 |
|---|---|---|---|
| 水质要求 | 出水水质 | GB 16889—1997 二级 | GB 16889—2008 |
| 技术可行性 | 污染物去除原理 | 生化＋物化 | 物理截留 |
| | 技术水平 | 传统 | 先进 |
| | 设备复杂性 | 一般 | 较复杂 |
| | 成功先例 | 无 | 国内、国外均有成功应用 |
| 水质水量影响及达标情况 | 大气污染 | 厌氧的沼气、好氧的臭味及大量的飞扬泡沫 | 无 |
| | 噪声污染 | 较大 | 较小 |
| | 产泥量 | 较多 | 无 |
| | 水质水量影响 | 受水质水量影响大 | 无 |
| | 出水达标情况 | 一年中达标次数较少 | 全部 |
| 处理时间及流程路线 | 处理时间 | 较大 | 很短 |
| | 流程路线 | 长 | 短 |
| 运行管理 | 运行稳定性 | 差 | 稳定 |
| | 运行操作 | 复杂 | 简单 |
| | 设备维修、维护 | 麻烦 | 简单 |

续表

| 评比类别 | 评比项目 | 传统生化组合工艺 | 多孔陶瓷微滤+两级<br>反渗透处理工艺 |
|---|---|---|---|
| 经济指标 | 吨投资/(万元/m³)规模 | 1.5~2.5 | 4~7 |
| | 运行成本/(万元/m³) | 9~15 | 15~20 |
| | 用电量 | 较大 | 一般 |
| | 用药量 | 多 | 较少 |
| 其他特点 | 占地面积 | 大 | 少 |
| | 自动控制 | 较低 | 高 |

　　基于以上特点，采用"多孔陶瓷微滤+两级反渗透"工艺处理垃圾渗滤液是一种稳定、经济、有效的处理工艺。

　　**(2) 基于平板式陶瓷膜的综合处理系统，采用厌氧处理+膜生物反应器 MBR+纳滤 NF 工艺**

　　① 处理效果。试验用原水来源于广东某垃圾场垃圾渗滤液调节池，如图 5-7 所示，水样浑浊，呈棕褐偏深褐色，有刺激性氨味，pH 值在 6.9~8.1，COD 浓度在 350~2000mg/L，

NH₃-N 浓度在 3~25mg/L。试验对进水和出水的浑浊度、COD、NH₃-N、TN 和 pH 值进行检测，分析方法均按《生活垃圾填埋场污染控制标准》(GB 16889—2008) 进行。

　　a. 渗滤液初滤效果。将原水通过平板式陶瓷膜的抽滤，初滤的水样由原始的浑浊和棕褐偏深褐色变成澄清、透明和棕褐色，如图 5-7 所示。这从直观上说明了陶瓷膜装置对于原水中的固体物质、悬浮颗粒以及大分子具有很好的截留和去除作用。

　　b. 渗滤液处理效果。将垃圾渗滤液原水经过整个处理系统处理，运行之后，其处理效果如表 5-8 所示。膜生物反应器和厌氧处理将垃圾渗滤液中的大部分有机物进行降解，这使得 COD 降低了 70.5%。采用吹脱和 A/O 工艺，将垃圾渗滤液中的氨进行回收处理和对水体中的有机物进行脱氮，转变为气体排出水体，

图 5-7　原水初滤前后

降低了渗滤液中 NH₃-N 浓度。相应地，其 TN 浓度也随之降低。相比 NH₃-N 浓度降低了 57.5%，TN 浓度只降低了 40.0%。这一结果表明了部分 NH₃-N 在 A/O 过程中转变为可溶性的含氮产物，进入了水体。水体的 pH 值没有明显的变化。

表 5-8　垃圾渗滤液处理前后指标对比

| 项目指标 | 处理前 | 处理后 | 处理效果 |
|---|---|---|---|
| COD/(mg/L) | 1963 | 579.9 | 降低 70.5% |
| NH₃-N/(mg/L) | 21.86 | 9.29 | 降低 57.5% |
| TN/(mg/L) | 31.88 | 19.12 | 降低 40% |
| pH 值 | 6.9 | 7 | 基本没有变化 |

　　② 评价。本试验采用平板式陶瓷膜初滤、厌氧处理、吹脱、A/O 工艺以及纳滤工艺对垃圾渗滤液进行处理，实际运行表明，该处理系统对垃圾渗滤液的浑浊度有明显效果，能够有效降低水体中的 COD、NH₃-N 和 TN 浓度，分别降低了 70.5%、57.5% 和 40.0%。这说明了该系统能够有效去除垃圾渗滤液中的固体悬浮物和大分子，降解其中的有机物，在原

理和技术上证明了该系统的可行性。通过膜组的设计和系统的进一步改进，平板式陶瓷膜能够更加有效地处理垃圾渗滤液。

# 5.5 研磨废水

## 5.5.1 研磨废水的特点

### (1) 废水水量较大，间歇性高浓度

研磨废水水量较大，如某电气硝子玻璃有限公司每年约用水 28484000t，随着公司二期工程扩建，今后将达到 3261600t/a。秦皇岛市某玻璃灯饰有限公司从国外新引进切口和磨边设备 10 套。此 10 套设备主要为生产高硼硅玻璃而引进，而玻璃的切口磨边和清洗会产生大量的生产废水，此废水中含有大量的悬浮物，而且性质稳定，很不易沉降。此 10 套设备若全部投入使用，所产生的废水水量约为 3500m³/d。若全部使用新鲜自来水作为水源，则每天需要约两万元的自来水成本费用（工业用水价格以 5.6 元/t 计），给企业带来较大的经济负担，该废水的直接排放不但会对周边环境造成污染，而且长期排放会有大量沉淀物在河床上堆积，削弱了河床的排水能力。研磨废水为高浓度无机废水，主要以悬浮物为主，水量较小，需进行预处理，SS1000～6000mg/L，pH 7.5～9.0。

### (2) 废水成分复杂

废水主要含浮石、氧化铈、石榴石、金刚石、玻璃粉等无机悬浮物，含有大量纳米级颗粒、各种金属（包括 Cu）氧化物和有机物，废水呈碱性，有机物来源少，$COD_{Cr}$ 值不高。回用潜力巨大。研磨废水为高浓度无机废水，主要以悬浮物为主，废水呈碱性，水量较少，需进行预处理；清洗废水污染物浓度相对较低，$COD_{Cr}$ 质量浓度为 110～150mg/L，水量较大，呈弱碱性且可生化性差；生活污水染物浓度低，但可以提高综合废水的生化性。玻璃面板生产废水种类、成分复杂，整个生产工艺流程产生的废水主要有油墨废水、研磨废水、清洗废水和少量生活废水，根据业主提供的监测数据，油墨废水为高浓度有机废水。

### (3) 悬浮固体浓度和浊度较高，颗粒粒径小，处于胶体稳定状态

研磨废水的水质特点为有机物来源少，$COD_{Cr}$ 值不高，但浊度和固体悬浮物高，色度大，经长时间静置仍可保持较高的稳定性。与常规的化学机械研磨废水不同，废水中的污染物主要为粒径极小且不易沉降的稳定悬浮颗粒、硬度、碱度及少量有机物等。硼硅玻璃研磨废水与玻璃镜片的加工废水中的固体颗粒物粒径应该在相同范围内，都属于研磨玻璃的生产过程。有文献报道，玻璃镜片的加工废水中的固体颗粒物粒径大多数在 0.1～100μm 的范围内，分布最为广泛的粒径在 0.36μm 和 30.53μm 左右的两个区域。按照粒径划分，此废水中颗粒物属于细微悬浮物。

测定悬浮物的方法通常是采用重量法，通过过滤的方式截取悬浮物，干燥脱水后称取其重量，计算出悬浮物的浓度值。重量法测较高悬浮物浓度水样时误差较小，但当测定悬浮物浓度较小的水样时误差就比较大，甚至测不出来而使这种测定失去其意义。本次实验的水样测定范围很广：处理前水样的悬浮物浓度在 793～859mg/L，而处理后水样的浊度一般都在 10NTU 以下。此种测悬浮物的方法需要的测定周期也比较长（需 2h 以上），存在准确性差、重现性不好等问题。相对于悬浮物浓度的分析，浊度的测定方法则显现出更多的优势。

浊度测定的原理是利用水中的悬浮物会对光发生吸收和反射散射等作用从而减弱的光强度而测定的，其优点在于它能准确地测定悬浮液浓度且偶然误差小（与重量法测定相比较），它具有操作迅速简便、可用性强、测定精确等优点，采用美国 HACH 公司生产的 2100P 型便携式浊度仪，测定范围在 0.01～1000NTU，测定精度为读数的 ±2%，操作时只需取 15mL 水样于样品池中测定读数即可。因此，如果能用浊度测定来代替悬浮物的测定把这一水体的悬浮物浓度和浊度联系起来，就可以很容易地获得悬浮物浓度的资料。因此，国内外许多学者都力图找出悬浮物浓度和浊度的定量关系，证明了浊度转换为悬浮物浓度的分析结果可靠，对于同一种水质来说存在着某种线性关系。所以为了试验的准确性，想到用浊度测定来代替悬浮物测定处理此种废水，避免了悬浮物的测定所必须通过的烘干、过滤、称重等一系列非常复杂的步骤，便于我们做进一步的研究。

### 5.5.2　研磨废水处理现状及存在问题

对于玻璃研磨废水的处理方法研究与设计工作尚未见到有文献报道，但根据研磨废水的水质特点，主要是进行固体悬浮物和浊度的去除。对如何处理高浊度高悬浮物含量的废水，国内外进行过不少的研究与设计工作。目前去除这类有害物质的主要方法如下。

**（1）沉降法**

沉降法采用重力或离心分离的原理，当悬浮物的密度大于水时，在重力作用下，悬浮物下沉形成沉淀物，通过收集沉淀物可使水净化，使固体污染物从水体中分离出来。沉淀法可以去除水中的砂粒、化学沉淀物、混凝处理所形成的絮体和生物处理的污泥，也可以用于沉淀污泥的浓缩。

沉降法的适用范围：这种方法适用于粒径比较大的悬浮物（粒径约在 10μm 以上）。

**（2）气浮法**

气浮法是以微小气泡作为载体，使水中不溶态污染物浮出水面与水分离去除的水处理方法。适用于污水中固体颗粒粒度很细小，密度接近或低于水，利用沉淀法无法实现固液分离的各种污水以及从污水中分离回收有机溶剂（表面活性剂）及各种金属离子等。

气浮法可分为药剂浮选法、自然上浮法、气泡上浮法三种。药剂浮选法经常用于粒径较大、密度较小的颗粒物或油的分离处理，粒径大于 50～60μm 的可浮油常选用自然上浮的方法处理。

气浮法所需条件：水中产生足够数量的细微气泡；待分离的污染物需要形成不溶性的固态悬浮体；悬浮颗粒物能够与气泡相黏附，对粒径大于 10μm 及密度较小的颗粒物有较好的处理效果。

气浮法的优点有处理时间较短，占地面积小，处理浓度范围较广，效果稳定。

气浮法的缺点：浮选剂种类及投加量需根据不同的研磨废水产品而变化，处理后有浮选剂残留。

**（3）过滤法**

过滤法主要分为筛网过滤、膜过滤、微孔过滤和深层过滤。筛网过滤主要用以去除颗粒粗大的悬浮物。膜过滤、微孔过滤和深层过滤这三种方法操作起来较复杂，设备更新次数多，需要较高的设备材料费用。这些工艺都以压力为驱动力，利用滤膜孔径大小或滤膜表面特性使溶质与溶剂分离，达到处理或纯化水质的目标。

过滤法的适用范围：一般用于去除低浓度悬浊液中的微小颗粒物。

过滤法的优点是技术应用成熟，占地空间小，高效节能，适合去除低浓度颗粒。

过滤法的缺点：不适合处理大量或高浓度微粒。

### (4) 混凝法

混凝法的原理：混凝沉淀法是指将某种混凝剂投入污水中后，经过充分的混合与反应，在水中呈现悬浮态和胶态的细小颗粒凝聚或絮凝成大的可沉降絮体，再通过沉淀去除的过程。

混凝法的适用范围：混凝法应用很广泛，可有效去除水处理出水中残留的悬浮物和胶态物质，从而降低污水的浊度和悬浮物浓度，并能有效地去除水中微生物、病毒和病原菌。混凝一般适用于粒度在 $0.001 \sim 0.1 \mu m$ 的胶体粒子和粒度在 $0.1 \sim 100 \mu m$ 的细微悬浮物。另外，混凝沉淀工艺可去除污水中的色度、重金属离子、乳化油等一些污染物。

混凝法的优点是应用广泛，技术成熟。

混凝法的缺点是占地空间大，设计弹性小，产生大量污泥，加药量不易控制。

### (5) 电化学法

电化学法的原理是在外加电场作用下，利用可溶性阳极产生的阳离子在溶液中水解，聚合成一系列多核羟基络合物和氢氧化物，对颗粒起絮凝等作用，且在电解过程中，电极不断产生氢气和氧气等微小气泡黏附微小颗粒，上浮得到去除。

电化学法的优点是应用广泛，技术成熟。

电化学法的缺点是占地空间大，设计弹性小，产生大量污泥，加药量不易控制。

### (6) 联合处理工艺

玻璃研磨废水经过混凝、过滤等处理后可配合后续深度处理，提高出水的洁净度，扩大玻璃研磨废水的回用用途。玻璃研磨废水先进入存储槽，混合均匀后调节 pH，混凝处理后经砂滤的一部分出水可回收为芯片厂冷却用水等次级用水，余下的出水进入超滤系统去除大部分的纳米级悬浮固体，继续通过电混凝、反渗透及离子交换树脂去除金属离子后可回用为超纯水。

## 5.5.3　陶瓷膜组合处理工艺案例分析及评价

### (1) 工艺流程

根据研磨废水进、出水水质要求，主要去除 COD、SS（悬浮物）和硬度。为达到所述的处理要求，采用物理化学沉淀和过滤相结合的处理工艺。现场试验发现，常规的化学混凝沉淀和砂滤处理工艺存在占地面积大、反冲洗频繁和运行能耗高的问题。经过反复比选，工程选用带有增强沉淀池的高效物化沉淀技术——高效沉淀池去除主要污染物，选用 D 型滤池进一步去除 SS 和有机物，污泥由高效沉淀池排出后通过板框压滤机进行脱水处理。

### (2) 工艺特点

高效沉淀池池体由机械搅拌混合区、絮凝反应区、推流反应区、沉淀浓缩区和后混合区五部分组成。其是依托污泥混凝、循环、斜管分离及浓缩等多种理论，通过合理的水力和结构设计，开发出的集泥水分离与污泥浓缩功能于一体的新一代沉淀工艺。

经过混凝后的原水进入两个絮凝反应池，絮凝反应区是高效沉淀池的独特特点之一，其含有一个能量扩散室以及一个非混合室。第一个室为能量扩散室，通过控制能量扩散和使用流量可变的水泵，控制污泥回流来优化絮凝反应。聚合物和回流污泥注入絮凝反应池可增强水的絮凝，污泥的回流可充分发挥其絮凝作用，减少药剂的投加量，从而节约运行成本。第二个室为非混合室，产生能够快速沉淀的较大的、均匀的矾花。

沉淀-浓缩池将原水沉淀与污泥浓缩两个功能集于一体，采用斜管分离器将矾花与水分离，逆向流将水与污泥分离，沉积在池子底部的污泥借助于配有刮泥机系统的尖桩搅拌器加速浓缩。

D型滤池是一种全新的重力式滤池，具有比表面积大、过滤阻力小的优点。微小直径的滤料，极大程度增大了滤料的比表面积和表面自由能，增加了水中的杂质和颗粒与滤料的接触机会及滤料的吸附能力，从而提高了过滤效率。滤池运行时，滤层孔隙率沿水流方向逐渐缩小，纤维密度增大，实现了理想的深层过滤，增加了滤层的截污容量。清洗时滤料恢复自由状态，即可对滤料进行气、水混合擦洗，有效恢复滤料的过滤性能。

全自动加药系统。工程共投加4种药剂，聚合氯化铝（PAC）、高分子聚合物（PAM）、硫酸和二氧化氯。聚合氯化铝和高分子聚合物是重要的混凝剂和絮凝剂，硫酸调节最终出水pH，二氧化氯用来杀灭废水中的病毒、细菌、原生生物和藻类等。整个加药系统根据出水水质采用全自动投加方式，既节省人力又可以合理控制加药量。

**(3) 运行效果**

工程于2012年10月投入运行，再生水厂出水水质稳定。2013年12月～2014年4月抽检的出水水质指标显示基本达到了设计要求，可以作为车间清洗水进行回用。

# 5.6　油田废水

## 5.6.1　油田废水的特点

随着采油技术的不断革新，为提高石油采出率，我国采油进入水驱为主的阶段，部分油田进入聚驱、三元驱采油阶段，导致采油废水产量不断增加，成分愈加复杂，颗粒更加细小，黏度更大，更加难生物处理。采油废水中不仅含有有机物、无机物、油类、悬浮物等天然杂质，还含有大量改变采出水性质的化学添加剂及注入地层的除氧剂、润滑剂、防垢剂等。因此，为使采油废水能够达到回注或者排放标准，选用合适的采油废水处理技术已经成为油田开发、保护生态环境、保证经济与环境可持续发展的重要研究课题。

## 5.6.2　油田废水处理现状及存在问题

目前，采油废水常规处理工艺主要还是以"老三段"，即"隔油—气浮—过滤"处理工艺为主，与其他强化工艺的联合，主要分为物理法（机械分离、粗粒化、过滤等）、化学法（凝聚、电解、氧化等）、物化法（气浮、吸附等）、生化法（活性污泥法、生物膜法等）及其之间的相互组合。根据相关报道，这些方法在某种程度上可以使采油废水达到油田回注水或排放水标准，但随着采油废水的逐渐复杂，这些方法的处理不仅不能使采油废水达到"双20"（含油量<20mg/L，悬浮物<20mg/L）或"511"（含油量<5mg/L，悬浮物<1mg/L，粒径中值<1μm）的回注水标准，而且存在工艺本身的弊端，如自动化程度低、运行费用高、引入二次污染等。此外，不达标回注水回注低渗透油田，由于回注水与地层水的不配伍性，会使低渗透油田地层结垢，导致孔隙率和渗透率下降，降低油田采油指数，影响油田的开发效果和经济效益。因此，寻找高效、经济、回注水能达到"双20"或"511"油藏推荐

指标的处理技术是目前亟须解决的首要问题。

油田注水是利用注水井将回注水注入油层以弥补原油采出后所造成的地下亏空，保持油层压力，提高油田采出率。长远考虑，为了提高油田采出率、保护地层结构，油田回注水除了需要水量充足、经济合理外，还需要满足水质稳定、不携带大量悬浮物、对注水设施腐蚀性小、对油层无伤害等特点。目前，我国油田基本进入了二、三次采油时期，即向驱油剂中加入大量聚合物、表面活性剂等难降解物质，并携带大量从地层中开采出的物质、离子等，导致采油废水水量大，水质复杂，仅靠目前主流的"老三段"及常规处理工艺，并不能使油田采油废水达到高要求的回注水标准，从而对油田注水系统和周围环境带来危害。

从 20 世纪 60 年代末第一座油田采油废水处理回注站投入运行到目前为止，我国科学研究者开展了许多研究和实践工作，取得了可观的成果，并形成了一套比较完善和成熟的采油废水处理工艺体系。虽然我国目前已经陆续进入二、三次采油时期，但"隔油—气浮—过滤"的"老三段"处理技术仍然是各大油田的主流处理工艺。针对各油田采出水性质的不同，采用其他处理技术进行改进和发展，以使处理出水能够达到油田回注水的标准。根据处理方法原理的不同，油田采油废水的处理方法主要可以归纳为物理法、化学法、物化法和生化法。

**(1) 物理法**

物理法主要包括分离沉降法、过滤、粗粒化法、膜法、超声波法等。物理处理法主要是基于机械或流体剪切作用去除废水中的油类物质、悬浮物，常用于处理工艺的前端，用于去除废水中部分固体悬浮物、浮油、乳化油等。物理法通常用于处理工艺的二级处理单元，只能去除部分悬浮物和乳化油，但占地面积大，对难降解物质处理效率低，已经不能满足水质逐渐复杂的采油废水处理。而新型处理法——膜处理法，由于具有分离效率高、出水稳定且水质好、便于自动化控制等优点，越来越被大多数研究者青睐。

**(2) 化学法**

化学法主要包括电化学、电催化、臭氧、光催化氧化等。主要是通过化学反应产生电子的转移或者产生自由基，使废水中的难降解有机物分解成小分子物质，易于被后续处理单元降解。其中，电化学法由于集絮凝、气浮、氧化和微电解作用于一体，且处理过程不添加药剂，出水水质好，没有二次污染，引起许多研究者的重视。化学法处理效率高，出水基本都能达标排放甚至满足油田回注水标准，但此法通常费用高、能耗大，目前大多数技术仍处于实验室或中试阶段。

**(3) 物化法**

物化法主要包括气浮、混凝、吸附等。主要是通过相变化，使污染物质从废水中转移到其他易于收集的物质当中。向废水中通入气体，形成高度分散的微小气泡，使废水中疏水基的固体或液体颗粒，形成水-气-颗粒三相混合体系，上浮到水面，从而实现固液或液液分离。物化法可用于预处理工艺中，也可用于深度处理工艺中，是目前各油田普遍运行的处理工艺，在某种程度上具有一定的处理效率，但通常在长期运行过程中会引起二次污染，产生大量泥，从而带来新的问题。因此强化此工艺和寻找新型无污染的处理方法是当务之急。

**(4) 生化法**

生化法主要包括活性污泥法、生物膜法、氧化塘等。主要是通过微生物的作用使废水中的有机物转换为微生物的生命物质或残骸，而从废水中转移到微生物体内，达到一定的处理效果。生化法通常占地面积大，运行时间长，存在二次污染，出水能达到排放水标准，但不能达到油田回注水标准，存在自身弊端，且噬油菌的培养周期长，因此在油田中的应用并不常见。

### 5.6.3　陶瓷膜处理采油废水在国内外的研究现状

相比传统处理技术，膜分离技术具有能耗低、分离效果好、出水稳定等优点，在纺织废水、冶金废水、焦化废水、印染废水、重金属废水等领域均取得了良好的处理效果，引起了国内外研究者的关注。膜分离技术所用膜分为有机膜和无机膜，在采油废水领域的处理均有相关报道。但由于无机膜，尤其陶瓷膜具有机械强度高、耐酸碱、使用寿命长等优点，逐渐成为研究者们的宠儿，应用于采油废水的处理，相关报道也是屈指可数。

陶瓷膜处理采油废水的研究最早在国外开展，主要是实验室或中试研究规模，从实验结果看，陶瓷膜处理效率高，出水水质好，能够达到"511"的回注水标准。

在 20 世纪 80 年代末期，美国就开始研究陶瓷膜处理采油废水，到 90 年代才有相关文献报道。Chen 等利用陶瓷膜错流微滤技术去除采油废水中的油类物质和悬浮物，结果表明，利用陶瓷膜过滤可将出水中的含油量降至 5mg/L 以下，悬浮固体含量降至 1mg/L 以下，出水稳定，过滤效果良好。Ebrahimi 等采用微滤或溶气气浮工艺预处理模拟采油废水，然后进行超滤和纳滤混合工艺处理预处理工艺出水，实验结果表明，预处理除油率可达 93%，后处理工艺可高达 99.5%。Nand 等采用由高岭土、石英、长石、碳酸钠、硼酸和硅酸钠制成的陶瓷膜过滤油水乳化液，能够使出水中的含油量降至 10mg/L，去除率高达 98.8%。Strathmann 在美国墨西哥湾采油平台采用 0.2~0.8μm 陶瓷膜过滤含油污水，在膜面流速为 2~3m/s、进料液初始含油量为 28~583mg/L 情况下，出水悬浮物含量低至 1mg/L，去除率高达 99.7%。Silvio 等采用多通道陶瓷膜处理海上油田含油污水，实验结果表明，出水中含油量和悬浮物含量均低于 5mg/L，采用化学清洗法，可使污染陶瓷膜通量恢复至初始通量的 95%。

20 世纪 90 年代，刘凤云团队首先报道了陶瓷膜处理油田含油污水的应用前景，此后，更多的研究者运用陶瓷膜处理油田采油废水，均取得了良好的效果。马春燕等利用陶瓷膜作为动态膜支撑载体，并用高岭土对陶瓷膜进行涂覆，形成预涂动态膜处理针织印染漂洗废水。结果表明，在操作压力为 0.1MPa，错流速度为 1.5m/s 时，COD 去除率最大，处理效果最佳，出水能用于印染加工。冯海军与张浩勤将无机陶瓷膜用于焦化废水除油的中试研究中，并确定了最佳操作条件，即在废水温度为 60℃、油浓度为 200mg/L、流量为 1.0m³/h、压差为 0.2MPa 和反冲洗时间为 20min 的条件下，陶瓷膜的除油率大于 75%，出水含油量小于 50mg/L。黄江丽团队采用 0.8μm 微滤与 50nm 超滤无机陶瓷膜组合工艺对造纸废水进行了处理，结果表明，在温度为 15℃、压力为 0.1MPa 的操作条件下，0.8μm 膜对 COD 的去除率为 30%~45%，50nm 膜对 COD 的去除率为 55%~70%，并对膜污染的成因及清洗方法进行了分析。张冰等使用 PTFE（聚四氟乙烯）膜对大庆三元驱采油废水进行处理，研究结果表明，O（油）/W（水）、APAM（阴离子聚丙烯酰胺）、SS 的去除率分别为 80.7%、97.4% 和 98.2%，粒径中值未检出，出水水质可达到"511"的标准。徐俊等采用孔径为 100nm 的非对称结构陶瓷复合超滤膜对大庆油田采出水进行处理，结果表明，浊度、油和悬浮物的去除率分别可达 90% 以上，除部分点腐蚀外，出水可满足"511"标准。王志高等对大庆油田杏十五一联合站的三种出水进行陶瓷膜过滤中试，结果表明，运行期间陶瓷膜平均通量为 200L/(m²·h) 以上，在定期排污的情况下，膜的运行周期可长达 190h，出水能达到 SY/T 5329—1994 标准中的 A1 指标，即"511"标准。Cui 等采用 NaA 沸石/陶瓷膜过滤含油污水，出水含油量低于 1mg/L，含油量去除率可达 99%。Zhong 等研制了一种由氧化锆组成的新一代陶瓷微滤膜，在操作压力 0.11MPa 下，滤后出水含油量降至 8.7mg/L，去除率为 95.7%，出水水质可达到国家污水综合排放标准。

陶瓷膜处理采油废水在国内外均有相关的研究和应用，处理出水水质好，达标率高，但普遍存在的共性问题是膜污染问题。由于处理水质的复杂性，陶瓷膜过滤一段时间后在膜孔或膜面上形成膜垢，堵塞了陶瓷膜的过滤过程，增加了过滤压力，从而导致膜通量下降，产水量降低，缩短稳定运行时间，增加能耗和经济成本的投入，给陶瓷膜在工程实际上的大规模应用造成了阻碍。

### 5.6.4　陶瓷膜组合处理工艺案例分析及评价

当油田天然能力不足时，向地层注水，人工增补能量，使地层的石油被开采出来，随之产生的含油废水水质体系复杂，不仅含有原油，而且还溶入了许多随原油在地层中开采出来的无机盐类、腐殖酸类、悬浮固体、有机物等物质，不同采油区块的采出水具有不同的特点，其主要特性如下：

① 含油量高。一般采出水中含油量平均在 1000mg/L。

② 有机物种类多。水驱采油废水中含有原油各种有机成分、驱油过程中加入的一些化学药剂及随原油从地层开采出的天然有机物等，导致采出水 COD 浓度很大，通常在 400～800mg/L。

③ 悬浮物含量高。采出水中悬浮物含量高，通常在 50～100mg/L，颗粒细小。

④ 矿化度高。采出水中离子含量高，通常最低 1000mg/L，最高 $14\times10^4$ mg/L，导致废水矿化度高。

⑤ 成垢离子含量高。采出水中含有较高浓度的 $Ca^{2+}$、$Mg^{2+}$、$Ba^{2+}$ 等离子，总硬度通常在 200～500mg/L。

⑥ 含有微生物。采出水中含有大量微生物，如铁细菌、硫酸盐还原菌、腐蚀菌等，均为丝状菌，极易存活，造成注水设施和管线的腐蚀。

采用二级陶瓷膜深度处理水驱采油废水，运行装置如图 5-8 所示。

某采油站水驱采油废水水质分析见表 5-9。从表 5-9 中可以看出，除了钙、镁和有机物外，其他指标并不会对陶瓷膜造成严重的污染。

表 5-9　原水水质表

| 项目 | 检测值 | 项目 | 检测值 |
|---|---|---|---|
| pH 值 | 7.44 | 钠/(mg/L) | 670 |
| 肉眼可见物 | 大量黑色悬浮物 | 化学需氧量/(mg/L) | 571 |
| 铝 | 未检出 | 石油类/(mg/L) | 1142.1 |
| 铁/(mg/L) | 4.89 | 总碱度/(mg/L) | 1192 |
| 锰/(mg/L) | 0.77 | 磷酸盐/(mg/L) | 0 |
| 溶解性总固体/(mg/L) | 3819 | 悬浮物/(mg/L) | 62 |
| 总硬度/(mg/L) | 305.3 | 钙/(mg/L) | 72.1 |
| 硫化物/(mg/L) | 0.1 | 镁/(mg/L) | 30.4 |

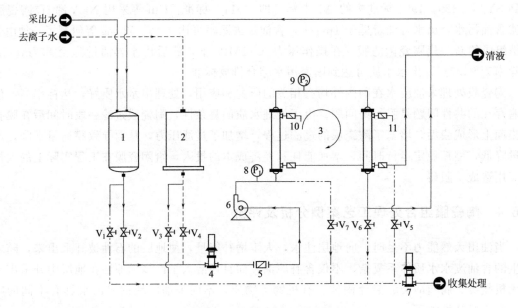

图 5-8　二级陶瓷膜装置流程图

1—缓冲罐；2—清洗槽；3—陶瓷膜装置；4—供料泵；5—止回阀；6—循环泵；7—排污泵；

8,9—压力表；10,11—取样口；$V_1$，$V_3$，$V_5$～$V_7$—放空阀；$V_2$，$V_4$—截止阀

　　每次出水含油量和悬浮物浓度均可满足"511"回注水标准，即出水含油量＜5mg/L，悬浮物浓度＜1mg/L。来水含油量和悬浮物浓度的少许波动并不是影响设备运行的关键因素，也说明油和悬浮物并不是膜污染的主要因素。

# 5.7　陶瓷膜在特种水处理中的应用

　　在工业生产或产品加工过程中，都不可避免地产生大量的废水。与一般城市污水相比，这些废水或含有较高的悬浮物，或呈强烈的酸碱特性，或含有重金属，或含有大量的病原微生物（如医院污水）等等，亦即呈现特殊的物理、化学或生物特性，因而将它们归为特种废水。

　　常见的特种废水包括：发酵工业废水、制革工业废水、煤气生产废水、制浆造纸工业废水、医院污水、精细化工废水、肉类加工废水等等。本书以印花废水、发酵工业废水和淀粉废水为例，介绍陶瓷膜在特种水处理中的应用。

## 5.7.1　印花废水的特点

　　印花又称局部染色，它是通过一定的方式将燃料或涂料印制到织物上形成团的一种方法。印花的工艺流程一般为：染部备布→漂白/染色→干布→整理做 PS→印花→干定/蒸布→染部洗水→干布→定型→质检→出货。印花过程中产生的废水主要来自配色调浆、印花滚筒、印花筛网的冲洗废水，以及印花后处理时的皂洗、水洗废水。

　　印花色浆由染料、助剂和原糊组成。染料主要用于各种纤维的染色，它是能将纤维或其他被染物染成各种颜色的天然或者合成有机化合物。根据染料所含共轭体系的结构来分，有

机合成染料包括偶氮、酞菁、蒽醌、菁类、靛族、芳甲烷、硝基和亚硝基、杂环等种类。印染助剂按照工艺路线可以分为预处理助剂、染色助剂、印花助剂和后整理助剂 4 大类，28 个种类，270 个品种。

可见，实际的印花废水成分相当复杂，且生化需氧量高，色度高，pH 值高，难生物降解，水质多变化。印花废水中残存的染料成分，即使浓度很低，排入水体也会造成水体透光率下降，溶解氧浓度降低，这些因素都直接影响水中各种微生物和浮游生物的生长，从而破坏水生生物的生态平衡，最终导致该区域淡水水质的污染。

## 5.7.2　印花废水处理现状及存在问题

印花废水不仅生化性差，而且脱色也比较困难。印花废水脱色困难的主要原因是染料分子中含有多种不饱和键：

$$\text{C=C} \quad \text{C=O} \quad -\text{CH=N}- \quad \text{C=S} \quad -\text{N=N}- \quad -\text{N=O} \quad -\text{N}\overset{\displaystyle O}{\underset{\displaystyle O}{}}$$

研究表明，正是上述不饱和键在分子中与共轭体系或多个发色基团相接而使印花废水显示出颜色，而多种助色基团如—OH、—OR、—$NH_3$、—NHR、—$NR_2$、—Cl、—Br、—$SO_3H$ 的存在又使印花废水的颜色得以加深。另外，染料分子含有较多的亲水基团且分子量又较大，在水中缔合程度高，大多数染料能形成亲水性胶体，因此造成染料废水脱色困难。针对印花废水有机物含量高、难脱色、难降解、可生化性差、水质波动大的特点，在深度处理印花废水的技术方面，当前主要有曝气生物滤池、电解法臭氧氧化法、离子交换法、光催化法膜分离技术等方法。

**（1）曝气生物滤池**

曝气生物滤池（biological aerated filter，BAF）是 20 世纪 80 年代发展起来的一种集物理吸附、过滤和生物降解于一体的新型生物膜处理技术，它适用于经过预处理的低悬浮物和低 COD 浓度的工业废水的深度处理。BAF 去除污染物的流程是：当污水流经按照一定级配滤料填充的曝气滤柱时，悬浮物被滤料截留，有机污染物被滤料上高浓度微生物吸附降解。利用沿水流方向形成的微生物—原生动物—后生动物分级捕食关系和生物膜内部的好氧/缺氧/厌氧为硝化菌和反硝化菌的存在提供的微环境，有机物得以去除，经过一段时间的运行，利用正冲洗或者反冲洗，堵塞物被带走，生物膜得以更新换代。

周锋利用在水解酸化-接触氧化工艺后增加 BAF 工艺，作为对印染废水的深度处理方法，气水比介于 2～3 之间，进水 COD 浓度可从 200mg/L 下降到 100mg/L，出水水质符合《纺织染整工业水污染物排放标准》（GB 4287—1992）规定的一级标准。

**（2）电解法**

电解法处理印花废水时，染料的发色基团能够被破坏，印花废水中的各种有机组分也能够发生系列氧化还原反应。该方法还具有下列特点：反应速度快，脱色率高，产泥量小，可在常温常压下操作；当进水中污染物质浓度发生变化时，通过调节电压与电流的方法加以控制，可保证出水水质的稳定。

刘兴旺等通过对铁屑进行改性，并与其他活性材料构成填料塔对印染废水进行处理，结果显示，在 pH 值 5～6、接触 13～15min 时有较高的脱色率。改性铁法与传统铁屑固定法相比，对可溶性染料的处理效果并没有太大帮助，而对不溶性染料的脱色率和 COD 的去除率比传统铁屑法提高了20%～30%，基本上解决了传统铁屑法对不溶性染料去除率低的难题。Simonsson等研究了电解法对印染废水处理的原理，结果显示，铁屑投加量不是影响COD和色度去除处理效果的主要因素，COD的去除主要依靠电解产生的$Fe(OH)_3$絮体的沉降作用，色度的去除主要依靠电解产生的高价态氯化物的强氧化性。夏志新把吸附电解氧化技术用于广州某针织厂印染废水的二级出水，试验表明，电解能延长活性炭的再生周期，深度处理后的出水能够用于印染预处理的煮炼、漂白等工序。

### (3) 臭氧氧化法

工程上经常用的臭氧氧化法，对色度的去除率很高，然而它只是把复杂的染料大分子有机物转化成了小分子有机物，污染物并没有被彻底去除。所以，臭氧氧化联合活性炭吸附就成为一种很好的改良方法。

张健利等用臭氧氧化和活性炭吸附组合系统对印染废水进行了深度处理研究，结果显示，当进水的COD平均值为90mg/L时，出水平均值为8mg/L，处理后的水可以用作冷却用水。Sheng等在活性炭为填料的流化床或固定床中通入臭氧，研究发现，臭氧氧化能够延长活性炭的再生周期，减少其再生成本，活性炭也兼具了臭氧氧化催化剂的功能，两者相辅相成，有很好的协同作用。

### (4) 离子交换法

离子交换法是借助离子交换剂上的离子和废水中的离子产生的交换作用而去除水中有害离子的方法。在废水深度处理中，该法主要用于回收和去除废水中的一些重金属离子或有毒有害离子。

采用此方法时，一旦废水中有机物或者含盐量超过某一限值，树脂的交换容量很快就会饱和，必须再生或更换后才能继续使用。所以，目前离子交换法用于印花废水的深度处理多与其他技术联用，以保证最大程度地发挥离子交换的优势。胡萃等采用离子交换方法处理印染废水二级出水时发现，降低进水中有机物质量浓度和无机盐含量能最大限度地发挥离子交换在印染废水深度处理中的作用。

### (5) 光催化法

光催化法大多采用光敏化半导体作催化剂来催化废水中的有机物，使其发生氧化和分解反应。Li等采用光催化氧化/微滤系统对印染废水的二级出水进行深度处理，结果表明，在10～20h内，$TiO_2$光催化反应器能够脱去进水的色度，COD去除率也高于90%，催化剂$TiO_2$能够从悬浮液中通过膜分离技术进行回收。尽管光催化法对印花废水有较高的脱色效率，但设备投资大，能耗高，目前的研究多停留在实验室阶段。

### (6) 膜分离技术

膜分离技术就是使用膜作为屏障，将溶质和溶液进行分离的技术。早在1973年Nashar就将反渗透膜用于染料废水的处理，以实现对其中染料的回收。Soma采用0.2μm微滤膜在错流速度3～5m/s、操作压差0.1～0.5MPa范围内处理不溶性染料废水，膜对染料的截留率高达98%，脱色率可达96%。张艳等先用氢氧化镁预吸附，后用陶瓷微滤膜过滤的方法对印染废水进行了脱色，研究发现，联合工艺的脱色率可达98%，而单独使用微滤膜的脱色率仅为38%。

将不同的膜分离技术如微滤（MF）、超滤（UF）、纳滤（NF）、反渗透（RO）相结合，或膜分离技术与其他技术（如膜生物反应器）相结合，是印花废水深度处理的一个研究方向。Roman采用MF＋NF联合工艺对印花废水的二级出水进行深度处理，结果表明，当进水 COD 平均浓度为 125.70mg/L 时，经 MF 处理后平均出水 COD 浓度为 65.13mg/L，再经 NF 处理后平均出水 COD 浓度降低到 24mg/L，去除率达 68.63%，其他各项指标包括硬度、电导率、吸光率等也完全满足《纺织染整工业水污染物排放标准》（GB 4287—2012）水质标准。

但是，上述常规处理方法仍面临着系统稳定性差、维护困难、运行成本高等问题。随着科学技术的进步，开发新的处理技术来应对印花废水的深度处理问题仍是极具挑战性的工作。

### 5.7.3　陶瓷膜处理印花废水的国内外研究现状

动态膜是指含有机材料或无机材料的稀溶液在一定压力下流过多孔支撑体时在孔内或表面沉积而形成一层具有分离作用的滤饼层。关于动态膜的研究最早见于 1966 年 Marcinhowshy 等的报道，他们在研究多孔物质脱盐时，误用了与 NaCl 不同的 $ZrOCl_2$，结果发现在多孔板上形成的脱盐层，同样具有反渗透效能。这层薄膜是在压力作用下沉积在多孔载体上的，故称为原位形成膜（formed-inplace membrane）或动力形成膜（dynamic membrane）。此后，Spencer 和 Thomas 提出"适当形成"（formed-inplace）的膜，把动态膜的概念进一步具体化。他们认为既然滤饼层在过滤中不可避免，那么有意识地过滤某些特殊的悬浮料液，在膜表面预先形成一层适当厚度的滤饼层，以滤饼层取代膜介质的部分分离作用，这样或许能优化过滤工艺。

当膜阻力达到一定值后，通过反冲洗，把预制的滤饼层和截留物质一同洗出，然后进行下一轮的制膜和过滤。如今用动态法制备的反渗透膜、纳滤膜、超滤膜、微滤膜已经广泛用于脱盐废水、纺织废水、造纸废水、含油废水和含放射性污水的处理研究，在物质纯化、生化分离等方面的应用也有了相关的研究报道。

具体到涂膜材料和支撑材料，微孔陶瓷管、无纺布、尼龙筛网、不锈钢网、工业滤布等粗网材料都可以作为支撑体；而涂膜材料的来源也相当广泛，水合氧化物、天然或改性矿物质、PAC 等被经常用作动态涂膜研究。

动态膜的特点概括起来主要体现在以下几个方面：

① 成膜材料来源广泛，这为面向应用制备不同荷电性和不同孔径的膜元件提供了可能；

② 容易清洗，一旦膜污染加重，可以很容易地通过物理或化学方式将截流大部分污染物的滤饼层洗掉；

③ 工艺简单，采用动态法甚至可以制备出复合膜，它能克服其他传统制膜方法在复合膜制备时出现的厚度难控制、可重复性差等问题；

④ 成本低廉，大孔径支撑体和廉价涂膜材料能够大大降低膜元件的购置成本。

### 5.7.4　陶瓷动态膜处理印花废水案例分析及评价

试验装置如图 5-9 所示。印花废水先进入投加悬浮填料和颗粒活性炭的 CMBBR（流动床生物反应器）左侧室，接着从穿孔板进入投加 PAC 的右侧室；在曝气作用下经过一段时间的运行，滤布表面生成第一级动态膜；在水头压差作用下流出的二级出水进入溶液灌，与一定投加量的 PAC 混合，经泵送入陶瓷膜组件，形成第二级动态膜。当通量持续下降时，两级动态膜先采用自来水物理冲洗，再采用先碱洗后酸洗的顺序进行化学清洗。

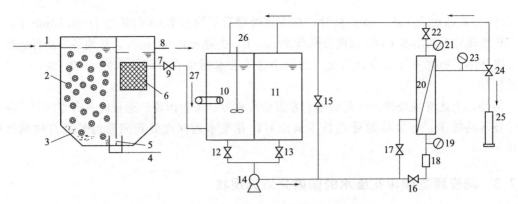

图 5-9　成套陶瓷动态膜印花废水深度处理装置

1—进水管；2—悬浮填料；3—颗粒活性炭；4—曝气头；5—穿孔墙；6—滤布膜组件；7—出水管；8—溢流管；
9,12,13,15~17,22,24—控制阀；10—溶液罐；11—反冲罐；14—循环泵；18—转子流量计；
19,21,23—压力表；20—陶瓷膜组件；25—量筒；26—搅拌器；27—热交换器

印花废水取自上海青浦某大型印花厂，废水先期经过了气浮物化处理，水质如表 5-10 所示。

表 5-10　进水水质

| 检测项目 | pH 值 | BOD/(mg/L) | 电导率/(mS·cm) | COD/(mg/L) | 色度/倍 | 浊度/NTU |
| --- | --- | --- | --- | --- | --- | --- |
| 变化范围 | 8~11 | 53~74 | 1.85~2.25 | 295~412 | 61~83 | 19~28 |

整套装置用于印花废水的深度处理，COD、色度和浊度的值分别小于 40mg/L、3 倍和 1NTU，平均去除率分别可达 90%、95% 和 97%。回用水完全可以用作冲洗用水，如果和自来水按照 1:1 的比例混合后用于洗涤工序，可以节水 50%。

在经济分析方面，整套装置用于印花废水深度处理具有经济可行性，特别是在节省污泥处理费用方面，该系统极具竞争力。

### 5.7.5　发酵工业废水的特点

生物发酵法生产乙醇是缓解能源短缺的有效途径之一，但存在严重的环境污染问题。以木薯、瓜干和玉米等为原料，排放高浓度酒精废水 13~16t，即使经固液分离后仍达 20~30g/L，是我国排放有机污染物浓度最高、造成水环境污染严重的第二大轻工废水。

### 5.7.6　发酵工业废水处理现状及存在问题

传统生物法处理乙醇发酵废水存在能耗高、出水水质差等问题，采用膜分离技术可达到更好的效果。有机膜对乙醇发酵废水的应用研究主要集中于纳滤和反渗透等工艺。Sanna 等结合纳滤和反渗透处理糖蜜酒糟废水，纳滤过程对色度的去除效果良好，反渗透对可溶解固体总量（TDS）、COD 及 $K^+$ 的去除率分别达到了 99.80%、99.90% 和 99.99%。李健秀等采用超滤＋反渗透集成工艺分离玉米酒糟废水，对蛋白质的平均截留率为 94.70%，甘油平均截留率为 65.15%，COD 值降到 1000mg/L 左右。Braeken 等选用 4 种不同的纳滤膜对酿酒厂经生物法处理后的糟液废水、发酵釜底残液、糖化车间残液及啤酒蓄水池残液等四种不同废水进行处理，对糟液废水处理后，出水电导率为 550μS/cm 左右，COD、$Na^+$ 和 $Cl^-$ 含

量达到饮用水标准，而其余 3 种废水的有机物去除效果相对较差。与有机膜相比，无机膜具有耐酸、耐碱、抗微生物能力强、使用寿命长等优势，对乙醇发酵废水的应用研究主要是超滤和微滤处理。Lapisova 等在乙醇发酵中试中对发酵糟液进行了微滤和超滤的研究，得出用孔径为 0.2μm 的陶瓷膜进行处理，滤液可作为工艺水回用。Kim 等采用截留分子量为 5ku 的陶瓷膜对糟液进行超滤处理后滤液回用于发酵系统中，对乙醇产量没有影响；丁重阳等和方亚叶等都报道了运用陶瓷膜对浓醪酒糟进行微滤后，滤液同样可以成功回用于发酵系统中。

### 5.7.7　陶瓷膜工艺处理发酵工业废水案例分析及评价

本案例为陶瓷膜处理乙醇发酵废水，乙醇发酵废水为发酵厂发酵所得的糟液及洗罐水混合废水。经过陶瓷膜处理前后的乙醇发酵废水水质对比如表 5-11 所示。

表 5-11　乙醇发酵废水膜过滤前后水质对比

| 项目 | 浊度/NTU | 电导率/(μS/cm) | COD/(mg/L) | SS/(g/L) | 残糖量/% |
|---|---|---|---|---|---|
| 发酵废水 | 240 | 1170 | 5000 | 2.48 | 0.4 |
| 滤液 | 0.418 | 1168 | 1000 | 0.026 | 0.4 |

该案例的最佳操作参数为：膜孔径 200nm，料液 pH 值 8，操作压力 0.15MPa，膜面错流速度 5m/s，操作温度 50～60℃，渗透通量可达 733L/(m² · h)。陶瓷膜对废水的浊度和固体悬浮物去除率都在 99% 以上，对 COD 的去除率在 80% 左右。经陶瓷膜处理后的水可循环到发酵工艺中，有效降低废水排放量。

### 5.7.8　淀粉废水特点

以马铃薯淀粉为例，一般而言，马铃薯淀粉的制取流程为冲洗、锉磨、筛分、浓缩、洗涤和脱水，共计六个工序。

马铃薯淀粉废水主要包括冲洗废水、蛋白液（细胞液）以及淀粉提取废水。

冲洗废水来源于原料冲洗工段，约占总排水量的 50%，COD 含量小于 500mg/L。其主要含有泥沙、石砾、马铃薯皮屑等。

蛋白液为淀粉乳浓缩分离过程中产生的废水，约占总排水量的 10%～20%，为马铃薯淀粉废水的主要污染源。其主要污染物为蛋白质、氨基酸、多糖等有机物，如表 5-12 所示，COD 浓度一般为 20000～40000mg/L，最大可达 60000mg/L（取决于马铃薯的新鲜度与季节）。

表 5-12　马铃薯蛋白液主要成分　　　　　　　　　　　　　　单位：%

| 项目 | 水分 | 蛋白质 | 氨基酸 | 纤维 | 淀粉 | 糖、盐、酸 |
|---|---|---|---|---|---|---|
| 含量 | 94 | 1.8 | 1.8 | 0 | <0.5 | 2.5 |

淀粉提取废水来源于马铃薯淀粉生产的洗涤以及脱水工段，约占总排水量的 30%～40%，主要含有淀粉，其 COD 浓度在 1000～2000mg/L 左右。根据对中国十余家马铃薯淀粉生产企业的调查汇总得到马铃薯淀粉废水的主要污染物浓度如表 5-13 所示。低浓度废水指来源于马铃薯冲洗工段的冲洗废水，高浓度废水系蛋白液及淀粉提取废水的混合废水，因其 COD 浓度高、处理难度大、化学性质相似，企业往往将其混合进行统一处理。该混合废水为马铃薯淀粉生产过程中的主要污染源，对其的处理效果是决定马铃薯淀粉废水污染物水平的关键因素。

表 5-13 马铃薯淀粉废水的主要污染物浓度 单位：mg/L

| 废水种类 | COD$_{Cr}$ | 蛋白质 | 悬浮物 | 总氮 | 总磷 |
|---|---|---|---|---|---|
| 低浓度废水 | <500 | <50 | 120~500 | 30~50 | 5~7 |
| 高浓度废水 | 10000~40000 | 800~10000 | 2000~15000 | 1500~4000 | 100~300 |

马铃薯淀粉的生产过程为物理过程，除添加少量偏重亚硫酸钠作为防腐剂以外，不添加其他化学药品。因此马铃薯淀粉废水，尤其是高浓度废水中的主要污染物为马铃薯在加工中分离出的组分。一般来说，蛋白液中的主要污染物为蛋白质，淀粉提取废水以淀粉为主。

对于低浓度废水的处理，大多数马铃薯淀粉生产企业在生产过程中增添少许设备，经除杂沉淀后将回用，沉淀下来的物质大多为马铃薯表面附着的泥沙。以蛋白质、淀粉等有机物为主要固形物的高浓度废水，其蛋白质、糖类等有机物的含量较高，极易起泡，废水末端处理难度很大，悬浮物和 COD 的浓度过高，无法循环使用，且蛋白质回收设备成本较高，工艺复杂。因此，若考虑常规生物法处理，许多淀粉生产企业有较大的经济负担，并且由于马铃薯淀粉生产周期短、气温低，启动生物处理装置的费用及日常维护费用较高。据调查，企业往往将此部分废水直接外排，严重污染了自然水体。

### 5.7.9 淀粉废水处理现状及存在问题

马铃薯淀粉废水富含大量有机物，COD 浓度大，毒性低。因此，生物法最适用于马铃薯淀粉废水的处理，处理效果较佳。

使用微生物发酵的方法，一方面可以解决马铃薯淀粉废水直排的污染问题，另一方面可以提高马铃薯的附加值，使马铃薯淀粉废水变废为宝，减少资源浪费。目前，国内外有大量学者使用不同菌株对马铃薯淀粉废水进行处理，研究其处理效果优劣情况。

廖立钦等发现在 50mL 马铃薯淀粉废水中分别接入 2%青霉菌和 3%拟内孢霉酵母菌后培养 6d，废水的 COD 由 16286mg/L 降至 6216mg/L，COD 去除率为 62.38%，处理效果最佳。菌添加量与 COD 去除率有负相关关系，影响较大，而处理天数与 COD 去除率有正相关关系，影响较小。

Li 等采用 *Rhizopus oryzae* 2062 和 *Rhizopus arrhius* 36017 两个真菌菌种对马铃薯淀粉废水进行糖化和乳酸发酵，结果表明在淀粉浓度大约为 20g/L、pH=6.0、温度 30℃ 的条件下发酵 36~48h，乳酸的产量为 0.85~0.92g/g 菌体量，相应菌体浓度 1.5~3.5g/L。

目前，国内外对马铃薯淀粉废水的生物处理工艺研究很多。

Wang 等使用厌氧好氧一体化反应器处理高浓度废水，在温度 25~35℃、pH 值 5~8.5 的运行条件下，出水 COD 浓度小于 2000mg/L，去除率达 98.7%。

陈晓燕等通过研究厌氧生物处理的影响因素，发现控制 pH 值略大于 7.5，避光且温度 35℃ 左右时，COD 去除率在 90% 左右。

李玉清等使用 UASB（升流式厌氧污泥床）＋生物接触氧化工艺处理高浓度废水，研究结果表明，常温条件下，原水 COD 在 5000~6000mg/L 之间，进水容积负荷为 5kg/(m³·d) 左右时，出水达标排放，且经济效益较高。

王文正等采用低温（15~25℃）下运行的内循环（IC）厌氧反应器与膜生物反应器（MBR）联用工艺对马铃薯淀粉废水进行处理。结果表明，操作压力为 16.4kPa，进水 COD

为 4000～6000mg/L 时，IC 反应器最优 HRT（水力停留时间）为 5h，最佳 COD 负荷为 23.62kg/($m^3$ · d)，MBR 反应器最佳 DO（溶解氧）为 4mg/L，最佳 HRT 为 8h。IC-MBR 系统出水 COD 在 55mg/L 以下。

Bennett 将回收了蛋白质后的马铃薯淀粉废水进行两段厌氧发酵生产沼气，厌氧处理后的废水 COD 降到 4000mg/L。进一步采用附带超滤膜生物反应器的好氧工艺处理，出水可达地表水排放标准。

马铃薯淀粉生产具有季节性，生产季节气温较低，而生化法处理废水的温度要求较高，部分厌氧处理法的温度需控制在 35℃，且马铃薯淀粉废水的排放具有间歇性、排放量大的特点。因此，使用生物处理法处理高浓度废水造价高，能耗大，虽有大量研究资料，但企业工程实例少有报道，开发切实可行的废水物化处理方法已迫在眉睫。

目前部分学者因絮凝法具有工程造价低、操作难度小、对气温依赖性弱的优越性，使用絮凝法处理马铃薯淀粉废水，研究结果表明，絮凝工艺对浊度去除率一般高于 90%，但对 COD 去除率较低，难以投入工程实际应用。且化学絮凝剂的投加易使马铃薯淀粉废水受到二次污染，有学者使用可降解的生物絮凝剂代替传统化学絮凝剂，但其对菌株温度又有较高要求。

膜分离技术适应性强，运行费用低，操作简易，通过回收高浓度废水中有机物大幅度降低了废水中污染物的浓度，降低末端治理难度，提高马铃薯原料利用率，创造了新的效益点。

Zwijnenberg 等使用膜法回收马铃薯淀粉废水蛋白液中的天然马铃薯蛋白，采用截留分子量 5～150ku 的亲水聚醚砜膜、亲水聚偏 1,1 二氟乙烯膜、再生纤维素膜进行超滤试验和中试试验，结果表明马铃薯蛋白的截留量受膜孔径和膜材料的影响较小。

吕建国等使用平板超滤膜对马铃薯淀粉废水进行过滤试验，试验结果表明，马铃薯淀粉废水经超滤膜处理后，蛋白质去除率达 90% 以上，COD 的去除率达 50% 以上。

陈钰等研究了超滤法回收马铃薯淀粉废水中蛋白质的可行性，在操作压力 0.10MPa、室温 22℃、pH 5.8 下，废水中蛋白质的截留率高达 80.46%，废水 COD 由原来的 9280.04mg/L 降为 3898.41mg/L。超滤膜的最佳清洗剂为 0.05% 的碱性蛋白酶，其次是 0.5% 的 NaOH 溶液，恢复系数高达 99.55% 和 89.12%。

使用超滤工艺处理马铃薯淀粉废水回收蛋白质较为彻底，但设备投资较高，推广难度大，膜污染和清洗难度也严重影响过滤效率。无机陶瓷膜的机械强度高、使用寿命长，在多个领域废水的处理中均有相关报道，但暂未发现应用于马铃薯淀粉废水处理。

程珂伟等使用无机陶瓷膜（截留分子量 5000）提取甘薯淀粉废水中的糖蛋白，在温度 20℃、pH 6.5、压力 0.35MPa、切线流速 2m/s 的条件下，糖蛋白溶液被浓缩 8.3 倍，糖蛋白截留率达 91%，截留率对比中空纤维膜（截留分子量 10000）提高了 13%。实验结果表明，无机陶瓷膜更适用于多糖、蛋白类等大分子有机物的浓缩。

张金斌等使用平均孔径为 0.8μm 和 0.5μm 的陶瓷膜微滤含镍电镀废水，在最适操作参数下，镍截留率为 99%。试验表明跨膜压差、错流速度、温度等因素与膜通量呈正相关关系。采用 0.15% 盐酸清洗，0.8μm 与 0.5μm 陶瓷膜通量恢复量均大于 97%。

岳彩德等选择 50nm 和 200nm 两种孔径陶瓷膜处理猪场沼液，在运行压力 0.3MPa 下，其对浊度去除率为 99%，对 COD 去除率为 36.2%±0.6% 和 32.6%±1.5%，两种孔径的处理效果无明显差异。

### 5.7.10　陶瓷膜工艺处理淀粉废水案例分析及评价

陶瓷膜组件性能指标如表 5-14 所示。

表 5-14　陶瓷膜组件性能指标

| 项目 | 指标 | 项目 | 指标 |
|---|---|---|---|
| 厚度 | 5.4mm | 耐酸度 | 99.96% |
| 面积 | 63001mm² | 耐碱度 | 98.51% |
| 平均孔径 | 0.5μm/95.5% | 正压强度 | 38MPa |
| 最大孔径 | 0.567μm | 侧压强度 | 34.52MPa |
| 喉径 | 0.45/87.5% | 抗折强度 | 423N |
| 粒径 | 10nm~10μm | 通量 | 1329.024L/(m²·h) |
| 内径尺寸 | 3×4 | 负压工作 | 0~0.08MPa |
| 膜材料 | Al₂O₃ | 冲洗压力 | <0.5MPa |

试验流程如图 5-10 所示。

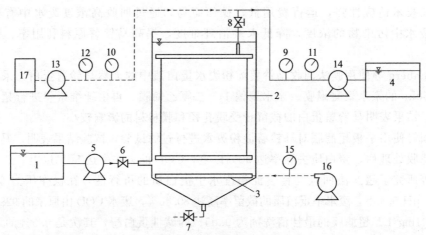

图 5-10　陶瓷膜反应器试验流程图

1—进水箱；2—陶瓷膜组件；3—曝气条；4—出水箱；5—射流泵；6~8—截止阀；9,10,15—转子
流量计；11,12—压力表；13,14—蠕动泵；16—曝气泵；17—反冲洗水箱

本案例马铃薯淀粉废水来自安徽省某淀粉厂，其主要水质参数如表 5-15 所示。

表 5-15　马铃薯淀粉废水主要水质参数

| 固液比 | COD$_{Cr}$/(mg/L) | 蛋白质/(mg/L) | 浊度/NTU | pH 值 |
|---|---|---|---|---|
| 1:2 | 18300 | 6371.8 | 600 | 5.83 |
| 1:3 | 14800 | 5580.5 | 450 | 5.87 |
| 1:4 | 8350 | 4110.2 | 400 | 5.80 |

陶瓷膜处理马铃薯淀粉废水的系统最佳运行条件为：温度 20℃，pH 5.8，曝气强度 0.2m³/h。在此条件下运行反应器，反应器稳定运行后，蛋白质的截留率在 83%~86% 之间，COD 截留率为 65%，浊度的去除率稳定在 99% 以上。

对陶瓷膜清洗效果最好的清洗剂为 0.05% 中性蛋白酶，膜通量恢复系数为 98.182%；

使用 390L/(m² · h) 通量的去离子水反冲洗 10min 后，恢复系数也能达到 94.545%。

使用陶瓷膜处理马铃薯淀粉废水技术上是可行的，经过陶瓷膜处理后的废水，蛋白质由原水的 6371.8mg/L 降至 947.8mg/L，COD 由 14800mg/L 降至 5200mg/L 左右。

结合实际日处理量，拟定高浓度废水的处理流程，据此进行经济分析。使用陶瓷膜分离设备处理 150m³/d 高浓度废水，运行成本约 3.828 元/m³，其中药剂费占比 53.03%。将处理后废水作为肥料还田，滤渣回收蛋白质，其收益达 8.293 元/m³，合计收益 4.465 元/m³。

考虑到还田的环境风险，拟用"陶瓷膜分离设备＋UASB＋SBBR（序批式生物膜反应器）"方法处理高浓度废水，所需运行为 4.728 元/m³，出水可直接排放。

# 5.8　陶瓷膜在电厂化学水处理中的应用

电厂是能源行业的重要部门，随着能源需求的不断提高，电厂的大型化就成为一个趋势，而大型化的电力机组会提高对水资源数量和质量的需求，这就需要电厂合理运用化学水处理技术来满足电厂大型化的需要，以便形成电力能源更为稳定地提供和科学有序地扩大。应该立足于电厂化学水处理技术的实际运用，通过对化学水处理技术发展趋势的掌控，为电厂提供稳定而安全的水资源，以确保大型电力机组安全生产的需要，并形成对电厂发展技术性、系统性的支持。要紧紧把握电厂化学水处理技术的应用要点，从锅炉补水、锅炉给水、炉内水处理、循环水处理等方面实现技术的不断创新，进而为电厂机组的运行提供合格的水资源，维护机组的安全稳定运行。

## 5.8.1　电厂化学水处理技术发展的特点

我国电厂化学水处理的现状主要体现在以下 2 个方面。第一，传统电厂化学水处理技术是多级处理方式，依照功能对处理设备的单元系统进行划分。例如，废水处理系统、汽水检测系统等。但是这种传统的功能性处理方式因操作难度复杂、空间面积较大等缺点，导致相关设备系统的维护工作具有一定困难。在科技不断发展的背景下，化学水处理也相应进行了技术革新。目前我国火电厂化学废水采用集中化的处理方式，节约了空间面积，在一定程度上提升了设备的运行效率。并且使用立体化的结构设计，设备系统布局较紧密，维护和管理工作较为便捷，具有很好的节能环保的效果。第二，电厂化学水处理工艺正朝着科学化、多元化的方向发展。传统处理方式采用的离子交换措施已经不能满足现今电厂的发展需求，经过不断的完善和改革，电厂采用膜处理技术、反渗透技术等多种新型技术对化学水进行处理，不但有效弥补了传统处理技术存在的缺陷，而且更利于节能环保能源使用理念的贯彻落实。

### (1) 电厂化学水处理设备的集中化

电厂化学水处理设备具有复杂化和大型化的特点，由于体量庞大，一般电厂都采用分布式的方法进行设置，但是这样的做法会加大水处理的过程，同时也会提高水处理的管理难度，不适合电厂机组的集约化运行。在发达国家，电厂化学水处理设备已经实现了集中化，其主要措施是以立体化的结构、多功能的装置来节约电厂化学水处理设备的空间，在有效提高利用效率的基础上，降低了电厂化学水处理的运行成本和管理难度。

（2）电厂化学水处理生产的集中化

传统的电厂化学水处理采用模拟控制的方法，利用各种仪器和设备对电厂化学水处理的过程进行测量和控制，这种方法测量速度慢，不能为电厂化学水处理生产提供及时的信息。当前出现了电厂化学水处理生产的集中化趋势，这种方法主要通过数字技术和自动化控制设备来实现对电厂化学水处理过程的即时监控，有利于做出电厂化学水处理准确而及时的判断。

（3）电厂化学水处理技术的环保化

当前绿色环保观念已经深深嵌入在电厂生产的各个环节之中，随着绿色环保观念的加强，如何降低电厂化学水处理过程中污染的产生已经变得越来越重要，当前电厂化学水处理过程中少使用或不使用有毒害的化学药剂已经成为趋势，很多电厂已经将"少排放、零清洗"作为电厂化学水处理的目标。我国属于水资源短缺的国家，在电厂化学水处理过程中更应该做到绿色环保，这样不但可以降低对水资源的使用量，而且可以制止对水资源的污染。

（4）电厂化学水处理技术的多元化

电厂化学水处理技术当前已经告别了传统的过滤、交换等，在材料科技和有机科学发展的大背景下，电厂化学水处理过程中更多地应用膜处理技术和树脂技术，不但丰富了电厂化学水处理的形式，而且大大提高了电厂化学水处理的环保效果。

### 5.8.2　电厂化学水处理技术的应用要点

（1）电厂锅炉补给水处理技术

传统锅炉补给水处理常采用混凝。随着变频技术的出现，当前电厂锅炉补给水系统出现了结构性变化，通过新型补给水系统的加工，不但可以提高处理水的水质，而且大大降低了补给水的难度。纤维过滤材料因为尺寸小、表面积大和材质柔软，具有界面吸附很强、截污、水流调节的能力强等特点，逐渐出现以纤维材料作为滤元的新型过滤设备。锅炉补给水除盐处理中混床具有不可替代的作用，而混床本身有环保、节能的特点。填充床电渗析器（CDI）具有将电渗析、离子交换除盐技术组合在一起的特点，这对于锅炉补给水中除去碳酸根离子、硫酸根离子都有较强的能力。

（2）电厂锅炉给水处理技术

目前将氨和联氨的挥发性用于炉水处理中较为广泛，但它存在一定的局限性，仅较适用于新建机组，待水质稳定后转为中性、联合处理。合理运用加氧的技术，在一定程度上改变传统除氧器、除氧剂处理，提供了氧化还原的气氛，使得低温状态下就能够生成保护膜，抑制腐蚀。

（3）电厂锅炉炉内水处理技术

近几年人们提出低磷酸盐处理、平衡磷酸盐处理。低磷酸盐处理下限控制在 $0.3\sim0.5mg/L$ 范围，上限不超过 $2\sim3mg/L$。平衡磷酸盐处理基本原理：使磷酸盐含量减少到仅能和硬度成分反应所需的最低浓度，同时，允许炉水中含有小于 $1mg/L$ 的游离 $NaOH$，以确保炉水 pH 值在 $9.0\sim9.6$。

（4）电厂锅炉凝结水处理技术

随着发展目前绝大多数高参数机组设有凝结水处理装置，这些装置多以进口为主，其中再生系统是高塔分离装置、锥底分离装置。但可实现长周期氢化运行的精处理装置仍屈指可数，而国内仅有厦门嵩屿电厂等少数几家。实现氨化运行从环保、经济角度出发将成为今后精处理系统发展方向。现在的运用需注意考虑设备投资、设备布置、工艺优化方面，应注重原有的公用系统的利用率，例如减少树脂再生用风机、混床再循环泵等。

我国的电厂化学水处理技术已经取得了巨大的进步，但是与发达国家相比无论是化学处理的科研研究水平，还是电厂化学水处理技术的发展速度上都存在一定的差异，应该在今后的电厂化学水处理工作中利用好已经成型的经验和组织结构，通过向先进电厂化学水处理技术的不断学习，进而实现电厂化学水处理技术的不断提升，为电厂的电能生产提供更为稳定和高质量的用水。

### 5.8.3　陶瓷膜在电厂化学水处理中的应用案例

浙江某热电联产电厂取长江支流作为循环冷却水和锅炉补给水水源，设有化学水处理系统对河水进行深度处理。其处理工艺流程为原水加药、混凝澄清、多介质过滤、超滤、除盐（含反渗透）和酸碱再生。

此系统原采用外压式中空纤维有机超滤膜作为反渗透装置的前端工艺，运行一段时间后出现断丝、污堵和出水 SDI 过高的问题，导致后续反渗透系统难以稳定运行，进而对整个电厂的正常生产造成很大风险。该电厂尝试过多种措施后，决定采用 CM-151TM 大面积块片式陶瓷超滤膜替换有机超滤膜。笔者对陶瓷超滤膜的特性、中试数据和工程运行效果进行了讨论。

**（1）原水水质**

化学水处理系统原水取自河水，由于河道流经工业区且注入海水，水质波动较大，具体水质见表 5-16。原水经处理后达到该电厂对循环冷却水用水和锅炉补给水的水质要求。

表 5-16　原水水质

| 项目 | 数值 |
|---|---|
| 温度/℃ | 9～25 |
| pH 值 | 6.5～7.5 |
| 浊度/NTU | ≤80 |
| 电导率/($\mu$S/cm) | ≤700 |
| 总硬度（以 $CaCO_3$ 计）/(mg/L) | ≤200 |
| 总碱度/(mg/L) | ≤104 |
| 总硅/(mg/L) | ≤15 |
| $COD_{Cr}$/(mg/L) | 20～50 |

**（2）预处理工艺**

化学水处理系统反渗透前的预处理工艺为河水→混凝澄清→多介质过滤器→网式过滤器→超滤。其中混凝澄清池处投加 PAC（10mg/L）和 NaClO（1mg/L）。

有机超滤膜是电厂化学水处理系统全（双）膜分离技术中预脱盐系统的核心，在实际使用中产水水质不满足要求、断丝等问题屡有报道。在该项目中，原有机超滤系统运行一段时间后出现断丝和污堵，单套产水量由 90$m^3$/h 降至 45$m^3$/h 且出水 SDI 高达 4～5，导致后续的反渗透系统难以稳定运行。为解决此问题，该电厂曾使用新的同品牌有机超滤膜对旧膜进行全部更换，但更换后的新膜出现了同样的问题。之后业主尝试在多介质过滤器进水中投加高分子絮凝剂，以提高处理效果。此措施增加了额外的药剂费用，但仍无法为反渗透系统持续稳定地提供 SDI 合格的进水。笔者在现场进行的中试证实陶瓷超滤膜可在超预期的高达 $333L/(m^2 \cdot h)$ 通量下稳定运行。

**（3）中试设备及运行参数**

中试分 3 个测试阶段，见"（5）结论"。中试设备采用纳诺斯通水务公司一体化实验装置。其中陶瓷超滤膜元件的膜面积为 $3m^2$，过滤精度为 30nm，过滤周期为 30~60min，反洗时间为 40s。

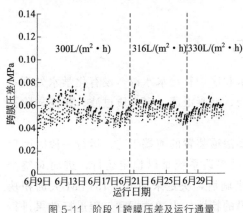

图 5-11　阶段 1 跨膜压差及运行通量

阶段 1：河水经混凝澄清和多介质过滤器后进入陶瓷超滤膜，运行通量为 300~330L/($m^2 \cdot h$)。此阶段陶瓷超滤膜的运行效果见图 5-11。首先测试目标运行通量 300L/($m^2 \cdot h$)（共 13d），过滤周期为 30min，陶瓷超滤膜进水 PAC 投加量为 1.4mg/L。由图 5-11 可见，跨膜压差在 0.04~0.08MPa 之间呈现周期性变化，且后期跨膜压差（0.04~0.06MPa）明显低于前期跨膜压差，这主要是因为后期采取了优化措施，如调整化学加强反洗（CEB）参数设置等。此组运行数据证实陶瓷超滤膜在目标通量 300L/($m^2 \cdot h$) 下运行稳定。之后提高运行通量至 316L/($m^2 \cdot h$)，可见在 7d 的运行时间内，跨膜压差在更平稳和收窄的区间有规律变化，陶瓷超滤膜的运行很稳定。进一步提升运行通量至 330L/($m^2 \cdot h$)并运行 5d，陶瓷超滤膜依然运行稳定。

阶段 2：调整过滤时间，运行通量为 316L/($m^2 \cdot h$)、333L/($m^2 \cdot h$)，结合阶段 1 数据，沿用阶段 1 的预处理工艺（混凝澄清和多介质过滤）开展了过滤时间的优化测试，结果见图 5-12。由图 5-12 可知，在 316L/($m^2 \cdot h$)、333L/($m^2 \cdot h$) 的运行通量下，过滤时间分别调整为 40min、50min，跨膜压差的变化趋势依然平稳和规律（0.04~0.06MPa）。在 333L/($m^2 \cdot h$) 的运行通量下继续延长过滤时间至 60min，跨膜压差略有上升，后期（延长 CEB 周期）上升趋势较为明显，但仍能在 CEB 清洗后恢复良好。

阶段 3：河水直接进入陶瓷超滤膜，运行通量 167~366L/($m^2 \cdot h$)。此阶段不经混凝澄清和多介质过滤器预处理的河水直接进入陶瓷超滤膜，进一步验证陶瓷超滤膜的抗污染性和清洗恢复性。过滤时间 30min，PAC 加药量 8mg/L，运行 4d，运行数据见图 5-13。

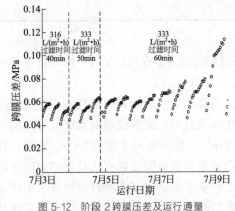

图 5-12　阶段 2 跨膜压差及运行通量

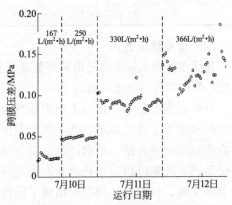

图 5-13　阶段 3 跨膜压差及运行通量

在 167L/(m$^2$·h)、250L/(m$^2$·h) 的运行通量下,跨膜压差分别在 0.02～0.03MPa、0.03～0.04MPa 区间波动,陶瓷超滤膜运行平稳。运行通量提升至 330L/(m$^2$·h),跨膜压差波动加大;至 366L/(m$^2$·h) 后,跨膜压差波动则进一步加大,但均能在 CEB 后恢复至接近起始值。陶瓷超滤膜的抗污染性和清洗恢复性得到验证。同时,河水不经预处理直接进陶瓷超滤膜的可行性也得到验证,建议运行通量不高于 250L/(m$^2$·h)。整个中试期间无需进行恢复性化学清洗(CIP)。中试期间陶瓷超滤膜的进、产水浊度见图 5-14。

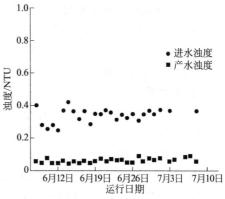

图 5-14　中试期间陶瓷超滤膜进、产水浊度

由图 5-14 可见,预处理后陶瓷超滤膜的进水浊度在 0.2～0.4NTU 之间波动,产水浊度则在 0.046～0.093NTU 之间,稳定<0.1NTU,优于后续反渗透系统对进水浊度的要求。

**(4) 工程应用及运行情况介绍**

在满足项目经济性要求的前提下,最终选择 260L/(m$^2$·h) 的运行通量作为设计值对原有机超滤系统进行改造。改造项目采用纳诺斯通水务第 3 代 CM-151$^{TM}$ 超滤膜组件,改造后的陶瓷膜超滤系统与原有机超滤系统的主要参数对比见表 5-17。

表 5-17　原有机超滤系统与改造后陶瓷膜超滤系统对比

| 项目 | 原有机超滤系统 | CM-151$^{TM}$ 陶瓷膜超滤系统 |
| --- | --- | --- |
| 进水流量/(m$^3$/h) | 353 | 353 |
| 套数/套 | 4 | 4 |
| 单套膜支数/支 | 28 | 14 |
| 运行通量/[L/(m$^2$·h)] | 60 | >260 |
| 单套反洗流量/(m$^3$/h) | 200 | 200 |
| 单次反洗时间/min | 3 | 1.25 |
| 系统回收率/% | 90 | >95 |
| CEB 周期 | 每 4h NaClO+NaOH CEB,每 8h HCl CEB | 每 8h NaClO+NaOH CEB,每 16h HCl CEB |
| 超滤产水水质 | SDI>3,浊度约 0.2～0.4NTU | SDI<2,浊度<0.1NTU |

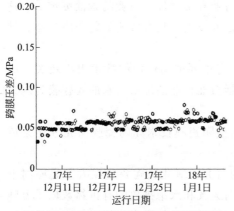

图 5-15　陶瓷超滤膜装置实际运行跨膜压差

原单套有机超滤需 28 支膜,由于运行通量大幅提高,改造后单套仅需 14 支 CM-151$^{TM}$ 陶瓷超滤膜。改造过程充分利用原有设施,原有机超滤系统的进水泵、自清洗过滤器、反洗水泵及 CEB 系统都继续使用。改造仅涉及原膜组架上的少量管路,即将原有膜组架上的 PVC 管路改造成适应陶瓷超滤膜,并与原阀组管道和原主管相连接。

该改造项目于 2017 年 12 月完成调试,至今稳定运行,持续提供优质产水,SDI<2,浊度<0.1NTU。4 套陶瓷超滤膜装置中的 1$^\#$ 装置运行 1 个月的跨膜压差数据见图 5-15。

图 5-15 表明，陶瓷膜超滤系统的跨膜压差主要在 $0.04\sim0.07MPa$ 波动，不超过 $0.1MPa$，运行稳定。改造后不需向多介质过滤器进水额外投加高分子絮凝剂。此外，陶瓷膜超滤系统的反洗水量和 CEB 频率均降为原有机超滤系统的 $50\%$，且 CIP 周期＞2 个月，大幅节省药剂费用并降低运行费用，提高了系统回收率。

### (5) 结论

河水经混凝澄清、多介质过滤器处理并投加 $1.4mg/L$ PAC 后进入陶瓷超滤膜，陶瓷超滤膜在运行通量 $300\sim330L/(m^2\cdot h)$ 下运行平稳（过滤时间 30min）。

中试阶段 2 陶瓷超滤膜在 $333L/(m^2\cdot h)$ 的运行通量和 50min 过滤时间下运行稳定，仅在 $333L/(m^2\cdot h)$ 运行通量、过滤时间 60min 和延长 CEB 周期的工况下跨膜压差上升较为明显，但仍能在 CEB 清洗后恢复良好。

河水直接进入陶瓷超滤膜的可行性得到验证，建议运行通量不高于 $250L/(m^2\cdot h)$。

用陶瓷超滤膜对原有机超滤膜系统进行改造，改造工程量小，原配套系统和设施得到充分利用。实际运行通量高于 $260L/(m^2\cdot h)$，反洗水量和 CEB 频率减半，且不需向多介质过滤器进水额外投加高分子絮凝剂，节省药剂费用和运行费用，系统回收率提高。

陶瓷超滤膜中试及实际运行产水持续、稳定、优质，浊度＜0.1NTU，SDI＜2，完全满足后续反渗透系统的进水要求。该项目为陶瓷超滤膜在类似水处理中的推广应用提供了借鉴。

## 5.9　陶瓷膜在工业废水处理中的展望

陶瓷膜作为一种新型的分离膜，具有耐高温、耐强酸强碱和有机溶剂腐蚀、耐微生物腐蚀、机械强度高、孔隙分布均匀等突出优点，发展十分迅速，正日益展现出其在工业废水处理领域的技术优势，成为国内外竞相研究的热点之一，已经在许多工业领域得到成功的案例应用，并且未来进一步发展的空间更大。就目前而言，针对陶瓷膜在工业废水处理中应用的现状而言，以下四个方面的工作亟待开展。

① 由政府与行业管理部门组织，向社会推荐成熟的无机膜处理工业废水的技术。目前具备大规模工业应用的技术有两大类：陶瓷膜处理含有超细颗粒与胶体物质的废水，包括化工行业的钛白废水、废酸，染料废水，催化剂、吸附剂生产过程废水等；陶瓷膜处理含油废水技术，包括冶金行业的乳化油废水、石油行业和金属加工行业的含油废水等。这两类废水涉及的行业较多，市场容量大，市场规模在亿元以上，具有较明显的经济效益、社会效益。

② 对有一定工作基础、对国家支柱产业科技进步有重要推动作用的技术组织攻关，突破工程化技术关键，奠定大规模应用的技术基础，包括石油行业油田采出水的陶瓷膜处理技术、石油化工和冶金行业的含焦废水处理技术等。

③ 注重对陶瓷膜集成技术的研究工作，尤其是新型陶瓷膜技术如陶瓷膜与光催化集成技术的研究，重点解决难降解有机废水处理问题。

④ 特别重视陶瓷膜在环境保护和人民健康方面的研究。氧化钛陶瓷膜在太阳光照射下具有光催化性能，可以降解难降解有机物。人类每年向大气和水中排放的有机物数以千万吨以上，在很多场合中其浓度很低，无法采用工业装置进行处理。如果在建筑材料表面涂上氧

化钛陶瓷膜，则可以长久地降解水和大气中的有机物。另外，开发新型陶瓷膜净化饮用水技术，也是与人民健康息息相关的陶瓷膜技术，其特点在于可以采用定时加热的方法对净水器进行消毒处理，充分保证了家用净水器的安全性。

<h1 style="text-align:center">参 考 文 献</h1>

[1]　刘艳娟.无机陶瓷膜在工业废水处理中的应用 [J].中国陶瓷工业，2010，17（4）：62-64.

[2]　张丽.无机陶瓷膜在废水处理中的应用 [J].工业水处理，2001，21（4）：14-17.

[3]　刘世德，孙宝盛，刘景允.综合电镀废水处理技术的试验研究 [J].工业水处理，2010，30（3）：45-49.

[4]　段光复.电镀废水处理及回用技术手册 [M].北京：机械工业出版社，2010：33-40.

[5]　钱东升，李喜太，李艳玲.十二烷基硫酸钠对化学镀镍的影响 [J].电镀与精饰，2012，34（6）：33-35.

[6]　贾金平，谢少艾，陈虹锦.电镀废水处理技术及工程实例 [M].北京：化学工业出版社，2009：234-237.

[7]　李萌，张翔宇.电絮凝法处理电镀废水重金属的研究 [J].安全与环境学报，2016，16（1）：217-220.

[8]　王炜，温勇，陈岩赟，等.典型电镀工业园区清洁生产管理研究初探 [J].电镀与涂饰，2013，32（7）：45-49.

[9]　Chaudhari L B，Murthy Z. Separation of Cd and Ni from multicomponent aqueous solutions by nanofiltration and characterization of membrane using IT model [J].Journal of Hazardous Materials，2010，180（2010）：309-315.

[10]　姜玉娟，陈志强.电镀废水处理技术的研究进展 [J].环境科学与管理，2015，40（3）：45-48.

[11]　Barakat M A. New trends in removing heavy metals from industrial wastewater [J].Arabian Journal of Chemistry，2011，4：361-377.

[12]　夏仙兵，蔡邦肖，缪佳，等.膜工艺在电镀废水处理工程中的应用 [J].环境工程学报，2016，10（1）：495-502.

[13]　隋彦青.电镀废水处理站改造与中水回用设计 [D].雅安：四川农业大学，2013.

[14]　包子健.电镀废水纳滤膜（NF）浓缩回用研究 [D].杭州：浙江大学，2012.

[15]　Carolina C F，Kumara P S，Saravanana A，et al. Efficient techniques for the removal of toxic heavy metals from aquatic environment：A review [J].Journal of Environmental Chemical Engineering，2017，5：2782-2799.

[16]　Ghernaout D，Al-Ghonamy A I，Boucherit A，et al. Brownian motion and coagulation process [J].American Journal of Environment Production，2015，4：1-15.

[17]　许保玖，龙腾锐.当代给水与废水处理原理 [M].北京：高等教育出版社，2003：25-28.

[18]　Kuan Y C，Lee I H，Chern J M. Heavy metal extraction from PCB wastewater treatment sludge by sulfuric acid [J].Journal of Hazardous Materials，2010，177：881-886.

[19]　Chang Q，Wang G. Study on the macromolecular coagulant PEX which traps heavy metals [J].Chemical Engineering Science，2007，62：4636-4643.

[20]　夏瑞雪，辛凯，马永恒，等.超滤膜对水中颗粒物的去除效果研究 [J].中国给水排水，2011，37：19-22.

[21]　沈悦啸，王利政，莫颖慧，等.微滤、超滤、纳滤和反渗透技术的最新进展 [J].中国给水排水，2010，26（22）：1-5.

[22]　范小江，张锡辉，苏子杰，等.超滤技术在我国饮用水厂中的应用进展 [J].中国给水排水，2013，29（22）：64-70.

[23]　李国新，颜昌宙，李庆召.污水回用技术进展及发展趋势 [J].环境科学与技术，2009，1（32）：79-83.

[24]　时春华，戴长虹，王成文，等.陶瓷膜的污染与清洗 [J].节能技术，2007，25（141）：61-63.

[25]　Van Geluwe S，Braeken L，Van Der Bruggend B. Ozone oxidation for the alleviation of membrane fouling by natural organic matter：A review [J].Water Research，2011，45（12）：3551-3570.

[26]　成小翔，梁恒.陶瓷膜应用水处理技术发展与展望 [J].哈尔滨工业大学学报，2016，48（8）：1-10.

[27]　Wei D，Tao Y，Zhang Z，et al. Effect of pre-ozonation on mitigation of ceramic UF membrane fouling caused by algal extracellular organic matters [J].Chemical Engineering Journal，2016，294：157-166.

[28]　Zhu B，Hu Y，Kennedy S，et al. Dual function filtration and catalytical breakdown of organic pollutants in waste water using ozonation with titania and alumina membranes [J]. Journal of Membrane Science，2011，378（1/2）：61-72.

[29]　Sun Z，Skold R O. A multi-parameter titration method for the determination of formation pH for metal hydroxides [J]. Minerals Engineering，2001，14（11）：1429-1443.

[30]　刘欢，何德文，朱佳，等.陶瓷膜短流程工艺处理重金属废水 [J].化工进展，2015，34（9）：3467-3471.

[31]　武延坤，刘欢，朱佳，等.陶瓷膜短流程工艺处理重金属废水的中试研究 [J].水处理技术，2015，41（8）：92-95.

[32]　程秀云，张振华.电镀技术 [M].北京：化学工业出版社，2003.

[33]　樊新民，李景.金属清洗剂的应用 [J].材料保护，2003，36（9）：56-57.

[34]　张士福.工业用金属清洗剂 [J].金山油化纤，2004（1）：25-31.

[35]　张建路.优选的金属表面净化技术 [J].表面技术，2002，31（5）：57-58.

[36]　李钟华，王为清，杨亭阁，等.水基金属清洗剂的研制 [J].齐齐哈尔轻工学院学报，1995，11（4）：79-80.

[37]　张士富.工业用金属清洗剂 [J].金山油化纤，2004（1）：25-31.

[38]　郭健，邓超冰，冼萍，等."微滤＋反渗透"工艺在处理垃圾渗滤液中的应用研究 [J].环境科学与技术，2011，34（5）：170-174.

[39]　杨茗绅，明月.无机陶瓷平板膜处理生活污水试验研究 [J].节能，2016，35（3）：18-21.

[40]　武江津，刘桂中，孙长虹.膜分离技术在垃圾渗滤液处理中的研究与应用 [J].膜科学与技术，2007，27（6）：1-5.

[41]　Pirbazari M，Ravindran V，Badriyaha B N，et al. Hybrid membrane filtration process for leachate treatment [J]. Water Research. 1996，30（11）：2691-2706.

[42]　王宝贞.城市固体废物渗滤液处理与处置 [M].北京：化学工业出版社，2005：56-65.

[43]　沈耀良，王宝贞.城市垃圾填埋场渗滤液处理方案及其分析 [J].给水排水，1999，25（8）：18-22.

[44]　李广科，牛静.垃圾填埋场渗滤液污染特性分析 [J].农业环境科学学报，2008，27（1）：333-337.

[45]　郭健.陶瓷膜＋两级反渗透处理垃圾渗滤液的应用研究 [D].南宁：广西大学，2010.

[46]　刘斌.平板式陶瓷膜在垃圾渗滤液处理中的应用 [J].中国资源综合利用，2018，36（2）：44-46.

[47]　Deng S，Yu G，Jiang Z. Destabilization of oil droplets in produced water from ASP flooding [J]. Colloids and Surfaces A：Physicochemical and Engineering Aspects，2005，252（2-3）：113-119.

[48]　赵防震，郭发荣，陈英利，等.油田含油污水处理技术研究进展 [J].化工管理，2015（32）：171-172.

[49]　Wen Q，Zhao Y. Research progresses in treatment of polyacrylamidecontained oilfield wastewater [J]. Environmental Protection of Chemical Industry，2009，1：56-68.

[50]　Wang H. Review of oilfield wastewater treatment technology at home and abroad [J]. Environmental Protection of oil and Gas Fields，2011，35：77-83.

[51]　王冰，佟首辉.油田采出水处理技术的现状以及发展趋势 [J].建筑与预算，2015（7）：43-47.

[52]　Zhao Z. Formation damage evaluation of oilfield produced water reinjection [J]. Environmental Protection of Oil and Gas Fields，2014（8）：678-681.

[53]　孙焕泉.油田回注水质稳定控制技术 [M].北京：中国石化出版社，2012：773-779.

[54]　Shen Y，Liu H，Wang H，et al. Wellbore instability induced by alternating water injection and well washing with an elasto-plastic erosion model [J]. Journal of Natural Gas Science and Engineering，2015，27：1863-1870.

[55]　高春宁，武平仓，南珺祥，等.特低渗透油田注水地层结垢矿物特征及其影响 [J].油田化学，2011，28（1）：28-31.

[56]　于德伟.产出水回注对注水井吸水能力的影响研究 [D].成都：西南石油大学，2016：5-19.

[57]　Saththasivam J，Loganathan K，Sarp S. An overview of oil-water separation using gas flotation systems [J].

Chemosphere，2016，144：671-680.

[58] Silva R M P，Silva G D，Coutinho Neto M D，et al. Ferrocene in oil/water interfaces：An electrochemical approach [J]. Electrochimica Acta，2016，212：195-200.

[59] Ngamlerdpokin K，Kumjadpai S，Chatanon P，et al. Remediation of biodiesel wastewater by chemical-and electro-coagulation：A comparative study [J]. Journal of Environmental Management，2011，92（10）：2454-2460.

[60] Jamaly S，Giwa A，Hasan S W. Recent improvements in oily wastewater treatment：Progress，challenges and future opportunities [J]. Journal of environmental sciences，2015，37（4）：15-30.

[61] Dickhout J M，Moreno J，Biesheuvel P M，et al. Produced water treatment by membranes：A review from a colloidal perspective [J]. Journal of Colloid and Interface Science，2017，487：523-534.

[62] Padaki M，Surya Murali R，Abdullah M S，et al. Membrane technology enhancement in oil-water separation：A review [J]. Desalination，2015，357：197-207.

[63] Otitoju T A，Ahmad A L，Ooi B S. Polyvinylidene fluoride（PVDF）membrane for oil rejection from oily wastewater：A performance review [J]. Journal of Water Process Engineering，2016，14：41-59.

[64] 黄斌，张威，王莹莹，等.陶瓷膜过滤技术在油田含油污水中的应用研究进展 [J].化工进展，2017（5）：1890-1898.

[65] Chen C S A，Flynn T J，Cook G R. Removal of oil，grease and suspended solids from produced water with ceramic cross flow microfiltration [J]. SPE Production Engineering，1991，6（2）：131-136.

[66] Ebrahimi M，Willershausen D，Ashaghi S K. Investigations on the use of different ceramic membranes for efficient oil-field produced water treatment [J]. Desalination，2010，250（3）：991-996.

[67] Nand K B，Moparthi A，Uppaluri R. Treatment of oily wastewater using low cost ceramic membrane：comparative assessment of pore blocking and artificial neural network models [J]. Chemical Engineering Research and Design，2010，88（7）：881-892.

[68] Strathmann H. Inorganic membranes-synthesis，characteristics and applications [J]. Chemical Engineering and Processing，1993，32（3）：199-200.

[69] Silvio W E，Ana L T M，Cristiano B P. Evaluation of ceramic membranes for oilfield produced water treatment aiming reinjection in offshore units [J]. Journal of Petroleum Science and Engineering，2015，131：51-57.

[70] 刘凤云，曹洪奎.陶瓷膜横向流微滤处理油田含油污水前景 [J].油气田地面工程，1996，15（3）：21-23.

[71] 马春燕，奚旦立，毛艳梅，等.动态陶瓷膜在针织印染废水回用处理中的应用 [J].印染，2007（18）：31-33.

[72] 冯海军，张浩勤.无机陶瓷膜用于焦化废水除油的中试研究 [J].中国给水排水，2007，23（21）：67-69.

[73] 黄江丽，施汉昌，钱易.MF 与 UF 组合工艺处理造纸废水研究 [J].中国给水排水，2003，19（6）：13-15.

[74] 张冰，时文歆，于水利，等.PTFE 膜处理三元驱采油废水的试验研究 [J].中国给水排水，2015：158-161.

[75] 徐俊，于水利，梁红莹，等.陶瓷膜处理油田采出水用于回注的试验研究 [J].中国环境科学，2008，28（9）：856-860.

[76] 王志高，张斯凡，彭文博，等.陶瓷膜处理油田采出水的中试研究 [C].第四届中国膜科学与技术报告会，中国北京，2010：7-8.

[77] Cui Y J，Zhong F X，Liu O H. Preparation and application of zeolite/ceramic microfiltration membranes for treatment of oil contaminated water [J]. Journal of Membrane Science，2008，325（1）：420-426.

[78] Zhong J，Sun J X，Wang L C. Treatment of oily wastewater produced from refinery processes using flocculation and ceramic membrane filtration [J]. Separation and Purification Technology，2003，32（1/2/3）：93-98.

[79] 宋平.小排放量印花废水处理工程实例分析 [J].环境科学与管理，2007，32（1）：94.

[80] 林其水.织物涂料印花色浆使用注意的问题及解决方法 [J].针织工业，2009（5）：54.

[81] 姜玉玲，张燕，张守健.预处理/水解酸化/好氧工艺处理蜡印废水 [J].中国给水排水，2008，24（20）：61-63.

[82]  郭利.蜡染印花废水处理及回收研究 [J].印染助剂，2007，24（5）：45.

[83]  李远惠.降低印染废水色度的技术剖析 [J].成都纺织专科学校学报，2002，19（3）：18-22.

[84]  Delin S，Wang J I. Kinetic performance of oil field produced water treatment by biological aerated filter [J].
      Chinese Journal of Chemical Engineering，2007，15（4）：591-594.

[85]  Hong D R，Daekeun K. Nitrogen removal from low carbon to nitrogen wastewater in four stage biological aera-
      ted filter system [J]. Process Biochemistry，2008，43（7）：729-735.

[86]  周锋.BAF 处理印染废水二级出水试验研究 [D].南京：东南大学，2004：56.

[87]  刘兴旺，刘国光，侯杰.改性铁法处理印染废水 [J].中国环境科学，1995，15（3）：225-228.

[88]  Simonsson D，Rott U. Overview of wastewater treatment and recycling in the textile processing industry [J].
      Water Science Technology，1999，40（1）：137-144.

[89]  夏志新.吸附电解氧化法深度处理印染废水的研究 [D].广州：广东工业大学，2001：34.

[90]  张健利，于长华，威俊.采用二级组合处理并回用印染废水的应用研究 [J].水处理技术，2003，29（2）：
      117-118.

[91]  Sheng H L. Kinetic characteristics of textile wastewater ozonation in fluidized and fixed activated carbon beds
      [J]. Water Research，2000，34（3）：763-772.

[92]  胡萃，黄瑞敏.印染废水回用中除盐技术的应用 [J].印染助剂，2006，23（9）：34-36.

[93]  Li X，Zhao Y. Advanced treatment of textile wastewater ozonation in fluidized and fixed activated carbon beds
      [J]. Water Research，2000，34（3）：763-772.

[94]  Nashar A M. The desaiting and recycling of waster waters from textil dyeing operation using reverse ose mosis
      [J]. Desalination，1977，20：267-277.

[95]  Soma C. Use of mineralamembranes in the textil waster waters [C]. Montpellier，1990：523-526.

[96]  张艳，赵宜江，李荣清，等.陶瓷微滤膜处理印染废水的膜再生研究 [J].水处理技术，2000，26（6）：
      336-339.

[97]  Roman Prihod'ko，Stolyarova I，Gnül Gündüz，et al. Fe-exchanged zeolites as materials for catalytic wet per-
      oxide oxidation. Degradation of Rodamine G dys [J]. Applied Catalysis B Environmental，2011，104（1-2）：
      201-210.

[98]  Marcinkowsky A E. Hyperfiltration studies（Ⅰ）salt rejection by dynamically formed hydrous oxide mem-
      brane [J]. Journal of chemical Social，1966，88：5744.

[99]  Spencer G，Thomas R. Fouling，cleaning，rejuvenationof formed-in-place membrane [J]. Food Technology，
      1991，45：98-99.

[100]  At-Malack M H，Aederson G K. Crossflow microfiltration with dynamic membranes [J]. Watet Research，
       1997，31：1969-1979.

[101]  Drioli E. Membrane operations for the rationalization of industrial productions [J]. Water Science Technology，
       1992，25：107-112.

[102]  Dong B Z，Cao D. Ultrafiltration of micropolluted water in combination with coagulation and PAC process [J].
       Environmental Science，2001，22（1）：37-40.

[103]  Tomaszewska M，Mozia S. Removal of organic matter from water by PAC/UF system [J]. Water Research，
       2002，36：4137-4143.

[104]  贾树彪，李盛贤，吴国峰.新编酒精工艺学 [M].北京：化学工业出版社，2004：65.

[105]  王凯军，秦人伟.发酵工业废水处理 [M].北京：化学工业出版社，2000：97.

[106]  李卓丹.论我国酒精工业推行清洁生产的潜力和机会 [J].环境科学研究，1999，12（2）：1-7.

[107]  Sanna K Nataraj，Kallappa M Hosamani，Tejraj M Aminabhavil. Distillery wastewater treatment by the
       membrane based nanofiltration and reverse osmosis processes [J]. Water Research，2006，40：2349-2356.

[108]  李健秀，王建刚，邱俊，等.超滤-反渗透集成工艺处理玉米酒糟废水 [J].化学工程，2007，35（8）：42-56.

[109]　Braeken L，Van der Bruggen B，Vardecasteele C. Regeneration of brewery waste water using nanofiltration [J]. Water Research，2004，38：3075-3082.

[110]　Lapisova K，Vlcek R，Klozova J，et al. Separation techniques for distillery stillage treatment [J]. Czech J Food Sci，2006，24（6）：261-267.

[111]　Jae Sok Kim，Byung Gee Kim，Chung Hak Lee，et al. Development of clean technology in alcohol fermentation industry [J]. Cleaner Prod，1997，5（4）：263-261.

[112]　丁重阳，王玉红，张梁，等.膜过滤酒糟滤液回用的研究 [J].酿酒，2003，30（1）：61-63.

[113]　方亚叶，石贵阳，章克昌.浓醪酒糟膜分离滤液全回流工艺的研究 [J].酿酒，2004，31（2）：44-47.

[114]　俞学兰，沙颖慧，李岳善，等.马铃薯淀粉生产线控制系统设计 [J].装备制造技术，2016（9）：38-42.

[115]　Harmen J Z，Anyoine J B K，Marcel E B，el al. Native protein recovery from potato fruit juice by ultrafiltration [J]. Desalination，2002，144：331-334.

[116]　王武鹏.马铃薯淀粉加工清洁生产方案探究 [J].轻工标准与质量，2017（2）：34-37.

[117]　Nikolavcic B，Svardal K. Biological treatment of potato-starch wastewater-Design and application of an aerobic selector [J]. Water Science & Technology，2000，409（1-2）：90-95.

[118]　Mishra B N，Kumar A. Anaerobic treatment of potato-starch wastewater using a foam bed bioreactor [J]. Genetic Engineer & Biotechnologist，1997，17（4）：165-173.

[119]　廖立钦，张怡，童应凯.马铃薯淀粉废水的生物治理研究 [J].天津科技，2017（1）：58-61.

[120]　Li Ping Huang，Bo Jin，Paul Lant，et al. Simultaneous saccharification and fermentation of potato starch wastewater to lactic acid by Rhizopus oryzae and Rhizopus arrhizus [J]. Biochemical Engineering Journal，2005，23：265-276.

[121]　Li P H，Bo J，Lant P. Direct fermentation of potato starch wastewater to lactic acid by Rhizopus oryzae，and Rhizopus arrhizus [J]. Bioprocess & Biosystems Engineering，2005，27（4）：229-238.

[122]　Wang R M，Yan W，Ma G P，et al. Efficiency of porous burnt-coke carrier on treatment of potato starch wastewater with an anaerobic-aerobic bioreactor [J]. Chemical Engineering Journal，2009，148（1）：35-40.

[123]　陈晓燕，何秉宇，左昌平，等.马铃薯淀粉废水处理 UASB 装置制作与试验 [J].新疆大学学报（自然科学版），2015（3）：357-361.

[124]　李玉清，周宇昭.UASB＋生物接触氧化法处理马铃薯淀粉废水工程实例 [J].广东化工，2014（12）：157-158.

[125]　王文正，张明霞.IC-MBR 处理马铃薯淀粉废水的试验研究 [J].工业水处理，2011，31（1）：22-25.

[126]　Anthony Bennett. Membranes in industry：Facilitating reuse of wastewater [J]. Filtration & Separation，2005（10）：28-30.

[127]　Wang Y L，Zhang B R，Fan Z M. Comparative study on potato starch wastewater treatment using chemical flocculants [J]. Environmental Science & Technology，2010，33（2）：165-169.

[128]　Xie A，Li S，Lin Y，et al. Preliminary study on the preparation of a new flocculant and the application on treatment of potato starch wastewater [J]. Gastroenterology，2010，120（5）：345-348.

[129]　Kume T，Takehisa M. Effect of irradiation for recovery of organic wastes from potato starch wastewater with chitosan [J]. Radiation Physics & Chemistry，1984，23（5）：579-582.

[130]　Pu S Y，Qin L L，Che J P，et al. Preparation and application of a novel bioflocculant by two strains of Rhizopus sp. using potato starch wastewater as nutrilite [J]. Bioresource Technology，2014，162（6）：184-191.

[131]　Yan D，Yun J. Screening of bioflocculant-producing strains and optimization of its nutritional conditions by using potato starch wastewater [J]. Transactions of the Chinese Society of Agricultural Engineering，2013，29（3）：198-206.

[132]　Harmen J Zwijnenberg，Antoine J B. Native protein recovery from potato fruit juice by uhrafihration [J]. Desalination 2002，144：331-334.

[133]　吕建国，安兴才.膜技术回收马铃薯淀粉废水中蛋白质的中试研究 [J].中国食物与营养，2008，11 (4)：7-40.

[134]　陈钰，潘晓琴，钟振声，等.马铃薯淀粉加工废水中超滤回收马铃薯蛋白质 [J].食品研究与开发，2010 (9)：37-41.

[135]　程坷伟，许时婴，王璋.采用无机陶瓷膜超滤甘薯淀粉生产废液中的糖蛋白的工艺研究 [J].食品与发酵工业，2004 (12)：88-91.

[136]　张金斌，曾坚贤，张学俊，等.陶瓷膜处理含镍电镀废水 [J].环境工程学报，2016 (4)：1699-1705.

[137]　岳彩德，董红敏，张万钦，等.陶瓷膜净化猪场沼液的效果试验 [J].农业工程学报，2018 (5)：212-218.

# 第6章 陶瓷膜在饮用水
## 净化中的应用

## 6.1 概述

水是人类赖以生存和发展的物质基础，饮水安全则是影响人体健康和国计民生的重大问题。近年来，由于国际上一些地区和国家频繁发生恶性事件，饮水安全和卫生问题引起了全球的关注，饮水安全已成为全球性的重大战略性问题。世界卫生组织（WHO）的调查表明：在发展中国家，80%的疾病是因为饮用了不安全、不卫生的水而传播的，每年大约有2000万人死于饮用不卫生的水，饮水安全问题严重地威胁着人类生命。

为了应对饮用水安全问题带来的技术挑战，膜分离技术已逐渐成为饮用水处理领域研究的热点。随着膜成本的降低、运行经验的积累和运行效果的提升，膜技术作为21世纪的水处理技术在饮用水处理行业中已全面进入规模化应用的时代。但需要注意的是，尽管膜技术在大型水厂中已实现规模化应用，膜组件长期运行出现的膜污染问题仍阻碍其进一步推广发展。另外，目前在饮用水处理中普遍研究和应用的膜技术仍以有机膜为主，虽然其制备成本相对较低，但本身具有一定的局限性，如耐腐蚀和耐氧化能力较差，机械强度较低，不易清洗和使用寿命较短等，限制了有机膜在较为苛刻的水质条件下的长期稳定运行，也制约了其与各种预处理工艺的组合使用。为此，研究人员开始越来越多地关注以陶瓷膜为代表的无机膜在饮用水处理领域中的应用特点。与有机膜相比，陶瓷膜具有显著的材料性能优势，但受制于较高的制备成本，陶瓷膜技术的应用研究仍主要集中在工业废水处理领域，其在饮用水处理中的应用还处于起步阶段，有待进一步挖掘。

### 6.1.1 饮用水分类及水质特点

#### （1）饮用水分类

饮用水包含地下水、自来水、天然矿泉水、纯净水等。具体如下：①地下水：指泉水或人工开采的井水，通常水中含矿物质，硬度较高，远离工业区及人畜活动场所的地下水污染少，如果取水过程没有受到微生物污染，可以饮用。②自来水：是以地下水或地表水为水源，经过澄清、消毒等一系列处理，其水质符合国家饮用水的标准，但在流往卫生状况较差的住宅水箱时，可能产生二次污染，所以不可直接饮用，须煮开后再喝。③天然矿泉水：指来自地下深部循环的天然泉水或经人工开采的地下水，其中含有一定量的矿物盐或微量元素及二氧化碳气体，国家标准对其有极严格的规定，在开采和灌装过程中应保证水的卫生安全指标。④纯净水：是指以符合生活饮用水水质标准的水为原料，通过离子交换法、蒸馏法等适当的加工方法进行处理，不含任何添加物而可直接饮用的水。其特点是在加工过程中不仅降低无机盐的浓度，而且也去除了水中的悬浮物，如细菌、病毒等，使水得到净化。

**(2) 饮用水水质特点及标准**

随着我国城镇和工业的发展，水质污染问题有严重趋势，从而可能直接影响到生活饮用水的质量。经调查显示，河流水质劣于Ⅳ类水的河长比例为34%，平原区浅层地下水水质60%劣于Ⅲ类水，地表水水源地水质25%劣于Ⅲ类水，地下水水源地水质35%劣于Ⅲ类水。饮用水源地水质断面调查显示，906个调查点中重金属超标的多达332个，污染率达81%。对871个总有机质监测断面进行调查显示，轻度污染的为5%，重度污染的达10%。

我国基于对饮用水水质及人体健康的重视，自2007年开始实行新的《生活饮用水卫生标准》(GB 5749—2006)，将水质检测项目由35项增加至106项。新标准里增加了有机物指标48项，微生物指标4项，无机化合物11项，消毒剂及其副产物3项，感官性状及一般理化指标5项，说明我国对农药、微生物、消毒剂及消毒副产物的重视。统筹考虑了城乡饮用水的问题，但是对农村饮用水的部分指标限值放宽要求。饮用水标准逐渐与国际接轨，指标限值主要参考WHO的《饮用水水质标准(2004)》及其补充版(2006)修订而成。

## 6.1.2　饮用水水资源现状及存在问题

据统计，淡水占全球水总储量的2.53%，其中可利用的淡水仅占淡水总量的0.34%。所以1996年联合国警告：21世纪将面临严重缺水问题。我国水资源有三个主要特点：一是水资源短缺，我国水资源人均占有量仅为世界平均值的1/4；二是在时空上分布不均匀，北方严重缺水；三是水质污染，据统计，90%以上的城市水源受到不同程度的污染。

饮用水水质问题主要可以分为以下几个方面：第一，微量有机污染物；第二，藻类及其代谢产物，包括藻毒素、臭味、氯化消毒副产物、致病微生物，有机物对胶体的保护作用，稳定性铁锰、色度、氨氮、亚硝酸盐氮、硝酸盐等以及管网微生物的再繁殖和一些二次污染。具体如下：①微量的有机污染物。它具有浓度低、毒性大等特点。有些有机污染物具有致癌、致畸、致突变的作用。有些为内分泌干扰物质，比如说杀虫剂、塑化剂，还有烷基酚等等，被认为对人的生殖系统有破坏作用。②藻类及其代谢产物。由于我国水处理率有待进一步提高，富营养化现象比较严重，藻类过量繁殖。藻类不但影响常规水处理的处理效果，而且在氯化消毒过程中，会与氯作用生成氯化消毒副产物。藻类在代谢过程中，会产生藻毒素直接危害人体健康。③臭味主要来自两方面，一方面是由化学污染物引起的臭味，比如说氯酚和硫化物等，另一方面是藻类代谢产物。由于臭味在很低的浓度下就可以被人们感觉出来，因此臭味对水质的影响是比较大的，也是比较普遍的，很多臭味难以被现行的常规给水处理工艺去除。④有机物对胶体的保护作用越来越引起人们的关注，因为我国水土流失比较严重，流失率高达30%，所以水中有机物浓度偏高。⑤有机络合性的铁锰，与地下水中的铁锰不同。地表水中铁锰与有机物络合难以去除，因此，水源受到污染，铁锰和有机物络合使它在水中更加稳定，给水厂中剩余的微量铁锰会使水的色度增加，影响水的感官指标。此外，水源的污染会使水中一些含氮的化合物增高，氨氮在一定条件下和氯作用会生成氯胺，从而消耗氯影响消毒效果。在一定条件下，氨会被转化成亚硝酸盐，由于亚硝胺是毒性比较大的成分，因此对人体有害。⑥可生物同化有机物。水消毒之后，在运输过程中细菌仍会再度繁殖，这种水在生物学上认为是不稳定的，将水中能为细菌繁殖提供条件的有机物去除，使细菌不能再度繁殖，这时认为水是具有生物学稳定性的，因此，去除水中可生物同化的有机物，有利于保证管网的水质。

据中国预防医学科学院环境卫生监测所介绍，目前我国直辖市和部分省会城市的市政自来水合格率为 93.7%，二次供水的总大肠菌群合格率为 92%。

而我国农村饮用水的水质状况不容乐观，目前只有 13.8% 符合饮用水标准，比较安全的占 47.5%，有 38.6% 属于不安全饮用水。由于农药、化肥的不合理使用，农村饮用水中的化学有毒元素越来越多。经调查显示，我国当前约 2.5 亿农村人口的饮用水尚未达到指定的安全标准，将近 8500 万人口受到环境污染造成的高氟水、苦咸水、高砷水等饮用水问题的影响，从而造成各类水型地方性疾病如氟斑牙、骨质疏松等，高砷水引起的皮肤癌和器官癌变，放射性、有害矿物质导致的新生儿畸形等。WHO 调查结果显示，全世界疾病中有 80% 是由饮用水污染造成的，饮用水污染导致 50 多种以上的疾病，包括消化道疾病、传染病、皮肤病、糖尿病、癌症、结石、心血管疾病等。中国疾病预防控制中心环境与健康相关产品安全研究显示，饮用水中的有机物暴露与慢性病显著相关，尤其是包括肝癌、胃癌在内的消化道肿瘤。黎丹戎等对肝癌高发区扶绥县饮用水水质的调查显示，饮用水污染与肝癌发病相关，污染越重死亡率越高，同时肝癌的死亡率与水质中亚硝酸根离子、腐殖酸、COD 等含量成正相关。

# 6.2　饮用水净化处理方法与工艺

## 6.2.1　处理方法

饮用水常规处理技术是指传统的混凝-沉淀-过滤-消毒技术。这种常规处理工艺至今仍被世界大多数国家所采用，成为目前饮用水处理的主要工艺。饮用水常规处理工艺的主要去除对象是水源中的悬浮物、胶体杂质和细菌。混凝是向原水中投加混凝剂，使水中难以自然沉淀分离的悬浮物和胶体颗粒相互聚合，形成大颗粒絮体；沉淀是将絮凝后形成的大颗粒絮体通过重力分离；过滤则是利用颗粒状滤料截留经沉淀后出水中残留的颗粒物，进一步去除水中杂质，降低水的浑浊度。过滤之后采用消毒、臭氧处理等方法来灭活水中致病微生物，从而保证饮用水卫生安全。下面对其进行具体介绍。

**（1）物理法**

① 强化混凝。强化混凝是指向水源水中投加过量的混凝剂并控制一定的 pH 值，从而提高常规处理中天然有机物（NOM）去除效果，最大限度地去除消毒副产物的前体物，保证饮用水消毒副产物符合饮用水标准。强化混凝的去除对象主要是水中天然有机物。水中天然有机物通常以微粒、胶体或溶解状态存在，微粒状态有机物，如有机碎片、微生物等，很

容易通过常规的混凝、沉淀和过滤除掉。通过强化混凝去除水中天然有机物已进行了大量的研究。相关研究者认为强化混凝去除有机物的机理主要包括胶体状 NOM 的电中和作用，腐殖酸和富里酸聚合体的共沉淀作用，以及吸附于金属氢氧化物表面上的共沉作用。胶体状天然有机物的混凝主要依靠压缩双电层、电中和吸附架桥或混凝剂沉淀物的网捕等。目前，我国针对强化混凝的研究力度空前加大，同时也备受各方关注。对水体中有机物的特性和去除规律也进行了大量的研究工作，总结出了一些规律。通过研究发现，强化混凝过程中混凝剂的投加量是提高有机物去除率的重要影响因素，另外温度、pH 等也有一定影响。

② 过滤。过滤是饮用水处理的关键单元，其主要功能是发挥滤料与脱稳颗粒的接触絮凝作用而去除浊度和细菌。强化过滤就是对普通滤池进行生物强化，让滤料既能除浊，又能去除水中有机物。李德生、黄晓东和王占生通过对传统工艺中的普通滤池进行生物强化，使原水中氨氮的去除率由原来的 30%～40% 提高到 93%，亚硝酸盐氮的去除率由零提高到 95%，有机物的去除率由 20% 提高到 40% 左右，出水浊度保证在 1NTU 以下，经消毒后能满足卫生学指标的要求。经长期运行测定，在滤速 10mL/h、反冲洗 1～2 次情况下依然保持良好的处理效果。该技术不增加任何新设施，只是强化现有工艺，是解决微污染源水水质的一项新途径。

③ 活性炭吸附。在饮用水深度处理中，活性炭以粉末炭和颗粒炭两种形式得到应用。一般来说，粉末炭主要用于具有季节性变化规律的微量有机物如农药和臭味物质等的去除。由于其使用方便灵活，设备投资成本较低，并可根据水质情况决定投加或不投加以及投加量，因而特别适用于一些突发性污染事件的应急处理。2005 年末的松花江污染事件中粉末活性炭就发挥了极为关键的作用。颗粒活性炭多用于原水水质季节性变化不大的情况进行深度处理。一般来说，由于颗粒活性炭对水中多数有机物无选择地进行吸附，炭池在运行 3～6 个月后就会被穿透，需要更换或再生。我国单独使用颗粒活性炭的水厂不多，北京市自来水公司第九水厂利用活性炭吸附技术进行深度处理，但由于炭的更换周期较长，在长期运行过程中活性炭上会自然形成生物膜，对有机物的去除实际上是活性炭吸附与生物降解共同作用的结果，也就是通常所说的生物-活性炭技术。

**(2) 化学法**

臭氧氧化技术是一种高效水处理技术，由于臭氧的氧化还原电位较高，可以氧化分解水体中的大部分有机污染物，从而在一定程度上达到水质净化的目的。臭氧氧化技术在染料废水脱色、杀菌消毒以及饮用水净化等领域有着广泛的应用。然而，臭氧氧化技术在应用的过程中存在一系列问题，如臭氧利用率低、矿化能力低、有机物分解不彻底等。近年来，又发展了催化臭氧化技术，该技术可以在常温常压下将那些臭氧难以氧化或降解的有机物氧化甚至矿化。催化臭氧化技术利用催化剂的作用，促进了反应过程中强氧化性自由基（主要为羟基自由基）的产生，提高了臭氧的利用效率，增大了有机污染物的氧化分解及矿化效率。

消毒是保证饮用水质量、减少水传播疾病的关键。氯消毒以其高效杀菌、使用方便和价格低廉的特点，已有近百年使用历史，但 20 世纪 70 年代以来，在氯消毒水中检测出了许多卤代有机物如三氯甲烷等致癌物，氯消毒逐渐被其他消毒剂替代。其中臭氧和二氧化氯的研究最为活跃。臭氧由于在水中的寿命很短而不具有持续杀菌作用，且价格昂贵而不利于其推广使用。二氧化氯杀菌和灭活病毒的能力高于传统的氯，且它不与水中天然有机物发生氯代反应，不会生成对人体具危害作用的氯代有机物，因此二氧化氯成为最具应用前景的消毒剂。

### (3) 物理化学法

臭氧-活性炭法采取先臭氧氧化后活性炭吸附的方式,在活性炭吸附中又继续氧化,这样可以扬长避短,充分发挥各自所长,克服各自之短,这一工艺可以使活性炭的吸附作用发挥得更好。目前国内水处理使用的活性炭能比较有效地去除小分子有机物,难以去除大分子有机物,而水中的有机物一般大分子的较多,所以活性炭孔的表面积得不到充分利用。在炭前或炭层中投加臭氧后,一方面可使水中大分子转化为小分子,另一方面提供了有机物进入较小空隙的可能性,从而达到水质深度净化之目的。

1961 年,德国 Dusseldorf 市 Amstaad 水厂开始使用臭氧与活性炭吸附首次联合处理工艺。由于该厂的水源莱茵河水质不断恶化,原有的河岸过滤-臭氧化-过滤-加氯的工艺已不能满足要求,为了提高出水水质,进一步消除臭味,在过滤后又加上了活性炭吸附。该流程与当时一般采用的预氯化活性炭流程相比较,出水水质明显提高,活性炭的使用周期大为延长。此后,经过多年的使用和研究,逐渐认为炭床中大量生长的微生物所具有的生物活性是处理效率提高和炭使用周期延长的主要原因。

### (4) 生物物理法

生物-活性炭技术是在欧洲饮用水处理的实践中产生的,之后在世界各国得到了大量研究和广泛应用。目前,仅在欧洲应用生物-活性炭技术的水厂就有 70 个以上。生物-活性炭法的特点是:完成生物硝化作用,将 $NH_4^+$-N 转化为 $NO_3^-$-N;将溶解有机物进行生物氧化,可去除 mg/L 级浓度的溶解有机碳(DOC)和三卤甲烷形成潜力(GHMFP),以及 ng/L 到 $\mu$g/L 级的有机物;还可使活性炭部分再生,明显延长了再生周期。臭氧加在滤池之前还可以防止藻类和浮游植物在滤池中生长繁殖。在目前水源受到污染,水中氨氮、酚、农药以及其他有毒有机物经常超过标准,而水厂常规水处理工艺又不能将其去除的情况下,生物-活性炭法成为饮用水深度处理的有效方法之一。但由于活性炭价格昂贵,妨碍了其在国内的推广。

### (5) 膜分离法

膜分离技术,特别是以高分子膜为代表的膜分离技术是近年来发展起来的一项高新技术,是饮用水深度处理技术中的一种重要方法。膜分离技术是利用膜对混合物中各组分的选择渗透性能的差异来实现分离、提纯和浓缩的新型分离技术。膜工艺过程的共同优点是成本低、能耗少、效率高、无污染,并可回收有用物质,特别适合于性质相似组分、同分异构体组分、热敏性组分、生物物质组分等混合物的分离,因而在某些应用中能代替蒸馏、萃取、蒸发、吸附等化工单元操作。实践证明,当不能经济地用常规的分离方法得到较好的分离时,膜分离作为一种分离技术往往是非常有用的,并且膜技术还可以和常规的分离方法结合起来使用,使技术投资更为经济。

近年来,主要用于饮用水处理的膜技术包括微滤(MF)、超滤(UF)、纳滤(NF)和反渗透(RO)。相比于传统的水处理技术,压力驱动膜过程更为高效、低耗。其中,MF 技术主要用于去除水体中的悬浮物、细菌等大颗粒物质,因此,常应用于饮用水生产的预处理或初级阶段,一般要结合其他工艺才能起到保障饮用水水质的作用。UF 膜孔径较 MF 的更小,对微生物和大分子有更好的截留效果,对于普通的自然水源,经 UF 处理后可达到饮用水安全标准,因此 UF 工艺更适用于改善农村饮用水水质,对于盐度较高或小分子有机物较多的水源,则往往难以奏效。与 MF 膜和 UF 膜相比,NF 膜不仅可以保证饮用水的生物安全性,同时对各类有机物有较高的截留性能,对无机离子可适度去除,能够满足更广泛水源条件下的应用要求，也能在水源波动时和应急条件下满足最终供水的要求。NF 技术具有良好的截留高价盐离子的能力，常被用来去除硬度、硝酸盐、砷、氟化物以及铝、铅等无机盐。此外，由于 RO 操作压力高，膜价格昂贵，因此在饮用水深度处理中应用非常少，主要应用于海水、苦咸水淡化等。但针对部分特殊水源的饮用水，常规膜技术难以使水质达标，反渗透技术则是有效的深度处理技术。例如，很多内陆地区从地下取水（深井水），绝大部分为苦咸水，不能直接饮用，UF 或 NF 均难以达到理想的净化目标，因此，反渗透是苦咸水脱盐最常用的技术。

### 6.2.2 饮用水净化处理组合工艺

#### (1) 粉末活性炭 (PAC) +UF 工艺

粉末活性炭（PAC）+UF 工艺是目前水处理方面的一个研究热点。该工艺的优点是把 PAC 对低分子有机物的吸附作用和 UF 对大分子有机物及细菌等病原微生物的筛分作用很好地结合在一起，大大提高了有机物的去除率，能有效减缓膜污染。Maria Tomaszewska 等的实验得出：直接超滤对色度、腐殖酸的去除率分别为 60%、40%，对酚则没有去除效果；投加 50mg/L 的 PAC 时，色度、腐殖酸、酚的去除率分别为 96%、89%、97%。他们还发现 PAC+UF 工艺对合成有机物也有很好的去除效果。

#### (2) 粉末沸石+UF 工艺

沸石具有内表面积大、多孔穴的特征，同时对氨氮具有较高的吸附和离子交换能力。天然沸石成本低廉，加工设备简单。近年来国内外将沸石这一廉价资源应用在氨氮的去除这一领域，取得了较好的效果。杨胜科等对改性沸石去除氨氮的条件和机理进行了实验探讨。结果表明，沸石经过活化剂处理后具有降低水中氨氮的作用。影响沸石去除氨氮的主要因素为沸石与氨氮溶液作用的时间、沸石用量、氨氮浓度、沸石的粒度和溶液的温度，初步认为沸石去除氨氮的机理是离子交换和吸附作用的耦合。

#### (3) 混凝+UF 工艺

混凝+UF 组合工艺的优点是：混凝作用使小分子有机物形成微絮体，改善了其分离性，这些微絮体再通过滤膜被截留，从而使水中可凝聚小分子有机物和大分子有机物得到最大限度的去除。国内一些学者认为混凝处理能缓解膜污染的原因主要有：混凝使小分子形成微絮体，并在膜表面被截留，减少了进入孔膜的污染物量；混凝形成的微絮体改变了膜表面沉积层的性质；在混凝过程中絮体颗粒直径增大，导致其在膜表面的反向运输速度随之增大，从而减轻了有机物在膜表面的吸附沉积。

#### (4) TiO$_2$-UV 联合工艺

有研究结果显示，采用高级氧化技术中 TiO$_2$-UV 联合工艺去除水中天然有机物时，UV 除了可发挥光催化剂的作用外，还能再生 TiO$_2$ 颗粒，且再生后的 TiO$_2$ 颗粒对天然有机物的去除效果良好。目前，英国已有 3 家水厂（Ewden、Langsett 和 Oswestry）采用该技术进行了生产性试验，结果表明，该技术对天然有机物、溶解有机碳具有良好的去除效果，但其总去除率仍低于传统混凝方法。对此，Murray 等建议在饮用水处理中应该将技术与传统混凝法相结合，在提高处理效果的同时，尽可能减少混凝剂的使用量和降低化学污泥产生量。目前高级氧化研究大都停留在实验室阶段，在水处理实际工程中应用很少。

#### (5) 臭氧高级氧化-生物活性炭 (AOPs-BAC) 工艺

臭氧高级氧化-生物活性炭（AOPs-BAC）工艺是采用臭氧高级氧化和生物活性炭滤池

联用的方法，将臭氧高级氧化、活性炭物理化学吸附、生物氧化降解几种技术合为一体。其主要目的是去除原水中微量有机物和氯消毒副产物的前体物等有机指标，提高饮用水的安全性。臭氧高级氧化技术相对于单一的臭氧氧化技术，具有氧化速率快、选择性低、氧化彻底等特点，同时，后续的生物-活性炭工艺又为出水的安全性提供了有力的保障。目前，臭氧高级氧化-生物活性炭工艺联用技术在国外已逐渐得到应用。在臭氧高级氧化-生物活性炭工艺中，$O_3$-$H_2O_2$-BAC 被认为是最具应用前景的工艺，对于已经有臭氧装置的水厂，只需再向水中投加 $H_2O_2$，即可改建为深度氧化处理水厂，改建简单，具有很好的应用前景。

## 6.3　陶瓷膜在饮用水净化中的应用

### 6.3.1　陶瓷膜在饮用水处理中的分离原理

MF 和 UF 是应用最多的陶瓷膜饮用水处理技术类型，能截留水体中绝大多数悬浮物，如颗粒物、胶体和微生物以及大分子有机物等，但对溶解性小分子有机物的去除效果有限。其过滤机制大致分为以下 3 种：①筛分作用，即粒径大于膜孔径的颗粒物、微生物及大分子有机物等能被陶瓷膜截留在膜表面；②吸附作用，即依靠范德华力、化学键力或静电引力作用，污染物被吸附在膜表面和膜孔中，即使粒径小于膜孔径的污染物也得以去除；③架桥作用，即污染物之间相互作用桥联成一个整体，从而被陶瓷膜所截留。对于孔径更小的精细 UF 和 NF 陶瓷膜，陶瓷膜表面能量和静电作用对污染物传质和截留的影响则不容忽视。根据溶液 pH 以及陶瓷膜表面等电点的不同，膜表面会形成带正电或负电的双电子层，受 Donnan 效应的影响，陶瓷膜会排斥带相同电荷的离子，从而影响离子在水溶液中的传质。在多种污染物共存的多元体系中，尺寸较大的中性粒子通过筛分作用被陶瓷膜截留。由于多价态同性离子具有更高的电荷强度，在 Donnan 效应的影响下被陶瓷膜所排斥，而部分单价同性离子则可以穿过膜孔，同时，为了维持膜两侧的电荷平衡，部分反离子也随之流出，因而 UF 和 NF 陶瓷膜能选择性截留高价态离子（图 6-1）。

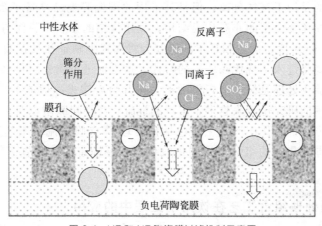

图 6-1　UF 和 NF 陶瓷膜过滤机制示意图

此外，多孔陶瓷膜的孔隙率一般为 30%～50%，孔径为几纳米到几十微米不等，其根据孔径大小主要分为微滤（＞50nm）、超滤（2～50nm）、纳滤（＜2nm）等种类。根据外形来分，主要有平板、管式和中空纤维膜（多通道）三种。陶瓷膜由顶层膜、过渡层和支撑体组成的多层非对称结构组成。支撑层的孔径约为 $1\sim20\mu m$，孔隙率一般为 $30\%\sim65\%$，作用是使膜的机械强度增加，是整个膜使用的基础；过渡层的厚度通常为 $20\sim60\mu m$，孔隙率为 $30\%\sim40\%$，其孔径要小于支撑层，它是为了防止在膜的制备过程中颗粒向多孔的支撑层渗透；顶层膜的厚度为 $3\sim10nm$，孔径范围为 $0.8\sim1nm$，孔隙率为 $40\%\sim55\%$，它具有分离功能。从整体看，从支撑层向顶层膜的孔径渐渐变小，形成了非对称的结构。通常用来制备陶瓷膜的材料包括氧化物如氧化钛、氧化硅、氧化锆和非氧化物如氮化硅、碳化硅、氮化硼等。其中，氮化硅陶瓷膜在物理化学和力学性能上明显优于其他材料的陶瓷膜，除具有氧化物陶瓷膜的耐腐蚀、高温时抗氧化的优点外，还有自身独特的优势，相同的孔隙率下，其强度大大超过了氧化物陶瓷膜，其抗折强度能达到 $1200MPa$。氮化硅陶瓷膜由高强度的棒状晶粒组成，烧结后，晶粒生长形成三维的网络结构，使其获得高强度。氮化物陶瓷膜的棒状晶粒结构使水蒸气更容易通过，所以在膜分离技术上有着很好的应用前景。

## 6.3.2　陶瓷膜在饮用水处理中的研究现状

20 世纪 80 年代，膜材料的制备有了进一步的发展，陶瓷膜在饮用水处理中的研究也逐渐增加。1984～1985 年间，荷兰 Twente 技术大学的 Leenaars 等研究者将氧化铝陶瓷膜和支撑体的制备工艺进一步提升，制作出了标称孔径为 2.7nm、孔隙率为 50% 且孔径分布窄的薄氧化铝陶瓷膜，并对孔径分布的影响因素和烧结温度等进行了研究。至此，由膜体和支撑体组成陶瓷膜的形式基本定型并开始广泛传播。

1985 年，Leenaars 等利用制备的陶瓷膜对水、正己烷、乙醇和丁醇的透过性能进行研究，他们将膜的流体阻力分为膜阻力和支撑体阻力两部分，并利用 Kozeny-Carman 模型对膜的特性进行了表征，发现膜支撑体中的弯曲孔道导致了 Kozeny-Carman 常数高于其他研究。此外，他们还利用聚乙二醇研究了不同烧结温度制备的陶瓷膜的截留分子量，并与动态无机膜和 Union Carbide/SFEC 的碳-氧化铝膜进行了对比。1985 年，Kimura 对膜技术在日本的发展和应用做了综述。陶瓷膜也成功应用于牛奶处理等工业中，并且已有了成型的商品陶瓷膜。1986 年，日本的研究者 Asaeda 等利用改进陶瓷膜研究了水和乙醇混合气体的分离，虽然其主要目的是用于气体分离，但是其采用的陶瓷膜也已具备了现代陶瓷膜的特征。具体为：采用了支撑体和膜层的非对称膜结构，利用烧结的办法将膜体与支撑体结合起来并控制孔径。20 世纪 80 年代，荷兰和日本的研究者将陶瓷膜制备和其在液体分离中的研究推进了一大步，使陶瓷膜进入了现代陶瓷膜的时代，这也促进了陶瓷膜在水处理中的应用。

此外，陶瓷膜前预处理是缓解陶瓷膜污染、提升污染物去除效能的重要措施。近年来，关于陶瓷膜前预处理的研究也越来越多，常规的混凝、活性炭吸附以及氧化等技术都可以作为陶瓷膜前预处理方法，其作用形式主要包括预处理-陶瓷膜全流程工艺和一体式短流程工艺。此外，各预处理工艺间的组合、光催化氧化等也逐渐进入了陶瓷膜前预处理技术的研究中。

## 6.3.3　陶瓷膜预处理组合工艺在饮用水处理中的应用

本节主要对可以规模化应用的常规预处理技术作为陶瓷膜前预处理的研究进行了总结。

**（1）混凝预处理**

混凝预处理成本较低且容易实施，因而被许多学者用于陶瓷膜前预处理研究。通过压缩双电子层、电性中和、吸附架桥以及网捕卷扫作用，混凝预处理使水中污染物聚集形成较大颗粒，从而有利于后续工艺的去除。在线混凝控制膜污染，是通过投加的混凝剂与水中颗粒物、胶体以及带负电的疏水性大分子有机物作用形成絮体，从而降低了膜表面的污染物负荷。此外，通过残余有机物和絮体之间对膜表面的竞争作用，减少不可逆污染的形成。而水中残余的中性、亲水性混合物，在过滤时会沉积在结构松散的絮体上，避免了与膜表面直接接触。通过水力反冲洗和膜面扫洗，沉积的絮体和滤饼层被冲洗干净，从而缓解了膜污染。相比之下，在过滤上清液时，上清液中的中性亲水性混合物紧密黏附在膜表面，逐渐形成较为致密的滤饼层而难以被清洗。因此，尽管混凝无法直接去除造成膜污染的中性、亲水性混合物，但通过在膜表面形成可反洗去除的滤饼层，仍能有效缓解膜污染。

### (2) 吸附预处理

吸附预处理是利用吸附剂吸附水中的溶解性有机物，再通过陶瓷膜截留吸附剂颗粒。由于吸附剂具有较高的分散度和孔隙率，其内部具有丰富的孔隙结构和巨大的比表面积，因而其表面是热力学不稳定的，具有吸附污染物的倾向。在适当的投加量下，吸附剂为水中污染物提供了新的作用界面，污染物通过物理吸附和化学吸附在吸附剂表面集聚，从而减少了污染物与膜表面之间的相互作用，降低了膜表面的污染负荷，吸附剂还能在膜表面形成空隙较大的滤饼层，阻止有机物和膜表面的接触。此外，吸附剂表面滋生的微生物对有机物具有一定的生物降解作用。在目前水处理领域应用的吸附剂中，活性炭的应用和研究最为广泛和深入。Oh 等采用粉末活性炭和 MF 陶瓷膜一体化工艺处理受污染的河水。尽管粉末活性炭被广泛用作膜前预处理方法，其对陶瓷膜污染的影响仍不确定，相关的研究结论也并不一致。然而，也有学者提出相反的观点，Zhao 等采用粉末活性炭-MF 陶瓷膜组合工艺处理地表水时，发现陶瓷膜表面会形成严重的粉末活性炭滤饼层污染，并提出其污染机理。在陶瓷膜过滤时，水中胶体粒子进入粉末活性炭颗粒间的空隙中，逐渐在膜表面形成滤饼层，从而阻塞过水通道。与粒径较小的粉末活性炭相比，大粒径粉末活性炭颗粒间的空隙更大，更多的胶体粒子进入其中，形成更加致密的滤饼层。另外，水中存在的金属离子（尤其是高价态离子）能够中和粉末活性炭表面电荷，从而使粉末活性炭颗粒脱稳，更易形成滤饼层。因此，粉末活性炭滤饼层的形成与水中胶体粒子、重金属以及粉末活性炭颗粒间的相互作用有关，且粉末活性炭颗粒越大，形成的粉末活性炭滤饼层更加致密。

### (3) 氧化预处理

氧化预处理主要利用氯、高锰酸钾、臭氧和紫外线等氧化剂的氧化性，抑制水体中微生物的生长，缓解陶瓷膜的生物污染；或者改变有机污染物的结构和性质，将易引起膜污染的大分子有机物氧化降解成小分子物质，从而缓解陶瓷膜的有机物污染。臭氧是研究相对较多的一种氧化剂。相关研究者研究了臭氧预氧化对 UF 膜有机物污染的影响，发现在较低臭氧投加量下，腐殖酸和海藻酸钠的分子量分布逐渐向低分子量范围转移，同时膜污染得到有效缓解，但出水中有机物的浓度显著升高。需要指出的是，陶瓷膜具有更优的抗氧化性能，更适合与氧化剂组合使用。Karnik 等采用臭氧/陶瓷膜组合工艺处理地表水，实验装置采用恒压错流过滤方式，恒定跨膜压差为 200kPa。与死端过滤相比，错流过滤具有一定的切向流速，可降低陶瓷膜表面的浓差极化现象，维持较高膜通量。原水经循环泵提升后进入管路，经管式混合器与臭氧气体充分混合后进入膜组件。实验采用的膜组件为管式陶瓷膜，膜过滤出水进入产水箱，浓水则回流至原水箱。实验结果显示，与单独陶瓷膜过滤和单独臭氧氧化技术相比，组合工艺出水水质得到显著改善，出水 DOC、$UV_{254}$、三卤甲烷和卤乙酸生成势显著降低，醛酮和酮酸的含量也显著低于单独臭氧氧化出水。Kim 等研究了臭氧投加量和水力学条件对陶瓷膜通量的影响，研究表明，在膜面错流速率越高、臭氧投加量越大和跨膜压差越小的情况下，膜通量下降越缓慢，膜污染越轻。一些学者还对高级氧化技术预处理进行了研究，如紫外线/双氧水（UV/H$_2$O$_2$）等。Zhang 等采用 UV/H$_2$O$_2$ 氧化预处理缓解 AOM（藻源型有机物）引起的 MF 陶瓷膜污染，研究发现，与 ACH（羟铝基氯化物）混凝预处理相比，UV/H$_2$O$_2$ 氧化预处理对膜总污染阻力的缓解效果相当，但不可逆污染较重，这主要是因为氧化过程中生成的小分子有机物会堵塞膜孔，造成更加严重的不可逆污染。另外，UV/H$_2$O$_2$ 氧化预处理对微囊藻毒素的去除效果显著，而混凝预处理的去除能力有限。可见，氧化预处理显著提升了水体中消毒副产物前体物和痕量有机污染物的去除效果，同时对膜污染具有一定的缓解能力。

**（4）组合预处理**

由于部分水源水质季节性波动较大，单一的膜前预处理技术很难保障陶瓷膜高效、稳定运行，因此，加强膜前预处理工艺间的组合尤为必要。通过对上述混凝、吸附和氧化等预处理方式之间的组合优化，陶瓷膜前组合预处理能够充分发挥各种预处理技术的优势，弥补各自的不足，协同提升组合工艺的整体性能，提高预处理对水源水质的适应能力。张锡辉等采用混凝、臭氧、陶瓷膜与生物活性炭集成工艺处理微污染的东江水，工艺对 UV$_{254}$、COD$_{Mn}$ 和卤乙酸的去除率分别为 65%～95%、＞70% 和 85.2%，出水氨氮小于 0.1mg/L。Matsui 等将吸附和混凝作为陶瓷膜前的预处理方法，吸附剂采用 PAC（粉末活性炭）和 SPAC（超细粉末活性炭），混凝剂为 PAC。研究发现，与 "PAC+混凝" 或者单独混凝相比，"SPAC+混凝" 形成的絮体尺寸更大、孔隙率更高，因而在陶瓷膜表面形成的滤饼层渗透性也更强，物理可逆和不可逆污染均得到有效缓解。Hög 等采用絮凝-气浮-陶瓷膜集成工艺处理地表水，絮凝、气浮和陶瓷膜过滤工艺集成在同一构筑物中。混凝剂和助凝剂分别采用氯化铁和聚丙烯酰胺，气浮产生的气泡平均大小为 50μm，膜组件采用平均孔径为 0.2μm 的氧化铝平板陶瓷膜。实验时，絮凝-气浮过程中生成的悬浮絮体随气泡不断上升到液面上层，形成的气浮层连续流出溢流堰而得以去除，底层水体经陶瓷膜过滤进入产水箱。结果显示，絮凝-气浮预处理显著地缓解了陶瓷膜污染，维持稳定通量为 112L/（m$^2$·h）。通过经济性对比分析发现，如果膜通量能够维持在 150L/（m$^2$·h）以上，陶瓷膜的投资总成本甚至要低于有机膜。

## 6.3.4　陶瓷膜在饮用水净化中的组合工艺及案例分析

从 20 世纪 80 年代初期，MF 陶瓷膜开始应用于水处理领域，80 年代末期，UF 陶瓷膜也在水处理领域得到了应用。如今，陶瓷膜制备饮用水已在欧洲应用多年，法国、英国等地已开始使用陶瓷膜进行规模化饮用水生产。在荷兰，新建的 Andijk 水厂采用 PWNT 公司陶瓷膜净水技术，供水能力达 120000m$^3$/d，于 2014 年 5 月投产运行。日本是世界上应用陶瓷膜技术处理饮用水最多的国家，截止到 2015 年，全世界建成的 137 座陶瓷膜饮用水厂中有 117 座位于日本。自 1998 年日本第一座陶瓷膜饮用水厂建成以来，运行最久的陶瓷膜组件已持续工作了 17 年之久。日本 NGK 公司已经利用陶瓷膜处理地表水，代表性应用工程有：a. 日本静冈 10500m$^3$/d 的自来水厂以及日本福井市 60000m$^3$/d 的陶瓷膜生产饮用水厂。b. 日本横滨 Kawai 饮用水厂采用陶瓷膜净水工艺，产水能力高达 171070m$^3$/d，是目前世界上最大的陶瓷膜水厂之一，已于 2014 年投产运行。目前，新加坡 Choa Chu Kang 水厂即将采用陶瓷膜技术进行升级改造，设计产水能力约为 150000m³/d，届时将成为新加坡第一座陶瓷膜水厂。在中国，陶瓷膜技术研究起步相对较晚，而且规模化的陶瓷膜处理设施主要应用在工业废水处理领域，受制于较高的制备成本，陶瓷膜在饮用水处理领域多处于中试或小规模应用阶段。下面将具体介绍相关陶瓷膜在饮用水净化中的应用案例。

### (1) 新加坡 Choa Chu Kang 饮用水厂陶瓷膜/臭氧净水工艺

水源：克兰吉、潘丹及西部集水区的腾格湖、薄堰、慕来及沙林汶水库。

膜型号：日本 Metawater 公司所产 Ceramac®-19 膜组件（图 6-2），膜孔大小 0.1μm，总膜面积 25m²，包含 192 个模块。

图 6-2　日本 Ceramac®-19 膜组件

工艺流程：筛分—曝气—混凝—澄清—臭氧氧化/陶瓷膜过滤工艺。

操作条件：陶瓷膜在处理澄清水时能以 200L/(m²·h) 流量运行。陶瓷膜的过滤周期为 30min，然后进行 5s 的反冲洗，再加入臭氧，臭氧浓度 1.3~1.8mg/L。

结果：水回收率在 95% 以上；产水能力为 171070m³/d。

混合臭氧/陶瓷微滤膜处理净水跨膜压差与时间的关系见图 6-3。

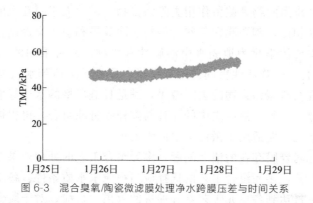

图 6-3　混合臭氧/陶瓷微滤膜处理净水跨膜压差与时间关系

### (2) 番禺别墅净水处理项目

某公司和一别墅区达成合作协议，对自来水进行进一步的净化深度处理试验，需要用设备对自来水进行进一步的深度处理，去除水中带有的杂质，如铁锈、余氯、细菌以及微生物等。这次试验就是用设备对微污染的自来水进行进一步的处理，希望通过这次试验，找出该设备在微污染水体处理中的可行性以及投产运行后的最佳运行通量、物理反冲的频率，该项目的主要设备包含：保安过滤器＋活性炭过滤器＋陶瓷超滤膜＋紫外灯等（图6-4）。

图6-4　别墅净水处理项目现场膜组件

# 6.4　陶瓷膜在饮用水处理中的问题与展望

陶瓷膜依靠尺寸排阻的物理截留作用去除污染物，尺寸大于膜孔径的污染物均能得到良好的去除。与有机膜相比，陶瓷膜在某些污染物去除效果和膜污染控制方面有一定优势。但在饮用水处理中，主要污染物为地表水中溶解性有机物，而常采用的二元陶瓷膜组合工艺（混凝、臭氧、光催化、生物活性炭耦合陶瓷膜等）可能无法达到水质要求，而多元陶瓷膜组合工艺可强化常规及新型污染物的去除效果，满足日益严格的水质标准。多元陶瓷膜组合工艺是由混凝、气浮、臭氧、活性炭中的几种与陶瓷膜过滤组合，可根据水质污染状况选择合适的组合工艺的单元，尤适用于微污染水源水处理。

针对单独或二元陶瓷膜存在的诸多问题，多元组合工艺的处理效果及抗污染性能均优于单独或二元陶瓷膜工艺，多元组合工艺的选择应当视原水水质条件、各工艺适用性和经济技术分析等确定，应尽量达到各单元工艺互补促进的效果。目前，对于陶瓷膜及其组合工艺的研究多限于实验室小试及中试研究，无法预估大规模运行情况。为尽快实现陶瓷膜组合工艺的大规模应用，仍需大量运行经验和数据评价大规模运行时陶瓷膜的处理效果、通量、膜污染情况等参数，通过优化运行条件，不断探索并开发出适用于饮用水工业化处理的多元陶瓷膜组合工艺，形成以陶瓷膜为核心的组合工艺与技术体系，在强化现有预处理技术的同时，开发新的预处理技术，保障体系的高效、稳定运行。此外，多元陶瓷膜组合工艺对不可逆膜污染的控制效果和影响因素有待进一步研究。

# 参 考 文 献

[1]　郑春燕，王艳华，李树苑.四种小城镇污水处理工艺投资分析与探讨 [J].中国给水排水，2014，30：63-67.

[2]　韦真周，范庆丰，容继.生物转盘处理小城镇生活污水工程实例 [J].水处理技术，2016，42：85-87.

[3]　龚燕飞，聂宏林.浅析陶瓷膜技术在水处理中的应用 [J].自动化与仪器仪表，2016 (8)：115-117.

[4]　曾光明，黄瑾辉.三大饮用水水质标准指标体系及特点比较 [J].中国给水排水，2003 (19)：30-32.

[5]　2011 年中国水资源公报，中华人民共和国水利部，中国，2011.

[6]　王非，陈彦华，黄涛，陈培厚.中俄两国生活饮用水卫生现状及水质标准的比较 [J].实用预防医学，2015，22：1271-1274.

[7]　任春雷，范欣芳.我国饮用水水质污染来源及处理技术 [J].现代农业科技，2012，12：212-233.

[8]　张兆强，黄涛，吴传业.湖南省农村饮用水与环境卫生现状调查研究 [J].实用预防医学，2010 (7)：1283-1285.

[9]　蒋晓琴，熊华萍，谢疆.农村饮用水污染现状及其治理方案探讨 [J].资源节约与环保，2014，2：137.

[10]　丁海燕.连云港饮用水水质与市区人群健康的关系及改善措施 [J].当代生态农业，2012 (18)：107-112.

[11]　吕嘉春，施侣元.饮水与白血病 [J].中华流行病学杂志，1994 (15)：19-22.

[12]　黎丹戎，刘宗河，张振权.肝癌高发区居民饮用水质与肝癌病因研究 [J].中华预防医学，1994 (1)：24-26.

[13]　汪亮.饮用水水质处理技术研究 [J].建材与装饰，2008 (4)：220-221.

[14]　刘启承.强化混凝技术在水处理工程中的研究进展 [J].化工文摘，2009：35-37.

[15]　王占生，刘文君，张锡辉.微污染水源饮用水处理 [M].北京：中国建筑工业出版社，2016.

[16]　尹文汇，李恒，张峥嵘.过滤技术在给水处理中的优化 [J].广东化工，2008 (35)：83-86.

[17]　黄晓东，李德生，王占生.生物活性滤池强化过滤的影响因素研究 [J].中国给水排水，2003，19：67-69.

[18]　梅胜权，陆晓东，申甄华.煤基活性炭在饮用水处理中的应用现状及发展趋势 [J].洁净煤技术，2018，24：76-79.

[19]　张文芸.关于饮用水处理技术的研究 [J].科技情报开发与经济，2005 (15)：124-126.

[20]　刘军，王珂，贾瑞宝，王占生.臭氧-活性炭工艺对饮用水中邻苯二甲酸酯的去除 [J].环境科学，2003 (24)：77-80.

[21]　刘丽仪，谢茵茵，黄剑明.臭氧-生物活性炭技术在饮用水深度处理中的应用进展 [J].河南化工，2014，31：25-30.

[22]　白晓琴，赵英，顾平.膜分离技术在饮用水处理中的应用 [J].水处理技术，2005，31：1-5.

[23]　Van der Bruggen B，Vandecasteele C，Van Gestel T，Doyen W，Leysen R.A review of pressure-driven membrane processes in wastewater treatment and drinking water production [J].Environ Prog，2003，22：46-56.

[24]　董浩，杨新新，王建良.UF 技术在农村饮用水处理中的应用 [J].中国农村水利水电，2007，2：61-65.

[25]　Tomaszewska M，Mozia S.Removal of organic matter from water by PAC/UF system [J].Water Res，2002，36：4137-4143.

[26]　Matsui Y，Colas F，Yuasa A.Removal of a synthetic organic chemical by PAC-UF systems.Ⅱ：Model application [J].Water Res，2001 (35)：464-470.

[27]　杨胜科，郭春林.沸石去除地下水中氨氮的影响因素分析及作用机理探讨 [J].西安工程学院学报，2000，22 (3)：69-72.

[28]　李圭白，杨艳玲.第三代城市饮用水净化工艺：超滤为核心技术的组合工艺 [J].给水排水，2007，33：1-2.

[29]　闫昭辉，董秉直.混凝/超滤处理微污染原水的试验研究 [J].净水技术，2005 (24)：4-6.

[30]　李勇，张晓健，陈超，张晓慧，朱晓辉，戴吉胜.去除 D 江异嗅的饮用水处理工艺选择研究 [J].中国给水排水，2008，24：40-43.

[31]　Murray C A，Parsons S A. Comparison of AOPs for the removal of natural organic matter：Performance and economic assessment [J]. Water Sci Technol，2004，49：267-272.

[32]　陈言明，沈倩青，朱易春，张光明. 催化臭氧氧化-生物活性炭饮用水深度处理技术介绍 [J]. 给水排水，2010，46：57-62.

[33]　漆虹，曹义鸣. 2014 年我国陶瓷膜应用新进展 [J]. 膜科学与技术，2015（35）：131-133.

[34]　Tian J Y，Liang H，Li X，You S J，Tian S，Li G B. Membrane coagulation bioreactor（MCBR）for drinking water treatment [J]. Water Res，2008，49：3910-3920.

[35]　Pendergast M M，Hoek E M. A review of water treatment membrane nanotechnologies [J]. Energy & Environmental Science，2011，4：1946-1971.

[36]　Sarkar S，Sengupta A K，Prakash P. The Donnan membrane principle：opportunities for sustainable engineered processes and materials [J]. ACS Publications，2010：19-32.

[37]　Leenaars A F M，Keizer K，Burggraaf A J. The preparation and characterization of alumina membranes with ultrafine pores：I. Microstructure investigations on non-supported membrane [J]. Mater Sci，1984，19：1077-1088.

[38]　Kimura S. Research and development of membrane technologies and their applications in Japan [J]. Desalination，1985，53：279-287.

[39]　Asaeda M，Du L D，Fuji M. Separation of alcohol/water gaseous mixtures by an improved ceramic membrane [J]. Journal of chemical engineering of Japan，1986，19：84-85.

[40]　秦伟伟，宋永会，肖书虎，程建光，曾萍. 陶瓷膜在水处理中的发展与应用 [J]. 工业水处理，2011，31：15-19.

[41]　Munla L，Peldszus S，Huck P M. Reversible and irreversible fouling of ultrafiltration ceramic membranes by model solutions [J]. Journal American Water Works Association，2012，104：540-554.

[42]　Sondhi R，Bhave R，Jung G. Applications and benefits of ceramic membranes [J]. Membrane Technology，2003（2003）：5-8.

[43]　Sui X，Huang X. The characterization and water purification behavior of gradient ceramic membranes [J]. Separation and Purification Technology，2003（32）：73-79.

[44]　Alpatova A L，Davies S H，Masten S J. Hybrid ozonation-ceramic membrane filtration of surface waters：The effect of water characteristics on permeate flux and the removal of DBP precursors，dicloxacillin and ceftazidime [J]. Separation and Purification Technology，2013，107：179-186.

[45]　Chen Y，Dong B，Gao N，Fan J. Effect of coagulation pretreatment on fouling of an ultrafiltration membrane [J]. Desalination，2007，204：181-188.

[46]　Zhang X，Fan L，Roddick F A. Feedwater coagulation to mitigate the fouling of a ceramic MF membrane caused by soluble algal organic matter [J]. Separation and Purification Technology，2014，133：221-226.

[47]　Oh H，Takizawa S，Ohgaki S，Katayama H，Oguma K，Yu M. Removal of organics and viruses using hybrid ceramic MF system without draining PAC [J]. Desalination，2007，202：191-198.

[48]　Zhao P，Takizawa S，Katayama H，Ohgaki S. Factors causing PAC cake fouling in PAC-MF（powdered activated carbon-microfiltration）water treatment systems [J]. Water Sci Technol，2005（51）：231-240.

[49]　Li K，Qu F，Liang H，Shao S，Han Z S，Chang H，Du X，Li G. Performance of mesoporous adsorbent resin and powdered activated carbon in mitigating ultrafiltration membrane fouling caused by algal extracellular organic matter [J]. Desalination，2014，336：129-137.

[50]　Liang H，Yang Y L，Gong W J，Xing L，Li G B. Effect of pretreatment by permanganate/chlorine on algae fouling control for ultrafiltration（UF）membrane system [J]. Desalination，2008，222：74-80.

[51]　Karnik B，Davies S，Baumann M，Masten S. The effects of combined ozonation and filtration on disinfection by-product formation [J]. Water Res，2005，39：2839-2850.

[52]　Kim J，Davies S H，Baumann M J，Tarabara V V，Masten S J. Effect of ozone dosage and hydrodynamic conditions on the permeate flux in a hybrid ozonation-ceramic ultrafiltration system treating natural waters [J]. Journal of Membrane Science，2008，311：165-172.

［53］ Zhang X，Fan L，Roddick F A. Effect of feedwater pre-treatment using UV/H$_2$O$_2$ for mitigating the fouling of a ceramic MF membrane caused by soluble algal organic matter ［J］. Journal of Membrane Science，2015，493：683-689.

［54］ 张锡辉，范小江，韦德权. 臭氧 J 平板陶瓷膜新型净水工艺中试研究 ［J］. 给水排水，2014 （40）：120-124.

［55］ Matsui Y，Hasegawa H，Ohno K，Matsushita T，Mima S，Kawase Y，Aizawa T. Effects of super-powdered activated carbon pretreatment on coagulation and trans-membrane pressure buildup during microfiltration ［J］. Water Res，2009 （43）：5160-5170.

［56］ Hög A，Ludwig J，Beery M. The use of integrated flotation and ceramic membrane filtration for surface water treatment with high loads of suspended and dissolved organic matter ［J］. Journal of Water Process Engineering，2015 （6）：129-135.

# 第7章 陶瓷膜在生活污水处理中的应用

## 7.1 概述

20世纪以来，随着科技的发展、人类生活水平的不断提高，世界人口也呈持续增长的趋势，而随之增长的还有人们的用水需求，约是以前的5倍。而由于水资源的有限性和分布的不均匀性，世界上有很多国家和地区需要解决用水困难的问题。全球约有12亿人用水困难，30亿人不能安全用水，因此每年因用水安全和健康问题死亡的人数有300万之多。有评估表明，至2025年，世界人口将增加至83亿，而那时将会有30亿人用水困难，而到2055年，将变为56亿。除非能够采取更有效防止水资源污染的方法，更科学地利用可用的淡水资源，提高污水处理及回用能力，否则届时世界上将会有约1/3的人口生活在用水中度到重度困难的压力之下。相应地，我国水资源十分匮乏，人均淡水资源占有量仅为2700m³，低于很多国家，排在全球121位。有10个省市的人均淡水资源占有量甚至低于1000m³。近年来，我国经济发展迅速，城镇化水平不断提高，居民生活水平也有了显著的改善，导致水的使用量和生活污水排放量大幅增长。据预测，到2050年，我国城市需水量将增加至2070亿吨，生活污水排放量将增加至1200亿吨。此外，在人口和供水量逐步增加的状况下，所排的城市污水和农村污水进入水体，造成天然供水水源的污染日益严重，这对水源本身紧缺的地区造成的危害更加显著。随着城市化趋于完善，城市生活污水在整个城市污水中所占比重越来越大，从25%～30%增长至接近甚至超过50%，城市生活污水也成为重要和主要的污染源。目前我国的城市生活污水处理量占城市污水总排放量不到25%，污水回用量占处理量的30%以下，生活污水处理率低于发达国家水平，回用率与发达国家相比差距很大。因此，如何合理利用现有淡水资源、如何更高效地使生活污水得到处理回用就显得尤为重要。

## 7.1.1　生活污水的特点及危害

生活污水是人们日常生活中产生的各种废水的总称，主要包括粪便水、洗浴水、洗涤水和冲洗水等，其可分为城镇生活污水和农村生活污水。生活污水所含的污染物主要为有机物（如蛋白质、碳水化合物、脂肪、尿素、氨氮等）和大量病原微生物（如寄生虫卵和肠道传染病毒等）。存在于生活污水中的有机物极不稳定，容易腐化而产生恶臭。细菌和病原体以生活污水中有机物为营养而大量繁殖，可导致传染病蔓延流行。因此，生活污水排放前必须进行处理。该类生活污水具有以下特点及危害。

**（1）有机和无机物污染**

生活污水中含有大量有机物，如纤维素、淀粉、糖类、脂肪、蛋白质等，也常含有病原菌、病毒和寄生虫卵，无机盐类的氯化物、硫酸盐、磷酸盐、碳酸氢盐和钠、钾、钙、镁等。其特点是含氮、含硫和含磷高，在厌氧细菌作用下，易产生恶臭物质。同时，生活污水中也包含了大量的无机物。生活污水中的磷酸盐类等无机物排放到自然水体也是造成水体富营养化的主要原因之一。合成洗涤剂的磷含量限制标准应尽早出台，否则生活污水中的大量磷酸盐排放到水体中会造成水体富营养化日益加剧。

**（2）病原物污染**

生活污水中病原微生物污染主要来自城市生活污水、医院污水、垃圾及地面径流等方面。这些污水中病原微生物数量大、分布广、存活时间较长、繁殖速度快、易产生抗性，并且很难消灭。传统的二级生化污水处理及加氯消毒后，某些病原微生物、病毒仍能大量存活。此类污染物实际上通过多种途径进入人体，并在体内生存，引起人体疾病。需氧有机物污染的共同特点是有机物直接进入水体后，通过微生物的生物化学作用分解为简单的无机物质、二氧化碳和水，在分解过程中需要消耗水中的溶解氧，在缺氧条件下污染物就发生腐败分解、恶化水质，常称这些有机物为需氧有机物。水体中需氧有机物越多，耗氧也越多，水质也越差，说明水体污染越严重。

**（3）富营养化和恶臭污染**

富营养化污染是一种氮、磷等植物营养物质含量过多所引起的水质污染现象。恶臭也是生活污水污染的一个常见特点，恶臭的危害表现为：妨碍正常呼吸功能，使消化功能减退，精神烦躁不安，工作效率降低，判断力、记忆力降低。长期在恶臭环境中工作和生活会造成嗅觉障碍，损伤中枢神经、大脑皮层的兴奋和调节功能。某些水产品染上了恶臭无法食用、出售。恶臭水体不能游泳、养鱼、饮用，从而破坏了水的用途和价值，还能产生硫化氢、甲醛等毒性物质对生物造成危害。

**（4）酸、碱、盐污染**

生活污水中的酸、碱污染使水体 pH 发生变化，破坏其缓冲作用，消灭或抑制微生物的生长，妨碍水体自净，还可腐蚀桥梁、船舶、渔具。酸与碱往往同时进入同一水体，中和之后可生成某些盐类，从 pH 角度看，酸、碱污染可因中和作用而自净，但所产生的各种盐类又成了水体的新污染物。因为无机盐的增加能提高水的渗透压，对淡水生物、植物生长有不良影响。在盐碱化地区，地面水、地下水中的盐碱将进一步危害土壤质量。高硬水，尤其是永久硬度高硬水的危害表现为多方面：难喝，可引起消化道功能紊乱、腹泻、孕畜流产，耗能多，影响水壶、锅炉寿命，使锅炉用水结垢，易造成爆炸。高硬水需进行软化、纯化处理，酸、碱、盐流失到环境中又会造成地下水硬度升高，形成恶性循环。

### 7.1.2　生活污水的研究现状与存在问题

由于农村的生活习惯、生活环境与城市存在一定差异，农村排放污水的水量相对比较小，而且排放分散，变化幅度较大，日变化系数在 3～5 之间。而农村居民的生活规律较为一致，在一天中早晚排水量较大，在一天的上午、中午和下午均会出现各自的高峰值，因此，农村污水可界定为粗放型排水形式。我国对农村生活污水处理技术的研究相比国外较晚，从 20 世纪 80 年代开始，我国对分散式污水处理技术进行了大量的研究和实践，针对多种工艺技术在农村地区进行推广、研究，包括人工湿地、生物滤池、厌氧好氧组合以及多种无动力、微动力一体化处理设备。事实上，一体化处理设备在农村污水分散式处理中有着较好的前景。但是，污水处理停留时间长，受季节、温度等影响较大，而且防护不当还存在污染地下水的风险。

城镇生活污水的组成一般比较稳定并且总量巨大，主要来源是居民生活区、饭店、宾馆、学校等人群聚居地，主要包括冲厕水、洗衣盥洗用水、厨房洗涤用水等。城镇生活污水的水质特点是有机物含量高、悬浮物含量高，其中包括糖类、蛋白质、脂肪及氮磷营养素，此外还有大肠杆菌等一些病原微生物。如果不经处理直接将生活污水排放至环境中，会对环境造成严重的污染。我国城镇生活污水处理工艺中目前应用最广泛的是活性污泥法，活性污泥法中的好氧生物处理技术具有处理效果好、易于控制、工艺技术较为成熟、运行稳定等特点，但是该工艺的基建、设备投资及运行成本很高，使得很多污水处理厂建成之后没有资金运转。相比好氧技术，厌氧生物处理技术污泥产量低、能耗少且有望实现产出能量与消耗能量的平衡。但是厌氧技术也有自身的局限，如处理效果不够理想、污泥流失等。近年来随着科学研究工作的不断推进，传统的活性污泥法也不断被改进和创新，因而衍生出了很多新工艺，包括 A/O 工艺、SBR 工艺、氧化沟工艺等。其中，活性污泥法约占 80%。传统活性污泥法工艺简单、处理效果较好，但是也存在一些问题，比如好氧过程使得微生物大量增殖因而剩余污泥产量较大，但是目前没有比较妥善的污泥处理处置的技术，另外好氧过程需要曝气因而工艺能耗较大。有调查表明，2006 年我国 500 多座城镇生活污水处理厂每处理 $1m^3$ 的污水平均耗能 $0.28kW \cdot h$，而很多西方国家的平均能耗仅为 $0.20kW \cdot h$。

综上，开发一种基建费用及运行费用低、能耗较少、处理效果佳的生活污水处理方法已经变得尤为紧迫。由此可见，研究更加高效、节能的生活污水处理工艺有着非常重要的意义。同时，如何实现我国城市、农村生活污水的高效、低耗处理等仍是我国亟待解决的问题。

# 7.2　农村生活污水

## 7.2.1　农村污水的水质特点

由于经济水平、生活习惯和方式等不同，农村污水水量少，水质、水量存在很大差异，污水的收集与集中处理困难。农村污水与城市污水相比，污染物的浓度偏低，属于中低浓度生活污水，且以有机污染物为主，容易处理。农村污水具有以下特点：①农村人口居住相对分散。农村生活污染源分散，不易集中，经济水平相对落后导致农村污水的治理存在较大困难。②无统一污水收集管网。绝大部分村庄没有排水渠道和污水处理系统，污水大都直接排入就近河流，处于无组织排放状态。③以家庭生活污水为主（部分区域有农家乐）。污水水量不稳定，处理设施进水水量存在波动性，尤其节假日的冲击水量可以达到平时水量的数倍之多。④部分地区存在小型工厂和作坊。污水的水质成分可能较复杂，需详细调研地域排水点和排水水质，针对性确定处理方案。⑤没有专门的排放标准。目前开展的农村污水整治工程中，大多采用的标准是参照 GB 18918—2002《城镇污水处理厂污染物排放标准》，尚没有专门针对农村污水的排放标准。

## 7.2.2　农村污水处理现状及存在问题

农村生活污水处理是当前新农村建设中的重点，国内缺少投资省、运行费用低、管理方便的污水处理技术又是一个很大的瓶颈。且其受制于生产和生活方式、经济发展程度等多方面因素的影响，农村生活污水已经成为潜在的污染。

由于农村的生活习惯、生活环境与城市存在一定差异，农村排放污水的水量相对比较小，而且排放分散，变化幅度较大，由此可将农村污水界定为分散型排水形式。根据我国农村生活污水的特点，将人工湿地、生物滤池、厌氧好氧组合以及多种无动力、微动力等工艺进行组合并形成一体化处理设备，此类一体化设备有利于分散型农村污水的处理。现对上述技术进行相关介绍。化粪池用于生活污水初级处理，应用较为广泛，能够利用厌氧消化降解部分有机物，其具备结构简单、造价低、易施工、卫生条件好等优点，在进行农村污水分散式处理中对 BOD、COD 和 TSS（总悬浮物）的去除率可达 85%、77% 和 86%，因此，化粪池在农村污水处理中有着广泛的应用前景，但其存在的缺点是沉积污泥较多，需要定期处理，而且需结合后续处理单元才能直接排放。人工湿地是一种通过人工改造、设计的具备生态处理功能的污水处理系统，主要由土壤基质、水生植物和微生物组成。人工湿地具备运行费用低、维护管理方便等优点，而且水生植物可以美化环境、调节气候。但其占地面积较大，受季节影响较大。土壤渗滤是类似于人工湿地的污水处理技术，其是在人工控制条件下，通过土壤-植物系统的物理、化学、生物作用，对污水进行净化处理。根据污水性质不同，可分为慢速渗滤、快速渗滤、地表漫流和地下渗滤等形式。该工艺技术缓冲能力强、建设投资低、维护方便，此外还可以与农村农业灌溉相结合。综上，一体化处理设备在农村污水分散式处理中有着较好的前景。但是，污水处理停留时间长，受季节、温度等影响较大，而且防护不当还存在污染地下水的风险。

## 7.2.3　农村污水处理方法与工艺

近年来，国内外应用最为广泛的农村生活污水处理方法为生物处理法，因为生物处理法具有投资和运行费用较低、处理效果好的优点。该方法主要基于污泥中微生物菌群的生长代谢，可以将污水中的大分子有机物分解、转化为小分子物质，小分子物质进一步被降解为无毒无害物质或者被微生物本身生长繁殖利用，从而将污染物去除。根据处理过程中污泥的状态可将生物处理技术分为微生物悬浮生长的活性污泥法和附着生长的生物膜法。根据运行过程中是否需氧，又可将生物处理技术分为好氧生物技术和厌氧生物技术。此外，还包括人工湿地、生物滤池、稳定塘处理技术、厌氧好氧组合以及一体化污水处理等技术。具体介绍如下。

### (1) 生物处理技术

生物处理技术是污水处理的核心技术，生物处理技术包括厌氧生物处理技术和好氧生物处理技术。厌氧生物处理技术是农村污水处理的核心技术，应用最为广泛。厌氧生物处理技术是在厌氧条件下，厌氧微生物在特定的环境下，分解废水中的有机污染物，转化生成甲烷和二氧化碳。污水中的有机污染物在厌氧分解时经历四个过程：水解—酸化—产乙酸—产甲烷过程。在第一阶段的水解过程中，污水中难降解的高分子有机物在微生物胞外酶的作用下转化为小分子物质，然后生成的小分子有机污染物继续在微生物的作用下转变为结构更简单的挥发性脂肪酸等物质，在产酸阶段这些物质被转化为乙酸、碳酸等小分子物质。在最后的产甲烷阶段，产酸阶段的产物在微生物的作用下生成 $CH_4$、$CO_2$，至此厌氧过程就全部完成了。在农村污水的厌氧生物处理技术中，常用的有化粪池和污水净化沼气池。

① 化粪池。化粪池出现于 19 世纪，开创了人工厌氧处理技术的先河，是应用最普遍的一种分散污水处理技术，由于结构简单、管理方便、成本低，在农村污水处理中发挥着重要作用。目前一般采用的三格式化粪池，由三个密闭的互相连通的池子组成。污水进入第一格化粪池后，较大的固体颗粒物被截留下来，进行厌氧发酵，同时分层，上层是粪皮，中层是较清澈的液体，中层液体中含有的寄生虫卵较少，下层是密度较大的沉淀物。污水在第一格停留一定时间后，中间层较清澈的液体进入第二格，在第二格中继续厌氧发酵，同时发生固液分离。第二格中的中间层清液随后进入第三格，第三格的主要作用是贮存、停留，经过厌氧消化，粪水基本腐熟完全，病毒和虫卵几乎全被杀灭或去除，随后处理之后的水可以排入城市下水管网，进一步处理。化粪池中的浮渣和沉渣需要定期清理，保证化粪池的处理效果。三格式化粪池的出水中仍旧含有大量的有机污染物和氮、磷等污染物质，出水不能作为农田灌溉用水直接使用，化粪池的处理效率较低，可以作为预处理设备使用，化粪池后可设置土地渗滤系统对废水进一步处理。

② 污水净化沼气池。针对化粪池、沼气池在使用过程中出现的问题，在化粪池、沼气池污水处理技术的基础上开发了厌氧污水处理设备——污水净化沼气池，是新兴的分散式污水处理设备。具体过程为：生活污水首先进入截留沉砂井，去除粗大的固体颗粒物及部分无机颗粒物，随后在厌氧池中厌氧消化，去除废水中悬浮物及有机污染物，提高出水水质后排出。污水净化沼气池与三格式化粪池相比较，有三方面的优势：在污水处理效果上，污水净化沼气池的出水远优于三格式化粪池的出水水质，污水净化沼气池的出水 COD 含量低，氨氮去除效果好；在能源回收方面，污水净化沼气池可以回收部分能源，三格式化粪池对能源不能有效回收；污泥产生量方面，污水净化沼气池产生的污泥量较少，减少了后续的运行维护成本。

### (2) 生态处理技术

① 生物转盘。生物转盘是一种生物膜法污水处理技术，整个工艺流程的动力设备只有转盘驱动电机和污水提升泵，极大地提高了该工艺在运行时的稳定性。生物转盘对污水具有较好的处理效果，并且用转盘代替风机供氧，可以节省电耗，降低成本。如韦真周等运用生物转盘工艺处理小城镇生活污水，处理效果良好，COD、SS、$NH_3$-N、TP 去除率分别为85.47％、94.68％、84.48％、78.33％。此外，利用多种不同类群、功能各异、具有协同作用的微生物组成的复合微生物，可以提高处理能力，减少调试时间。李成森等以复合微生物菌剂代替活性污泥和生物转盘进行组合的工艺在崇左市大新县下雷镇污水处理厂调试运行，出水各指标为 COD 38mg/L，SS 17mg/L，$NH_3$-N 7.59mg/L，TP 0.89mg/L， pH 7.82，TN 9.47mg/L，出水水质达到 GB 18918—2002 一级 B 标准，并且生物转盘产生的污泥量较少，对于剩余污泥进行脱水后可用于林地施肥。

② 膜生物反应器。膜生物反应器（MBR）是由活性污泥法和膜法相结合的一种污水处理技术，由于膜的高效截留作用，可以截留微生物难以分解的大分子有机物，提高污水出水水质，减小污泥产生量。谢晴等在示范工程中运用 $A^2$/O-MBR 一体化设备的工艺组合对农村污水进行处理，出水水质均优于 GB 18918—2002《城镇污水处理厂污染物排放标准》一级 A 排放标准。也可增加混凝沉淀工艺对污水进行预处理，所投加的絮凝剂产生的双电层及吸附架桥作用，高效率去除水中悬浮颗粒物质，可保证后续深度生化处理的稳定运行。左燕君等运用混凝-两级 A/O-MBR 工艺处理生活污水，出水中 COD 浓度为 17.8mg/L，SS 浓度为 8.7mg/L，$NH_3$-N 浓度为 3.4mg/L，满足 GB 18918—2002 一级 A 标准。MBR 复合工艺具有占地面积小，运行稳定，耐冲击性能强，出水水质效果好等优点。但所用膜容易发生堵塞，清洗困难且所需能耗较高。

③ 人工湿地。由于人工湿地集污水处理与美化环境于一体，在净化污水的同时还具有景观效果，目前人工湿地技术已在我国广泛使用，赵海洲等运用人工湿地复合工艺处理可使出水水质达到要求。谷鹏飞等在上海市闵行区某农村污水收集治理工程中，运用接触氧化与人工湿地组合工艺，出水 COD、BOD、$NH_3$-N、TP 的去除率分别为 92.5%、97.6%、82.9%和 88.4%。在示范工程中运用无动力水池-人工湿地-氧化塘的塘坝湿地近自然处理组合技术，该技术对 COD 去除率为 70.54%，$NH_3$-N 去除率为 96.12%，TN 去除率为 91.23%，TP 去除率为 93.25%，出水水质满足 GB 18918—2002 一级 B 标准。由此可见，与传统的污水处理方法相比，人工湿地具有投资低、耗能少、运行费用低等优点，但人工湿地占地面积较大，所以对污水处理地区的地形地貌要求较高。

④ 土壤渗滤技术。发达国家在 20 世纪 70 年代就对土壤渗滤技术开始了应用，我国自 20 世纪 90 年代初对此技术进行了深入研究，目前取得了一定的成果。土地渗滤处理技术是通过土壤的过滤、吸附，植物根系的吸收，微生物降解作用使污水得到净化的一种处理技术。净化后的污水主要对地下水进行补给，对地区的水量平衡有重要意义。谢良林等通过对传统的土壤渗滤系统进行改良，采用沉淀池—砂滤池—土塘渗滤技术处理农家乐废水，处理效果较好，废水经过沉淀、过滤后能够解决传统土壤渗滤系统中出现的堵塞、不易反冲洗的问题，提高了处理负荷，废水经改良型土壤渗滤系统处理后，化学需氧量去除率 82.41%、氨氮去除率 91.06%、总氮去除率 80.12%、总磷去除率 88.59%，处理效果良好。

⑤ 稳定塘处理技术。稳定塘是利用天然净化能力对污水进行处理的天然池塘或人工池塘，净化过程与天然水体的自净过程类似，利用塘中的微生物和藻类降解水中污染物。稳定塘可以利用天然池塘设置围堤和防渗层，建造费用低，运行过程中不需要进行人工曝气，不需要专业人员运行维护，对运营、管理人员的技术要求较低，污泥不需要处理，适宜农村地区的污水处理。但传统稳定塘的占地面积较大，处理效率较低，一般散发恶臭，在此基础上开发了新型高效氧化塘。张巍等采用稳定塘技术处理农村生活污水，生活污水经格栅去除粗大悬浮物后，经前置强化塘处理，降低了污水中污染物质的含量，随后进入自然塘、后置调节塘，出水达到《城镇污水处理厂污染物排放标准》二级标准。李红芳等采用生物滤池—人工湿地—稳定塘组合工艺处理农村分散污水，COD 去除率为 88%，氨氮去除率为 98%，总氮、总磷去除率达到 97%左右，处理效果良好。

**（3）一体化污水处理技术**

一体化污水处理技术是将传统生物处理工艺中的反应、沉淀和污泥回流集中于一个反应器中完成污水处理的技术。该工艺具有抗冲击性强、能耗低、活性污泥产量少、污水处理效果好及反应器主体可埋置于地下或地上等优点。但处理污水量不宜过大，而且工程施工要求技术较高，该技术适用于经济基础较好、人口相对集中的农村。

### 7.2.4 陶瓷膜在农村污水处理中的应用

部分农村地区经济技术相对落后，缺乏专业技术人员，传统 MBR 建成投产后难以保证科学的维护与管理。陶瓷膜-生物反应器（Ceramic membrane bioreactor，C-MBR）利用陶瓷膜的高效截留代替传统工艺中的二沉池，具有出水水质好、耐冲击负荷、产泥少、占地面积小等优点，是农村生活污水处理的重要工艺之一。MBR 工艺的核心是膜组件，其中有机膜的应用最广泛，材质主要为聚氯乙烯（polyvinyl chloride，PVC）、聚偏氟乙烯（polyvinylidene fluoride，PVDF）。但有机膜具有易损坏、易受化学物质侵蚀、易产生不可逆污染等缺点，影响处理效果，且日常维护管理复杂。相比较而言，陶瓷膜具有抗污染性能好、耐酸碱性、机械强度大、结构稳定以及维护简单等优势，更适合应用于 MBR 处理农村生活污水。因此，目前研究主要集中在 C-MBR 对于校园生活污水、农村生活污水、医院污水的处理以及膜污染特性。

### 7.2.5 陶瓷膜在农村污水处理中的组合工艺及案例分析

采用吸附-浸没式平板陶瓷膜-MBR 工艺处理农村生活污水，对 C-MBR 处理农村生活污水的效果、脱氮除磷性能进行了强化研究。陶瓷膜-生物反应器（C-MBR）是将好氧生物反应与无机陶瓷平板膜过滤技术相结合的工艺，具有占地面积小、维护简单、排泥量少等优点。为了解决 MBR 除磷效果差的问题，可在 C-MBR 农村生活污水处理后，采用粉煤灰多孔填料吸附进行强化除磷。采用该工艺得出以下结果：在进水 COD、TN、$NH_3$-N 和 TP 浓度分别为 $360.00 \sim 661.00mg/L$、$33.90 \sim 57.60mg/L$、$16.80 \sim 32.30mg/L$ 和 $4.78 \sim 5.70mg/L$，MLSS 为 3000mg/L，膜孔径为 50nm 条件下，C-MBR 出水对应指标平均浓度分别为 34.90mg/L、22.59mg/L、1.13mg/L 和 4.57mg/L，平均去除率分别为 93.68%、47.86%、95.00% 和 12.32%。

## 7.3 城市生活污水

### 7.3.1 城市生活污水的主要组成成分和危害

**（1）城市生活污水的主要组成成分**

随着社会的不断发展，城市生活的复杂性也在不断地提高，对现阶段城市生活所产生的所有污水类型进行分析，其污水种类也更加复杂，污水成分较多，主要包含以下几方面的物质：

① 有机物。在日常饮食过程中会产生一定的食物残渣，残渣进入污水中会使污水中有机物质的含量不断升高，如蛋白质、糖类等。

② 金属无机物。主要是指居民所排放的生活污水中含有一定的钙离子、钠离子等。

③ 化工产品。在日常生活中，居民所使用的洗衣液、洗洁精、洗衣粉等含有一定的氮、磷，排放到污水中丰富了污水的成分，使其难以进行处理。

④ 混合物质。由于生活污水的种类较多，不同类型的生活污水含有的成分不同，各种不同类型的物质混合在污水中会发生一定的反应或引起其他现象，使生活污水难以处理。

**(2) 城市生活污水的危害**

通过对城市生活污水的类型进行分析和研究，我们可以了解生活污水对城市环境、人体健康等方面的危害。总的来讲，现阶段城市污水的危害主要表现在以下几方面：

① 水体富营养化。随着生活污水的排放，大量有机物质、化学物质、金属物质等混合在一起，而化学物质如氮、磷物质的增加会污染水体，导致水体富营养化现象，甚至会出现赤潮等现象。

② 污染城市环境。一些生活污水存在异味，若不及时对其进行处理，则会出现臭气熏天的现象，直接污染城市的环境，对人们的日常生活和工作产生困扰。此外，臭气弥漫会危害人体的健康，还会影响绿色城市的发展。

③ 影响地下水源。现阶段，由于城市生活污水的成分较为复杂，各种不同类型的物质混合在一起有可能会发生一些化学反应，产生一些具有毒性的物质，若不及时对其进行处理，会使有毒物质进入地下水和城市居民用水中，引起居民中毒，直接威胁到城市居民的生命健康和人身安全。

## 7.3.2　城市生活污水处理现状及存在问题

城市污水有别于工业废水，是居民平时生活中所产生的各种废水的统称。不像工业污水那样含有多种有毒有害物质，量大可再生是城市污水的显著特点。然而，不经处理的污水直接排放到环境中，不仅有害于土壤地质，使水质恶化，生成的不良气体也有害于人体健康。有关调查分析显示，城市污水中含有大量有机物，因此对城市生活污水的工艺化处理需着重考虑此方面。逐渐严重的环境污染状况也使得国家行政部门呼吁节能减排、环境保护和资源再生，部分地段已经建立污水处理设施，但处理量仍然无法达到每天需处理城市污水的总量，且工艺简单，收效不佳，设备较为落后。因此，建立健全相关的法律法规，国家财政部门的持续支持，优化工艺，增大产出收益比，即可有效化解城市污水处理难问题。

此外，经查实，我国污水处理厂的实际运转率并不高，建成的污水处理厂中只有一半是运转的，最终致使我国污水实际处理率并不高。随着人们对环保问题认识的加深，国家也在加大污水处理投资力度，但是相对于国外来讲还有很大的差距，不能很好地满足各大城市的实际需要。面对这种情况，我国应该在宏观调控政策的指导下对现有的投资结构进行调整，不断加大对城市排水和城市污水处理设施的投入。我国目前城市污水处理工艺技术创新性差且管理水平较低，且操作人员的技术水平和管理程度不能很好地胜任这份工作，所以即使建成污水厂，是否能够正常运行也是一个非常值得研究的问题，如果不能正常运行，城市污水厂的现实意义也将大打折扣。

## 7.3.3　城市污水处理方法与工艺

在我国现有的城市污水处理厂中，80%以上的采用活性污泥法，其余的采用一级处理、强化一级处理、稳定塘法及土地处理法等。"七五""八五""九五"期间，我国在污水处理、污水再生利用、污泥处理等新技术研究方面都取得了可喜的进展，某些研究成果已达到国际先进水平。同时，我国引进了许多国外的新技术、新工艺、新设备，如 AB 法、氧化沟法、A/O 工艺、A/A/O 工艺、SBR 法也在我国城市污水处理厂中得到了应用。污水处理的工艺技术也由过去的只注重去除有机物发展为具有除磷脱氮功能。具体如下。

**(1) 活性污泥法**

活性污泥法主要由曝气池、沉淀池、污泥回流、剩余污泥排放系统 4 个主要部分构成，以这种方法为依托的处理系统实质上是自然界水体自净的人工强化模拟。其实际操作流程是废水和回流的活性污泥将会一起进入曝气池，并逐步形成混合液。这种方法具有较高的处理能力，同时还具有出水水质好等明显优势。在很长的一段时间内，城市生活污水大多数都采用的是活性污泥法，到目前为止，这种方法是世界各国应用最广泛的一种生物处理方法。

**(2) 厌氧生物处理法**

厌氧生物处理法是指在厌氧细菌或者是兼性细菌作用的帮助下将污泥中的有机物进行分解，最终产生 $CH_4$ 和 $CO_2$ 等气体。但是这种方法的使用范围是有局限的，通常情况下仅仅被用于污泥处理，这是因为这种方法有自身的缺陷，处理效率非常低，并且速度慢，同时还因为甲烷菌对环境的要求非常严格，控制起来也比较困难。近年来，随着能源危机以及环境污染问题的不断加重，厌氧生物处理法被越来越多的人认可并应用到实际操作中，这种既能节能又能产能的方式有效地帮助我们缓解了建得起污水处理厂却养不起它的情况。所以，厌氧生物处理法无论是理论研究还是实际应用都取得了非常大的进展，一些新的厌氧生物处理技术，比如厌氧生物滤池、厌氧转盘、厌氧膨胀床、上流式厌氧污泥床反应器（UASB）等随之诞生。厌氧生物处理法在实际操作过程中也有许多限制因素，如比较低的污染物浓度和低温，但是经过了大量的长时间的改进试验，这些限制因素基本上都得到了比较好的解决。现在，厌氧生物处理法的发展趋势是和其他生物处理方法联合使用，比如，厌氧-好氧复合工艺等，这样的方式具有投资量少、节省能源、污泥产量少以及出水水质好等一系列明显优势。现在厌氧生物处理法正在一步步向着能处理低浓度有机污水的方向发展，这样既能达到除磷脱氮的效果，又能确保运行和维护工作便捷，同时还能更好地促进我国经济的发展。

**(3) 生物膜法**

生物膜法的主要特点是微生物附着在介质"滤料"表面，形成生物膜，污水同生物膜接触之后，溶解的有机污染物被微生物吸附转化为 $H_2O$、$CO_2$、$NH_3$ 和微生物细胞物质，这样污水就能得到很好的净化。该技术主要用于从废水中去除溶解性有机污染物。从其使用范围分析，生物膜法处理系统在中小规模的城市废水中应用最为广泛，采用的处理构筑物有高负荷生物滤池和生物转盘。在南方，生物滤池应用得最多。伴随新型填料的不断开发以及配套技术的进一步完善，生物膜法工艺技术这些年的发展还是非常不错的，取得了较好的成绩。这和其本身具有的处理效率高、耐冲击负荷性能好、产泥量低、操作简单等优势密切相关。

**(4) 氧化法**

氧化法种类很多，以氧化剂的种类和反应器类型作为分类标准，可分为化学氧化法、催化氧化法、光催化氧化法以及超临界氧化法等。在城市生活污水预处理方法中，氧化法是应用广泛且非常有潜力的工艺技术之一。化学氧化法的明显优势是操作简单，但也存在明显缺陷，即处理效果不理想以及运行成本比较高，因此，该工艺技术在我们日常的城市生活污水处理中应用得比较少。光催化氧化法有着非常明显的优势：其操作简单且运行条件温和，杀菌能力强，处理之后不会留下杂质。所以，这种方式在水的深度处理以及难生物降解的处理过程中应用很广泛。现在这种方式已经成为国内外研究的重要课题，在城市污水处理中占据的位置越来越重要。

### 7.3.4　陶瓷膜在城市污水处理中的应用

陶瓷膜在城市污水处理中的应用主要有两种类型，一类是膜分离，另一类是与生物反应器结合形成的陶瓷膜-生物反应器（C-MBR）。目前的应用研究中采用第一种的较少见，大多数都为陶瓷膜-生物反应器，且以厌氧工艺居多。而其中主要以市政污水为主。

对于陶瓷膜在市政生活污水处理方面的应用，国内的研究做得比较多。南京工业大学采用多管道陶瓷膜管处理市政污水，并且使用端流促进器增大膜通量、降低膜污染，通量可达 $70 \sim 175 L/(m^2 \cdot h)$，水质处理效果好，$COD_{Cr}$ 去除率达到 95% 以上。大量研究者都对陶瓷膜-生物反应器处理市政废水运行条件优化（包括水力停留时间、污泥停留时间等方面）、膜再生方法、污染机理等方面做了深入研究。另外，在陶瓷膜-生物反应器中，大部分陶瓷膜管选用 19 通道的膜管，约占陶瓷膜管总数的 74%，以管式陶瓷膜组件最为常见。徐农等使用 7 通道管状陶瓷膜生物反应器处理生活污水，得到了 90% 以上的 COD 去除率。Aslam 等对单级的厌氧流化床陶瓷膜-生物反应器对合成废水的处理做了研究，并且在反应器运行过程中对膜污染的控制方式做了探究。实验结果表明，膜孔道的堵塞比泥饼层的形成对膜污染的贡献更大，每周两次的维护性清洗和膜的松弛能有效地减缓膜污染的速率。

相应地，国外学者采用陶瓷膜处理市政污水的研究也较多。如，Seib 等研究了两种膜材料——高分子膜和管状陶瓷膜在 10℃ 及 25℃ 下处理实际市政污水的能量需求及有机物去除效果。结果表明，反应器 HRT 为 $4.2 \sim 9.8h$ 时，出水 $BOD_5$ 小于 10mg/L，GAC（阴极活性炭颗粒）的添加可使错流速率显著降低并因此使能量需求仅为 $0.05 \sim 0.13 kW \cdot h/m^3$。陶瓷膜具有相对较慢的污染速率，且添加了 GAC 颗粒后两种膜的运行时间分别增加了 55% 和 120%。Yue 等应用三种不同孔径（80nm、200nm 和 300nm）的 $Al_2O_3$ 陶瓷膜在室温下对生活污水进行了厌氧处理，COD 的总去除率分别达到 88.6%、87.9%、86.3%，甲烷产量 $(0.1 \pm 0.02)L \ CH_4/g \ COD$。同时，该研究认为三个平行反应器的运行表现并没有显著的差异，但孔径小（80nm）的陶瓷膜污染速率相对较慢，且膜表面的粗糙度越小污染也越慢。另外，也有将陶瓷膜运用于好氧膜生物反应器系统的研究。Aidan 等将平板及柱状微滤陶瓷膜与 UV 光解系统结合起来处理市政污水，结果表明，陶瓷膜对悬浮物有很高的去除率，但对微生物的去除效果一般，菌落总数去除率约 61%。而将膜系统与 UV 光解系统结合起来后，悬浮物和微生物的去除效果很好，浊度去除率超过 98%，出水 TSS 小于 5mg/L，TN 去除率 81%~83%，TP 去除率 94%，总大肠菌群密度减少超过四个数量级。

此外，对于集中的市政污水来说，水处理量大，污染物浓度相对较低，膜过滤所消耗的能量和动力较大，经济性较差。但可以使用陶瓷膜-生物反应器对生活污水进行分散式处理，如针对一个小区的污水处理回用，陶瓷膜-生物反应器运行稳定、维护需求少、机械强度大、使用寿命长且耐化学腐蚀，相比有机膜有绝对的竞争力和优势。虽然现在使用陶瓷膜-生物反应器处理分散式生活污水还没有占据主要市场，但这是这项工艺应用的缺口和商机。

### 7.3.5　陶瓷膜在城市污水处理中的组合工艺及案例分析

项目主要为中心裕景建立中水站（图 7-1），将该房产区域产生的生活污水进行处理后，回用于冲洗、景观及绿化等用水环节。

膜组件数：30 组。

膜面积：$120m^2$。

处理量：$300m^3/d$。

占地面积：$2m^2$。

投资成本（膜设备）：800 元/t 水。

运行成本（含电耗和药耗）：约 0.45 元/t 水。

工艺流程：小区生活污水→调节池→格栅→SBR 生化工艺→陶瓷膜深度处理→消毒→排放。

图 7-1　大连中心裕景 300t/d 中水项目

该项目污水处理出水水质见表 7-1。

表 7-1　出水水质

| 项目 | TSS/（mg/L） | COD/（mg/L） |
| --- | --- | --- |
| 进水水质 | 500 | 150 |
| 出水水质 | 5 | 50 |

## 7.4　餐饮废水

近年来，随着经济的不断发展，产业结构的调整，第三产业发展很快，其中餐饮业的发展尤其迅速，导致餐饮废水的排放量剧增，因此带来的污染问题也越来越严重。餐饮废水主要来源于餐饮业在营业过程中产生的食物准备、餐具洗涤、残余食物渗滤液等，其中含有大量的固体悬浮物以及各种各样的有机物、动植物油、蛋白质、纤维素、维生素、无机盐分、合成洗涤剂等。此外，餐饮废水排放时间段有一定的规律性，瞬间排放流量大，中午和晚上一般是此类废水排放的高峰值期间。在很多城市都将城市餐饮废水与城市生活污水分别治理，不仅可以提高餐饮废水的处理力度，还可以将其中的油脂和其他杂质进行回收再利用。此外，为保证活性污泥和生物膜的正常代谢过程，混合污水在流入生物处理构筑物的时候，其含油脂浓度通常不能大于 30～50mg/L。餐饮废水排放的分散性、间歇性、油脂含量高以及难以管理等水质特性，导致一些工艺对其处理效果不佳，因此寻找一种适合餐饮废水处理的技术方案是十分必要的。

### 7.4.1　餐饮废水的来源和成分

随着人们生活水平的不断提高，餐饮行业也犹如雨后春笋般迅速发展，随之而来的是大量餐饮废水的排放。餐饮废水的定义有几种说法：其一指餐饮废水即餐饮业和单位食堂产生的残渣和废料；还有一种说法是指饭店、宾馆等饮食行业排放的含油潲水，潲水包括淘米水、米汤、剩饭菜、鱼刺、骨渣、瓜菜皮等，这些废水中含有大量的动植物油及各种胶体、洗涤剂、蛋白质、植物纤维、无机盐等，成分复杂。据统计，仅全国 100 多个大中型城市餐饮企业，每天产生的废水量就接近 300 万吨，如不及时处理将造成很大的污染。

餐饮废水中主要成分是剩余食物和水，以淀粉类、食物纤维类、动物脂肪类等有机物为主要成分，具有营养成分高、含水率高、油脂和盐分含量高、易腐发酵发臭等特点。若将之与生活垃圾一道收集、运输和处置，将会严重影响市容环境和居民生活，也会影响生活垃圾的最终处置效果。此外，餐厨垃圾中含有大量的有机物，其营养既全面又丰富，只要通过合适的处理技术，就可以使餐饮废水得到充分的"资源化"利用。

### 7.4.2　餐饮废水的特点及危害

#### (1) 餐饮废水的特点

据对我国发达地区广州、上海等地餐饮废水检测结果表明：BOD 为 300～500mg/L，COD 为 1000mg/L 左右，油脂为 150～421mg/L，氨氮平均值 6～50mg/L，SS 为 300～568mg/L，这些指标均高于国家《污水综合排放标准》（GB 8978—1996）中规定的排放浓度（见表 7-2），其中油脂、BOD、COD、SS 要远远高于三级标准，餐饮废水在处理达到三级标准后，才能排入有污水处理厂的城市管网。

表 7-2　国家《污水综合排放标准》（GB 8978—1996）

| 指标 | 一级标准 | 二级标准 | 三级标准 |
|---|---|---|---|
| pH 值 | 6～9 | 6～9 | 6～9 |
| SS/(mg/L) | 70 | 150 | 100 |
| 油脂/(mg/L) | 10 | 15 | 100 |
| $BOD_5$/(mg/L) | 20 | 30 | 300 |
| COD/(mg/L) | 100 | 150 | 500 |

和工业废水相比，餐饮废水如未经处理直接排放至江河湖海，会导致天然水体的富营养化；其次餐饮业多与居民生活居住区混杂，尽管其排污总量小，强度低，但污染点多且分散，污染影响大。餐饮废水具有以下特点：

① 废水量大小不一。食品工业从家庭作业的小规模到各种大型工厂，产品品种繁多，

其原料、工艺、规模等差别很大，废水量从数立方米每天到数千立方米每天不等。对废水量不大的小型作坊，因维护管理方面存在实际困难，希望采用便于维护管理的废水处理设施。

② 生产随季节变化，废水水质水量也随季节变化。例如，农产品和水产品的加工，因季节关系，由于原料输入的状况变化很大，在某个时期有加工集中情况。豆腐制作和饮食行业，由于在一天内只有数小时工作，废水在这个时期也较集中。

③ 食品工业废水中可生物降解成分多。对于一般食品工业，由于原料来源于自然界有机物质，其废水中的成分也以自然界有机物质（如蛋白质、脂肪、糖、淀粉）为主，不含有毒物质，故生物降解性好。其 $BOD_5/COD$ 值高达 0.84。

④ 废水中含各种微生物，包括致病微生物，废水易腐败发臭。

⑤ 高浓度废水多。近年来，从节约水资源和降低成本的观点出发，推行水利用合理化，在有机物质不变而水量减少和增加有机物质而水量不增加的情况下，这些都导致废水浓度增高。一般来说，食品工业废水，以较高浓度者为多，其 BOD 值在 500mg/L 以上的情况很多，其中有浓度高达数万毫克每升的，亦并不罕见。

⑥ 废水中氮、磷含量高。在肉类、豆类和动物肉类加工时，从蛋白质中产生氮；在水产品加工时，在制作鱼糕、火腿和腊肠的过程中都会排放高氮、磷含量的废水。

**(2) 餐饮废水的危害**

① 破坏自然环境。餐饮废水中 COD、BOD、油脂、氨氮、总氮和 TP 的含量都比较高，若未经处理便排入水体，这些物质会使水体富营养化，大量消耗水中溶解氧，使水体缺氧，且动植物油漂浮于水面会使大气中的氧难以溶入水体，导致水中生物缺氧死亡。若餐饮废水直接排放到土壤中会形成油膜，使空气难于进入，影响植物的正常生长。

② 对城市管网的影响。餐饮废水排入污水管网后，废水中的动植物油容易形成高黏滞度的物质凝结在管道内壁，不易降解，使管道排水能力降低，甚至阻塞管道，影响污水管网的正常使用。

③ 对城市污水处理厂的影响。餐饮废水中的油脂进入污水处理厂后，会影响微生物的正常生长繁殖，使污水处理厂出水水质恶化。

④ 对人类健康的影响。餐饮废水的任意排放会滋生大量的细菌和微生物，对人类身心健康造成影响。

由餐饮废水几个方面的危害分析可知：餐饮废水的排放随意性强，在污水管网覆盖的城镇地区，餐饮废水直接排入市政管网，不仅会对污水管网的正常使用造成影响，而且其中大量的有机物会改变污水处理厂的进水水质，使出水水质恶化；而在污水管网不完善的地区，若放任餐饮废水任意排放，对土壤和水环境就会造成很大危害。将餐饮废水处理达标后排放，在减少对市政管网和城市污水处理厂危害的同时能有效地保护生态环境。因此，研究餐饮废水的处理工艺具有相当重要的意义。

## 7.4.3 餐饮废水处理现状及存在问题

据不完全统计，我国每年餐饮业排放的未经处理的废水达上亿吨，且有不断增长的趋势。另据资料报道，全国一百多个大中型城市餐饮企业，每天产生的废水量就接近 300 万吨，其排放量约占城市生活污水总排放量的 3%，但其 $BOD_5$ 和 $COD_{Cr}$ 的含量却占总负荷的 1/3。餐饮服务业分布广、排放不集中、水质多变，治理难度不断加大，危害与日俱增，而当前我国餐饮企业多采用隔油池或简易挡板式重力油水分离器等简单处理餐饮含油污水，仅能去除部分浮油且无生化降解作用，多项指标均无法达到国家规定的《污水排入城镇下水道水质标准》（GB/T 31962—2015），有的甚至直排进入污水管道或自然水体，餐饮废水超标排放现象严重，但因为投资成本、运行成本、安装空间等问题的存在，合格成熟的治理技术和设备难以推广，由此带来的"地沟油"现象更是屡禁不绝。因此，结合我国现有国情，调查分析餐饮废水水质特征，针对餐饮企业废水处理设备占地紧张、资金短缺、处理时间要求较高的特点，对国内外多种处理技术进行分析比较，研发出符合当前状况的餐饮污水处理模式及工艺已成为当务之急。

## 7.4.4　餐饮废水处理方法与工艺

　　一般餐饮废水处理方法有以下几种：物理法、化学法、电化学法、生化法、膜法等。物理法一般就是通过投加混凝剂，沉淀废水中部分有机物，该方法简单易行，但是去除有机物不彻底，并且产生化学污泥，还需要配套的污泥处理设施；化学法一般采用高级氧化法，该方法能有效地去除水中有机物，但是运行成本太高；电化学法也存在运行成本高的问题，并且极板被污染后需要更换；膜法组件价格太高，膜的清洗、恢复等技术还有待进一步解决。根据餐饮废水的特点（BOD/COD＞0.3，可生化性好），最有效的处理方法就是首先去除废水中的油脂，然后再采用生化处理方法。生化处理方法具有运行稳定、运行费用低、方便管理等优点，但需要一定的占地面积。因此，为了去除餐饮废水中高浓度的动植物油类、有机物及悬浮物质等，使其在排入城市管网之前，其水质达到三级标准，可采用相关联用技术，具体包括物理化学法、电化学法和生物处理法。

　　**（1）物理化学法**

　　物理化学处理法是废水处理方法之一，是由物理方法和化学方法组成的废水处理方法，或是包括物理过程和化学过程的单项处理方法，主要包括粗粒化法、破乳法、混凝法和磁吸附分离法等。其优点在于：占地面积少，出水水质好且稳定；对废水水量、水温和浓度变化的适应性强；管理操作易于自动检测和自动控制等。不足之处在于设备费和运转费较高。

　　① 粗粒化法主要用于油水分离。含油污水通过某种固体材料表面时，水中的油珠直径可由小变大，因油珠在水中的上浮速度与油珠直径的平方成正比，所以经粗粒化后的含油污水，油水分离速度可显著加快，从而提高了设备的处理能力和除油效果。能实现粗粒化的材料必须具备的特性是：亲油疏水性好，表面易被油湿润；耐油性能好，不被油溶胀或溶解；具有一定的机械强度；不发生板结，冲洗更换方便；能按粒度和比表面积要求加工。

　　② 破乳法主要应用于油液分离。利用破乳法可以有效破坏乳状液，使油水分层，进而实现油水分离。目前破乳的方法很多，有吸附和过滤，或者往乳状液中加入某种对内相有亲和能力的吸附剂，或使乳状液通过装有此类吸附剂的过滤器，如白土可破坏 W/O 型乳状液，但更普遍的手段是加入某种化学试剂，降低油-水界面膜的强度，破坏或置换在油-水界面上已被吸附的成膜物质，以达到破乳效果。为了方便破乳操作，人们新近开发出一种易于破乳处理的生物乳化剂。生物乳化剂是一类由生物产生的具有表面活性的化合物，其分子结构由一个疏水部分和一个亲水部分构成。疏水部分为饱和、不饱和或羟化的烃链；亲水部分更加多样化，可简单如脂肪酸的羧基，也可复杂如糖脂的多聚糖基。生物乳化剂具有低毒、

易生物降解的特点。采用生物乳化剂强化处理含脂类废水是一种新的尝试，它具有使溶于水中的脂肪酸及油类物质乳化和产生中度泡沫的能力，可改善反应器的生物除油效果，改变反应器中微生物的性状，改善反应器的运行性能，从而提高油类物质与活性微生物的作用效率。

③ 混凝法是传统的去除水中细微悬浮颗粒物的物理化学方法。采用该法时，通常是向含胶体废水中加入一定试剂，使胶体因电性中和、双电层压缩、凝聚物网捕共沉淀、桥联和去溶剂化等作用而聚集成大颗粒絮体，沉淀下来，最终达到净化水体的效果。利用混凝法处理餐饮废水时，常用的絮凝剂有：硫酸铁、硫酸亚铁、氯化铝、碱式氯化铝、硫酸铝钾、硫酸铝钾＋聚丙烯酰胺、聚合氯化铝、聚硅酸等。

**(2) 电化学法**

电化学法具有絮凝、气浮、氧化和微电解作用。在废水处理中电絮凝、电气浮和电氧化过程往往同时进行。大致可分为脉冲电絮凝法、电解法、电凝聚法等工艺。电化学法与生物法和混凝气浮法相比，具有处理效果好、占地面积少、工艺操作简便、污泥量少和易实现自动化等优点，易于被宾馆酒楼所接受。其中电凝聚与电凝聚气浮法对于处理中等浓度及中等规模的餐饮废水较适用，且处理效果好，处理后的废水再进行生化处理排入水体当中，或者排入市政管网进入城市污水处理厂进行集中处理排放。

① 脉冲电絮凝法就是采用脉冲电源不断地重复进行"供电—断电—供电"的电絮凝过程。电流从接通到断开的时间为脉冲持续时间，也称脉冲宽度，即电解的工作时间；电流从断开到接通的时间为电解间歇时间或称脉冲间歇。脉冲电絮凝对电极的活化作用能有效防止铝电极的钝化。在相同条件下，脉冲电絮凝可达到与直流电絮凝相同水平的污染物去除率，油的去除率分别在 92％ 和 84％ 以上，能耗可下降 30％。

② 电解法是应用电解的基本原理，使废水中有害物质通过电解过程在阳、阴两极上分别发生氧化和还原反应转化成为无害物质，以实现废水净化的方法。温度对除油效果的影响较大，但处理实际餐饮废水时不必特意提高温度；在最佳条件下处理实际餐饮废水时，该方法对油的去除率为 84.6％，对 COD 的去除率为 79％。

③ 电凝聚法的作用机理其实是电解凝聚、电解气浮和电解氧化还原的有机结合。从运行方面考虑，电凝聚处理设备简单，占地面积小，可间断运行。

综上，电化学法在一定程度上可以降低污染物浓度，有效地解决了餐饮废水达标排放问题。但由于餐饮废水含油量较高，有机物含量大，在电解设备运行过程中易在电极板间形成污垢，降低极板的导电性，使电解时电压升高，工作电流减小，电耗增加而处理效果下降，极板使用寿命变短。

**(3) 生物处理法**

目前的生物处理方法主要有活性污泥法、SBR 法、膜-生物法、生物接触氧化法等。生物处理技术是水污染控制、水资源控制以及可持续利用的重要技术之一，这项技术利用诸如细菌、霉菌或原生动物等微生物的代谢作用来去除污水中有机物，使有机污染物得到降解，并转换为无害物质，从而使待处理物得到净化。此法最突出的优点就是二次污染少，是防止环境恶化和保护生态平衡的有效方法。

① 活性污泥法作为运用最为广泛的污水处理技术，处理效果较好，操作简便。但其对 N、P 含量较高易造成水体富营养化的餐饮废水的 N、P 的去除不是很理想。

② 序批式活性污泥法（SBR）废水处理技术是改进的普通活性污泥法处理废水工艺，

具有工艺流程简单，构筑物少，一般只设反应池，无需二次沉淀池和污泥回流设备等特点。适合处理流量小、变化大甚至间歇排放的餐饮废水。根据进水 COD 和油浓度的不同，采用适当延长或缩短曝气时间，相应减少或增加厌氧时间和闲置时间的灵活方式，可在保证处理出水达标的前提下尽量做到节能。SBR 工艺对水质、水量的变化具有较强的耐冲击能力，因此对处理水质、水量变化较大的餐饮废水是一种理想的工艺选择。

③ 膜生物反应器（MBR）是将生物反应器与膜组件相联用的一项废水处理新技术。将膜应用于传统的活性污泥法中，不仅具备传统污泥法的降解能力，还具有膜的高效分离能力，同时处理设备的占地面积也大大缩小。很多实验表明膜技术在处理餐饮废水的应用中效果较好。

生物接触氧化法是兼有活性污泥法和生物膜法特点的生物处理工艺，池内放置有填料。在鼓风充氧作用下，通过附着在填料上的生物膜和悬浮在水中的微生物，吸附降解、氧化和代谢去除水中有机污染物。

### 7.4.5　陶瓷膜在餐饮废水处理中的应用

餐饮行业油污水油脂含量很高，既含有乳化油又有溶解油，较难处理。无机陶瓷膜的疏油性，使其被广泛应用于餐饮废水的处理。张林楠等采用自制的 $Al_2O_3$ 陶瓷膜处理餐饮废水，研究了料液含量、料液流量、操作压力、料液温度等操作条件对膜通量及油滴、COD 去除率的影响。结果表明，优化的过滤条件为，料液为原料液，料液的体积流量为 200L/h，操作压力为 160kPa，料液温度为 25℃。在优化的过滤条件下，采用自制碱性化学清洗剂清洗膜体，其再生性能良好，达到 95% 以上。金江等确定了用陶瓷膜处理餐饮行业含油污水时膜污染的化学清洗方法，考察了单种清洗剂和综合清洗、清洗时间、清洗剂浓度对清洗效果的影响，得出了有效的清洗方式。

此外，以无机陶瓷膜组件和废水生化处理装置结合而形成的膜生物反应器（MBR）也在含油废水处理中呈现了良好的处理效果，成为含油废水处理新的方向。陶瓷膜-生物反应器处理生活污水体积小，能耗低，投资少，受到广泛关注。邢传宏等采用陶瓷膜-生物反应器处理生活污水，结果表明：出水水质较好，各项指标均达到了生活杂用水水质标准，通过物理清洗和化学清洗相结合的方式可使膜通量恢复 90% 以上。陈广春等使用陶瓷膜过滤餐饮废水，发现随膜孔径的减小，COD 去除率明显下降，当其孔径小于 $0.05\mu m$ 时，其去除率可达 90% 以上。

### 7.4.6　陶瓷膜组合工艺在水处理中的应用

#### (1) 混凝-陶瓷膜组合工艺

混凝-陶瓷膜组合工艺一般分两类：一是将混凝形成的矾花沉淀后再进行膜过滤；二是混凝后不去除矾花直接进行过滤，即在线混凝-陶瓷膜组合工艺。两者相比，在线混凝在保证处理效果的前提下能减少加药量，缩短混凝时间，且无需沉淀环节，降低基建费用，具有广阔的应用前景。但需注意，在线混凝预处理的目标和要求与传统水处理的混凝有所不同：传统的混凝工艺需要保证足够的加药量和混合时间以保证形成足够大的矾花，易于在后续沉淀工艺中沉降去除，而在线混凝-陶瓷膜组合工艺中，混凝应当首先保证最佳的污染物去除效果并最大程度缓解膜污染。

　　混凝-陶瓷膜组合工艺能够提高各种污染物的去除效率，同时有效缓解膜污染，处理效果优于常规混凝或单独膜工艺，而其中在线混凝-陶瓷膜组合能节省加药量，缩短混凝时间，减少工艺占地面积并降低基建费用，是未来发展的趋势。如何改善絮体的组成和结构，如投加新型助凝剂等，提高在线混凝组合工艺的污染物去除率、减少可逆与不可逆膜污染、维持长期稳定的膜通量更是未来研究的重点。

　　**(2) 臭氧-陶瓷膜组合工艺**

　　目前有关臭氧-陶瓷膜组合工艺的研究中，绝大部分是将臭氧作为陶瓷膜工艺处理微污染水源的预处理工艺，即在膜前的水流中直接投加臭氧进行预氧化，为保证水中溶解态臭氧的浓度，通常要加入过量臭氧，且需要臭氧尾气破坏装置。一种新型浸没式臭氧-陶瓷膜组合工艺，通过底部臭氧扩散器在膜过滤的同时投加臭氧，不仅能有效缓解膜污染，当臭氧投加量在 3.1mg/mg TOC 以下时，还能保证臭氧 100% 消耗，无需尾气破坏装置。这种全新的臭氧投加方式能精确控制臭氧投加量，减少臭氧的消耗，降低组合工艺整体的运行费用。臭氧能够通过直接氧化和间接氧化作用促进有机物的去除，有效控制膜污染，同时陶瓷膜对臭氧氧化具有催化作用，可以促进臭氧的有效利用。

　　臭氧-陶瓷膜组合工艺是一种有效的处理微污染水源水的工艺，陶瓷膜的抗氧化性能弥补了传统有机聚合膜的弊端，同时还能促进臭氧的氧化作用，提高对有机物的降解效率。臭氧应用于饮用水处理可以避免生成氯化消毒副产物，但可能产生溴酸盐问题，原水 pH 值和溴离子浓度越高、臭氧投加量越大、膜孔径越小的臭氧-陶瓷膜组合工艺中溴酸盐的生成量越高，因此在溴离子含量高的原水地区使用该工艺需要慎重，尽量以最少的臭氧投加量和相对较大的膜孔径达到去除污染物的目的。

　　**(3) 光催化-陶瓷膜组合工艺**

　　光催化与膜分离技术的结合，是一种新型组合工艺，不仅保留了两种工艺各自的优势，更弥补了缺陷，近年来在水污染处理中发展迅速。根据光催化剂的存在形式可将 PMR（光催化膜反应器）分为悬浮式和固定式两类。前者是将催化剂分散于水中进行反应，利用陶瓷膜截留回收催化剂；后者则是将催化剂负载于陶瓷膜表面，膜分离与光催化降解同时进行。

　　光催化-陶瓷膜的组合工艺对于多种污染物均有很好的降解效果，通常能将污染物彻底矿化，不产生有毒副产物，同时光催化-陶瓷超滤膜即可取代传统有机纳滤工艺，在污染物去除效果、水回收率和能耗方面都有一定优势，具有广阔的发展前景。

　　具体案例分析如下。

　　项目为某厂区生产废水处理项目升级改造工程（图 7-2），原来的膜系统处理量 4t/h，陶瓷膜系统的处理量 8t/h，出水水质由预处理标准提升为排放标准。

　　膜组件数：48 组。

　　膜面积：216m$^2$。

　　处理量：160m$^3$/d。

　　占地面积：2m$^2$。

　　投资成本（膜设备）：1500 元/t 水。

　　运行成本（含电耗和药耗）：约 0.9 元/t 水。

　　工艺流程：食品生产废水→调节池→厌氧→好氧→陶瓷膜 MBR→消毒→排放。

　　该项目进出水水质见表 7-3。

图 7-2　某厂区生产废水处理项目升级改造工程

表 7-3　进出水水质

| 项目 | TSS/(mg/L) | COD/(mg/L) |
| --- | --- | --- |
| 进水水质 | 500 | 500 |
| 出水水质 | 5 | 100 |

## 7.5　陶瓷膜在生活污水处理中的问题与展望

生活污水所含物质主要为有机物（如蛋白质、碳水化合物、脂肪、尿素、氨氮等）和大量病原微生物（如寄生虫卵和肠道传染病毒等）。随着我国城镇化速度的加快，郊区的居民生活小区、旅游度假村、新建大学城、高速公路生活服务区等相继出现，现有集中式生活污水管网系统很难全部覆盖，而该类生活污水若不经处理直接排放会对环境造成污染。因此，对该类污水进行分散式就地处理，对于控制生活污水排放带来的面源污染问题、实现污水处理回用、节约水资源都有重要的意义。陶瓷膜-生物反应器是处理该类生活污水的重要手段之一，陶瓷膜-生物反应器主要通过分散式处理生活污水。如针对一个小区的污水处理回用，陶瓷膜-生物反应器运行稳定、维护需求少、机械强度大、使用寿命长且耐化学腐蚀，相比有机膜有绝对的竞争力和优势。但处理生活污水后，陶瓷膜被油脂、蛋白质、藻类等生物污染、胶体污染及大多数的有机污染物所覆盖，陶瓷膜污染问题仍未得到有效解决。尽管现有陶瓷膜生物反应器处理分散式生活污水还没有占据主要市场，但这也是该项工艺应用的缺口和商机。因此，亟须解决陶瓷膜污染的问题，可通过对多元陶瓷膜组合工艺进行研究，探索该工艺体系的膜污染问题。

综上，陶瓷膜-生物反应器由于其坚固性、可靠性、稳定的出水效果及较少的操作维护需求在生活污水处理中广受好评，尤其在处理分散式生活污水方面具有很大的应用前景。在未来市场上，应该在保持原有陶瓷膜性能的基础上，在制造费用、操作条件和能量消耗等方面继续改进。

## 参 考 文 献

[1]　张薇，赵亚娟. 国际水资源现状与研究热点 [J]. 地质通报，2009（1）：177-183.

[2] Arnell N W. Climate change and global water resources：SRES emissions and socio-economic scenarios [J]. Global environmental change，2004（14）：31-52.

[3] 雷川华，吴运卿.我国水资源现状、问题与对策研究 [J].节水灌溉，2007，4：41-43.

[4] 高俊发，王彤，郭红军.城镇污水处理及回用技术 [M].北京：化学工业出版社，2004：1-8.

[5] 马若霞，杨彬.农村生活污水的特点和主要处理技术 [J].科技风，2019，6：100-106.

[6] 张大兴.城市生活污水处理技术现状发展趋势研究 [J].居舍，2018，22：244-251.

[7] 胡强.城市生活污水中的污染物分类及处理探析 [J].环境与发展，2018，30：60-61.

[8] White P A，Rasmussen J B. The genotoxic hazards of domestic wastes in surface waters [J]. Mutation Research/Reviews in Mutation Research，1998，410：223-236.

[9] 谢勇强.农村分散式生活污水一体化处理设备研究现状与设计要点 [J].环境与发展，2019（31）：69-80.

[10] 何姝，丁健生.国内外城镇污水处理一体化技术研究进展 [J].广东化工，2014（41）：158-159.

[11] 董景，翟宇超，周湘杰.一体化污水处理设备的研究现状 [J].四川化工，2012，6：38-42.

[12] 徐驰.浅谈城市生活污水处理发展现状和工艺 [J].江西农业学报，2010，22：160-162.

[13] 贺瑞军.城市污水处理的现状及展望 [J].水处理技术，2006：37-44.

[14] 安宁宁.城市生活污水处理技术趋势 [J].天津化工，2009（3）：53-56.

[15] 许颖，夏俊林，黄霞.厌氧膜生物反应器污水处理技术的研究现状与发展前景 [J].膜科学与技术，2016（4）：139-149.

[16] 丛岩.UAFB-EGSB组合工艺处理城镇生活污水的研究 [D].哈尔滨：哈尔滨工业大学，2013（75）：1-7.

[17] 李云.农村生活污水处理技术分析 [J].资源信息与工程，2017（32）：175-176.

[18] 郑春燕，王艳华，李树苑.四种小城镇污水处理工艺投资分析与探讨 [J].中国给水排水，2014，30：63-67.

[19] 韦真周，范庆丰，容继.生物转盘处理小城镇生活污水工程实例 [J].水处理技术，2016，42：85-87.

[20] 李成森，覃开民.复合微生物＋生物转盘组合工艺治理乡镇生活污水的应用 [J].轻工科技，2018（34）：85-87.

[21] 谢晴，张静，麻泽龙.A²/O-MBR工艺在农村生活污水处理中的示范 [J].环境工程，2016（7）：38-41.

[22] 徐丽，洪波.混凝沉淀/臭氧/接触氧化工艺处理制药废水 [J].中国给水排水，2014，30：146-148.

[23] 左燕君，龚娴.混凝-两级A/O-MBR工艺深度处理生活污水 [J].环境与发展，2018（5）：79-81.

[24] 赵海洲，张辰.接触氧化＋人工湿地组合工艺在农村污水中的运用 [J].中国资源综合利用，2017，35：32-34.

[25] 谷鹏飞，于涛，陈环宇.华南农村污水塘坝湿地近自然处理技术示范研究 [J].水处理技术，2017（4）：90-92.

[26] 谢良林，黄祥峰，刘佳.北方地区农村污水治理技术评述 [J].安徽农业科学，2008，36：8267-8269.

[27] 张巍，路冰，刘峥.北方地区农村生活污水生态稳定塘处理示范工程设计 [J].中国给水排水，2018，349：79-81.

[28] 张巍，许静，李晓东.稳定塘处理污水的机理研究及应用研究进展 [J].生态环境学报，2014，23：1396-1401.

[29] Singhania R R，Christophe G，Perchet G，Troquet J，Larroche C. Immersed membrane bioreactors：An overview with special emphasis on anaerobic bioprocesses [J]. Bioresour Technol，2012，122：171-180.

[30] 华文强，农秋悦，车津程.C-MBR工艺对校园污水再生回用处理中的试验研究 [J].水处理技术，2014：88-91.

[31] Li H，Yao M，Lv M. Experimental study on SBMBR process in urban sewage treatment [C]. 2011 5th International Conference on Bioinformatics and Biomedical Engineering，IEEE，2011：1-4.

[32] Mara D. Domestic wastewater treatment in developing countries [J]. Routledge，2013：19-27.

[33] Sonune A，Ghate R. Developments in wastewater treatment methods [J]. Desalination，2004，167：55-63.

[34] 齐孟文，刘凤娟.城市水体富营养化的生态危害及其防治措施 [J].环境科学动态，2004（1）：44-46.

[35] 杨赛风，李建忠，邓宇涛.城市生活污水处理现状及存在问题的探讨 [J].广东化工，2017：226-227.

[36] 王家廉.我国城市污水处理设施建设的里程碑：介绍城市污水处理及污染防治技术政 [J].中国环保产业，

2000：12-15.

[37] Henze M. Characterization of wastewater for modelling of activated sludge processes [J]. Water Science and Technology，1992，25：1-15.

[38] Ju F，Zhang T. Bacterial assembly and temporal dynamics in activated sludge of a full-scale municipal wastewater treatment plant [J]. The ISME journal，2015 (9)：683-685.

[39] Chan Y J，Chong M F，Law C L，Hassell D. A review on anaerobic-aerobic treatment of industrial and municipal wastewater [J]. Chemical Engineering Journal，2009 (155)：1-18.

[40] Seghezzo L，Zeeman G，van Lier J B，Hamelers H，Lettinga G. A review：The anaerobic treatment of sewage in UASB and EGSB reactors [J]. Bioresource technology，1998，65：175-190.

[41] Li Z，He J，Xu Y，Song H. Characteristics of flow fields in oxidation ditches under action of aeration turntables [J]. Journal of Hohai University：Natural Sciences，2011 (39)：143-147.

[42] Kassab G，Halalsheh M，Klapwijk A，Fayyad M，Van Lier J. Sequential anaerobic-aerobic treatment for domestic wastewater：A review [J]. Bioresource Technology，2010，101：3299-3310.

[43] Shin C，Mccarty P L，Kim J，Bae J. Pilot-scale temperate-climate treatment of domestic wastewater with a staged anaerobic fluidized membrane bioreactor (SAF-MBR) [J]. Bioresource Technology，2014，159：95-103.

[44] Gander M，Jefferson B，Judd S. Aerobic MBRs for domestic wastewater treatment：A review with cost considerations [J]. Separation and purification Technology，2000，18：119-130.

[45] Oller I，Malato S，Sánchez Pérez J. Combination of advanced oxidation processes and biological treatments for wastewater decontamination：A review [J]. Science of the total environment，2011，409：4141-4166.

[46] Ksibi M. Chemical oxidation with hydrogen peroxide for domestic wastewater treatment [J]. Chemical Engineering Journal，2006，119：161-165.

[47] Kositzi M，Poulios I，Malato S，Caceres J，Campos A. Solar photocatalytic treatment of synthetic municipal wastewater [J]. Water research，2004 (38)：1147-1154.

[48] Stasinakis A. Use of selected advanced oxidation processes (AOPs) for wastewater treatment：A mini review [J]. Global NEST journal，2008，10：376-385.

[49] Xu N，Xing W，Xu N，Shi J. Study on ceramic membrane bioreactor with turbulence promoter [J]. Separation and Purification Technology，2003 (32)：403-410.

[50] Xu N，Xing W，Xu N，Shi J. Application of turbulence promoters in ceramic membrane bioreactor used for municipal wastewater reclamation [J]. Journal of membrane science，2002，210：307-313.

[51] Yue X，Koh Y K K，Ng H Y. Effects of dissolved organic matters (DOMs) on membrane fouling in anaerobic ceramic membrane bioreactors (AnCMBRs) treating domestic wastewater [J]. Water research，2015，86：96-107.

[52] 徐农，邢卫红，徐南平. 陶瓷膜-生物反应器中微生物载体的应用研究 [J]. 膜科学与技术，2002 (6)：65-68.

[53] Aslam M，McCarty P L，Shin C，Bae J，Kim J. Low energy single-staged anaerobic fluidized bed ceramic membrane bioreactor (AFCMBR) for wastewater treatment [J]. Bioresource technology，2017，240：33-41.

[54] Seib M，Berg K，Zitomer D. Low energy anaerobic membrane bioreactor for municipal wastewater treatment [J]. Journal of Membrane Science，2016，514：450-457.

[55] Aidan A，Mehrvar M，Ibrahim T H，Nenov V. Particulates and bacteria removal by ceramic microfiltration，UV photolysis，and their combination [J]. Journal of Environmental Science and Health，Part A，2007 (42)：895-901.

[56] 王汉道. 餐饮废水处理方法的现状与展望 [J]. 四川环境，2004 (23)：14-16.

[57] 黄向阳，何丕文，胡菲菲. 我国餐饮废水处理技术研究进展 [J]. 环境科学与管理，2006 (31)：105-107.

[58] Daghrir R，Drogui P，François Blais J，Mercier G. Hybrid process combining electrocoagulation and electro-oxidation processes for the treatment of restaurant wastewaters [J]. Journal of Environmental Engineering，

2012，138：1146-1156.

[59]  宋宏娇，冀春燕，李宇霖.餐饮废水的综合处理研究［J］.环境科学与管理，2010（11）：113-115.

[60]  周俊，焦赟仪，陈翔宇，刘小倩.餐饮废水处理方法的研究现状与展望［J］.湖南城市学院学报（自然科学版），2016：73-78.

[61]  张林楠，王子鑫，张颖，王辉琴，杨静，李彦君.$Al_2O_3$陶瓷膜处理餐饮废水［J］.水处理技术，2016（42）：99-102.

[62]  金江，陈悦，吴桢.陶瓷膜处理餐饮废水的膜化学清洗再生［J］.南京化工大学学报，2000（1）：67-70.

[63]  邢传宏，钱易.无机膜生物反应器处理生活污水试验研究［J］.Environmental Science，1997：1-8.

[64]  陈广春，袁爱华.无机陶瓷膜处理餐饮废水的研究［J］.江苏科技大学学报（自然科学版），2006（1）：87-89.

# 第8章 陶瓷膜在海水淡化中的应用

## 8.1 概述

21世纪，水资源短缺问题已成为世界各国经济和社会发展的一个制约因素。目前全世界约有80多个国家和地区严重缺水，占地球陆地面积的60%，有15亿人缺少饮用水，20亿人得不到安全的用水。众所周知，地球上70.8%的面积为水所覆盖，但是其中97.5%的水为海水，不能直接利用，而在其余2.5%的淡水中，可利用的淡水资源仅占地球总水量的0.26%。虽然海水储量巨大，但海水含盐量达35g/L左右，不可直接饮用，工农业生产也不能大量直接利用。我国水资源短缺，且时空分布不均。目前，我国面临水资源短缺加剧、用水效率不高和水环境污染严重等形势，同时，随着工业化、城镇化进程的加快和生态文明建设的推进，生产、生活和生态对水资源的需求在不断增加。水利行业是我国重点投入建设的领域之一，2011年中央一号文件提出了关于水利行业发展改革的政策。国家的政策导向和行业广阔的前景使水利行业未来有很大的发展空间。而海水淡化行业作为水利行业中新兴的产业，具有能改善国内诸多城市缺水问题的作用。海水淡化行业作为国家新确立的战略新兴产业，有许多政策和辅助资金的支持，因此备受政府和全社会的关注。目前，多部委和各地方政府均在制定相关政策支持海水淡化，从产业政策、示范工程、基地建设、产业技术研发、水资源利用及保护等方面进行指导，这将有力促进我国海水淡化产业发展。

海水淡化是指将海水里面的溶解性矿物质盐分、有机物、细菌和病毒以及固体分离出来从而获得淡水的过程。从能量转换角度来讲，海水淡化是将其他能源（如热能、机械能、电能等）转化为盐水分离能的过程。一般来说，淡化所用的材料水有很多，比如海水、苦咸水、废水等都可以作为原水，只是后两者偶尔用到，主要淡化对象为海水。

### 8.1.1 海水水质特点

海水是一种非常复杂的多组分水溶液，其中各种元素都以一定的物理化学形态存在。海水中有含量极为丰富的钠，但其化学行为非常简单，它几乎全部以 $Na^+$ 形式存在。在海水中铜的存在形式较为复杂，大部分是以有机化合物形式存在的。在自由离子中仅有一小部分以二价正离子形式存在，大部分都是以负离子络合物出现。所以游离铜离子仅占全部溶解铜的一小部分，导致海水呈现蓝色。海水中的溶解有机物十分复杂，主要为"海洋腐殖质"，它的性质与土壤中植被分解生成的腐殖酸和富敏酸类似。海水中的成分主要划分为五类，具体如下：

① 主要成分（大量、常量元素）：指海水中浓度大于 $1mg/kg$ 的成分。属于此类的阳离子包括 $Na^+$、$K^+$、$Ca^{2+}$ 和 $Mg^{2+}$ 等，阴离子主要为 $Cl^-$、$SO_4^{2-}$、$Br^-$、$HCO_3^-$、$CO_3^{2-}$、$F^-$ 等六种，其总和占海水盐分的 99.9%。由于这些成分在海水中的含量较大，各成分的浓度比例近似恒定，生物活动和总盐度变化对其影响都不大，也称为保守元素。海水主要组成成分如表 8-1 所示。

表 8-1　海水主要组成成分表

| 元素 | 平均浓度 | 单位 | 元素 | 平均浓度 | 单位 |
|---|---|---|---|---|---|
| Li | 174 | $\mu g/kg$ | As | 1.7 | $\mu g/kg$ |
| Fe | 55 | $ng/kg$ | Na | 10.77 | $g/kg$ |
| B | 4.5 | $mg/kg$ | Br | 67 | $mg/kg$ |
| Ni | 0.5 | $\mu g/kg$ | Mg | 1.29 | $g/kg$ |
| C | 27.6 | $mg/kg$ | Rb | 120 | $\mu g/kg$ |
| Cu | 0.25 | $\mu g/kg$ | Al | 540 | $\mu g/kg$ |
| N | 420 | $\mu g/kg$ | Sr | 7.9 | $mg/kg$ |
| Zn | 0.4 | $\mu g/kg$ | Si | 2.8 | $mg/kg$ |
| F | 1.3 | $mg/kg$ | Cd | 80 | $ng/kg$ |
| P | 70 | $\mu g/kg$ | I | 50 | $ng/kg$ |
| S | 0.904 | $g/kg$ | Cs | 0.29 | $\mu g/kg$ |
| Cl | 19.354 | $g/kg$ | Ba | 14 | $\mu g/kg$ |
| K | 0.399 | $g/kg$ | Hg | 1 | $ng/kg$ |
| Ca | 0.412 | $g/kg$ | Pb | 2 | $ng/kg$ |
| Mn | 14 | $ng/kg$ | U | 3.3 | $\mu g/kg$ |

② 溶于海水的气体成分，如氧、氮及惰性气体等。

③ 营养元素（营养盐、生源要素）：主要是与海洋植物生长有关的要素，通常是指 N、P 及 Si 等。这些元素在海水中的含量经常受到植物活动的影响，其含量很低时，会限制植物的正常生长，所以这些元素对生物有重要意义。

④ 微量元素：在海水中含量很低，但又不属于营养元素。

⑤ 海水中的有机物质：如氨基酸、腐殖质、叶绿素等。

## 8.1.2　海水淡化的发展史及研究现状

### (1) 海水淡化发展历史

人类利用海水得到淡水的历史由来已久，科学研究已证明公元前 1400 年，居住在沿海地区的居民就已经通过蒸馏从海水中获取淡水。1675 年英国专利提出了海水淡化。1800 年后，一种被称为冰冻法的海水淡化的新技术出现了。1872 年智利建成全球第一台太阳能海水淡化装置。20 世纪 30 年代出现了反渗透和电渗析的概念，1957 年发明了多级闪蒸（MSF）。反渗透 RO 膜技术在 1960 年后获重大突破，80 年代后价格下降，使之成为目前投资最省、成本最低的海水淡化获得饮用水的技术。20 世纪后，核能的利用也引起了各国重视，核能与其他方法结合制取饮用水的研究运用正在如火如荼推进中。

而我国海水淡化的发展与研究，经过多年的不断努力，已具备了较成熟的技术，形成了良好的产业发展基础。1958 年，国内海水淡化研究在青岛开展了电渗析的研究。1960 年末，国家组织了全国海水淡化大会，同时开展了包括蒸馏、电渗析和反渗透等多种技术的研发。1977 年，第一套多效蒸发海水淡化试验装置成功呈现在世人面前。1984 年，国家海洋局开展了膜技术与膜过程及膜材料的研究应用。21 世纪初，我国掌握了大型低温多效蒸馏海水淡化成套技术，山东黄岛发电厂 $3000m^3/d$ 低温多效蒸馏海水淡化工程投入运行。2000 年，我国在热法海水淡化技术及配套加工等方面进一步发展，成功出口 4 套 $3000m^3/d$ 及 2 套 $4500m^3/d$ 海水淡化装置到印度尼西亚。但我国膜海水淡化技术的工业化应用仍存在诸多问题，有待进一步研究。

**（2）海水淡化国内外研究现状**

目前，全球超过 120 个国家在运用海水淡化技术获取淡水，已运行和在建的淡化厂日产量超过 $7170×10^4 m^3$，用于饮用水的为 $80\%$，为世界上 1 亿多人解决了供水问题。海岸线附近的国家已感受到作为替代增量淡水资源的技术，海水淡化技术显示了越来越重要的优势。国外海水淡化现状可从以下几方面进行探讨。

① 从现有工程看：全世界范围内已建和在建的海水淡化厂数目众多。全球最大的反渗透海水淡化厂建在以色列，为阿什凯农海水淡化厂；最大的多级闪蒸海水淡化厂建在沙特阿拉伯，为 Ras Azzour 海水淡化厂，同时它也是世界上最大的热膜耦合海水淡化厂；最大的热法水电联产海水淡化厂建在沙特阿拉伯，为 Jubail 发电厂等。

② 从技术应用看：反渗透、低温多效蒸馏、多级闪蒸是目前应用的主流淡化技术。

③ 从地区分部看：海水淡化厂主要集中分布在地中海、红海和海湾中东地区。

④ 从淡化水用途看：$70\%$ 的淡化水用于市政供水，$21\%$ 用于工业用水，其余 $9\%$ 用于军事、农业灌溉、旅游等。

⑤ 从淡化成本看：它的趋势是逐步降低。同时，采用不同淡化技术的投资和运行成本会有不同，水价格也有差异。表 8-2 列出了三种主流海水淡化技术的运行成本。

表 8-2　三种主流海水淡化技术的运行成本　　　　　　　　单位：元/m³

| 成本 | 反渗透（RO） | 多级闪蒸（MSF） | 低温多效蒸馏（MED） |
| --- | --- | --- | --- |
| 电能 | 1.61 | 1.33 | 0.42 |
| 热能 | 0 | 1.89 | 1.89 |
| 膜 | 0.21 | — | — |
| 化学药剂 | 0.49 | 0.35 | 0.56 |
| 劳动力 | 0.70 | 0.56 | 0.56 |
| 其他 | 0.21 | 0.07 | 0.07 |
| 合计 | 3.22 | 4.20 | 3.50 |

当前，国际海水淡化的未来发展趋势主要体现在以下几方面：①工程规模越来越大型化。海水淡化的规模在技术发展和社会需求的推动下，朝着规模化、大型化的趋势阔步前行，从最初的每日几百吨发展到每日几十万吨。②成本趋于降低。由于规模大型化、技术进步和管理体制机制的创新，成本逐步降低，目前最低售价折合人民币已降至 4 元/t。③各种海水淡化技术在并存的基础上，相互借鉴，齐步发展。关于海水淡化，除主流的三种技术外，前沿工艺技术的完善和新材料、新工艺的研发仍然高度活跃、层出不穷。④海水淡化与资源利用已具备链条式发展雏形。比如，海水淡化排出的浓海水，已上岸提取净化，用于盐业制卤生产，可节约土地资源等等。

近年来，我国的海水淡化日产能力已提升到 54.8 万吨，这与多个万吨级和 10 万吨级海水淡化工程在天津、大连、青岛等相继投产息息相关。我国海水淡化发展现状具有以下特点：①地域分布多集中在环渤海地区，如天津、大连、青岛、沧州等。该区域中，$200m^3$ 的人均水资源占有量已不能达到，而且这里聚集了众多的工业产业，可想而知传统水资源将不能符合经济、社会发展要求。天津市海水淡化产量约占全国产量的 40%。②海水淡化技术取得一定突破。在工程技术方面，成功开发了千吨级、万吨级等集成技术，单机日产规模达万吨，同时引入光能、核能、太阳能等新能源海水淡化技术，均取得了阶段性成果。③海水淡化产业具备一定规模。通过专项规划的实施，多年努力下已研制了一批压力容器、热泵、膜组器、蒸发器和其他传热材料等在内的关键设备并开设相关生产企业，产生了一批融合设计、施工及服务的企业，年产值已突破数百亿元。④法律法规和政策措施力度不断加大。推动海水淡化及综合利用的法规、政策在国家层面上相继制定面世，制定了《海水利用专项规划》《海水淡化产业发展规划》。同时，相关的标准、专利技术和法规建设也取得了长足进展，营造了良好的政策和法规环境。

**(3) 我国海水淡化存在的问题**

与国际海水淡化的发展相比，我国目前主要存在两个方面的差距和问题：一是产业发展所需要的政策力度还不够；二是本身成本高、发展慢、规模小。主要体现为：

① 自主掌握的、关键核心技术拥有的知识产权较少。尽管国内海水淡化技术近年来不断进步，国产设备逐年增加，工程建设和运行成本比以往有所下降，但自主创新能力仍然较弱，技术优化能力不足，拥有自主知识产权的关键技术较少。

② 对海水淡化的重要意义理解不足。目前影响国家海水淡化发展战略的一个重要因素是对其重要性认知不足。我们应充分认识到：对于淡水资源而言，海水淡化是重要补充，也是战略储备。

③ 设备制造和配套能力薄弱。首先企业规模较小，基础较弱，至今未形成制造业企业集群，市场竞争无法与国外公司相抗衡；其次关键设备制造能力不强。核心材料和一些关键设备还需要从国外进口，已能制造的材料和设备与世界先进水平差距较大。

# 8.2　海水淡化技术与处理工艺

## 8.2.1　海水淡化技术分类

根据盐水分离过程的不同，海水淡化技术的分类如图 8-1 所示。当盐水分离过程中有新物质生成时，则该海水淡化方法属于化学方法，反之则属于物理方法。在物理方法中，利用热能作为驱动力，盐水分离过程中涉及相变的归类为热法，主要包括多级闪蒸、多效蒸馏、压汽蒸馏、冷冻法、太阳能蒸馏和增湿/除湿等方法。利用膜（半透膜或离子交换膜等）进行盐水分离且不涉及相变的则归类为膜法，主要包括反渗透和电渗析等方法。此外，膜法中还包括离子交换法。热法出现较早，技术成熟，但是投资费用高、能耗高，已失去其技术优势，逐渐落入低谷。膜法中的反渗透技术与其他淡化技术相比要年轻得多，然而近年来它以惊人的速度在发展，越来越显现出其经济和技术优势，如投资省、能耗低、占地少、建造周期短、易于自动控制、启动运行快、安全可靠等，因而在水工业中特别受到青睐。然而，反渗透技术在操作过程中也有很多问题，如操作压力过高、设备要求高、料液需要严格的预处理等。因此，一种将热法与膜法相结合的新型海水淡化技术——膜蒸馏（membrane distillation，MD）受到越来越多研究者的关注。

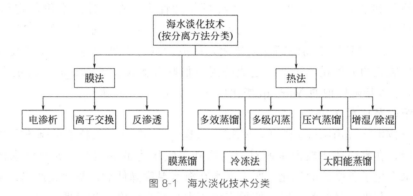

图 8-1　海水淡化技术分类

当前在工业上大规模应用的海水淡化技术有多级闪蒸、多效蒸馏和反渗透法。截至 2011 年，全球有近 16000 家海水淡化厂，总装机容量达 $7.48×10^7\,m^3/d$，其中反渗透法的装机容量占 63%，多级闪蒸和多效蒸馏分别占 23% 和 8%。当前由海水（苦咸水）淡化技术生产的淡水总量中，市政部门的消耗占 62%，主要供给人们的生活用水、工业和电力用户（电厂）所占比例分别为 26% 和 6%，剩下的 6% 用于农业灌溉、旅游和军事等方面。经过多年的发展，目前已开发了多种基于不同原理的海水淡化技术，本节将对其进行详细介绍。

## 8.2.2　热法在海水淡化中的应用

### (1) 低温多效蒸馏技术 (LT-MED)

在单效蒸馏的基础上人们发展得到了多效蒸馏技术（multi-effect evaporation distillation，MED）。它的基本原理是：一系列的水平管喷淋降膜蒸发器串联，当第一效蒸发器蒸汽涌入后，热交换发生在它与进料海水之间，从而冷凝为淡化水；海水蒸发后，蒸汽又涌入第二效蒸发器，并使得差不多量的海水以低于第一效的温度蒸发，自身再次被冷凝。周而复始这种过程到最后一效，从而淡化水连续不断地产生。工艺流程如图 8-2 所示。低温和高温多效蒸馏是多效蒸馏的两种分类方法。频繁清洗设备无疑让人头疼，研究发现最高蒸发温度低于 70℃ 下，选择低温多效蒸馏时，就可以避免传热管中易结垢、腐蚀速度快等问题。

LT-MED 技术的主要特点有：①海水温度越低，对金属材料的腐蚀性越轻，导致水垢生成的无机盐的溶解度也越高，可减缓腐蚀和水垢的生成；②海水预处理工艺简单，只需要

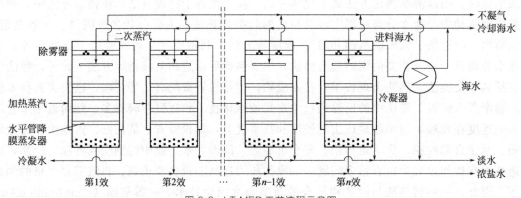

图 8-2　LT-MED 工艺流程示意图

进行简单的筛分和加入阻垢剂即可；③系统操作弹性大，在设计产水量额定值的 40％～110％负荷范围均可操作；④系统动力消耗小，热效率高；⑤产水水质好。基于以上特点，20 世纪 80 年代后，MED 市场份额逐渐扩大，已成为具有发展前途的海水淡化技术。它的应用可以实现装置的大型化，比如已建成的阿拉伯联合酋长国 Fujairah 单机最大为 3.86×$10^4$ m³/d，位于沙特阿拉伯的 Marafip 淡化厂日产水量为 80 万吨。

**（2）多级闪蒸技术（MSF）**

多级闪蒸技术（multistage flash，MSF）出现于 1957 年，该技术的基本原理为：将原料海水加热后，在室内造成较海水所对应的饱和蒸气压为低的压力，原料海水便被实施闪蒸，一些海水发生了急剧性的汽化，所需淡水在海水温度降低后即被冷凝产出。多个闪蒸室以一定形式连接起来，具体为串联，使得室内压力与海水温度逐步降低，可以连续产出淡化水，具体工艺流程如图 8-3 所示。

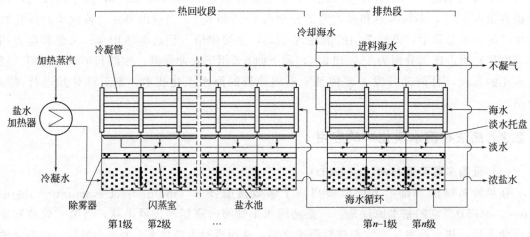

图 8-3　MSF 工艺流程示意图

MSF 技术的主要特点有：①海水在冷凝管内被加热且不发生相变，而闪蒸过程发生在各级闪蒸室底部的盐水池的表面，因此加热和蒸发过程分开进行，结垢倾向小；②预能耗高，该技术操作温度高，动力消耗大，生产 1t 淡水的设备电耗为 3.5kW·h；③产品水质量高，TDS 通常低于 20mg/L；④运行安全可靠，特别适合大规模海水淡化工业生产；⑤对海水原料要求低，预处理简单，控制沉淀仅需要经过筛网过滤和加阻垢剂就可以实现。基于以上原理和特点，可以看出多级闪蒸技术较适用于大型海水淡化工程，阿联酋 Shuwaihat 项目采用多级闪蒸技术，单机产量达 $7.6 \times 10^4 \, \mathrm{m}^3/\mathrm{d}$。另外，由于该技术运行安全可靠，技术成熟，其产量最大。此外，降低单位消耗，提高传热效率，提高单机造水量和造水能力，是该技术主要的发展趋势。

### (3) 压汽蒸馏技术 (VC)

压汽蒸馏法 (vapor compression，VC) 与 MED 类似，不同的是 VC 结合了热泵，通过压缩蒸汽来驱动盐水分离过程。海水分成两股，在热交换器内分别被排放的浓盐水和产品淡水预热，然后合成一股并与从蒸发器底部排出的浓盐水的一部分混合。混合后的海水通过喷嘴喷洒在换热管束上，管束外的海水吸收管内蒸汽冷凝释放的潜热而蒸发，产生的蒸汽通过除雾器除掉夹带在其中的海水液滴后，被蒸汽压缩器压缩至具有更高的压力和温度。此后压缩蒸汽被送回至换热管束内，在管内压缩蒸汽将释放的潜热传递给管外的海水使其蒸发，而其自身则冷凝形成淡水。系统内的不凝气同样需要通过真空排气系统排出，以消除其不利影响，具体工艺示意流程如图 8-4 所示。根据蒸汽压缩器分别采用压缩机、蒸汽引射器、吸收式热泵和吸附-解吸热泵的不同 VC 又可以分为机械压汽蒸馏 (mechanical vapor compression，MVC)、热力压汽蒸馏 (thermal vapor compression，TVC)、吸收式压汽蒸馏 (absorption vapor compression，ABVC) 和吸附式压汽蒸馏 (adsorption vapor compression，ADVC)。其中，商业上采用较多的为 MVC 和 TVC。

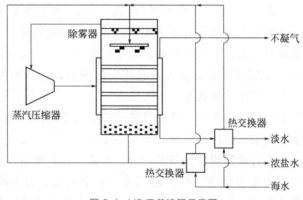

图 8-4　VC 工艺流程示意图

VC 技术的主要特点有：①相比 MED 和 MSF，VC 系统只需提供动力源，不需要提供额外的外部蒸汽热源，而且也不需要提供冷却水；②海水预处理工艺简单，对海水污染不敏感；③结构简单紧凑，易于模块化构造，可设计成舰载、车载等便携式装置；④整个系统构成闭合循环，蒸汽潜热在系统内循环使用，能量利用率高，经济性好；⑤产品淡水质量高，TDS 低于 10mg/L；⑥海水在换热管束外壁蒸发，容易引起管壁的腐蚀和水垢的生成。

### (4) 太阳能蒸馏技术

热效应和光效应是利用太阳能开展海水淡化的主要能量效应来源。根据能量效应来源，又划分为直接法和间接法。直接法来源于热效应，即利用太阳能作为热源直接加热海水蒸馏；间接法来源于光效应，即海水脱盐的能量来自利用太阳能的发电。

太阳能的特点是高效清洁，并且取之不竭，世界上各国也都将目光极大地投入开发利用太阳能之中。不管何种海水淡化都需要能源，太阳能清洁无毒无污染，用之不尽、取之不竭，相对于化石能源的使用会造成环境严重污染且开采后不可再生而言，太阳能无疑是人们开发的重点。太阳能资源丰富的地区包含了大部分的干旱少水地区，同时淡水需要最多的时节，也往往是太阳能高强度辐射的季节，也正因为如此，海水淡化能源选择利用太阳能是一项保护环境、利国利民的技术。

太阳能虽然清洁环保，但属于稀薄、低密度的能源，特点是受地区及气候条件的影响较大，难以提供稳定的淡化水，而且单位面积产水量少，装置的产水效率不高，占地面积大。因此，太阳能海水淡化更适合气温较高、能源匮乏、辐照充分且严重缺乏淡水的地区，如海岛等。当前，太阳能海水淡化的技术研究与发展持续深入，获得的可喜的核心技术和设备陆续面世，比如真空管及集热器等，工艺流程也在不断深入完善，也可将其他的淡化方法与之耦合。在将来太阳能海水淡化技术将带给人们新的技术惊喜，相比其他技术竞争对手也将愈来愈显示优势。

### 8.2.3 膜法在海水淡化中的应用

#### (1) 反渗透技术 (RO)

反渗透法（reverse osmosis，RO）起源于 20 世纪 50 年代，并于 20 世纪 70 年代在商业上开始得到应用，之后由于其能耗低的特点得以飞速发展，目前其装机容量在全球海水淡化总装机容量中占主导地位，已成为最成功的海水淡化技术。其中，反渗透膜材料是决定海水淡化水质是否达标的主要影响因素。19 世纪 60 年代，Loeb 等制备了第一张反渗透膜，即醋酸纤维素膜。随后，科研人员又开发出了聚四氟乙烯、聚偏氟乙烯等众多膜材料，其中芳香族聚酰胺类复合膜和聚醚砜复合纳滤膜在膜法海水淡化中得到广泛应用。膜的外形包括管状、片状和中空纤维状，片状膜可制成板式和卷式反渗透器，管状膜可制备成管式反渗透器，中空纤维膜可制成中空纤维反渗透器。

根据不同化学势能下物质会向低化学势能处移动的热力学定律得出了反渗透法的基本原理。具体如下：将淡水和盐水用半透膜隔开，该膜不能透盐而只能透过水，自然经半透膜淡水会透流到盐水一侧，停止时膜两侧化学势能达到了平衡。如施加超过渗透压的一个压力在盐水一侧，盐水中的水因为压力驱动会经半透膜透到淡水一侧，而溶液中的其他成分被阻挡，因而该海水淡化方法被称为反渗透法。该技术主要是利用反渗透膜的选择透过性，在海水中把淡水有效分离。图 8-5 给出了 RO 工艺流程的示意图。经过预处理后的海水在高压泵的作用下，海水中的水通过半透膜而迁移到淡水侧，盐分和其他成分则遗留在海水侧。而水通过半透膜的机理是水分子通过亲水性半透膜而扩散的能力要远强于盐分和海水中的其他成分，这也是半透膜半透性的本质所在。由于 RO 系统中大部分的能量损失来源于排放的海水的压力，因而商业 RO 系统通常配置了能量回收装置以回收排放的浓盐水中的机械压缩能，从而提高系统的能量使用效率。

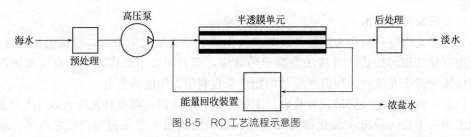

图 8-5  RO 工艺流程示意图

RO 技术的主要特点有：①盐水分离过程中不涉及相变，能耗低；②工艺流程简单，结构紧凑；③RO 系统中的半透膜对海水的 pH，以及海水中含有的氧化剂、有机物、藻类、细菌、颗粒和其他污染物很敏感，因此需要对海水进行严格的预处理；④半透膜上容易生成水垢和污垢，从而导致脱盐率衰减，水质不稳定，需要定期对半透膜进行清洗和更换。由于反渗透技术整个过程不发生相变，工艺相对简单，易操作，能耗低，已成为最主流的处理技术。但仍需改进，如：研发使膜得到高效清洗从而延长膜的使用寿命的技术；进一步提高能量回收率，提高利用效率；研发低压差、高通量的膜材料等。

**（2）电渗析技术（ED）**

电渗析（electrodialysis，ED）是应用较早并取得重大工业成就的膜分离技术之一，其商业化应用始于 20 世纪 60 年代，它不仅可以淡化海水，也可以作为水质处理和解决污水再生的技术。ED 与 RO 同属于膜法，不同的是 ED 中是由于海水中的盐分通过离子交换膜迁移从而产生盐水分离。基本原理为：在直流电场推动下，电解质离子从溶液中通过选择透过性离子交换膜部分分离迁移出来。其中选择透过性离子交换膜分为阴离子交换膜和阳离子交换膜。图 8-6 给出了 ED 的工艺流程示意图。ED 系统中交替排列了一系列的阴、阳离子交换膜，相邻的阴、阳离子交换膜之间形成通道，在膜的两端布置了正负电极。当海水流入膜之间的通道内时，处在海水内的正负电极通以直流电，海水内的带电离子（如 $Na^+$ 和 $Cl^-$）在直流电场的作用下向带有与其相反电荷的电极移动，即阳离子（如 $Na^+$）向负极移动，阴离子（如 $Cl^-$）向正极移动，阴离子可以自由通过离其最近的阴离子交换膜，而在进一步向正极移动的过程中会被阳离子交换膜阻挡，同样，阳离子可以通过最近的阳离子交换膜，但在进一步向负极移动的过程中被阴离子交换膜阻挡。最终的效果是浓缩的海水和稀释的海水（即淡水）在膜的两侧通道内分别形成，而后分别被引出 ED 系统。

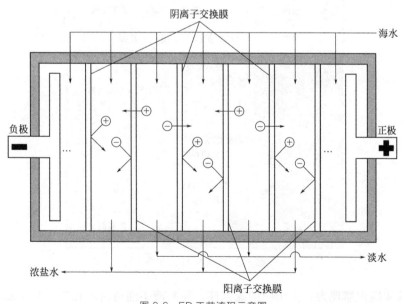

图 8-6　ED 工艺流程示意图

ED 技术的主要特点有：①盐水分离过程中无相变，相比 RO 中的半透膜，离子交换膜具有更高的化学和机械稳定性，也可以在更宽的温度范围内运行，对不同的水质有较好的灵活性，预处理工艺简单；②水回收率高，结构简单紧凑；③耗电量与海水的浓度成正比，从能量经济性的角度考虑一般适用于苦咸水淡化；④只能去除海水中的带电离子，对中性的有机物、细菌和非离子成分等物质则无法处理，也无法改变残余浊度，因此需要进行额外的处理才能达到饮用水标准；⑤离子会在电极和离子交换膜表面聚集，随着时间的推移会导致污垢的生成，因而需要定期进行清洗。针对以上特点，ED 技术的发展主要集中在：进一步研发基于新技术的电极，延长使用寿命；建造大型装置，通过系统优化，降低产水工程投资而降低成本；进一步开发交换膜除垢技术，减少表面结垢，延长清洗周期，延长使用寿命；可用于苦咸水的淡化。

### 8.2.4　膜蒸馏技术在海水淡化中的应用

在海水淡化领域，膜法与热法各显其长。近年来，结合了膜法和热法的"膜蒸馏法（membrane distillation，MD）"开始受到人们的关注。1963 年，Bode 和 Weyl 首先提出膜蒸馏的概念后，该技术一直没有受到人们的关注。直到 20 世纪 80 年代，具有高通量等优异性能的膜材料和膜组件的出现，才使膜蒸馏再次进入研究者的视线并得到快速发展。和其他的海水淡化技术比较，膜蒸馏技术有其独特的优势。

#### (1) 膜蒸馏定义与原理

膜蒸馏技术（membrane distillation，MD）于 20 世纪 60 年代中期提出，在 80 年代初期开始发展，从 90 年代至今，随着膜材料和制膜技术的开发，得到了快速发展，并在不少领域取得了成就。MD 是将蒸发和膜分离技术结合在一起的分离技术，该技术以膜两侧蒸汽压力差为传质驱动力，疏水性微孔膜为传递介质，只有挥发性组分以蒸汽形式透过膜，而非挥发性组分被完全截留。图 8-7 是其过程示意图。

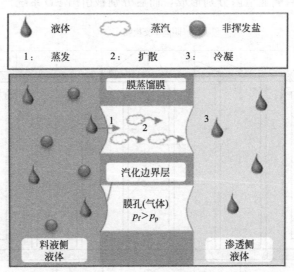

图 8-7　膜蒸馏过程示意图

MD 的具体操作原理为：由于膜的疏水性，原料液不能透过膜孔进入另一侧；原料液中易挥发性组分在膜界面汽化，与渗透侧形成蒸汽分压差（压力梯度）；易挥发性组分以蒸汽形式通过膜孔传递到膜的渗透侧，并冷凝成液体，而其他不挥发性组分被截留。疏水膜的作用是作为两相间的屏障，不直接参与分离作用，即阻止液相中的质量传递并在膜孔入口处形成一个气液相界面。这个过程与常规蒸馏中的蒸发、传质、冷凝过程很相似，但 MD 是借助高分子膜为屏障，蒸汽分子透过膜孔进行。

**(2) 膜蒸馏特点与分类**

MD 是有相变的膜过程，热量和质量同时传递，与其他膜过程相比，其必须具备以下特征：所用膜为微孔膜，且不能被原料液浸润；膜孔内无毛细管冷凝现象发生；只有蒸汽能通过膜孔进行传质；膜至少有一侧要与操作液体直接接触；对任一挥发性组分，过程操作的推动力是该组分的蒸汽分压差。

此外，与其他分离过程相比，MD 具有以下优点：①理论上可 100% 地截留非挥发性物质，如无机离子、生物大分子、蛋白质及细胞等；②操作温度低（50～80℃），无需把溶液加热至沸点，且可有效利用工厂废弃的余热、太阳能、地热等廉价能源，降低能耗；③过程不受料液渗透压的影响，可以处理高浓度料液，甚至可将溶质浓缩至结晶；④与传统蒸馏相比，由于溶液与疏水膜的接触面积大，在其表面形成气液界面，膜通量大，占地空间小。

根据产品透过膜在下游侧收集/冷凝方式的不同，可将 MD 分成四类：直接接触式膜蒸馏（DCMD）、真空膜蒸馏（减压膜蒸馏）（VMD）、气隙式膜蒸馏（AGMD）和吹扫式膜蒸馏（SGMD）。如图 8-8 所示，不同的 MD 形式具有不同的特点。

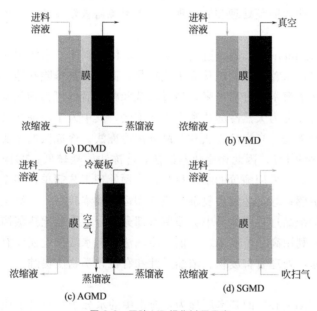

图 8-8　四种 MD 操作过程示意

① 直接接触式膜蒸馏（DCMD）。膜两侧均与液体直接接触，以膜两侧的温差为过程的推动力，蒸汽在疏水膜的渗透侧直接与冷流体接触而被冷凝。由于其设备结构简单，操作方便，在四种 MD 过程中研究也最为广泛，但是因为冷热流体只隔一层膜，热交换比较快，要不断对料液加温，对冷却水降温，因此热利用率较低。

② 真空膜蒸馏（VMD）。膜上游侧与原料液直接接触，下游侧抽真空，挥发性组分被真空泵抽至渗透侧冷凝。在 VMD 过程中，透过侧为真空，热传导损失几乎可忽略不计。而且，由于过程的传质驱动力大，传质阻力较小，膜的通量高于其他 MD 过程。近年来常用于脱盐、废水回收等方面，但由于过程的传质驱动力过大，导致料液进入膜孔造成膜润湿。因此，VMD 过程中须采用孔径较小的疏水性微孔膜。

③ 气隙式膜蒸馏（AGMD）。膜上游侧直接接触料液而下游侧与气隙接触，气隙和冷却水之间设置冷却板，蒸汽透过膜后经气隙在冷却板上冷凝。该过程中，气隙的存在降低了膜两侧的热传导速率，热效率高，但缺点是传质阻力大，膜通量较低，且该类型膜组件的结构较复杂。

④ 吹扫式膜蒸馏（SGMD）。膜下游侧的蒸汽被流动的干燥气体带出膜组件并冷凝。该过程热传导损失和传质阻力都较小，通量较大。但挥发组分不易冷凝，且需要较高的气体吹扫速度，操作压力高，目前多为实验室研究阶段。

近年来，VMD过程的应用范围不断得到拓展，相对于其他MD技术，VMD同时具有渗透蒸发和膜分离技术的优点，被广泛用于传统分离方法难以分离的体系，在环境、食品、化工等多个领域得到了实质性应用。其常用的膜组件形式可分为管式、板框式、中空纤维式及卷式等。

### 8.2.5　其他海水淡化方法

除了上述技术外，传统的海水淡化技术还包括冷冻法、水合物法、正渗透法、离子交换法和增湿除湿法等。这些方法由于各自特点的不同，在商业海水淡化中未有大规模应用，而是更多地应用于海水淡化的预处理和后处理、淡水资源需求较少的场合或其他工业场合中。

**（1）冷冻法**

冷冻法（freezing-melting）同样通过相变（由液体变固体）来实现盐水分离。其基本原理为：海水在结冰时，水首先被冷冻从而生成冰晶，而盐分被排除在冰晶之外存在于剩余的浓海水中，将冰晶从浓海水中分离出来，经过清洗和融化后即可得到淡水。按照冰晶生成方式的不同，冷冻法可以分为天然冷冻法和人工冷冻法，其中人工冷冻法又可以分为直接接触冷冻法、间接接触冷冻法、真空冷冻法和共晶分离冷冻法。冷冻法的主要特点有：①冰融化的潜热为水汽化潜热的1/7，因此相比热蒸馏法，冷冻法能耗较低；②操作温度较低，可减少水垢和腐蚀问题，能够采用廉价的结构材料；③预处理工艺简单，甚至可以不需要；④对污垢和海水水质不敏感；⑤工艺烦琐复杂，投资和运营成本较高；⑥清洗冰晶的过程中需要用到部分产品水；⑦结晶过程中冰晶中会残留有部分盐分；⑧相比热蒸馏法可以利用低品位热源，结晶过程需要利用高品位能源。目前，冷冻法在海水淡化上还没有得到商业应用，但被应用于以下三方面：处理有害废物、浓缩果汁和有机化学物质提纯。

**（2）水合物法**

水合物法（gas hydrate）的基本原理为：海水中的水分子与较易生成水合物的水合剂结晶聚合形成笼状水合物晶体，通过物理方法将水合物晶体从剩下的海水中分离后，经过清洗和升高温度而融化，水合物晶体分解即可得到淡水，挥发出来的气体可以回收并被再利用。笼状水合物晶体通常在中等高压下形成，但是其凝固温度可高达12℃。已知的水合剂包括轻烃（如$C_3H_8$）、氯氟烃制冷剂（如$CHClF_2$）和$CO_2$。水合物法的主要特点有：①能耗低、设备简单紧凑、成本低、无毒、无爆炸危险；②初级淡化水水质较差，需二次或多级淡化才能达到生活用水标准；③操作温度稍高于冷冻法，但是操作压力较高。

**（3）增湿除湿法**

增湿除湿法（humidification-dehumidification，HDH）基于自然界中的雨水循环，HDH系统可以被视为一个人造雨水循环，其基本工艺流程为：流动空气在增湿器（蒸发器）内与加热后的海水充分接触，在此过程中一定量的蒸汽被空气提取出来，被加湿后的空气被输送到除湿器（冷凝器）内，在流经换热管时湿空气中的部分蒸汽在管外壁冷凝形成淡水，冷凝过程释放的潜热传递给管内流动的海水对其进行预热，从除湿器流出的湿度降低的空气被输送回增湿器内。HDH 的主要特点有：可利用低品位热源（如太阳能和地热），设备腐蚀轻，适用于对水需求较为分散的干旱地区。

### （4）离子交换法

离子交换法（ion exchange，IE）的基本原理是：利用某些有机或无机固体（离子交换剂）本身所具有的离子与海水中带同性电荷的离子相互交换，比如海水中的 $Na^+$ 和 $Cl^-$ 分别与阳离子交换剂中的 $H^+$ 和阴离子交换剂中的 $OH^-$ 相互交换，从而实现盐水分离。上述过程可以通过用酸再生阳离子交换剂和用碱再生阴离子交换剂从而实现可逆，具体的过程可参见文献 [52]。离子交换法的主要特点有：成本较高，主要用于苦咸水淡化和应急状况下的海水淡化，在工业海水淡化中主要应用在预处理的软化工艺和后处理的选择性去除污染物（如硼）工艺中。

### （5）正渗透法

正渗透（forward osmosis，FO）海水淡化与 RO 相同，采用半透膜将淡水和海水分隔开，但不同于利用外加压力作为驱动力实现淡水通过半透膜，FO 利用的是由高盐度汲取液产生的自然的压力梯度，与另一侧的海水相比，汲取液具有更高的渗透压和更低的化学势，从而使海水内的水通过半透膜向汲取液一侧移动。汲取液中的淡水通过其他分离方式进行分离，而分离方式依赖于汲取液的特性，分离出来的汲取液可以回收再利用于 FO 工艺中。FO 具有低能耗（$0.25kW \cdot h/m^3$）、膜污染倾向小和低成本等优势。但是当前 FO 海水淡化仍面临浓差极化、膜污染、溶质逆向扩散、膜的选择和开发、汲取液的选择和发展等问题。而通过膜表面改性可以有效抑制膜污染和浓差极化。由此可见，FO 膜是 FO 海水淡化的关键部件，合理地选择 FO 膜可以有效地解决浓差极化、膜污染和溶质逆向扩散等问题，汲取液对于 FO 同样至关重要，其选择关系到膜通量和 FO 的经济性。

### （6）电容去离子技术

电容去离子（capacitive deionization，CDI）的实质是一个电吸附过程，在此过程中离子在电场作用下被吸附到多孔电极的表面。当海水在多孔电极之间流动时，带正电的阳离子会吸附到带负电的负极的双电层上，而带负电的阴离子则会吸附到带正电的正极的双电层上，其主要机理是物理吸附、化学吸附、电沉积和电泳。当电极的离子吸附容量达到饱和时，吸附的离子可以通过撤除或反转电场从电极表面解吸，从而实现电极的再生，再生阶段可回收 $50\% \sim 70\%$ 消耗的能量。离子吸附和解吸的过程是电容充放电的过程，在此过程中海水的淡化和浓缩交替进行，因此 CDI 不是一个连续海水淡化工艺。与 ED 类似，CDI 的能耗正比于移除的离子的数量，因而 CDI 更适合于苦咸水淡化。Schutte 等开发了第一台用于苦咸水淡化的工业 CDI 样机，并对其性能进行了评测，结果表明对于 TDS 为 $1000mg/L$ 的苦咸水其能耗仅为 $0.594kW \cdot h/m^3$。Porada 和 Suss 等对 CDI 技术在海水淡化方面的应用以及发展现状和趋势进行了详细的综述。在 CDI 中，电极是其关键组件，CDI 的效率强烈依赖于电极的表面特性，如表面积和吸附特性，因而开发了不同的电极材料以提高电极的性能和 CDI 的效率，当前主要的电极材料有活性炭、活性炭纤维、炭气凝胶、碳纳米管、碳纳米纤维、石墨烯、氧化铝和二氧化硅纳米复合材料、硬质合金衍生炭、炭黑和不同材料的掺杂混合等。

#### 8.2.6　海水淡化组合处理工艺

通过结合不同的海水淡化技术，可以利用各自的优势，弥补不足，从而达到优化海水淡化性能，以及降低能耗和成本的目的。接下来，将简述不同的海水淡化联用技术。

(1) MED-VC 组合工艺

El-Dessouky 等对平流式 MED 与 TVC 和 MVC 的结合以及顺流式 MED 与 TVC、MVC、ABVC 和 ADVC 的结合等多种海水淡化系统的性能分别进行了分析和评估。在MED 与 TVC 结合的系统（MED-TVC）中，MED 最后一效中产生的蒸汽的一部分被蒸汽引射器压缩后输送到 MED 的第一效中驱动海水的蒸发。而对于 MED 与 MVC 结合的系统（MED-MVC），则是 MED 最后一效产生的全部蒸汽被压缩机压缩后输送到第一效中驱动海水的蒸发，而且未使用 MED 中的冷凝器对海水进行预热（图 8-2），而是使用 VC 中的两个热交换器（图 8-4）进行预热。在 MED 与 ABVC 和 ADVC 结合的系统（MED-ABVC 和MED-ADVC）中，MED 中的第一效和最后一效替代了热泵中的冷凝器单元和蒸发器单元，这样可以减少热泵的设备成本，同时 MED-ABVC 和 MED-ADVC 系统还可以用于加热工业应用中的公共用水，这些特点是 MED、MED-TVC 和 MED-MVC 系统所不具备的。相比单独的 MED 系统，MED 与 VC 结合的混合系统具有更好的性能和更大的造水比，还可以在更高的操作温度下运行，从而使得蒸发器面积可以大幅减小，系统的建设成本也因此可以大大降低。

(2) 填充床电渗析组合工艺

填充床电渗析（electro deionization，EDI）又被称为电去离子法，是 ED 与离子交换法结合的混合方法，其基本工艺流程是：在淡水通道内填充了离子交换树脂等电活性介质，淡水通道内的盐离子与离子交换树脂上的氢离子和氢氧根离子相互交换并附着到离子交换树脂上，由于淡水通道内盐分浓度的下降会导致盐水电导率的减小，从而削弱盐离子通过盐水向离子交换膜的迁移，因此盐离子在直流电的作用下会沿着电导率更大的离子交换树脂迁移到离子交换膜的表面，并通过离子交换膜进入相邻的浓盐水通道中。同时，在淡水通道内的离子交换膜的表面和离子交换树脂的周围会发生水解反应，产生氢离子和氢氧根离子，从而可以实现离子交换树脂的再生。因此，EDI 是一个连续的盐水分离过程，具有很高的水回收率，可用于制备高纯度的淡水，还可以用于去除金属离子。此外，相比于 ED，离子交换树脂的存在会加强淡水通道内盐离子的迁移，而相比于离子交换法，离子交换树脂的再生过程不需要相应的酸和碱等化学品。

# 8.3　膜蒸馏在海水淡化中的应用现状

### 8.3.1　陶瓷膜在海水淡化预处理中的应用

为避免海水中污染物严重影响反渗透膜的使用性能和寿命，反渗透海水淡化预处理是一个必不可少的步骤，其方法主要有多介质过滤和超/微滤。传统的多介质过滤不能完全去除胶体和悬浮物质，出水水质易产生波动，从而降低反渗透膜的产水能力，缩短其寿命；超/微滤有机膜预处理存在有机膜易老化、断丝等难题，且由于我国海水水质较差，大多数有机膜使用寿命不到 3 年。与上述两种方法相比,陶瓷膜具有孔径分布窄、孔隙率高、分离层薄、过滤阻力小等优点,而且单位膜表面积处理量高、产水能力大,化学性质稳定,可以在海水中长期稳定运行,更适用于海水淡化预处理。与传统的有机膜相比,无机陶瓷膜具有耐高温、耐酸碱腐蚀、化学稳定性强、机械强度高及孔径分布窄等优点,被广泛应用于食品和生物制品的提纯、电解液的过滤及气体除尘等多个领域。

采用陶瓷膜进行海水预处理,主要有以下几方面优点:①热稳定性好。无机陶瓷膜具有极好的耐热性,大多数陶瓷膜可在 1000～1300℃ 高温下使用,可用于高温、高黏度液体的分离。②化学稳定性好。耐酸碱及生物腐蚀,比金属及其他有机材料的膜更加耐酸碱腐蚀,抗生物性能好,抗菌性好。③渗透选择性高。由于多孔陶瓷膜的孔径很小,因此其渗透选择性很高,多用于超滤、微滤操作。另外,无机陶瓷膜对无机离子还有不同的分离特性,可以根据不同的需要来选择材质,进行特定的分离操作。④污染小、易清洗、使用寿命长。由于陶瓷膜的化学稳定性好,在分离过程中不会产生相变,因此污染较小。另外,由于其结构和化学性质的稳定性,对于膜的清洗问题很容易解决,例如,可以用酸性、碱性和活性酶清洗剂来分别处理膜上的不溶沉淀、油性物质和蛋白质等,也可以用蒸汽和高压蒸煮来进行膜的消毒处理,这些是有机膜难以做到的。因此,结合陶瓷膜、中空纤维及有机膜进行超滤、微滤等预处理过程的操作和运行特点,可以看出,采用陶瓷膜进行海水预处理,综合了有机膜微滤、超滤过程的优点,相对于传统的海水预处理工艺,具有过滤水质好,系统的回收率大,化学药剂投加量少,运行费用和能耗低,工艺流程短以及易于实现微滤、超滤过程的自动化控制等优点,同时还具有很强的耐酸碱腐蚀、耐高温高压的能力,更加适合于处理海水这种特定流体。

膜法预处理由于具有出水水质好且稳定、自动化程度高等优点而被广泛应用于海水淡化预处理。范益群等利用“絮凝沉降+陶瓷膜”和“砂滤+陶瓷膜”这两种工艺对海水进行净化处理。结果表明,从适宜的温度、渗透特性、浊度的去除率、SDI 以及铁浓度等的比较得出,与传统的预处理方式相比,“砂滤+陶瓷膜”工艺作为 RO 海水淡化预处理在技术上是可行的。但是“絮凝沉降+陶瓷膜”工艺不受原海水水质的影响,而且该工艺延长了膜再生周期,产水回收率也较高,明显优于“砂滤+陶瓷膜”工艺。Xu 等研究各个因素对陶瓷超滤膜用于海水淡化预处理的影响,结果表明,铁的混凝功能对 COD 的去除非常有效,膜污染后用混凝过滤试验以及用酸洗过的次氯酸钠溶液清洗可以很快地恢复,而且反冲洗时间短。同时,$CaCl_2$ 比 NaCl 的添加更能使临界通量下降,结垢行为依赖于水动力条件,臭氧预氧化也可以减缓自然水域中陶瓷膜的污染问题。氧化锆陶瓷膜作为 RO 海水淡化的预处理设备可以与 RO 达到一致的渗透性和在高渗透通量条件下低污染的可能性。

## 8.3.2　陶瓷膜在膜蒸馏海水淡化中的应用

陶瓷膜通常表现为表面亲水特性,经低表面能物质表面改性后转变为表面疏水性,从而适用于膜蒸馏过程。与高分子膜相比,陶瓷膜具有更加优异的热稳定性、化学稳定性和机械稳定性,长期浸泡不易变形而保持完整的结构和形貌。近年来,使用聚四氟乙烯(PTFE)、聚偏氟乙烯(PVDF)、聚丙烯(PP)等具有低表面性能的聚合物材料制备出了较好性能的疏水膜用于膜蒸馏,但由于聚合物的高温敏感性和膨胀现象,限制了其工业推广。研究发现,使用氟硅烷、烷基硅烷等疏水基团在无机陶瓷膜表面疏水改性制备出一种有机复合膜用于膜蒸馏是一种可行的方法。

　　Larbot等较早地将FAS（氟硅烷）应用于膜蒸馏用陶瓷膜疏水改性的研究中，他们采用FAS分别对孔径为50nm的$ZrO_2$，孔径为$0.2\mu m$、$0.4\mu m$和$0.8\mu m$的$Al_2O_3$陶瓷膜板进行疏水改性并用于脱盐，结果表明：疏水陶瓷膜蒸馏渗透通量受温度的影响最大，且随着温度上升，通量呈指数性增加；实验中孔径$0.2\mu m$的$Al_2O_3$陶瓷膜板性能表现最好，通量最高达到$120.7L/(d \cdot m^2)$，盐截留率在90%以上。Kujawa等以不同链长（6～12个碳原子的链）的氟硅烷对二氧化钛陶瓷膜进行疏水改性，探究接枝时间及氟硅烷链长对疏水改性的影响，通过测量改性$TiO_2$陶瓷膜的水接触角和甘油接触角来计算接枝率，结果表明：随着接枝时间的延长，接枝率越高，改性膜的疏水效果越好；链长为12个碳原子的氟硅烷的接枝率高，疏水改性效果好，改性后的疏水陶瓷膜的接触角可高达136°。国内学者对膜蒸馏水淡化用陶瓷膜进行了许多研究，其中，熊峰等采用表面接枝改性法，将十六烷基三甲氧基硅烷接枝于陶瓷膜表面，获得疏水性$Al_2O_3$陶瓷膜。将改性后的$Al_2O_3$膜用于真空膜蒸馏的脱盐实验中，结果表明，该陶瓷膜的渗透通量和稳定性较高，脱盐率大于99.9%。Fang等采用真空式膜蒸馏，NaCl质量分数为4%的热料液温度为80℃时，测得FAS修饰后氧化铝中空纤维膜的通量高达$42927.28L/(m^2 \cdot h)$。杨艳辉使用PFAS（全氟辛基三氯硅烷）和PFDS（全氟癸基三乙氧基硅烷）作为改性剂，用BP（二苯甲酮）的乙醇溶液作为引发剂在紫外线照射下对平均孔径为200nm的$Al_2O_3$陶瓷膜进行疏水改性。结果表明，当改性剂的浓度为0.01mol/L，BP的浓度为0.01mol/L时，经改性后陶瓷膜板的接触角能够达到159°；将制备出的疏水膜片进行VMD海水淡化实验，渗透通量为$27.28kg/(m^2 \cdot h)$，截留率最高达99.99%，且保持99.5%以上，说明改性后的疏水陶瓷膜性能优良，符合MD用膜的要求。唐超等用全氟硅烷对自制的$\alpha\text{-}Al_2O_3$陶瓷膜板进行疏水改性，改性后平均孔径由$1.082\mu m$减小到$0.731\mu m$，孔径分布均匀，符合膜蒸馏用膜要求。将最佳改性条件下制备的$FAS/\alpha\text{-}Al_2O_3$复合膜进行脱盐测试，在2%的NaCl溶液中，截留率为98.5%，渗透量$12.68L/(m^2 \cdot h)$。Tao等采用相转化流延和烧结法制备了膜蒸馏水淡化用高效$Si_3N_4$陶瓷膜，改变支撑体中石墨料浆的成形，制成了双层与三层结构平板膜，并将基膜用SiNCO纳米颗粒从亲水性改为疏水性，采用不同浓度NaCl水溶液进料的SGMD测试其脱盐性能，随着浓度增加，水通量略有下降，双层结构平板膜比三层结构平板膜水通量提高了83%，截留率保持99.99%以上。

　　综合国内外的文献，虽然陶瓷膜通常采用疏水改性，但是因疏水性基团的脱落，陶瓷膜的疏水性降低，导致陶瓷膜具有疏水程度不高、疏水的热稳定性不足等问题。综上，陶瓷膜作为膜蒸馏用膜用于海水淡化的研究目前仍处于实验室阶段，工业化应用仍存在一定的问题，且值得研究者们继续探索与研究。

### 8.3.3　陶瓷膜在海水淡化中的组合工艺及案例分析

　　南京工业大学开发出适合于水处理的低成本蜂窝状陶瓷膜，已由江苏久吾公司产业化，并应用于海水淡化预处理和日产千吨级的自来水生产中，但膜制备的成本仍需进一步下降。以下为陶瓷膜在海水淡化预处理中的案例分析，本项目在天津1000t/d海水淡化示范工程项目的基础上，首次将陶瓷膜应用于海水淡化预处理工艺。所采用的陶瓷膜为氧化铝陶瓷微滤膜，结构如图8-9所示。

图 8-9　氧化铝陶瓷微滤膜结构

陶瓷膜规格：孔道数 19，孔径 $0.2\mu m$，外径 30mm，通道内径 4mm，公称直径 1000mm，有效膜面积 $0.23m^2$。预处理工艺流程如图 8-10 所示。具体过程为：海水经过自然沉淀池处理后由海水泵打入混合池与由计量泵所打入的絮凝剂、杀菌剂进行充分的混合，混合后的海水进入絮凝池反应，产生较大的絮状矾花，然后进入斜板沉淀池沉降，去除海水中含有的颗粒较大的悬浮物。处理过的海水依次进入砂滤和陶瓷膜过滤装置，除去大部分细菌、胶体、藻类、絮凝剂、悬浮物等海水中影响 RO 装置正常运行的微粒，以满足 RO 装置的进水要求。

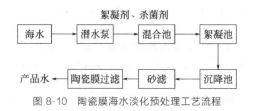

图 8-10　陶瓷膜海水淡化预处理工艺流程

结果与讨论：①实验期间室温 $20\sim23℃$，原海水浊度变化范围为 $15.42\sim70NTU$，平均值为 34.54NTU；$COD_{Mn}$ 变化范围为 $4.1\sim6.1mg/L$，平均值为 4.76mg/L；总铁含量变化范围为 $0.205\sim0.453mg/L$，平均值为 0.335mg/L。②絮凝沉淀后海水浊度变化范围为 $5.35\sim18.5NTU$，平均值为 12.5NTU；$COD_{Mn}$ 变化范围为 $2.8\sim4.6mg/L$，平均值为 3.58mg/L；总铁含量变化范围为 $0.298\sim0.610mg/L$，平均值为 0.422mg/L。进入 RO 装置海水水质指标 pH 值 7，NTU$<$0.3，污染指数 SDI$<$3，余氯$<$0.05mg/L，$COD_{Mn}<$1.5mg/L，Fe$<$0.1mg/L。实验中膜通量可达 $600L/(m^2 \cdot h)$ 以上，反洗周期为 1.5h，反洗效果好且工艺简单，海水淡化预处理工艺成本低，工艺更为简化，有利于尽快实现大规模海水淡化。

# 8.4　陶瓷膜在海水淡化中存在的问题与展望

海水淡化技术是解决沿海地区缺水问题的重要途径，反渗透法海水淡化技术已逐步成为应用最广泛的技术，但其进水水质要求高，需对进入该体系的海水进行预处理。由于陶瓷膜比有机膜更能抵抗赤潮和藻类的影响，陶瓷膜更适用于海水淡化预处理，且其预处理效果满足该要求，但膜污染成了制约陶瓷膜海水淡化预处理的主要问题。因此，常采用多元组合工艺缓解陶瓷膜的膜污染，达到降低成本的目的。因此，如何进一步降低膜的制造成本，提高膜的抗污染性能以延长膜的使用寿命，并结合更加合理可行的海水预处理多元组合工艺，以降低整个工艺过程的能耗等技术问题，将会是今后无机陶瓷膜在海水淡化预处理领域应用的研究趋势和重点。随着沿海地区经济的快速发展及面对严峻的缺水形势，采用陶瓷膜预处理组合工艺，并大力发展海水淡化技术将有巨大的市场发展空间和良好的应用前景。

在膜蒸馏技术脱盐方面，通常采用疏水改性制备膜蒸馏陶瓷膜，但因膜面疏水性基团容易脱落，致使陶瓷膜的疏水性降低，使陶瓷膜具有疏水程度不高、疏水的热稳定性不足等问题。因此，陶瓷膜作为膜蒸馏用膜用于海水淡化的研究目前仍处于实验室阶段，工业化应用仍存在一定的问题，在疏水陶瓷膜材料的制备与改性方向值得研究者们继续探索与研究。

## 参 考 文 献

[1] 刘承芳，李梅，王永强，朱明璇.海水淡化技术的进展及应用 [J].城镇供水，2019 (2)：54-62.

[2] Oki T，Kanae S. Global hydrological cycles and world water resources [J]. science，2006，313：1068-1072.

[3] 张利平，夏军，胡志芳.中国水资源状况与水资源安全问题分析 [J].水资源，2009：1-7.

[4] 左其亭.中国水利发展阶段及未来"水利4.0"战略构想 [J].水电能源科学，2015 (33)：1-5.

[5] Elimelech M，Phillip W A. The future of seawater desalination：Energy. technology，and the environment [J]. science，2011，333：712-717.

[6] Millero F J，Feistel R，Wright D G，Mcdougall T J. The composition of standard seawater and the definition of the reference-composition salinity scale [J]. Deep Sea Research Part I：Oceanographic Research Papers，2008 (55)：50-72.

[7] 朱淑飞，薛立波，徐子丹.国内外海水淡化发展历史及现状分析 [J].水处理技术，2014 (40)：12-16.

[8] Khawaji A D，Kutubkhanah I K，Wie J M. Advances in seawater desalination technologies [J]. Desalination，2008，221：47-69.

[9] 杨尚宝.中国海水淡化年鉴 (2010) [M].北京：海洋出版社，2012：2-9.

[10] Ruan G L，Feng H J. Technical progress in seawater desalination technology at home and abroad [J]. China Water & Wastewater，2008 (20)：86-90.

[11] 解利昕，李凭力，王世昌.海水淡化技术现状及各种淡化方法评述 [J].化工进展，2003，22：8-17.

[12] 杨尚宝.我国海水淡化产业发展现状与建议 [J].水处理技术，2015，41：1-2.

[13] Zheng X，Chen D，Wang Q，Zhang Z. Seawater desalination in China：retrospect and prospect [J]. Chemical engineering journal，2014，242：404-413.

[14] 杨尚宝.我国海水淡化产业发展的现状与对策 [J].水处理技术，2006，32：1-3.

[15] Al-Obaidani S，Curcio E，Macedonio F，Di Profio G，Al-Hinai H，Drioli E. Potential of membrane distillation in seawater desalination：Thermal efficiency，sensitivity study and cost estimation [J]. Journal of Membrane Science，2008，323：85-98.

[16] 郑智颖，李凤臣，李倩，王璐，蔡伟华，李小斌，张红娜.海水淡化技术应用研究及发展现状 [J].科学通报，2016，61：2344-2358.

[17] Raluy G，Serra L，Uche J. Life cycle assessment of MSF，MED and RO desalination technologies [J]. Energy，2006，31：2361-2372.

[18] Ng K C，Thu K，Oh S J，Ang L，Shahzad M W，Ismail A B. Recent developments in thermally-driven seawater desalination：Energy efficiency improvement by hybridization of the MED and AD cycles [J]. Desalination，2015，356：255-270.

[19] Borsani R，Rebagliati S. Fundamentals and costing of MSF desalination plants and comparison with other technologies [J]. Desalination，2005，182：29-37.

[20]　周赤忠，李焱.当前海水淡化主流技术的分析与比较 [J].海水淡化技术，2008：8-17.

[21]　Qiblawey H M，Banat F. Solar thermal desalination technologies [J]. Desalination，2008，220：633-644.

[22]　Loeb S，Sourirajan S. Saline water conversion-Ⅱ [J]. Advances in chemistry series，1963（38）：117-118.

[23]　Lee K P，Arnot T C，Mattia D. A review of reverse osmosis membrane materials for desalination-development to date and future potential [J]. Journal of Membrane Science，2011，370：1-22.

[24]　Wilf M，Bartels C. Optimization of seawater RO systems design [J]. Desalination，2005，173：1-12.

[25]　Sadrzadeh M，Mohammadi T. Sea water desalination using electrodialysis [J]. Desalination，2008，221：440-447.

[26]　Drioli E，Ali A，Macedonio F. Membrane distillation：Recent developments and perspectives [J]. Desalination，2015，356：56-84.

[27]　Lutze P，Gorak A. Reactive and membrane-assisted distillation：Recent developments and perspective [J]. Chem Eng Res Des，2013，91：1978-1997.

[28]　Wang P，Chung T S. Recent advances in membrane distillation processes：Membrane development，configuration design and application exploring [J]. J Membrane Sci，2015，474：39-56.

[29]　Eykens L，De Sitter K，Dotremont C，Pinoy L，Van der Bruggen B. How to optimize the membrane properties for membrane distillation：A review [J]. Ind Eng Chem Res，2016，55：9333-9343.

[30]　Lawson K W，Lloyd D R. Membrane distillation [J]. J Membrane Sci，1997，124：1-25.

[31]　Smolders K，Franken A C M. Terminology for Membrane Distillation [J]. Desalination，1989（72）：249-262.

[32]　Alkhudhiri A，Darwish N，Hilal N. Membrane distillation：A comprehensive review [J]. Desalination，2012，287：2-18.

[33]　Ashoor B B，Mansour S，Giwa A，Dufour V，Hasan S W. Principles and applications of direct contact membrane distillation（DCMD）：A comprehensive review [J]. Desalination，2016，398：222-246.

[34]　Abu-Zeid M A E R，Zhang Y，Dong H，Zhang L，Chen H L，Hou L. A comprehensive review of vacuum membrane distillation technique [J]. Desalination，2015，356：1-14.

[35]　Hawlader M N A，Bahar R，Ng K C，Stanley L J W. Transport analysis of an air gap membrane distillation（AGMD）process [J]. Desalin Water Treat，2012（42）：333-346.

[36]　Alklaibi A M，Lior N. Transport analysis of air-gap membrane distillation [J]. J Membrane Sci，2005，255：239-253.

[37]　Khayet M，Godino M P，Mengual J I. Theoretical and experimental studies on desalination using the sweeping gas membrane distillation method [J]. Desalination，2003，157：297-305.

[38]　Chiam C K，Sarbatly R. Vacuum membrane distillation processes for aqueous solution treatment：A review [J]. Chem Eng Process，2013，74：27-54.

[39]　Abu-Zeid M A，Zhang Y Q，Dong H，Zhang L，Chen H L，Hou L. A comprehensive review of vacuum membrane distillation technique [J]. Desalination，2015，356：1-14.

[40]　Izquierdo-Gil M A，Jonsson G. Factors affecting flux and ethanol separation performance in vacuum membrane distillation（VMD）[J]. J Membrane Sci，2003（214）：113-130.

[41]　Chang H，Hsu J A，Chang C L，Ho C D. CFD study of heat transfer enhanced membrane distillation using spacer-filled channels [J]. Enrgy Proced，2015，75：3213-3219.

[42]　Martinez-Diez L，Vazquez-Gonzalez M I，Florido-Diaz F J. Study of membrane distillation using channel spacers [J]. J Membrane Sci，1998，144：45-56.

[43]　李栋梁，龙臻，梁德青.水合冷冻法海水淡化研究 [J].水处理技术，2010，36：65-68.

[44]　徐政涛，谢应明，孙嘉颖，杨义暄.水合物法海水淡化技术研究进展及展望 [J].热能动力工程，2020，35：1-11.

[45]　司洪亮.正渗透技术在海水淡化处理中的应用研究 [J].济南沃特佳环境技术股份有限公司，2017.

[46]　Tan C H，Ng H Y. A novel hybrid forward osmosis-nanofiltration（FO-NF）process for seawater desalination：Draw solution selection and system configuration [J]. Desalination and Water Treatment，2010：356-361.

[47] 顾维锴，王军锋，储进静，顾锋.增湿除湿太阳能海水淡化系统的试验研究 [J].环境工程，2014，32：155-158，168.

[48] Rahman M S，Ahmed M，Chen X D. Freezing-melting process and desalination：review of present status and future prospects [J]. International journal of nuclear desalination，2007（2）：253-257.

[49] Max M D，Pellenbarg R E. Desalination through gas hydrate [J]. Google Patents，2000：376-385.

[50] Park K N，Hong S Y，Lee J W，Kang K C，Lee Y C，Ha M G，Lee J D. A new apparatus for seawater desalination by gas hydrate process and removal characteristics of dissolved minerals（$Na^+$，$Mg^{2+}$，$Ca^{2+}$，$K^+$，$B^{3+}$）[J]. Desalination，2011，274：91-96.

[51] Narayan G P，Lienhard J H. Humidification dehumidification desalination [J]. Desalination：Water from Water，2014：425-472.

[52] Jacob C. Seawater desalination：boron removal by ion exchange technology [J]. Desalination，2007，205：47-52.

[53] Linares R V，Li Z，Sarp S，Bucs S S，Amy G，Vrouwenvelder J S. Forward osmosis niches in seawater desalination and wastewater reuse [J]. Water research，2014，66：122-139.

[54] Oren Y. Capacitive deionization（CDI）for desalination and water treatment-past，present and future（a review）[J]. Desalination，2008，228：10-29.

[55] Welgemoed T，Schutte C. Capacitive deionization technology$^{TM}$：An alternative desalination solution [J]. Desalination，2005，183：327-340.

[56] Porada S，Zhao R，Van Der Wal A，Presser V，Biesheuvel P. Review on the science and technology of water desalination by capacitive deionization [J]. Progress in materials science，2013，58：1388-1442.

[57] Suss M，Porada S，Sun X，Biesheuvel P，Yoon J，Presser V. Water desalination via capacitive deionization：what is it and what can we expect from it [J]. Energy & Environmental Science，2015（8）：2296-2319.

[58] El-Dessouky H T，Ettouney H M. Fundamentals of salt water desalination [J]. Elsevier，2002：118-127.

[59] Alvarado L，Chen A. Electrodeionization：principles，strategies and applications [J]. Electrochimica Acta，2014，132：583-597.

[60] Arar Ö，Yüksel Ü，Kabay N，Yüksel M. Various applications of electrodeionization（EDI）method for water treatment：A short review [J]. Desalination，2014，342：16-22.

[61] 衣丽霞，马敬环，项军.无机陶瓷膜在海水预处理中的应用 [J].盐业与化工，2009，38：41-54.

[62] Xu J，Chang C Y，Gao C. Performance of a ceramic ultrafiltration membrane system in pretreatment to seawater desalination [J]. Separation and Purification Technology，2010，75：165-173.

[63] 柏其亚，刘学文，范益群，邢卫红.终端陶瓷膜法海水淡化预处理 [J].膜科学与技术，2008，28：86-89.

[64] Xu J，Ruan L G，Wang X，Jiang Y Y，Gao L X，Gao J C. Ultrafiltration as pretreatment of seawater desalination：critical flux，rejection and resistance analysis [J]. Separation and purification technology，2012，85：45-53.

[65] Xu J，Feng X，Hou J，Wang X，Shan B，Yu L，Gao C. Preparation and characterization of a novel polysulfone UF membrane using a copolymer with capsaicin-mimic moieties for improved anti-fouling properties [J]. Journal of membrane science，2013，446：171-180.

[66] Cerneaux S，Strużyńska I，Kujawski W M，Persin M，Larbot A. Comparison of various membrane distillation methods for desalination using hydrophobic ceramic membranes [J]. Journal of membrane science，2009，337：55-60.

[67] Hendren Z，Brant J，Wiesner M. Surface modification of nanostructured ceramic membranes for direct contact membrane distillation [J]. Journal of Membrane Science，2009，331：1-10.

[68] Krajewski S R，Kujawski W，Bukowska M，Picard C，Larbot A. Application of fluoroalkylsilanes（FAS）grafted ceramic membranes in membrane distillation process of NaCl solutions [J]. Journal of Membrane Science，2006，281：253-259.

[69] Larbot A，Gazagnes L，Krajewski S，Bukowska M，Kujawski W. Water desalination using ceramic membrane distillation [J]. Desalination，2004，168：367-372.

[70] Kujawa J，Rozicka A，Cerneaux S，Kujawski W. The influence of surface modification on the physicochemical properties of ceramic membranes [J]. Colloids and Surfaces A：Physicochemical and Engineering Aspects，2014，443：567-575.

[71] 熊峰，邱鸣慧，范益群. 疏水性 $Al_2O_3$ 膜在真空膜蒸馏中的应用 [J]. 南京工业大学学报（自然科学版），2018（40）：40-45.

[72] Fang H，Gao J，Wang H，Chen C. Hydrophobic porous alumina hollow fiber for water desalination via membrane distillation process [J]. Journal of membrane science，2012，403：41-46.

[73] 杨艳辉. 氟硅烷联合紫外照射改性陶瓷膜在 VMD 海水淡化中的应用 [D]. 北京：北京化工大学，2015：3-5.

[74] 唐超，陈志，朱神平，王继尧，李建明. 疏水性 FAS-$Al_2O_3$ 复合陶瓷膜的制备与表征 [J]. 过滤与分离，2016：5-12.

[75] Tao S，Xu Y D，Gu J Q，Abadikhah H，Wang J W，Xu X. Preparation of high-efficiency ceramic planar membrane and its application for water desalination [J]. Journal of Advanced Ceramics，2018（7）：117-123.

[76] 曹义鸣，徐恒泳，王金渠. 我国无机陶瓷膜发展现状及展望 [J]. 膜科学与技术，2013：1-5.

# 第9章 陶瓷膜在铁路交通建设与运营污水处理中的应用

## 9.1 陶瓷膜处理铁路车辆段废水

### 9.1.1 车辆段废水处理研究进展

我国是铁路大国，截至 2017 年底，我国铁路总里程数达到 12.7 万公里。铁路车辆段是车辆的停放、检修及保养的综合性基地，担负着各工艺设备的维修、检测、管理工作，在车辆的维护、检修、清洗工作中会产生大量废水，全国车辆段废水总量达到 350 万吨/年。车辆段废水中主要污染物为固体悬浮物、油类物质，该废水具有高 COD、高含油量的特点。油类物质在废水中多以乳化油、分散油、吸附油的形式存在。该形式下，油呈悬浮状态且颗粒细小，难以去除。未经处理的废水直接排放会对环境造成极大的破坏。

铁路车辆段废水来源主要分为以下两类：

一是车辆在检修、清洗过程中产生的废水。由于车辆的车架、转向轴及其他零部件含有机油等油类物质，在高压清洗过程中，这些含油污染物随清洗水一起进入废水中。同时，由于泥沙、尘土等污染物会黏附在有油的车辆零部件上，在清洗时，这些污染物也会随之一起进入废水中，导致废水中含油量和固体悬浮物含量较高。

二是车辆段生产、生活所产生的废水。该废水与市政废水相似，不含有特殊的污染物，处理过程难度较低。

车辆段废水的主要特点是含油量、固体悬浮物含量、COD 含量高。其处理难点在于油类物质的去除。油类物质在废水中的主要存在方式如下。

① 浮油：$d > 100\mu m$，颗粒大，处于游离状态，可以漂浮在水面上。

② 吸附油：属于吸附于固体悬浮物上的油，在水中可以释放出油珠。

③ 粗分散油：$10\mu m \leqslant d \leqslant 100\mu m$，颗粒较大，有时可上浮至水面。

④ 细分散油：$d < 10\mu m$，颗粒较小，难以上浮。

⑤ 乳化油：属于由乳化剂作用而形成的油水体系，不进行破油处理难以油水分离。

⑥ 溶解油：$d < 0.1\mu m$，溶解于水中，含量极低。

铁路车辆段设有专门的污水处理设施。该类污水厂常采用溶气气浮法，但在实际应用过程中存在一些问题。

① 由于各时间段废水量波动较大，絮凝剂投加量无法准确调节，处理效果会受到影响。

② 溶气过程中产生的能耗较大。

③ 气浮法在不同温度下处理效果不稳定。

无机陶瓷膜技术日益成熟，在水处理领域发挥着巨大作用，主要体现在生活饮水净化、工业废水处理、生活污水处理。相较于油田开采废水，车辆段废水中固体悬浮物含量更高，且污水成分更加复杂。

目前国内使用于车辆段废水处理中的技术主要是水解-好氧处理工艺。该工艺以隔油-气浮法作为前端工艺，对废水中的浮油、散油、乳化油具有较好的处理效果。废水处理过程中，利用重力原理，浮油、粗分散油在隔油池中被去除；小颗粒油在气浮池中利用气浮法去除。该方法能有效地去除废水中的油类物质，但该工艺系统过于复杂。

另一种常用方法为加药溶气气浮法。该方法的原理为：利用装置将空气加压注入水中，当空气在水中达到饱和状态后，快速使水回到常压状态；加压-减压的过程使得原溶解于水中的空气形成数目巨大的微小气泡，水中的颗粒与气泡黏结后上浮至水面被清除。由于加压-减压过程可以人为控制，因此在实际工程中可以人为地控制气泡与水中颗粒的接触时间，以达到理想的效果。同时，向废水中投加释放的絮凝剂，使废水中颗粒聚集，加大颗粒直径，加强气浮效果。该方法对于车辆段废水具有较好的处理效果，但絮凝剂投加量无法适应水量变化，处理效果不稳定。

## 9.1.2 陶瓷膜处理铁路车辆段含油废水

含油废水来源于成都某铁路车辆段，该车辆段每日产生废水量为200t，废水未处理前呈浅黑色，有细微臭味。该车辆段含油废水水质如表9-1所示。

表9-1 某车辆段含油废水原水和出水水质

| 指标 | SS | COD | 含油量 |
|---|---|---|---|
| 原水水质/(mg/L) | 198 | 202 | 149 |
| 出水水质/(mg/L) | 32 | 19 | 0.85 |

试验采用装置分为废水处理装置及膜反冲洗装置，如图9-1所示。

1号自吸泵将废水注入溢流水箱，调节1号泵出水流量，使得废水处理过程中溢流水箱内水位高度高于平板陶瓷膜最上端，达到膜工作所需工况；废水由溢流堰溢出，通过溢流孔回到废水桶。2号自吸泵吸水口与平板陶瓷膜上端接口连接，泵启动后在膜内空腔形成负压，渗透液由该接口吸出，通过浮子流量计读取出水流量。膜工作所需最小真空压力为0.05MPa。反冲洗液采用清水，由陶瓷膜上端注入膜空腔内部。冲洗液由膜内侧渗出至膜表面形成均匀水流，达到反冲洗目的。反冲洗过程中出水压力需大于0.05MPa，小于5MPa。废水处理前后的污染物情况如表9-1所示。

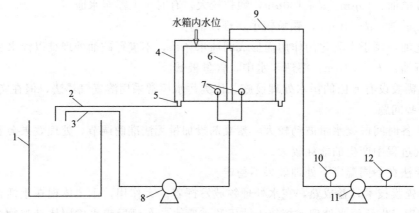

图 9-1　陶瓷膜处理车辆段含油废水装置

1—废水桶；2—溢流管；3—进水管；4—溢流水箱；5—溢流口；6—平板陶瓷膜；

7—进水口；8—1 号水泵；9—出水管；10—真空表；11—2 号水泵；12—流量计

### 9.1.3　基于陶瓷膜处理铁路洗涤废水

　　高铁客运洗涤废水水量和水质随时间的变化较大，水中表面活性剂含量高，含有较多的纤维状悬浮物，B/C（BOD 和 COD 的比值）较低，可生化性差，生物降解效率低。目前所采用的常规处理方法，污水中的纤维状悬浮物和有机物不能完全满足排放标准，也无法实现污水的资源化回收。

　　对于高速铁路车辆段的洗涤废水，李德生等开发了一种基于陶瓷膜的洗涤废水处理方法。该工艺流程如图 9-2 所示。铁路洗涤废水通过格栅去除废水中较大的纤维漂浮物，可实现污水中 90%纤维漂浮物的去除。设置次氯酸钙投药箱和折板调节沉淀池，以去除污水中的磷和悬浮物。通过投药箱向折板调节沉淀池中投加 50～100mg/L 的次氯酸钙，次氯酸钙与污水混合，折板调节沉淀池的水力停留时间为 4h，通过折板水力絮凝实现 85%的高效去除较小的悬浮物，同时有效去除污水中 90%的磷。设置折板厌氧水解池，将污水中难生物降解的有机物充分水解，并进行反硝化脱氮。折板厌氧水解池的水力停留时间为 6h，可实现总氮脱除 85%、COD 去除 70%。利用抗污染陶瓷膜生物反应器强化泥水分离，增加去除污水中溶解性有机物的效率。抗污染陶瓷膜生物反应器的水力停留时间为 4h，并投加 100～150$\mu$m 的微砂 3～10L/h，在陶瓷膜元件表面摩擦运动，可有效防止陶瓷膜的污染，并固化反应器中的活性污泥，提高污泥浓度，强化泥水分离，使出水 SS 降低至 0，同时溶解性有

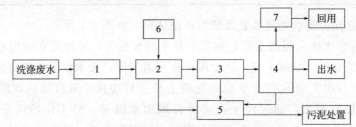

图 9-2　基于陶瓷膜处理铁路洗涤废水处理流程

1—格栅；2—折板调节沉淀池；3—折板厌氧水解池；4—抗污染陶瓷膜生物反应器；

5—污泥压滤机；6—次氯酸钙投药箱；7—消毒池

机物去除率为 90％以上，氨氮去除率为 95％以上，总磷浓度小于 0.5mg/L。将折板调节沉淀池、折板厌氧水解池和抗污染陶瓷膜生物反应器所产生的污泥通过污泥处理装置的浓缩、脱水处理，最后处理水通过消毒实现资源化回用。

# 9.2　基于陶瓷膜处理火车站生活污水

随着我国铁路建设的高速发展以及人们出行方式的转变，铁路车站形成了具有独特性质的污水排放特点。目前铁路沿线各站排水设计未能赶上铁路改革发展的步伐，如许多铁路沿线各站排水处理构筑物单一，功能不好，造成排水设施不能满足长期运行的需要等。新建铁路的管理和运行体制随着铁路改革和设计的深入发生了很大的变化，现有的火车站具有工作人员少、利于集中管理的特点。在铁路的日常生产运行中，各站段的排水是不可避免的，在新建铁路各段的环保验收中，污水的有效处理和合理排放更是其中一个很重要的环节。随着公众环境意识的提高，要求铁路站段加强对排放污水的管理，做到达标排放。鉴于我国具有特殊形式的铁路分布，加上城市建设市政污水管网的现实情况，既有的市政污水处理系统很难接纳国内大部分铁路沿线产生的污水，尤其是地处偏远地区的小型火车站产生的生活污水，一般情况下，在这些站段只能采用自行处理污水的方式。目前铁路车站形成了污水排放量少、修建车站污水处理厂投资大且缺乏专业人员管理和维护的特点。因此，为贯彻国家"节能减排"的方针政策和落实铁路运输行业提倡的"减员增效"的总体要求，高效处理我国铁路各站段排放污水的，并且适合各铁路站段特点的污水处理技术的开发和设计是急需的。

## 9.2.1　火车站生活污水特点

铁路常见污水主要有生产污水和生活污水。生产污水主要是含油污水和酸碱污水等。实现电气化运输的铁路主要以生活污水为主，生产污水排放量很少。生活污水主要来源于食堂、宿舍、浴室、站房等设施，一般多为洗漱洗浴水或洗衣杂排水，主要污染指标为 COD、$BOD_5$、SS、氨氮等。

火车站生活污水具有以下特点：

① 排放的污水水量小，一般为几立方米到几十立方米，污水主要集中在几栋公共建筑内，如秦沈铁路沿线的很多小型火车站排放的污水水量大部分不高于 $100m^3/d$。

② 由于火车站内产生的生活污水来源比较单一，主要污染物浓度一般为：COD 小于 450mg/L，氨氮小于 100mg/L，总磷小于 9mg/L，悬浮物小于 200mg/L，石油烃类低于 20mg/L，动植物油类低于 30mg/L，pH 值为 7～8。

③ 生活污水的排放不够稳定，排放量不均衡，一般情况下是白天产生水量大，夜间水量小，车站客流高峰期时产生水量大，淡季时水量小。一天之内污水水量水质出现了两个高峰期，分别为 11：00～14：00 和 17：00 左右，其余各时段变化不是很大。这两个时间段一般 COD 在 100～220mg/L，氨氮在 30～50mg/L，SS 在 90～200mg/L。

## 9.2.2　火车站生活污水的处理工艺

近年来我国在修建铁路时已考虑对其沿线车站及工区所排出的污水进行处理。在选择火车站污水处理工艺时应该考虑以下几个方面:第一,小型火车站一般建设规模比较小,地理位置比较偏远,相关的专业技术人员比较少,不利于操作管理,所以一些方便日常维护管理的污水处理工艺应是首选。第二,鉴于现有合流制管网的布置情况,雨水污水混流情况时有发生,所以主要污染物的浓度会比较低,在选择常规的生物处理技术时要充分考虑其快速启动和稳定运行的影响。第三,由于小型火车站不方便接入动力系统,无法保证投入足够的日常维护运行经费,所以在设计时应选择工程造价低、运营成本低和低能耗的工艺。第四,在一些地理条件比较差的地方(比如山区、丘陵等),设计时要考虑地势条件,此时需要慎重选用常规的污水处理设施。

在众多的污水处理工艺中,序批式活性污泥法(SBR)、厌氧处理技术、人工湿地处理技术等主要用于小型火车站生活污水的处理,同时膜生物反应器(MBR)等其他相关工艺及其组合在一些客运火车站也有采用。采用这几类工艺的主要原因有:小型火车站产生的生活污水比较少,一般不宜采用 $A^2/O$ 及其相应的改良工艺,因为这些工艺结构复杂、建设成本高、管理要求也非常高,处理小水量污水时不经济,也不适应;SBR 工艺、地埋式厌氧污水设备、人工湿地等工艺的特点也符合无人值守等要求。

### 9.2.3　基于陶瓷膜的火车站生活污水的处理案例

试验装置由陶瓷膜生物反应器、平板陶瓷膜组件、进出水系统和曝气系统组成,有效容积为 2.5L,如图 9-3 所示。膜组件采用新加坡世来福平板陶瓷膜,孔径为 0.1μm,有效膜面积为 0.04m²。

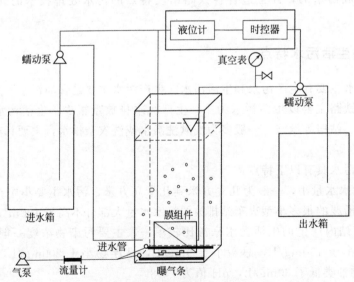

图 9-3　火车站生活污水陶瓷膜生物反应器处理装置

生活污水取自北京市某小型火车站,该生活污水:$COD_{Cr}$ 值较低,B/C 较高,可生化性好;氮素、磷素含量较低,总氮的成分主要由氨氮构成;废水 LAS(阴离子表面活性剂)含量较高,主要是因洗涤剂的使用造成的。

装置优化设计,初始通量为 42L/(m²·h),最优水力停留时间为 5.2h,实际运行中控制在 5～6h。最优的出水方式为间歇式出水,抽吸与停抽时间分别为 10min 和 2min。连续运行结果表明,进出水 COD 平均为 291mg/L 和 27.8mg/L,进出水氨氮平均浓度为

8.05mg/L 和 0.62mg/L，总氮、LAS、浊度的出水浓度分别为 1.37mg/L、0.5mg/L 和 0.75NTU。

# 9.3　陶瓷膜用于铁路废水处理的展望

无机陶瓷膜技术日益成熟使其在铁路废水处理领域发挥了巨大作用。铁路车辆段的生产废水中含有大量的油污，含油废水的处理是车辆段废水处理的一个重点。车辆段废水相较于油田开采废水，车辆段废水中固体悬浮物含量更高，且污水成分更为复杂，因此，需要开发污染物分离效能更高的陶瓷膜水处理技术。目前，车辆段污水处理厂多采用溶气气浮法处理车辆段废水，尽管能实现达标排放，但存在对废水水量波动适应能力弱、处理效果受温度变化影响和能耗过大的不足。而陶瓷膜技术不仅能更好地解决气浮法处理的问题，而且有助于提高类似高含油废水的处理技术水平。

## 参 考 文 献

[1]　赵晖.铁路车辆段综合污水处理 [J].铁道标准设计，2006，8：97-98.

[2]　张文林，李春利，侯凯湖.含油废水处理技术研究进展 [J].化工进展，2005，24 (11)：1239-1243.

[3]　陈泽昊，李竞慈，王玲.铁路含油废水中油的形态和粒度分析 [J].铁路节能环保与安全卫生，1996，1：8-10.

[4]　程义元.铁路车辆厂含油生产废水的处理及回用 [J].铁道标准设计，2005，1：92-93.

[5]　魏在山，徐晓军，宁平，徐金球.气浮法处理废水的研究及其进展 [J].安全与环境学报，2001，4：14-18.

[6]　王祚祥.内燃机车中修清洗污水预处理方法探讨 [J].铁道劳动安全卫生与环保，2008，1：35-37.

[7]　张鸿郭，周少奇，杨志泉，林云琴，钟宁.含油废水处理研究 [J].环境技术，2004，1：18-22.

[8]　俞科成.平板陶瓷膜处理铁路车辆段含油废水的方法研究 [D].成都：西南交通大学，2018：33-36.

[9]　李德生，邓时海，朱勇.一种高速铁路客运洗涤污水处理系统及方法 [P].CN 106630389A，2017-5-10.

[10]　张彪.人工湿地用于铁路车站污水处理的探讨 [J].科技创业月刊，2014，27 (3)：197-198.

[11]　史义雄，蒋金辉.铁路中小站生活污水生态塘处理工艺研究展望 [J].铁道标准设计，2009，6：124-126.

[12]　杨少武.铁路车站污水处理工艺选择初探 [J].铁道建筑技术，2011，8：101-103.

[13]　陈俊杰，付永胜，房景燕.铁路中小站段生活污水特征及匹配处理技术研究 [J].铁道标准设计，2007，3：88-89.

# 第10章 陶瓷膜的新技术进展及展望

　　膜分离技术以其优异的分离截留效果，在水处理、气体分离等领域得到了广泛应用，但该技术存在明显弊端，即膜污染问题，为了克服这一难题，近年来，学者们逐渐将目光投向光、电催化等高级氧化技术与膜分离耦合方向。目前，高级氧化技术与膜分离耦合主要有分置式和一体式两种形式，其中一体式又分为悬浮型催化膜反应器和负载型催化膜反应器。

　　悬浮型催化膜反应器是将具有催化活性的粒子投入膜反应器中，催化降解污染物质，反应完成后通过对水体的抽吸回收催化剂。Enrico 等以二氧化钛粒子为催化剂，在中空纤维超滤膜与连续循环光反应器串联成的具有光催化性能的膜分离反应器中催化降解了 4-硝基苯酚。但该技术也存在催化剂粒子易堵塞膜孔道和回收过程烦琐等问题，且对光催化而言，悬浮于溶液中的催化剂颗粒会阻碍光线到达膜表面，从而降低光利用率。

　　负载型催化膜反应器是通过对分离膜进行改性，从而赋予分离膜一定的催化能力，在进行膜分离的同时催化降解污染物质。在该反应器中，分离膜就是催化剂，两者合并为一个操作单元，可省去物料再循环操作及分离费用，且分离膜将反应产物移出后打破了可逆反应的热力学平衡，加快了反应速率，提高了反应转化率。陈彬在陶瓷膜表面负载 N 掺杂 $TiO_2$ 催化剂，并将此陶瓷膜应用于高盐罗丹明 B（RhB）染料废水的研究，结果表明该陶瓷膜具有一定的抗污染性。Kim 等利用催化剂与基膜官能团的相互作用，将催化剂牢固负载在支撑体表面，研究表明，催化剂的高负载对膜污染的缓解起到了一定的帮助。

　　陶瓷膜具有化学稳定性能好、耐高温、通量高和环境友好等优点，广泛应用于废水处理、资源回收等工业领域，成为一种新兴的高科技产业。Zhen Wang 等合成 $\gamma\text{-}Al_2O_3/\alpha\text{-}Al_2O_3$ 纳滤膜，该纳滤膜不仅具备优越的过滤性能，更兼具优良的光催化活性。通过将纳滤膜与 $\gamma\text{-}Al_2O_3/\alpha\text{-}Al_2O_3$ 结合，还能有效增大光催化剂的三维体积。Kujawa Joanna 等将全氟丙烷（PFAS）负载到二氧化钛陶瓷膜的表面上，提高了陶瓷膜表面自由能，增强了光催化反应效率。

　　近年来，将膜分离技术和高级氧化法耦合逐渐成为国内外的研究热点。例如，Moslehyani 等将光催化反应装置与超滤膜分离装置结合对含油废水进行处理，成功去除废水中的油脂。Szymański 等采用 $TiO_2$ 光催化-陶瓷超滤膜耦合体系对腐殖酸进行降解，研究发现，在酸性和钙镁阳离子存在的条件下，经过 400h 反应后膜污染能够被有效抑制。Molinari 等分别在紫外线和可见光条件下采用 $TiO_2$ 和 $Pd/TiO_2$ 光催化-聚丙烯微滤膜分离体系降解乙酰苯来产氢，膜的引入使得产氢率从 $2.96mg/(g \cdot h)$ 提高到了 $4.44mg/(g \cdot h)$。光催化-膜分离处理技术不仅保持了光催化技术处理高浓度难降解有机废水的优点，同时还兼备膜分离技术的分离特性，成功回收反应体系中纳米级催化剂，使整个反应体系持续有效地稳定运行；通过光催化反应高效降解污染物，废水的污染指数降低，膜的抗污染性和使用寿命增强，使其具有广阔的应用前景。

目前，高级氧化技术与膜分离耦合主要体现在以下几个方面：①光催化陶瓷膜技术；②电催化陶瓷膜技术；③微波辅助陶瓷膜技术；④化学辅助陶瓷膜技术（臭氧/陶瓷膜、臭氧/过氧化氢、过硫酸盐）。

# 10.1　光催化陶瓷膜技术

光催化氧化降解水中有机污染物具有无毒、价廉、应用范围广等优点，其中悬浮式光催化剂虽然活性较高，但难以回收利用。较多学者采用膜分离技术解决这一问题，膜技术具有占地面积小、无相变及分离效果好等优点，但膜污染是膜技术应用面临的难点。

将悬浮式光催化反应器和膜技术组合，形成光催化膜反应器可以展现良好的耦合协同效应：一方面，分离膜不仅能在线截留回收催化剂及部分有机污染物，而且能有效控制污染物在反应器中的停留时间；另一方面，光催化氧化作用可降低膜面污染物浓度，改变部分污染物的分子吸附特性与膜面荷电及亲疏性，在一定程度上缓解了对分离膜的污染。杨涛等针对光催化膜反应器中膜污染特性，利用图 10-1 反应器装置，采用通量阶式递增法测定了不同催化剂浓度及光照强度下光催化陶瓷平板膜反应器中临界膜通量的大小，对比了临界和超临界通量运行中的膜分离性能。研究结果表明：当催化剂浓度为 $0.3g/L$ 时，光照强度越高，临界通量越高。在临界通量为 $75L/(m^2 \cdot h)$ 下运行相比超临界通量而言，其稳定运行周期

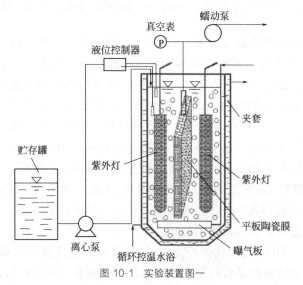

图 10-1　实验装置图一

更长，渗透出的滤液体积更多。临界通量运行过程中膜污染首先经历缓慢增长过程，随后变为加速膜污染过程。临界及超临界通量运行对 $UV_{254}$ 及 $UV_{436}$ 污染物总去除率分别可以达到 92% 及 98% 以上，对 DOC 总去除率分别为 72% 及 76.2%。临界通量运行时的总阻力、可逆污染阻力及不可逆污染阻力都低于超临界通量下对应的阻力，临界通量运行可有效提高光催化膜反应器中膜分离性能。

除此之外，杨涛等为研究光催化作用对多通道陶瓷超滤膜去除水中腐殖酸膜污染行为的影响，采用光催化陶瓷膜组合工艺（如图 10-2 所示），考察了不同光催化剂浓度下膜通量、污染物去除率、膜污染、膜污染阻力变化趋势以及在线反冲洗对膜通量变化的影响。结果表明：光催化可有效减缓陶瓷膜通量衰减程度，并提高污染物去除率；催化剂浓度为 0.4g/L时膜通量衰减最小，最终相对膜通量达 58.6%，催化剂浓度为 0.6g/L 时污染去除率最高，其中 DOC 为 76.5%、$UV_{254}$ 为 87.3%、$UV_{436}$ 为 96.8%；光催化膜工艺在过滤初期经过短暂膜堵塞及过渡阶段后，膜污染以污染物在膜表面沉积为主；光催化可明显减小膜污染总阻力及可逆污染阻力；光催化作用下在线反冲洗对膜通量的恢复作用较小，但每次反冲前的膜通量衰减程度也小，使得在周期性在线反冲洗工艺中，光催化作用下的膜通量整体运行区间明显高于无光催化时的情况。

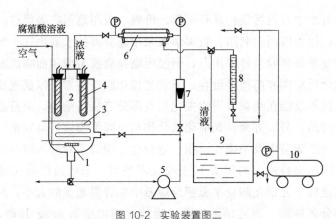

图 10-2　实验装置图二

1—曝气头；2—光催化反应器；3—循环冷却管；4—紫外灯；5—离心泵；6—多通道陶瓷膜；

7—转子流量计；8—反冲缓冲罐；9—渗透液贮存容器；10—空压机

管玉江等采用聚合溶胶法制备 N 掺杂 $TiO_2$ 溶胶及 $SiO_2$ 溶胶，以 $Al_2O_3$ 陶瓷膜为支撑体，用浸渍-提拉方法将溶胶涂覆在支撑体表面，合成平均孔径为 $3\sim5nm$ 的 $N-TiO_2-SiO_2/Al_2O_3$ 复合膜，采用扫描电镜（SEM）及 X 射线能谱（EDX）对其表征分析。用复合膜处理黄连素废水，考察复合膜的分离及光催化性能。结果表明，复合膜对黄连素的截留率达 90%，无机盐截留率低于 5%。该复合膜能实现有机物和盐的分离、浓缩。

李艳稳等以钛酸丁酯为前驱体，$N,N$-二甲基甲酰胺（DMF）为溶剂，冰醋酸为抑制剂，采用溶胶-凝胶法成功制备了稳定的二氧化钛（$TiO_2$）溶胶，并将其与聚丙烯腈（PAN）的 DMF 溶液以一定工艺混合，制备成有机/无机杂化薄膜，探索并优化了薄膜的预氧化和炭化工艺，得到炭/$TiO_2$ 复合光催化膜，并进一步研究了溶剂、水、载体以及预氧化温度等因素对成膜工艺的影响。具体制备工艺如图 10-3 所示。

在紫外线照射下，$TiO_2$ 光催化剂产生电子-空穴对，与其表面吸附的 $OH^-$ 和 $H_2O$ 分子反应生成具有强氧化性的羟基自由基，破坏藻细胞的细胞膜等保护结构而使之灭活。黄梁

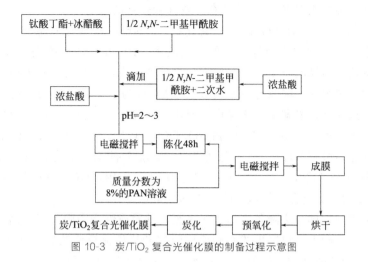

图 10-3　炭/TiO$_2$ 复合光催化膜的制备过程示意图

等采用溶胶-凝胶法＋粉末法制备 TiO$_2$/氧化石墨烯（GO）薄膜，检验其灭活海水中微绿球藻的效果。试验表明，相比 TiO$_2$ 薄膜，采用 TiO$_2$/GO 薄膜杀灭微绿球藻具有显著的效果，灭活效率大大提高，2h 内灭活效率接近 100％；初始处理速率特别高，约 640 个/min。经过 TiO$_2$ 处理 1h 后，微绿球藻数量从约 $1.2 \times 10^4$ 个/mL 降低至约 $5.4 \times 10^3$ 个/mL，2h 后，降至 $4.4 \times 10^3$ 个/mL；而经过 TiO$_2$/GO 薄膜处理 1h 后，微绿球藻数量降低至 $2.0 \times 10^3$ 个/mL，2h 后基本接近 0，而且其初始处理速率特别高。TiO$_2$/GO 复合薄膜大大提高了灭活藻类的处理效率和速率，在处理船舶压载水方面具有广阔的应用空间。

丁樊采用水热法合成 ZnO 纳米结构并探索了不同 Zn$^{2+}$ 浓度、不同生长时间、不同 ZnO 晶核层厚度及不同电解质 pH 条件下纳米结构的差异，并在此基础上研究了金掺杂的 ZnO/TiO$_2$ 纳米复合膜的光催化性能。金掺杂的 ZnO/TiO$_2$ 纳米复合膜的制备方法是用水热法在旋涂溶胶-凝胶法制备的二氧化钛晶核层上生长 ZnO 纳米结构，并通过在水热溶液中加入纳米金的方式来实现金纳米颗粒的掺杂。

研究发现，有微米级氧化锌块的掺金 ZnO/TiO$_2$（AuT/Z）对模拟日光下的甲基橙展现出最优的光催化性能，其降解速率常数为 1.31，大约比 ZnO/TiO$_2$ 纳米复合材料高 20％，比 ZnO 高 3 倍。二氧化钛晶核层和水热时间对 ZnO 纳米结构的形貌有非常重要的影响，正如瞬态光致发光（PL）衰减动力学所证明的，这对其内部的 ZnO/TiO$_2$ 异质结的形成和电荷转移起到了重要的作用。纳米金的掺杂不仅促进了 ZnO 结晶度的变化，降低了 ZnO 的禁带宽度（$E_g$），而且金属-半导体之间产生的肖特基异质结有利于纳米复合材料中的电荷转移和光生电子-空穴对的分离，可通过显著的光致发光抑制效应得到证实。

冷宛聪等采用溶胶-凝胶法将 Keggin 型铜取代的杂多酸盐 Na$_5$PW$_{11}$O$_{39}$Cu(Ⅱ)（PW$_{11}$Cu）负载于 TiO$_2$/SiO$_2$ 表面制出 PW$_{11}$Cu/TiO$_2$/SiO$_2$ 复合膜可见光催化剂，通过 UV-Vis DRS（紫外可见漫反射光谱）、IR 和 SEM 对其进行了表征，考察了焙烧温度和 PW$_{11}$Cu 含量对此复合膜光催化活性的影响。实验结果表明，PW$_{11}$Cu/TiO$_2$/SiO$_2$ 膜具有良好的可见光吸收活性。复合膜中 PW$_{11}$Cu 含量越多，膜的光催化活性越高，而焙烧温度增高会使光催化活性降低。当 PW$_{11}$Cu 的含量为质量分数 3.0g（40％）、焙烧温度为 373K 时，其具有最好的可见光催化活性，在 250W 可见光下反应 3h，RhB（10μmol/L）可以达到 100％降解，COD 去除率达 32％（4h），经过 10 次循环实验，催化剂的光催化活性仍保持在 93％左右。该结果显示出该复合光催化剂对 RhB 降解具有高效性和较强的稳定性。

张志伟等以氧化石墨烯（GO）、二氧化钛（$TiO_2$）和氧化石墨烯-二氧化钛（GO-$TiO_2$）为改性物质，借助真空过滤法对聚偏氟乙烯（PVDF）微滤膜进行改性制备复合膜。利用接触角测量仪、扫描电子显微镜、傅里叶红外变换光谱、X 射线粉末衍射仪等手段探究了复合膜的结构和亲水性。同时选择腐殖酸（HA）作为水中微污染物的代表考察了复合膜的抗污染性能。选择常州漕湖支浜水样作为原水，研究了复合膜在黑暗及紫外线条件下对氨氮的去除效果。结果表明，GO、$TiO_2$ 和 GO-$TiO_2$（GT）复合膜均具有优于 PVDF 膜的亲水性和抗污染性能。黑暗条件下，GO 浓度为 1000mg/L 的 GO 复合膜氨氮去除率最高，达到 26.4%；紫外线条件下，GO 和 $TiO_2$ 间存在协同作用，GO-$TiO_2$ 浓度为 1000mg/L、GO/$TiO_2$=3∶1 的 GT 复合膜氨氮去除效率达到最佳（58.2%）。

孙绍斌等利用硅烷耦合法制备光催化陶瓷膜，并对改性陶瓷膜进行控制合成、制备表征和性能测试，在此基础上搭建序批式实验反应装置和连续流反应装置（如图 10-4 和图 10-5 所示），对陶瓷膜光芬顿耦合系统的工艺参数、膜污染控制过程和耦合效能分析；构建光电平衡模型，研究进水污染物所需的电子负荷（$J_e$）和光芬顿陶瓷膜表面上电子转移量（$J_P$）的关系；研究不同光源强度、催化剂负载量、双氧水浓度降解天然污染物（腐殖酸和蛋白质）和抗生素（磺胺嘧啶和磺胺甲噁唑）的降解效果，利用 BSA（牛血清白蛋白）和 HA 作为天然有机物代表，对光芬顿陶瓷膜降解性能测试。研究发现，BSA 和 HA 在 UV+$H_2O_2$+光芬顿陶瓷膜、UV+光芬顿陶瓷膜条件下 60min 分别达到 90%、38% 和 80%、50% 的去除率；通过颗粒堵塞模型对光芬顿陶瓷膜污染研究，发现污染物沉积在膜表面上导致膜完全堵塞，引起可逆的膜污染。使用清水反洗、氢氧化钠和磷酸溶液化学冲洗后膜的通量完全恢复到清水通量水平。

图 10-4　序批式实验装置图

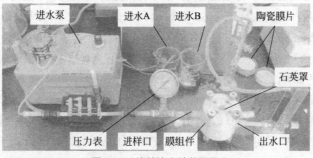

图 10-5　连续流实验装置图

## 10.1.1 序批式陶瓷膜耦合光芬顿体系中磺胺类抗生素的降解研究

光催化技术能够有效去除水中的有机污染物，因其占地面积小、容易管理和维护，在水处理工程中广泛应用。磺胺类（SAs）抗生素是难降解有机物的代表，具有抗菌性强、化学性质稳定且成本低等特点，在人类和动物中广泛使用。在地表水中检测到 SAs 的浓度为 148～2978ng/L。在瑞典、葡萄牙和意大利的医院排水中检测到磺胺类抗生素的浓度竟高达 $6.5\mu g/L$、$8.7\mu g/L$ 和 $13\mu g/L$，在德国和葡萄牙的城市污水处理厂中检测到磺胺甲噁唑的浓度高达 $2\mu g/L$ 和 $1.7\mu g/L$。从表 10-1 中可知，磺胺甲噁唑在全世界的污水处理厂中普遍存在。因此，水安全问题成为世界各国关注的重点。长时间接触残留在水环境中的低浓度抗生素，会逐渐导致细胞中产生抗性基因，进而引起公共安全问题。之前研究表明，光催化降解仅能部分氧化 SAs，但是将光催化与其他氧化方式结合，能大大提高 SAs 的降解效率。例如，利用产生的氧化性基团 $\cdot OH$ 和 $SO_4^{2-}$（它们的氧化还原电位分别为 $1.8～2.7V$ 和 $2.5～3.1V$）破坏有机微污染物，已经成功地应用于水处理领域。

表 10-1 污水处理厂二级出水中磺胺甲噁唑的检出浓度

| 国家或地区 | 进水浓度/(ng/L) | 出水浓度/(ng/L) | 参考文献 |
| --- | --- | --- | --- |
| 澳大利亚 | 360～550 | 270～320 | [28] |
| 瑞士 | — | 352 | [41] |
| 德国 | 12～2204 | 18～8263 | [36] |
| 克罗地亚 | — | 119～154 | [42] |
| 美国 | 2800 | 680 | [43] |
| 韩国 | 156～984 | 25～492 | [44] |
| 中国香港特别行政区 | — | 31.8～278 | [45] |

利用针铁矿催化剂在 UV 灯下激活光芬顿催化反应，产生大量的羟基自由基，将以磺胺嘧啶和磺胺甲噁唑为代表的磺胺类抗生素氧化降解。通过改变批次实验中的反应条件，例如光照强度、双氧水浓度、催化剂负载量和催化剂负载厚度等，来研究磺胺嘧啶的降解规律，为连续流实验提供理论基础。

**（1）实验方法**

本实验选取的光芬顿陶瓷膜是采用低浓度硅烷耦合法合成的。通过改变反应条件，例如初始陶瓷膜和光芬顿陶瓷膜的对比、催化剂负载量（$0.5\mu g$ 催化剂/g 陶瓷膜、$2\mu g$ 催化剂/g 陶瓷膜和 $6\mu g$ 催化剂/g 陶瓷膜）的对比、双氧水浓度（0、5mmol/L、10mmol/L 和 20mmol/L）的对比和 UV 强度（$100\mu W/cm^2$、$200\mu W/cm^2$、$300\mu W/cm^2$ 和 $400\mu W/cm^2$）的对比等等，来研究抗生素的降解规律，选择磺胺嘧啶（SDZ）和磺胺甲噁唑（SMX）作为目标污染物，研究其降解动力学规律、降解机理和降解中间产物。

通过文献阅读，选择浓度为 12mg/L 的 SDZ 溶液、20mg/L 的 SMX 溶液作为反应初始溶液。首先，在室温条件下，将 30mL 反应初始溶液放到 90mm 的反应培养皿中，然后分别改变反应条件，在时间点分别为 0min、1min、5min、10min、20min、30min 和 60min 时，取 0.5mL 反应液，测其中抗生素的剩余浓度。每个样品取平行样，重复测三次取平均值。

### （2）实验结果与讨论

通过改变 UV 强度、双氧水浓度及 SDZ 和 SMX 初始浓度来对污染物进行降解研究，同时还对比了初始陶瓷膜和光芬顿陶瓷膜的催化性能，实验采用的催化剂浓度为 $2\mu g/g$，具体结果见下一节。

① 初始陶瓷膜对 SDZ 和 SMX 的降解效能。在对 SDZ 和 SMX 的降解实验中，SDZ 的初始浓度 12mg/L，SMX 的初始浓度 20mg/L，UV 波长为 254nm，UV 强度为 $401\mu W/cm^2$，双氧水浓度为 10mmol/L 的条件下，SDZ 和 SMX 的降解规律如图 10-6 和图 10-7 所示。

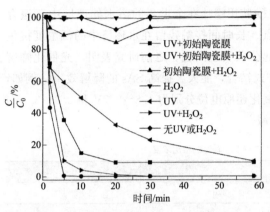

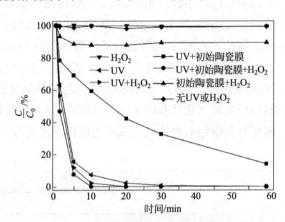

图 10-6  不同光芬顿条件下 SDZ 不同时刻的
浓度与初始浓度的比值

图 10-7  不同光芬顿条件下 SMX 不同时刻的
浓度与初始浓度的比值

图 10-6 比较了在不同降解条件下 SDZ 的去除规律。在 UV＋初始陶瓷膜的条件下，10min SDZ 去除率达到 81％，这表明初始陶瓷膜表面上的二氧化钛涂层起到一定的光催化作用；在 UV＋$H_2O_2$ 的条件下，10min SDZ 的去除率达到 93％，这表明 UV 和双氧水能够发生光催化反应，产生羟基自由基氧化 SDZ；在 UV＋初始陶瓷膜＋$H_2O_2$ 的条件下，1min SDZ 的去除量达到 56％，远高于其他条件下 SDZ 的去除量，并在 10min SDZ 的去除量最大，去除率达到 96％。在仅 UV 的条件下，10min SDZ 的去除率仅达到 50％，这表明单纯的 UV 或者 UV＋初始陶瓷膜/双氧水都没有三者协同降解效果好，这和之前的研究结果一致。单独的陶瓷膜本身并没有降解效果，可能存在一定的吸附作用，从图 10-6 中也可以看出，SDZ 并没有降解。

图 10-7 比较了在不同光芬顿降解条件下 SMX 的去除规律。在 UV＋初始陶瓷膜＋$H_2O_2$ 的条件下，1min SMX 的去除量达到 44％，5min 内的去除量达到 90％，远高于其他条件下 SMX 的去除量，并在 10min 时 SMX 的去除量最大，去除率达到 92％，这表明初始陶瓷膜表面上的二氧化钛和双氧水在 UV 条件下发生光催化作用。在 UV＋初始陶瓷膜的条件下，10min SMX 去除率仅有 41％；在只有陶瓷膜的条件下，SMX 的去除率很小，几乎没有，这表明单纯的初始陶瓷膜对 SMX 没有吸附作用。只有在 UV、双氧水和陶瓷膜条件下，三者协同光芬顿降解 SMX 效果最明显。

② 光芬顿陶瓷膜对 SDZ 和 SMX 的降解效能。利用高活性光芬顿陶瓷膜对 SDZ 和 SMX 的降解实验中，SDZ 的初始浓度 12mg/L，SMX 的初始浓度 20mg/L，UV 波长为 254nm，UV 强度为 $401\mu W/cm^2$，双氧水浓度为 10mmol/L，陶瓷膜上催化剂的负载量为 $2\mu g/g$，SDZ 和 SMX 的降解规律如图 10-8 和图 10-9 所示。

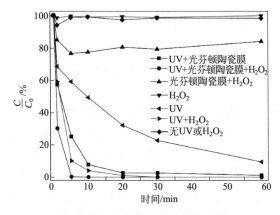

图 10-8　不同光芬顿降解条件下 SDZ
不同时刻的浓度与初始浓度的比值

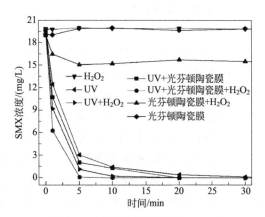

图 10-9　不同光芬顿降解条件下 SMX
不同时刻的浓度与时间的关系

图 10-8 比较了在不同光芬顿降解条件下 SDZ 的降解情况。在 UV＋光芬顿陶瓷膜＋$H_2O_2$ 的条件下，1min SDZ 的去除率达到 70%，远高于其他条件下 SDZ 的去除率，并且比同条件下初始陶瓷膜的去除率高 25%，5min SDZ 的去除率最大，达到 98%，这表明光芬顿陶瓷膜表面上的针铁矿催化剂起到很好的光催化降解效果。在 UV＋光芬顿陶瓷膜的条件下，10min SDZ 去除率达到 91%，高于 UV＋初始陶瓷膜条件下 SDZ 的降解，表明光芬顿陶瓷膜确实具有很好的光催化效能。单独的光芬顿陶瓷膜本身并没有降解效果，只有在 UV 光的条件下才能发生光催化反应，这也与文章中报道的有关 BSA 和 HA 降解数据一致。

图 10-9 展示了在不同组合条件下，光芬顿陶瓷膜对 SMX 的降解曲线。在 UV＋光芬顿陶瓷膜＋$H_2O_2$ 的条件下，1min 内 SMX 的去除率达到 70%，在 5min 时 SMX 的去除率最大，达到 99%，这表明光芬顿陶瓷膜表面上的针铁矿催化剂起到很好的光催化降解效果。在仅 UV＋光芬顿陶瓷膜的条件下，1min 内 SMX 的去除率达到 49%，10min 内 SMX 去除率达到 90%，也高于仅 UV＋初始陶瓷膜条件下 SMX 的降解，表明光芬顿陶瓷膜确实具有很好的光催化效能。光芬顿陶瓷膜本身并没有降解效果，不能吸附溶液中的 SMX。

③ 降解动力学研究。目前在大多数的催化降解研究中，普遍采用 Langmuir-Hinshelwood（L-H）模型对光芬顿催化速率评价，并通过该评价为中试实验和工业生产提供理论依据。大量研究表明，抗生素光催化降解过程都符合拟一级动力学原理。假设只考虑目标污染物浓度变化对降解率的影响，其方程如式(10-1) 所示：

$$r = -\frac{dC_t}{dt} = \frac{kKC_t}{1+KC_t} \tag{10-1}$$

式中，$r$ 为反应速率，mg/(L·min)；$C_t$ 为 $t$ 时刻的反应物浓度，mg/L；$k$ 为反应物的反应速率常数，$min^{-1}$；$K$ 为反应物在催化剂上的吸附平衡常数。

将式(10-1) 变形可得：

$$\frac{1}{r} = \frac{1}{kK} \times \frac{1}{C_t} + \frac{1}{k} \tag{10-2}$$

根据上述公式，当有机物浓度很低时，即 $KC_t \ll 1$ 时：

$$r \approx KkC_t = K'C_t \tag{10-3}$$

$$-\ln(C_t/C_0) = K't \tag{10-4}$$

半衰期计算方程如下：

$$t_{1/2} = k^{-1}\ln 2 \tag{10-5}$$

其中，$K' = kK$，此时表现为一级反应，即反应速率与溶质浓度成正比，直线的斜率就是一级表观反应动力学常数。一级表观反应动力学常数就可以用来计算总反应速率，进而比较不同条件下光催化反应的效率。

通过计算得到不同反应条件下的反应常数 $k$ 值，如表 10-2 所示。相关系数的平方（$R^2$）都高于 0.9，表明一级动力学模型可以解释至少 90% 的实验数据。仅在 UV 条件下，可以引起 SDZ 的降解或者光催化，但是在初始陶瓷膜或者光芬顿陶瓷膜条件下，可以极大地增强 SDZ 的光催化降解。相反，仅双氧水条件下，SDZ 几乎没有降解，即使在初始陶瓷膜或者光芬顿陶瓷膜条件下，降解效果也不明显。这表明双氧水的氧化性能不足以降解 SDZ。此外，双氧水和陶瓷膜（负载和未负载）之间也没有协同去除 SDZ 的能力。在仅仅初始陶瓷膜或者光芬顿陶瓷膜条件下，SDZ 的去除可以忽略，这也间接证明陶瓷膜不具备吸附 SDZ 的能力。一级反应速率常数拟合值，在 UV 和双氧水条件下是 0.15，但在初始陶瓷膜和光芬顿陶瓷膜条件下很明显地增长到 0.21 和 1.10，这表明光芬顿陶瓷膜上光芬顿催化反应能够快速高效地降解 SDZ，这也和 Yadav 文献报道的一致。

表 10-2 不同条件下初始陶瓷膜和光芬顿陶瓷膜对 SDZ 降解一级动力学速率常数

| 类型 | 反应类型 | 一级动力学速率常数/min$^{-1}$ | $R^2$ |
|---|---|---|---|
| 无陶瓷膜 | UV | 0.12 | 0.95 |
| | $H_2O_2$ | 0.00 | 0.97 |
| | $UV+H_2O_2$ | 0.15 | 0.95 |
| 初始陶瓷膜 | 无 UV 或 $H_2O_2$ | 0.00 | 0.98 |
| | UV | 0.14 | 0.97 |
| | $H_2O_2$ | 0.00 | 0.97 |
| | $UV+H_2O_2$ | 0.21 | 0.98 |
| 光芬顿陶瓷膜 | 无 UV 或 $H_2O_2$ | 0.00 | 0.99 |
| | UV | 0.25 | 0.96 |
| | $H_2O_2$ | 0.00 | 0.97 |
| | $UV+H_2O_2$ | 1.10 | 0.98 |

同理，计算出降解 SMX 的一级动力学常数，如表 10-3 所示。

表 10-3 不同条件下初始陶瓷膜和光芬顿陶瓷膜对 SMX 降解一级动力学速率常数

| 类型 | 反应类型 | 一级动力学速率常数/min$^{-1}$ | $R^2$ |
|---|---|---|---|
| 无陶瓷膜 | UV | 0.11 | 0.96 |
| | $H_2O_2$ | 0.00 | 0.95 |
| | $UV+H_2O_2$ | 0.14 | 0.96 |
| 初始陶瓷膜 | 无 UV 或 $H_2O_2$ | 0.00 | 0.99 |
| | UV | 0.14 | 0.96 |
| | $H_2O_2$ | 0.00 | 0.96 |
| | $UV+H_2O_2$ | 0.21 | 0.98 |

续表

| 类型 | 反应类型 | 一级动力学速率常数/min | $R^2$ |
|---|---|---|---|
| 光芬顿陶瓷膜 | 无 UV 或 $H_2O_2$ | 0.00 | 0.98 |
| | UV | 0.24 | 0.97 |
| | $H_2O_2$ | 0.00 | 0.99 |
| | $UV + H_2O_2$ | 1.01 | 0.97 |

从表 10-3 中可以看出，同初始陶瓷膜相比，光芬顿陶瓷膜在 UV 和双氧水条件下，对 SMX 的一级动力学速率常数为 1.01，因而表现出良好的光芬顿催化降解性能，这同 Mamadou 报道的一致。仅在 UV 条件下，光芬顿陶瓷膜的一级动力学速率常数为 0.24，远高于初始陶瓷膜的 0.14，这表明改性陶瓷膜具有良好的光催化性能。

④ 不同催化剂负载量的光芬顿陶瓷膜对 SDZ 和 SMX 的降解效能。为优化高活性光芬顿陶瓷膜催化剂的负载量，在 SDZ 初始浓度为 12mg/L、SMX 初始浓度为 20mg/L、UV 波长为 254nm、UV 强度为 $401\mu W/cm^2$、双氧水浓度为 10mmol/L 的条件下，研究不同催化剂负载量的光芬顿陶瓷膜对 SDZ 和 SMX 的降解规律。因现有负载方法的限制，很难精确控制负载催化剂的厚度和密度。因此，通过控制负载催化剂的质量，来获得 $0.5\mu g/g$、$2\mu g/g$ 和 $6\mu g/g$，并定义它们为低负载量光芬顿陶瓷膜、中负载量光芬顿陶瓷膜和高负载量光芬顿陶瓷膜，如图 10-10 所示。图 10-10 展示了不同催化剂负载量的光芬顿陶瓷膜的 SEM 图，从 SEM 图中可以看出，低负载量的光芬顿陶瓷膜表面上的催化剂量明显少于中负载量的光芬顿陶瓷膜，高负载量的光芬顿陶瓷膜表面上的催化剂数量最多，大约是中负载量光芬顿陶瓷膜的三倍，和第 2 章中描述的负载方法相吻合。

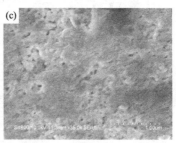

图 10-10　不同催化剂负载量的光芬顿陶瓷膜 SEM 图
(a) 低负载量光芬顿陶瓷膜；(b) 中负载量光芬顿陶瓷膜；(c) 高负载量光芬顿陶瓷膜

图 10-11、图 10-12 中展示了不同催化剂负载量的光芬顿陶瓷膜对 SDZ 和 SMX 的降解情况。从图中可以看出，在同一时间点，SDZ 和 SMX 的降解量随着催化剂负载量的增多而增加。很明显，中负载量光芬顿陶瓷膜提供的针铁矿催化剂比低负载量光芬顿陶瓷膜降解的 SDZ 和 SMX 多，然而，高负载量陶瓷膜降解的 SDZ 和 SMX 仅比中负载量陶瓷膜多一点，这是因为紫外线主要照射在表层催化剂上，在表面发生光芬顿催化反应，而内部表层的催化剂并没有接收到紫外线。负载的密度不仅影响光催化的效能，也影响连续流反应中的通量。从图 10-11 中 SDZ 降解效果和图 10-12 中 SMX 降解效果可以看出，中负载量的光芬顿陶瓷膜在 5min 可以很好地实现 SDZ 和 SMX 的降解，本实验选择 $2\mu g/g$ 的负载量。因此，选择合适的催化剂负载量很关键，不管是对膜的过滤性能，还是对污染物的降解效果。

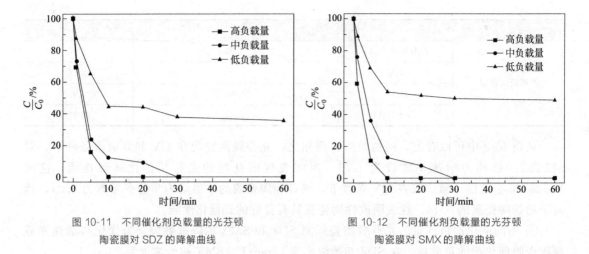

图 10-11　不同催化剂负载量的光芬顿　　　　　图 10-12　不同催化剂负载量的光芬顿
　　　陶瓷膜对 SDZ 的降解曲线　　　　　　　　　陶瓷膜对 SMX 的降解曲线

⑤ 不同 UV 强度对 SDZ 和 SMX 的降解机制。为研究 UV 强度对抗生素降解的影响，选择四种不同的 VU 强度，对 SDZ 和 SMX 进行光芬顿降解实验。实验中，UV 强度分别为 $100\mu W/cm^2$、$200\mu W/cm^2$、$300\mu W/cm^2$ 和 $400\mu W/cm^2$，SDZ 的初始浓度为 12mg/L，SMX 的初始浓度为 20mg/L，UV 波长为 254nm，双氧水浓度为 10mmol/L，陶瓷膜上催化剂的负载量为 $2\mu g/g$。SDZ 和 SMX 的降解曲线如图 10-13 和图 10-14 所示。

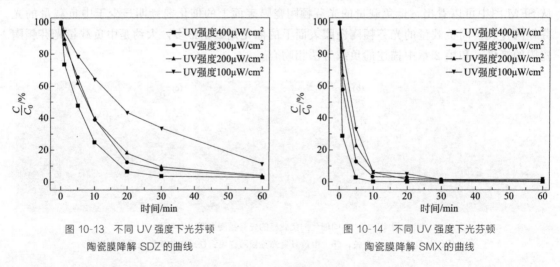

图 10-13　不同 UV 强度下光芬顿　　　　　　图 10-14　不同 UV 强度下光芬顿
　　　陶瓷膜降解 SDZ 的曲线　　　　　　　　　陶瓷膜降解 SMX 的曲线

从图 10-13 中可以看出，随着 UV 强度的增加，SDZ 的降解率随之增大。当 UV 从 $200\mu W/cm^2$ 增加到 $300\mu W/cm^2$ 的时候，SDZ 的降解率基本保持不变，这可能是由于光芬顿陶瓷膜催化剂数量的限制或者高强度的 UV 辐射并没有被光催化剂有效地吸收，故而光催化降解效能没有大幅度提高。为了验证这一推测，利用式(10-6)，计算出不同 UV 强度条件下 SDZ 降解的表观量子产率（AQY）：

$$AQY = \frac{SDZ\ 降解时间}{UV\ 光催化时间} \qquad (10-6)$$

SDZ 降解速率可以从图 10-13 中 $C/C_0$ 随时间变化的斜率求出来。可以明显看出，随着时间的增长，SDZ 的降解量在逐渐变大。选择反应 5min 时刻的斜率值来计算 AQY，主要是这个时刻 SDZ 的降解过程比较平稳，且与时间呈线性关系。首先，根据爱因斯坦方程，计算不同 UV 强度条件下紫外线光子通量，然后，再将其转化成可利用光子能，陶瓷膜有效膜面积为 12.56cm$^2$。图 10-15 中展示了随着 UV 辐射强度从 $100\mu W/cm^2$ 到 $400\mu W/cm^2$，AQY 逐渐下降，这表明可利用光子能的增加并不能有效地提高 SDZ 的降解速率，主要是由于陶瓷膜表面负载催化剂数量的限制。这个结果也表明，在目前实验条件中，UV 强度为 $200\mu W/cm^2$ 或者更低时，SDZ 的降解效率会更高，AQY 也会更大。

图 10-14 展示了在不同 UV 强度条件下，光芬顿陶瓷膜的光芬顿反应对 SMX 的降解情况。同 SDZ 降解曲线对比，发现当 UV 从 $100\mu W/cm^2$ 增加到 $300\mu W/cm^2$ 的时候，SMX 的降解率基本保持不变，这表明可能双氧水或者光芬顿催化剂的不足，导致光芬顿催化降解效能没有大幅度提高。利用式(10-6)，计算不同 UV 强度条件下 SMX 降解的表观量子产率（AQY），如图 10-16 所示。SMX 计算 AQY 值的方法和 SDZ 一样。图 10-16 展示了在 UV 强度分别为 $100\mu W/cm^2$、$200\mu W/cm^2$、$300\mu W/cm^2$ 和 $400\mu W/cm^2$ 时，AQY 的值分别为 27%、15%、10% 和 4%，与 SDZ 相比，SMX 在 UV 强度为 $200\mu W/cm^2$ 时的 AQY 值明显降低，主要是因为 SMX 的浓度高于 SDZ，完全降解所需要的羟基自由基多，而此时限制光芬顿反应的因素为双氧水和催化剂数量，故随着 UV 强度的增大，AQY 值越来越低。

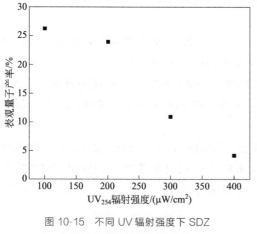

图 10-15　不同 UV 辐射强度下 SDZ 降解的表观量子产率（AQY）

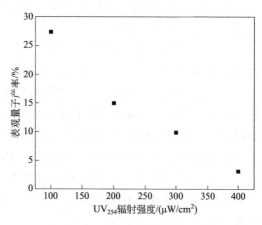

图 10-16　不同 UV 辐射强度下 SMX 降解的表观量子产率（AQY）

⑥ 不同双氧水浓度对 SDZ 和 SMX 的降解效能。双氧水是光芬顿催化反应的关键因素。图 10-17 和图 10-18 展示了 SDZ 和 SMX 在双氧水浓度分别为 0、5mmol/L、10mmol/L 和 20mmol/L 条件下的降解情况。反应条件如下：SDZ 初始浓度 12mg/L，SMX 初始浓度 20mg/L，UV 波长为 254nm，UV 强度 $400\mu W/cm^2$，陶瓷膜上催化剂的负载量为 $2\mu g/g$。

双氧水是芬顿反应的基本条件。图 10-17 和图 10-18 展示了不同双氧水浓度条件下，SDZ 和 SMX 随反应时间的变化曲线。在 5min 的时候，SDZ 和 SMX 的降解率分别为 27%、50%、1%、68% 和 70%、79%、80%、89%，这时候对应双氧水的浓度分别为 0、5mmol/L、10mmol/L 和 20mmol/L。然后，随着双氧水浓度的增加，SDZ 和 SMX 的降解速率也不断提升。但当双氧水浓度从 10mmol/L 增加到 20mmol/L 时，SDZ 的去除效果并未明显增加，很可能是因为过量的双氧水会导致反应 $H_2O_2 + \cdot OH \longrightarrow H_2O + HO_2 \cdot$ 的发生，使得 $\cdot OH$ 的数量减少进而降低去除效果。因此，适当浓度（10mmol/L）的双氧水的选择很重要，过量或许会引起降解抑制效果。

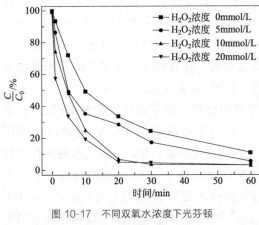

图 10-17　不同双氧水浓度下光芬顿
陶瓷膜降解 SDZ 的曲线

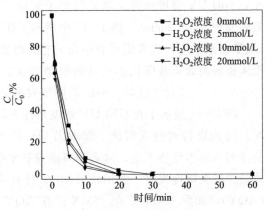

图 10-18　不同双氧水浓度下光芬顿
陶瓷膜降解 SMX 的曲线

**(3) 小结**

本小节利用初始陶瓷膜和硅烷耦合法制备出的光芬顿陶瓷膜，搭建批次实验反应装置，通过改变催化剂负载量、UV 强度和双氧水浓度，研究不同条件下 SDZ 和 SMX 的降解去除规律，主要得出以下结论：

① 在光芬顿陶瓷膜＋UV＋双氧水条件下，SDZ 和 SMX 一级动力学速率常数最高，分别为 1.10 和 1.01，在 60min 内能实现 SDZ 和 SMX 的去除率分别为 98％和 99％。

② 通过对比三种负载量的光芬顿陶瓷膜降解 SDZ 和 SMX 的实验，发现中负载量（2μg 催化剂/g 陶瓷膜）的光芬顿陶瓷膜在 5min 可以很好地实现 SDZ 和 SMX 降解，因此选择中负载量的光芬顿陶瓷膜用来做批次和连续流实验。

③ 通过对不同 UV 强度下 SDZ 和 SMX 的降解规律研究，发现 SDZ 和 SMX 的表观量子产率（AQY）随着 UV 强度增大而降低；对比不同浓度双氧水条件下 SDZ 和 SMX 的降解规律研究，发现选择适当浓度（10mmol/L）的双氧水很重要，过量会引起降解抑制效果。

## 10.1.2　连续流陶瓷膜耦合光芬顿体系中磺胺类抗生素的降解研究

抗生素是广泛用于治疗全世界人和动物全身性细菌性感染的药物。近年来，由于未能有效地处理和排放，抗生素经常在市政和地表水中检测到。例如，SDZ 和 SMX 是典型的抗生素（如图 10-19 和图 10-20 所示），在天然水体和市政污水处理厂中被检测出，浓度范围在 0.04～5.15g/L。据报道，医院污水中各种抗生素的平均浓度可能比城市污水中的浓度高出 2～150 倍。环境中大多数抗生素浓度较低（110～610ng/L），因此，在将污水排放到城市污水系统之前，对污水进行处理，对人类健康的影响和抗菌药物的开发具有重要意义。

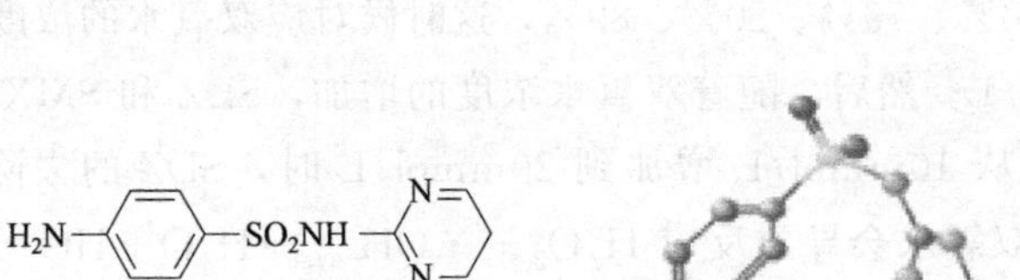

图 10-19　SDZ 的分子式和结构示意图

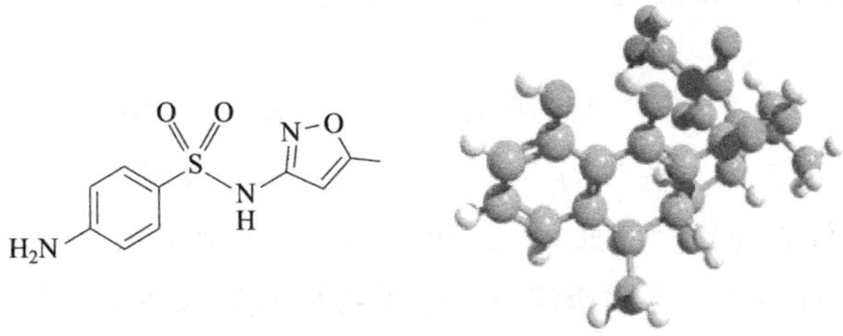

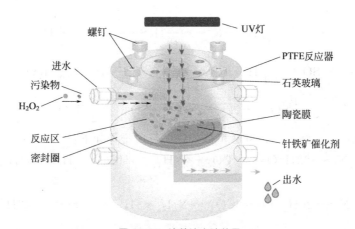

图 10-20　SMX 的分子式和结构示意图

在上述批次实验中，得出 SDZ 和 SMX 降解最佳的实验条件，以此为实验基础，来进行连续流实验研究。批次实验中，涉及光芬顿陶瓷膜的催化性能和降解性能，但是没有对膜的过滤性能及过滤过程中的降解性能进行研究。因此，搭建一个光芬顿陶瓷膜连续流反应器，进行光芬顿陶瓷膜的通量研究、过滤性能研究及催化降解性能研究。

**(1) 实验方法**

连续流实验装置如图 10-21 所示。为了进一步直观了解光芬顿陶瓷膜组件，采用 3D 软件绘出膜组件立体图（图 10-21）。

图 10-21　连续流实验装置

从图 10-21 中可以看出，进水为一定浓度的 SDZ 溶液（A）和双氧水溶液（B），通过双管道的蠕动泵进入膜组件模块中，泵和膜组件之间的压力计显示的读数即为跨膜压差，溶液 A 和 B 进入膜组件之后，在光芬顿陶瓷膜表面发生光芬顿催化降解反应，出水收集到烧杯中。在膜组件模块中，污染物质、双氧水和催化剂在 UV 灯的照射下，发生光芬顿催化降解反应，如图 10-21 所示。

在图 10-21 中，进水有两根管，分别为污水和双氧水，它们以同一流速进入光催化反应膜组件中，该反应器上部两进水口，下部两出水口，全部为一备一用；该膜组件顶端有一石英玻璃罩，允许紫外线从顶部投射照到中间陶瓷膜表面上，从而激活陶瓷膜表面负载的光催化剂，发生光芬顿催化反应，在反应的同时通过陶瓷膜过滤产水，该反应膜组件为死端过滤出水。

① 光电平衡模型。为了确定适当的进水流量，假设进水污染物所需的电子负荷（$J_e$）应等于或小于光芬顿陶瓷膜表面上电子转移量（$J_p$）。这个电子量由使用 UV 灯的强度、有效的光催化反应面积、光电子分离产生的空穴和其他因素（比如催化剂种类和双氧水等）决

定。因此，光芬顿陶瓷膜表面催化剂的电子转移量（$J_P$）的速率（$e^-$/s）可由式(10-7)计算：

$$J_P＝\eta \times UV 强度 \times 膜表面积/能带隙 \tag{10-7}$$

式中，$\eta$ 为有效量子产率（假设为 10%～15%）；紫外线强度为 $401\mu W/cm^2$；陶瓷膜表面积为 $17.34cm^2$（有效光催化反应面积 $12.56cm^2$）；针铁矿催化剂的带隙为 2.5eV（$1eV＝1.6\times10^{-19}J$）。因此，在目前的实验条件下，电子转移的最大速率（$J_P$）为 $(1.26\pm0.63)\times10^{15}e^-$/s。

进水中污染物质所需要的电子负荷（$J_e$）是流速（$Q$）和污染物质（SDZ）浓度的函数：

$$J_e＝nQC_{SDZ} \tag{10-8}$$

式中，$C_{SDZ}$ 为 SDZ 的浓度（mg/L 或者 mol/L）；$n$ 为每个 SDZ 分子中的电子数（$e^-\cdot mol/e^-$）。根据通用的半氧化反应式(10-9)～式(10-12)：

$$\frac{(n-c)}{d}CO_2+\frac{c}{d}NH_4^++\frac{c}{d}HCO_3^-+H^++e^-＝＝\frac{1}{d}C_nH_aO_bN_c+\frac{2n-b+c}{d}H_2O \tag{10-9}$$

$$\frac{1}{8}SO_4^{2-}+\frac{19}{16}H^++e^-＝＝\frac{1}{16}H_2S+\frac{1}{16}HS^-+\frac{1}{2}H_2O \tag{10-10}$$

$$\frac{1}{6}SO_3^{2-}+\frac{5}{4}H^++e^-＝＝\frac{1}{12}H_2S+\frac{1}{12}HS^-+\frac{1}{2}H_2O \tag{10-11}$$

$$\frac{1}{2}SO_4^{2-}+H^++e^-＝＝\frac{1}{2}SO_3^{2-}+\frac{1}{2}H_2O \tag{10-12}$$

其中：$d＝4n+a-2b-3c$，SDZ 可能的降解反应推导如下：

$$C_{10}H_{10}O_2N_4S+22H_2O＝＝6CO_2+4NH_4^++4HCO_3^-+H_2S+32H^++32e^- \tag{10-13}$$

$$C_{10}H_{10}O_2N_4S+26H_2O＝＝6CO_2+4NH_4^++4HCO_3^-+SO_4^{2-}+42H^++40e^- \tag{10-14}$$

$$C_{10}H_{10}O_2N_4S+25H_2O＝＝6CO_2+4NH_4^++4HCO_3^-+SO_3^{2-}+40H^++38e^- \tag{10-15}$$

因此，1mol 的 SDZ 可以提供 32 个电子（无硫氧化）或 40/38 个电子（硫氧化成硫酸盐）。为了平衡 SDZ 氧化所需的电子数，进水中污染物质所需要的电子负荷（$J_e$）应该低于光芬顿陶瓷膜表面上电子转移量（$J_P$）。因此，推出如下方程：

$$Q=\frac{J_e}{nC_{SDZ}}\leqslant\frac{J_P}{nC_{SDZ}} \tag{10-16}$$

为了满足上面的条件，图 10-22 中展示了进水流量（$Q$）、每摩尔 SDZ 氧化所需的电子数（$n$）和量子产率（$\eta$）的关系。当每摩尔 SDZ 氧化所需的电子数（$n$）增高时，

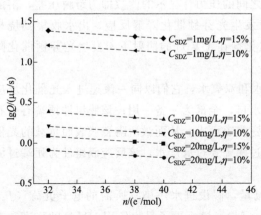

图 10-22　在不同有效量子产率条件下允许的最大进水流量 $Q$ 和每摩尔 SDZ 氧化所需电子数 $n$ 的数据图

或者初始 SDZ 的浓度增高时，进水流量（$Q$）应该随之降低，这样才能实现 SDZ 溶液流过光芬顿陶瓷膜时完全光芬顿降解，或者达到理想的降解效果。从图 10-22 中的曲线可以看出，当初始 SDZ 浓度一样时，量子产率（$\eta$）大的，允许更大的进水流量（$Q$）。因此，选择 $5\mu L/s$ 或者 $3\times10^{-4}L/min$ 作为连续流的进水条件，这时 SDZ 的初始进水浓度为 12mg/L。

当计算 SMX 的进水流量及进水浓度时，进水中污染物质所需要的电子负荷（$J_e$）是流速（$Q$）和污染物质（SMX）的函数：

$$J_e = nC_{SMX} \tag{10-17}$$

式中，$C_{SMX}$ 为 SMX 的浓度（mg/L 或者 mol/L）；$n$ 为每个 SMX 分子中的电子数（$e^- \cdot mol/e^-$）。根据通用的半氧化反应方程，可推导出 SMX 的氧化方程，如式(10-18)～式(10-20) 所示：

$$C_{10}H_{11}O_3N_3S + 20H_2O == 7CO_2 + 3NH_4^+ + 3HCO_3^- + H_2S + 34H^+ + 34e^- \tag{10-18}$$

$$C_{10}H_{11}O_3N_3S + 24H_2O == 7CO_2 + 3NH_4^+ + 3HCO_3^- + SO_4^{2-} + 44H^+ + 42e^- \tag{10-19}$$

$$C_{10}H_{11}O_3N_3S + 23H_2O == 7CO_2 + 3NH_4^+ + 3HCO_3^- + SO_3^{2-} + 42H^+ + 40e^- \tag{10-20}$$

因此，1mol SMX 可以提供 34 个电子（无硫氧化）或 40/42 个电子（硫氧化成硫酸盐）。为了平衡 SMX 氧化所需的电子数，进水中污染物质所需要的电子负荷（$J_e$）应该低于光芬顿陶瓷膜表面上电子转移量（$J_P$）。因此，推导出式(10-21)：

$$Q = \frac{J_e}{nC_{SMX}} \leqslant \frac{J_P}{nC_{SMX}} \tag{10-21}$$

为了满足上面的条件，绘出图 10-23，图中展示了进水流量（$Q$）、每摩尔 SMX 氧化所需的电子数（$n$）和量子产率（$\eta$）的关系。当每摩尔 SMX 氧化所需的电子数（$n$）增高时，或者初始 SMX 的浓度增高时，进水流量（$Q$）应该随之降低，这样才能实现 SMX 溶液流过光芬顿陶瓷膜时完全光芬顿降解，或者达到理想的降解效果。

从图 10-23 中曲线可以看出，当初始 SMX 浓度一样时，量子产率（$\eta$）大的，允许更大的进水流量（$Q$）。通过计算，当 SMX 进水浓度为 20mg/L 时，得出最大进水流量 $Q$ 的范围是 $4.6\sim5.1\mu L/s$（对应 $n$ 为 34、40 和 42），因此，选择 $5\mu L/s$ 作为连续流实验进水流量。

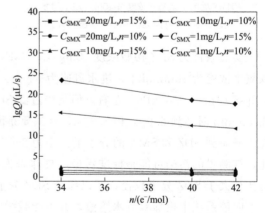

图 10-23　在不同有效量子产率条件下允许的最大进水流量 Q 和每摩尔 SMX 氧化所需电子数 n 的数据图

② 污染评价方法。在恒流进水流量条件下，膜的污染情况主要通过跨膜压差体现出来。跨膜压差升高，膜表面被污染。跨膜压差主要是由进光芬顿陶瓷膜组件之前的压力和光芬顿陶瓷膜组件出水的压力差计算得出，其具体公式如下：

$$TMP = p_F - p_P \tag{10-22}$$

式中，$p_F$ 为整个过滤系统中的压力；$p_P$ 为过滤系统出水的压力，因为 $p_P$ 和空气连通，跨膜压差 TMP 可直接通过 $p_F$ 读出。

③ 催化剂稳定性测试方法。为了评估催化剂涂层的稳定性：a. 对超纯水过膜滤出液（特别是在高 TMP 下）和反洗水采用铁离子快速测定法测试铁离子浓度；b. 制备一定浓度（1mg/L）的 $\alpha$-FeOOH 溶液，其 pH 值为 3、6 和 9，将它们以 10000r/min 的速度放入离心机（Eppendorf 离心机 5418）中 10min，体积为 1.5mL，取上层溶液检测铁离子浓度；c. 通过 SEM 评价膜的表面形态，以证明过滤期间的结构变化。

**(2) 实验结果与讨论**

① 不同过滤条件下 TMP 变化规律影响。在恒流条件下，跨膜压差可以直观地表现膜堵塞情况。不同条件下光芬顿陶瓷膜的跨膜压差如图 10-24 和图 10-25 所示。

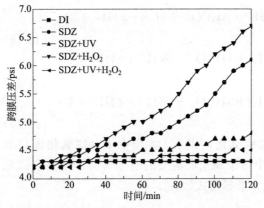 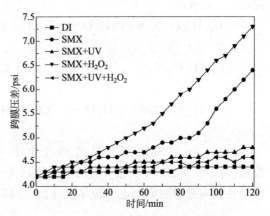

图 10-24　不同 SDZ 溶液过滤条件下跨膜压差的变化情况［实验条件：SDZ 初始浓度 12mg/L，UV 强度为 401μW/cm²，双氧水浓度为 10mmol/L，进水流速为(5±0.2)μL/s。1psi= 6.89kPa］

图 10-25　不同 SMX 溶液过滤条件下跨膜压差的变化情况［实验条件：SMX 初始浓度 20mg/L，UV 强度为 401μW/cm²，双氧水浓度为 10mmol/L，进水流速为(5±0.2)μL/s］

实验条件为 SDZ 初始浓度 12mg/L，SMX 初始浓度 20mg/L，UV 强度为 $401\mu W/cm^2$，双氧水浓度为 10mmol/L，进水流速为 $(5\pm0.2)\mu L/s$。当过滤超纯水时，跨膜压差稳定在 4.2psi（1psi＝6.89kPa）左右。但是当过滤 SDZ 或者 SMX 溶液时，跨膜压差迅速升高，并在 120min 时达到 6.6psi 和 7.3psi，这主要是因为 SDZ 和 SMX 溶液污堵了光芬顿陶瓷膜组件。考虑到 SDZ 和 SMX 的分子量大小为 250Da 和 253Da，陶瓷膜的平均孔径为 140nm，因此，推测膜的污染可能是标准污染，具体来说就是陶瓷膜孔径内被 SDZ 分子充满，由于膜的孔径大于 SDZ 分子粒径，所以部分 SDZ 分子附着在陶瓷膜孔内壁上。

向该系统中投加双氧水溶液，并不能减缓膜的污染，相反，会迅速导致膜的污染，如文献报道的一样。这个快速污染可能是由于双氧水将 SDZ 氧化成更小分子的有机物质然后导致膜孔的堵塞。或者是表面电荷、疏水性导致了更高的 SDZ 或者 SMX 溶液和陶瓷膜表面的相互作用。当仅在 UV 照射条件下时，膜的污染情况被有效地减缓。但是当 UV 和双氧水进一步结合时，进一步减缓了 TMP 的增长，表面陶瓷膜的污染进一步被减弱。另外，光芬顿陶瓷膜的光芬顿催化反应能有效地减缓膜的污染。

② 催化剂负载量对 TMP 变化规律的影响。本实验负载了三种不同催化剂含量的光芬顿陶瓷膜，分别是 $0.5\mu g/g$、$2\mu g/g$ 和 $6\mu g/g$，定义它们为低负载量光芬顿陶瓷膜、中负载量光芬顿陶瓷膜和高负载量光芬顿陶瓷膜。利用三种膜分别过滤抗生素溶液，过滤条件为

SDZ 初始浓度 12mg/L，SMX 初始浓度 20mg/L，进水通量为 10L/(m² · h)，UV 强度为 401μW/cm²，双氧水浓度为 10mmol/L，进水流速为 (5±0.2)μL/s，其跨膜压差随时间的变化曲线如图 10-26 和图 10-27 所示。从图 10-26 和图 10-27 中可以看出，在 60min 以内，低负载量光芬顿陶瓷膜保持较低的跨膜压差，中负载量光芬顿陶瓷膜和高负载量光芬顿陶瓷膜跨膜压差保持一致，但是中负载量光芬顿陶瓷膜和高负载量光芬顿陶瓷膜的跨膜压差增长速率明显高于低负载量光芬顿陶瓷膜的跨膜压差。因此，在能满足光芬顿催化条件的基础上，光芬顿陶瓷膜的负载量越低越好。连续流实验中选择中负载量光芬顿陶瓷膜。

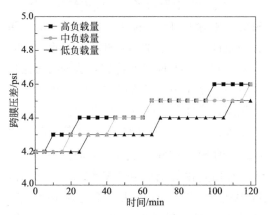

图 10-26　SDZ 溶液在不同催化剂负载量的光芬顿
陶瓷膜过滤条件下 TMP 随时间变化曲线

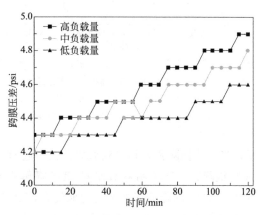

图 10-27　SMX 溶液在不同催化剂负载量的光芬顿
陶瓷膜过滤条件下 TMP 随时间变化曲线

③ 初始污染物浓度对 TMP 变化规律的影响。初始浓度不同，对光芬顿陶瓷膜组件的通量有很大影响。图 10-28 展示了不同初始浓度 SDZ 溶液（初始浓度 6mg/L、12mg/L、24mg/L、48mg/L）过滤时，TMP 随时间的变化规律。

当 SDZ 初始浓度低于 24mg/L 时，TMP 保持很稳定，并且膜也没有被堵塞，这主要是由于光芬顿陶瓷膜在 UV 和双氧水条件下，能够迅速降解 SDZ。当 SDZ 的浓度高于 24mg/L 时，尤其是 48mg/L 时，TMP 迅速增长，这主要是因为膜表面污染物堆积，SDZ 污染物质所需要的电子负荷明显高于光芬顿催化反应转移的电荷。正如在图 10-28 中显示的，实验中需要选

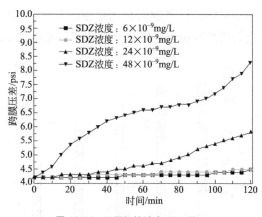

图 10-28　不同初始浓度 SDZ 的
溶液跨膜压差随时间变化曲线

择合适的 SDZ 初始浓度和进水通量，这样才能够满足 SDZ 光芬顿催化降解过程中所需要的电子电荷数。

④ 抗生素的降解规律分析。为了研究 SDZ 和 SMX 在光芬顿陶瓷膜（CM）反应体系中的矿化作用，同时区别膜的物理分离截留作用和羟基自由基的氧化作用，对 SDZ 和 SMX 进行 TOC 降解研究。图 10-29 展示了 SDZ 溶液在不同过滤条件下的降解和 TOC 变化情况，具体实验条件如下：SDZ 初始浓度 12mg/L，进水通量为 10L/(m² · h)，UV 强度为 401μW/cm²，双氧水浓度为 10mmol/L，进水流速为 (5±0.2)μL/s，其中 CM 代表光芬顿

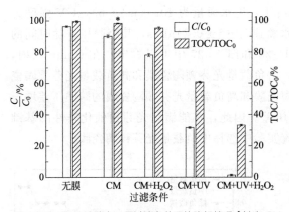

图 10-29　SDZ 溶液在不同过滤条件下的降解情况 [其中 CM
代表光芬顿陶瓷膜。所有的误差棒都是通过三个平行样
计算。初始陶瓷膜和光芬顿陶瓷膜使用 t-test0.05
区分，＊代表没有明显不同（p＞0.05）]

陶瓷膜。图 10-30 和 10-31 展示了 SMX 溶液在不同过滤条件下的降解和 TOC 变化情况，具体实验条件如下：SMX 初始浓度为 20mg/L，进水通量为 10L/(m²·h)；UV 强度为 401μW/cm²，双氧水浓度为 10mmol/L，进水流速为 (5±0.2)μL/s，其中 CM 代表光芬顿陶瓷膜。

图 10-29 中展示了在不同连续流条件下，SDZ 的去除和 TOC 的降解情况。在初始陶瓷膜条件下，接近 4% 的 SDZ 被去除，同时仅有不到 1% 的 TOC 被降解，这表明陶瓷膜孔径的排斥和陶瓷膜表面的吸附量很小。光芬顿陶瓷膜极大地提高了 SDZ 的去除率，去除量大约为 10%，TOC 几乎没有降解。相反，当光芬顿陶瓷膜和双氧水结合在一起时，大约 22% 的 SDZ 被降解去除，同时约有 5% 的 TOC 被降解，这表明双氧水对 SDZ 降解很有效果。当光芬顿陶瓷膜和 UV 结合在一起时，SDZ 和 TOC 的降解都极大幅度地提升，SDZ 的去除率达到 70%，TOC 去除率达到 40%。当光芬顿陶瓷膜和 UV、双氧水结合在一起时，SDZ 的去除率达到最大，约为 99%。这表明光芬顿催化反应能够有效地降解和矿化 SDZ，高于其他降解技术对水中磺胺嘧啶的去除率。沉积在光芬顿陶瓷膜上的 $\alpha$-FeOOH 催化剂促进光芬顿催化反应，在催化剂表面产生光电子和空穴，原位产生氧化还原 Fe(Ⅱ)/Fe(Ⅲ)，通过表面位点 [≡Fe$^{Ⅲ}$(OH)] 产生·OH。这表明光芬顿陶瓷膜过滤系统可以在中性 pH 条件下有效地催化降解 SDZ 污染物。

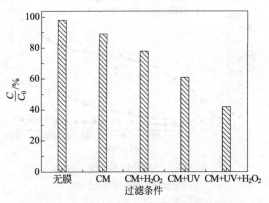

图 10-30　SMX 溶液在不同过滤条件下的去除情况

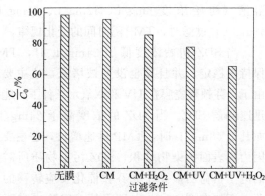

图 10-31　SMX 溶液在不同过滤条件下 TOC 的去除情况

⑤ 初始通量对抗生素的降解研究。进水通量也会影响 $J_e$，进而影抗生素的降解性能。图 10-32 中展示了在 SDZ 初始浓度 12mg/L，UV 强度为 401μW/cm²，双氧水浓度为 10mmol/L 的条件下，初始陶瓷膜和光芬顿陶瓷膜在不同通量条件下对 SDZ 的降解规律曲线。

从图 10-32 中可以看出，在同等通量条件下，光芬顿陶瓷膜对 SDZ 的去除率明显高于初始陶瓷膜，并且在通量低于 10L/(m²·h) 时，光芬顿陶瓷膜对 SMX 的去除率达到 99% 以上，根据光电平衡模型，计算得出该条件下进水污染物所需的电子负荷 ($J_e$) 应等于或小于光芬顿陶瓷膜表面上电子转移量（$J_P$），对应的通量为 16L/（$m^2$·h），因此连续流实验选择通量 10L/（$m^2$·h）。

　⑥ 初始污染物浓度对抗生素的降解研究。根据光电平衡模型，初始污染物浓度大，进水污染物所需的电子负荷（$J_e$）就高，图 10-33 展示了不同初始浓度条件下 SDZ 的降解率。发现当 SDZ 浓度高于 12mg/L 时，SDZ 的去除率直线下降，这是降解污染物质所需的电子负荷（$J_e$）不足，光芬顿催化降解不完全导致的。这也可通过方程计算电子转移量（$J_P$）和污染物所需电荷量（$J_e$），如图 10-33 中，黑色实线代表 $J_e$，虚线代表 $J_P$，假定每摩尔 SDZ 氧化所需的电子数（$n$）为 $40e^-$/mol 和量子产率（$\eta$）为 15%。很明显，当 SDZ 浓度高于 24mg/L 时，$J_e$ 远远大于 $J_P$，因此，需要将 SDZ 浓度控制在 24mg/L 以内，选择 12mg/L 作为实验的初始浓度。

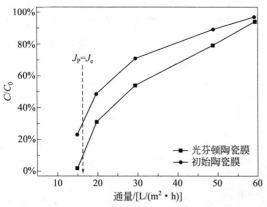

图 10-32　不同进水通量条件下 SDZ 去除率曲线

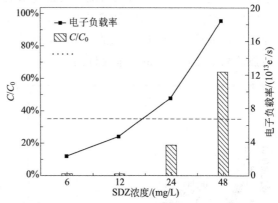

图 10-33　不同初始浓度的 SDZ 溶液 $C/C_0$ 变化曲线

　⑦ 催化剂负载量对抗生素的降解研究。本实验负载了三种不同催化剂含量的光芬顿陶瓷膜，分别是 0.5μg/g、2μg/g 和 6μg/g，定义为低负载量光芬顿陶瓷膜、中负载量光芬顿陶瓷膜和高负载量光芬顿陶瓷膜，通过肉眼观察，估算这三种膜催化剂覆盖率分别为 30%、50% 和 70%。利用三种膜在恒压条件下分别过滤抗生素溶液，过滤条件为 SDZ 初始浓度 12mg/L，UV 强度为 401μW/$cm^2$，双氧水浓度为 10mmol/L，TMP 为 6psi，其通量和抗生素降解率曲线如图 10-34 所示。图 10-34 展示了不同陶瓷膜催化剂负载面积比的条件下，陶瓷膜的渗透通量、SDZ 的降解率和催化剂面积负载比的关系图。随着负载面积的增大，陶瓷膜的渗透通量逐渐下降，由最初的 12L/（$m^2$·h）减少到 7L/（$m^2$·h）；SDZ 的降解先增大然后稍微减小。这主要是因为随着负载面积比例的增大，陶瓷膜表面上的负载催化剂更多，大量的催化剂堆积在膜表面上，部分催化剂堵塞了膜孔径，使得通量下降。随着负载面积的增大，催化剂的负载厚度也必然增加，因为 UV 光不具备穿透性，仅照射在表面催化剂上，这就导致光的催化效率降低，出现 SDZ 降解下降的情况。

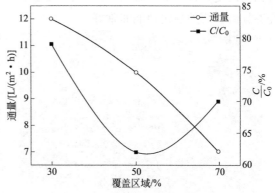

图 10-34　通量和 SDZ 去除率随不同催化剂负载面积比的曲线

⑧ 抗生素降解过程中的紫外-可见光谱分析。为研究光芬顿催化降解过程中 SDZ 随时间的变化规律，在 SDZ 初始浓度为 12mg/L，UV 强度为 $401\mu W/cm^2$，双氧水浓度为 10mmol/L，进水流速为 $(5\pm0.2)\mu L/s$，光芬顿陶瓷膜催化剂含量为 $2\mu g/g$ 的实验条件下，通过测定不同时间点的 UV-Vis 全波长扫描光谱，来确认 SDZ 的降解情况。

图 10-35 中展示出在 SDZ 光芬顿催化降解 0、5min、10min、20min、30min、40min 和 60min 时刻的 UV-Vis 吸收光谱图，SDZ 的吸收峰在 273nm 处。从图中可以看出，随着时间的推移，在 273nm 处的吸收峰越来越小，这表明 SDZ 已经逐渐被降解，在 60min 时刻，在 273nm 处未检测到吸收峰，证实了 SDZ 在光芬顿催化反应过程中被完全降解，这和之前 SDZ 降解 $C/C_0$ 数据一致。

⑨ 光芬顿陶瓷膜系统的稳定性。为了研究光芬顿陶瓷膜系统的稳定性，对陶瓷膜进行十次重复性实验研究，每次清洗采用超纯水反洗和化学清洗方法结合方式。光芬顿陶瓷膜十次使用中对抗生素的降解曲线如图 10-36 所示。研究发现，重复十次循环使用后，光芬顿陶瓷膜对抗生素仍有超过 99% 的去除率，证明硅烷耦合法负载合成的光芬顿陶瓷膜系统具有很强的稳定性和高效的光催化性能。

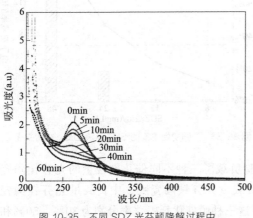

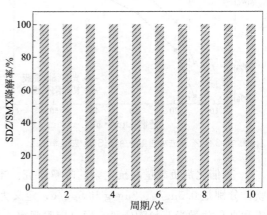

图 10-35　不同 SDZ 光芬顿降解过程中　　　　图 10-36　光芬顿陶瓷膜十次使用中
UV-Vis 随时间变化曲线　　　　　　　　SDZ 和 SMX 的降解曲线

图 10-37 中展示的是光芬顿陶瓷膜的 SEM 图片，其中（a）是未使用的光芬顿陶瓷膜，（b）是十次循环之后的光芬顿陶瓷膜。通过 SEM 图片对比，陶瓷膜片使用之后没有发生物理结构改变，并且对（a）和（b）在 90℃下烘干后进行称量，发现质量没有改变，这表明光芬顿陶瓷膜的稳定性能非常好。

图 10-37　光芬顿陶瓷膜的 SEM 图片
（a）新负载的；（b）负载使用十次之后

除此之外，对超纯水过膜滤出液（特别是在高 TMP 下）和反洗水采用铁离子快速测定法测试铁离子浓度，未检测出铁离子浓度；在 pH 值为 3、6 和 9 的离心上清液中检测铁浓度，也未检测出铁离子。这表明光芬顿陶瓷膜反洗过程中，并没有针铁矿催化剂的流失，进一步证明光芬顿陶瓷膜的稳定性能好。

**（3）小结**

本小节利用光芬顿陶瓷膜，搭建连续流实验反应装置，通过改变光催化反应条件、抗生素的初始浓度和进水通量，来研究不同条件下抗生素和 TOC 降解规律，主要得出以下结论：

① 不同条件下光芬顿陶瓷膜的跨膜压差随时间变化差异很大，在光芬顿陶瓷膜＋UV＋双氧水的条件下，跨膜压差稳定在 4.3～4.5psi，略高于超纯水过滤的跨膜压差 4.2psi，这证明光芬顿陶瓷膜的光芬顿催化反应能有效地减缓膜的污染。

② 同初始陶瓷膜对比，光芬顿陶瓷膜极大地提高了 SDZ 和 SMX 的降解率，去除率大约为 10％ 和 8％。当光芬顿陶瓷膜和 UV 结合在一起时，SDZ 和 SMX 的降解率达到 70％ 和 40％，TOC 去除率达到 40％ 和 22％；当光芬顿陶瓷膜和 UV、双氧水结合在一起时，SDZ 和 SMX 的去除率达到 99％ 和 60％，这表明光芬顿催化反应能够有效地降解和矿化抗生素。

③ 初始浓度对跨膜压差的影响很大。当 SDZ 初始浓度低于 24mg/L 时，TMP 保持很稳定，膜也没有被堵塞；当 SDZ 的浓度高于 24mg/L 时，尤其是 48mg/L 时，$J_e$ 远远大于 $J_p$，TMP 明显迅速增长，这主要是因为膜表面污染物堆积，SDZ 污染物质所需要的电子负荷明显高于光芬顿催化反应转移的电荷，因此，实验过程中要控制 $J_e$ 小于等于 $J_p$。

④ 对陶瓷膜进行重复性实验研究，十次循环使用后，光芬顿陶瓷膜系统对抗生素仍有超过 99％ 的去除率，证明硅烷耦合法负载合成的光芬顿陶瓷膜系统具有很强的稳定性和高效的光催化性能，通过 SEM 图片和滤出液铁离子浓度检测，进一步证明光芬顿陶瓷膜的稳定性能好。

## 10.1.3　陶瓷膜耦合光芬顿体系对磺胺类抗生素降解机制研究

高级氧化技术降解水环境污染物是新兴水处理领域的研究热点。该类技术具有绿色无污染、氧化效率强和易矿化等特点，主要通过产生的羟基自由基作为氧化剂降解污染物。近些年，这种氧化方法在抗生素的降解研究中广泛应用。研究表明水中含有的某些物质对四环素类抗生素的降解过程、毒性以及环境归趋均有所影响。因此，有必要研究磺胺类抗生素在光芬顿催化降解中的羟基自由基的产生机制、毒性的变化以及降解途径和产物。

**（1）实验方法**

① 降解中间产物分析。为分析 SDZ 和 SMX 的降解中间产物，选用液相色谱-电喷雾电离-质谱（LC-ESI-MS，Agilent1290－6430，USA）进行分析，流动相是 100％ 甲醇，流速为 0.2mL/min，离子源是 ESI，全扫描范围是 40～500，正离子模式。通过对初始反应液、5min 反应液、30min 反应液、60min 反应液取样分析检测，确定降解中间产物。

② 催化剂的稳定性分析。为研究催化剂的稳定性，看其是否能够牢固负载在催化剂的表面，没有流失或者溶解，配制 1mg/L 的针铁矿悬浊液，并将其 pH 值分别调到 3、6、9，将该悬浊液搅拌均匀并静置 6h。然后在 10000r/min 条件下离心 10min，用 ICP（质量分析）-MS 监测上清液中铁离子浓度。

③ 毒性分析。本实验测试菌种为费氏弧菌。费氏弧菌冻干粉购自北京滨松光子技术股

份有限公司，产品型号：CS234。

表 10-4 展示的是费氏弧菌培养基配方。

所配制的培养基调整 pH 值为 7.5，分装于 150mL 锥形瓶中，每瓶 50mL，121℃高压蒸汽灭菌 30min，冷却后备用。

培养好细菌后，将细菌分别接种到初始 SDZ/SMX 反应溶液，1h 后的 SDZ/SMX 反应溶液中，接种完 15min 后利用多功能酶标仪（MD SpectraMax M5）进行发光度监测，抑制率计算公式如下：

$$抑制率 = \frac{L_{blank} - L_{sample}}{L_{blank}} \times 100\% \tag{10-23}$$

式中，$L_{blank}$ 为背景发光值；$L_{sample}$ 为每个样品的发光值。每个样品重复测试三遍，以确保误差最小。空白样品是纯水溶液。

表 10-4 费氏弧菌培养基配方

| 成分 | 含量 | 单位 |
|------|------|------|
| 胰蛋白胨 | 5 | g |
| 酵母膏 | 0.5 | g |
| 磷酸氢二铵 | 0.5 | g |
| 磷酸二氢钠 | 6.1 | g |
| 磷酸氢二钾 | 2.75 | g |
| 硫酸镁 | 0.2 | g |
| 氯化钠 | 30 | g |
| 甘油 | 30 | mL |
| 蒸馏水 | 1000 | mL |

**（2）实验结果和讨论**

① 抗生素的矿化分析。对批次反应前后溶液中 SDZ 浓度的测定，并不能判断有多少 SDZ 和 SMX 被完全矿化。通过测定七种不同反应条件下，TOC 随时间的变化规律图，得到曲线如图 10-38 和图 10-39 所示。

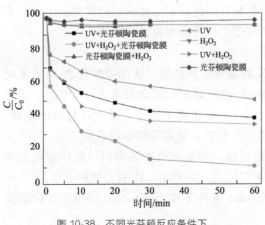

图 10-38 不同光芬顿反应条件下
TOC 的去除变化曲线（SDZ）

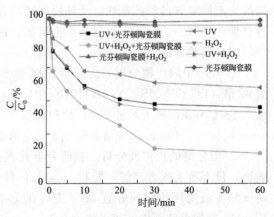

图 10-39 不同光芬顿反应条件下
TOC 的去除变化曲线（SMX）

从图 10-38 和图 10-39 中可以看出，仅在双氧水、光芬顿陶瓷膜或者双氧水＋光芬顿陶瓷膜条件下，SDZ 和 SMX 基本上没有被矿化，这表明双氧水难以直接将 SDZ/SMX 氧化成二氧化碳和水。在 UV＋双氧水＋光芬顿陶瓷膜条件下，60min 后 SDZ 和 SMX 的矿化率达到 90％和 86％，在 UV＋双氧水、UV＋光芬顿陶瓷膜条件下，60min 后 SDZ 和 SMX 仅矿化 49％、42％和 53％、52％。这表明在 UV＋双氧水＋光芬顿陶瓷膜条件下，发生光芬顿催化反应，产量大量羟基自由基，将 SDZ 和 SMX 矿化降解。而在 UV＋双氧水和 UV＋光芬顿陶瓷膜条件下，仅仅发生光催化反应，并没有像光芬顿催化反应产生足量的羟基自由基，故而 TOC 降解率下降。

② 羟基自由基的产生机制。用 4-氯苯甲酸（$p$CBA）作为羟基自由基的捕获剂。在光芬顿催化系统中，4-氯苯甲酸的浓度减小，替代产生的是羟基自由基的浓度。4-氯苯甲酸在七个不同降解系统中浓度随时间的变化规律曲线如图 10-40 所示。

不同光芬顿催化反应条件下，4-氯苯甲酸的浓度随时间变化的曲线如图 10-41 所示，单独双氧水或者光芬顿陶瓷膜不能降低 4-氯苯甲酸的含量，在双氧水和光芬顿陶瓷膜结合的条件下，4-氯苯甲酸的含量也不能减少。当加上 UV 后，4-氯苯甲酸的含量迅速下降，尤其在 UV＋双氧水＋光芬顿陶瓷膜条件下，4-氯苯甲酸的含量下降最快，在 5min 内 $p$CBA 浓度从最初的 270μmol/L 降到 24μmol/L，降解率达到 91.1％。其次是 UV＋双氧水条件下，5min 内 $p$CBA 浓度从 270μmol/L 降到 47μmol/L，降解率达到 82.6％。但是在 UV＋光芬顿陶瓷膜条件下，5min 内 $p$CBA 的浓度仅仅下降到 225μmol/L，不过随着时间的推移，在 60min 的时候，$p$CBA 的浓度也降到了 24μmol/L，这表明光芬顿陶瓷膜在 UV 条件下的降解性能不如双氧水效率高，没有激发光芬顿催化反应，故反应效率较低。Zhang 等报道过，4-氯苯甲酸和羟基自由基对应的摩尔比例是 1∶1，在批次实验体系中，羟基自由基氧化其他物质的可能性很低，得到羟基自由基随时间变化的曲线，如图 10-41 所示。

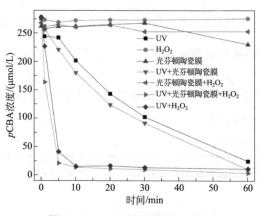

图 10-40　pCBA 浓度在不同光芬顿
反应条件下随时间的变化规律

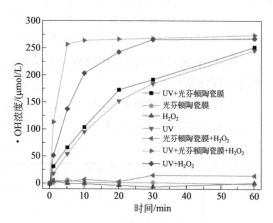

图 10-41　羟基自由基浓度在不同光芬顿
反应条件下随时间的变化规律

图 10-41 展示了羟基自由基浓度随时间在不同光芬顿条件下的变化曲线。1min 时羟基自由基的产量，在 UV＋双氧水＋光芬顿陶瓷膜条件下达到最大，是 118μmol/L，远远高于其他条件下的产量；UV＋双氧水条件下的产量高于 UV＋活性光芬顿陶瓷膜和仅 UV 条件下的羟基自由基的产量，这主要是因为 UV＋双氧水反应，能够快速地产生羟基自由基。单独的双氧水、光芬顿陶瓷膜，或者光芬顿陶瓷膜和双氧水耦合条件下，羟基自由基也不能大

量地产生，但是加上 UV 条件之后，羟基自由基的产量大幅提升，这表明 UV 在光芬顿催化反应中的关键作用。

③ 抗生素降解生物毒性分析。在批次实验反应 0、10min、30min 和 60min 时刻取样测量 SDZ 和 SMX 浓度，并测其相对发光强度，然后换算对应氯化汞浓度。表 10-5 展示水质毒性等级划分，根据式(10-23) 和表 10-6，得出初始溶液和降解后 SDZ 和 SMX 溶液氯化汞浓度如表 10-6 所示。从表 10-6 中可以看出，SDZ 和 SMX 初始浓度和反应 60min 后的浓度分别为 0.17mg/L、0.18mg/L 和 0.19mg/L、0.18mg/L，属于高毒等级，这与之前刘晓晖报道的一致。降解之后氯化汞浓度升高，可能是反应溶液体系中双氧水未完全反应导致。当反应溶液放置 24h 后，测 SDZ 和 SMX 毒性，得出氯化汞浓度分别为 0.02mg/L 和 0.03mg/L，属于低毒等级。因此，光催化实验能够有效地降解生物毒性。

表 10-5  水质毒性等级划分

| 毒性等级 | $HgCl_2$/(mg/L) | 毒性等级 |
|---|---|---|
| Ⅰ | <0.08 | 低毒 |
| Ⅱ | 0.08～0.12 | 中毒 |
| Ⅲ | 0.12～0.16 | 重毒 |
| Ⅳ | 0.16～0.22 | 高毒 |
| Ⅴ | >0.22 | 剧毒 |

表 10-6  水质毒性结果

| 类别 | 抗生素浓度/(mg/L) | | | | | $HgCl_2$/(mg/L) | | | | |
|---|---|---|---|---|---|---|---|---|---|---|
| 时间 | 0min | 10min | 30min | 60min | 21h | 0min | 10min | 30min | 60min | 24h |
| SDZ | 12 | 0.3 | 0 | 0 | 0 | 0.17 | 0.17 | 0.18 | 0.18 | 0.02 |
| SMX | 20 | 0.1 | 0 | 0 | 0 | 0.19 | 0.18 | 0.18 | 0.18 | 0.03 |

④ 抗生素降解中间产物分析。为研究抗生素的降解机理及降解途径，选择 SDZ 和 SMX 作为目标污染物。

a. SDZ 降解途径研究。通过查阅文献，已经报道的 SDZ 光催化降解的中间产物如表 10-7 所示。从表中可以看出，目前有 8 种 SDZ 的降解中间产物。

表 10-7  SDZ 光催化降解的中间产物

| 化合物 | 分子式 | 分子量 | 结构式 |
|---|---|---|---|
| SDZ | $C_{10}H_{10}N_4O_2S$ | 249 | |
| C1 | $C_4H_5N_3$ | 97 | |
| C2 | $C_6H_7NO$ | 109 | |

续表

| 化合物 | 分子式 | 分子量 | 结构式 |
|---|---|---|---|
| C3 | $C_3H_4O_5$ | 118 | 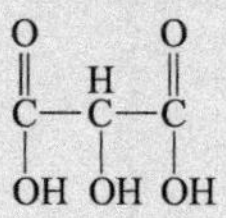 |
| C4 | $C_6H_7NO_3S$ | 172 | 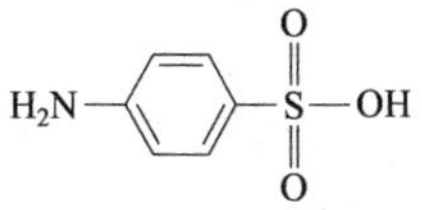 |
| C5 | $C_4H_6NO_4S$ | 188 | 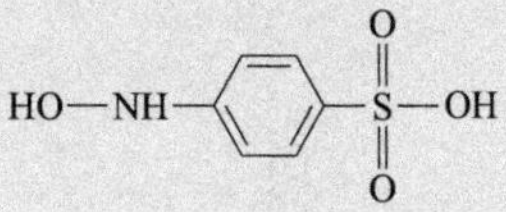 |
| C6 | $C_7H_{10}N_4O_3S$ | 225 | 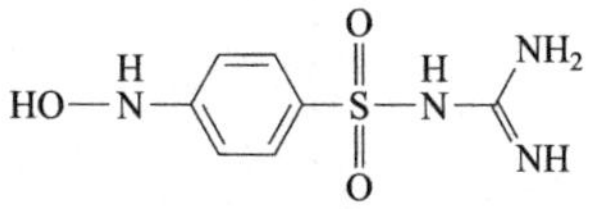 |
| C7 | $C_{10}H_9N_3O_2S$ | 233 | 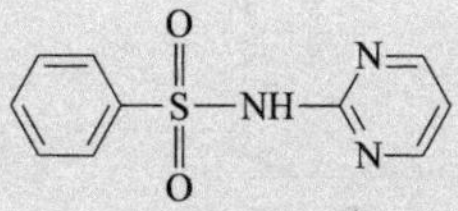 |
| C8 | $C_{10}H_{10}N_4O_3S$ | 264 | 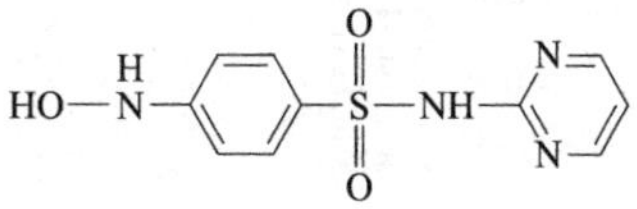 |

　　为了进一步确认光芬顿催化降解 SDZ 的矿化机理，利用 LC-ESI-MS 方法检测 SDZ 的降解中间产物。通过在 0min、5min、30min 和 60min 取样进行质谱分析，得到结果如图 10-42 所示。在 0min 时，$m/z([M+H]^+)273$ 代表初始 SDZ 的峰；随着反应的进行，在 5min 和 30min 时检测到极微小的峰值；在 60min 时未检测到峰值，这表明 SDZ 已经被全部降解。$m/z([M+H]^+)196.9$ 代表一种降解中间产物的峰值，在 0min 时未检测到其的存在，但是在 5min、30min 和 60min 时刻都检测到它的存在，并且量很大，这证实它确实是 SDZ 降解产物的一种。

　　从 $m/z$ 的全部峰值中，四个主要降解中间产物和 SDZ 可以确定下来。基于这四种确定的中间产物，四种 SDZ 的降解途径可以模拟出来，如图 10-43 所示，可能的光芬顿催化降解途径如下。

　　 i . 羟基自由基等活性基团破坏 SDZ 的 S—N 键，并在断裂的 S—N 中，N 原子一端获得一个 H 原子，生成 2-氨基吡啶，S 原子一端获得一个 OH，生成磺胺酸。如 A 和 C 途径所示。

　　 ii . 羟基自由基等活性基团破坏 SDZ 的 S—N 键及 C—S 键，脱去 O＝S＝O，同时分子结构发生重组，生成 4-[2-氨基吡啶-1(2H)-基] 苯胺。如 B 途径所示。

　　 iii . 羟基自由基等活性基团破坏 SDZ 的 S—C 键，并在断裂的 S—C 中，C 原子一端获得

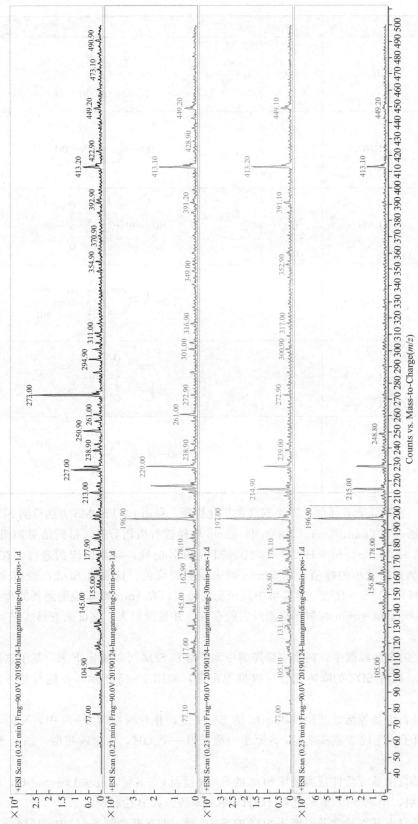

图 10-42　运用 LC-ESI-MS 方法检测 SDZ 的光芬顿催化降解到不同时刻（0min、5min、30min 和 60min）的降解产物图谱

一个 H 原子，生成苯胺，S 原子一端获得一个 OH，生成 4-[2-氨基吡啶-1(2H)-基] 磺酸。如 D 途径所示。

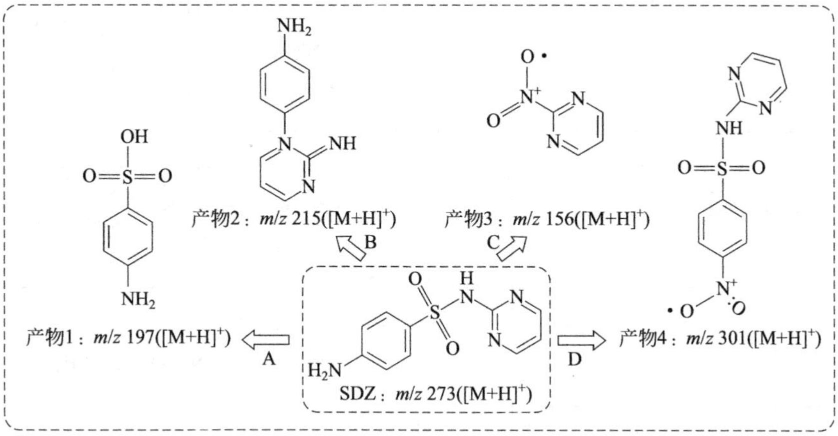

图 10-43　SDZ 的降解途径和主要的降解产物

2-硝基吡啶 $[m/z([M+H]^+)156]$ 在降解途径 B 中，检测到 4-[2-氨基吡啶-1(2H)-基] 苯胺的存在。中性的自由基物质（SDZ-H‰），对形成 4-[2-氨基吡啶-1(2H)-基] 苯胺 $[m/z([M+H]^+)215]$ 起到关键性作用。在初始反应阶段，SDZ 可以和氧化性物质结合，然后一个氢自由基从 SDZ 转移到氧化性物质上，进而形成了 SDZ-H‰，这和 Gao 之前的报道类似。同理，降解途径 D 中，氨基苯可以被氧化性物质氧化，但是机理仍需深入探讨。

b.SMX 降解途径研究。通过查阅文献，目前已知的 SMX 在被非均相臭氧氧化时 12 种中间产物如表 10-8 所示：

表 10-8　SMX 已知降解中间产物

| 化合物 | 分子式 | 分子量 | 结构式 |
|---|---|---|---|
| SMX | $C_{10}H_{12}N_3O_3S$ | 253 | 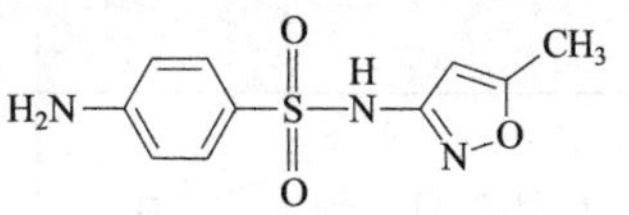 |
| C1 | $C_4H_6N_2O$ | 98 | 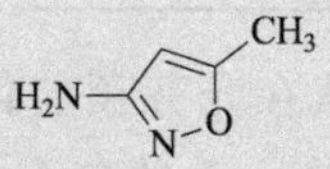 |
| C2 | $C_{10}H_9N_3O_5S$ | 283 | 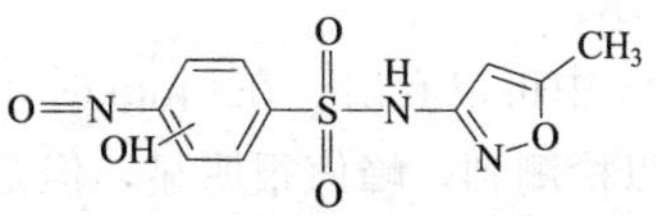 |
| C3 | $C_{10}H_9N_3O_5S$ | 283 | 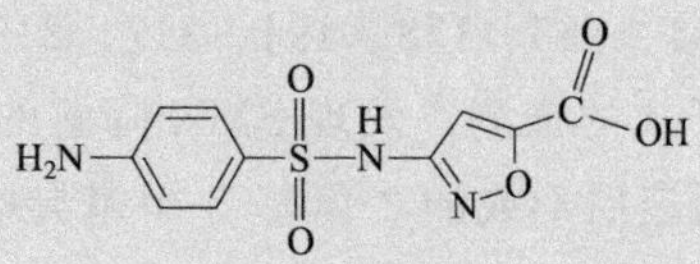 |

续表

| 化合物 | 分子式 | 分子量 | 结构式 |
|---|---|---|---|
| C4 | $C_{10}H_9N_3O_5S$ | 283 | 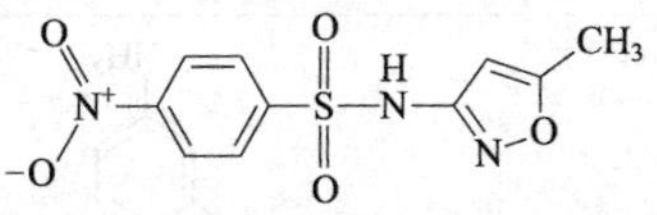 |
| C5 | $C_{10}H_{11}N_3O_4S$ | 269 | 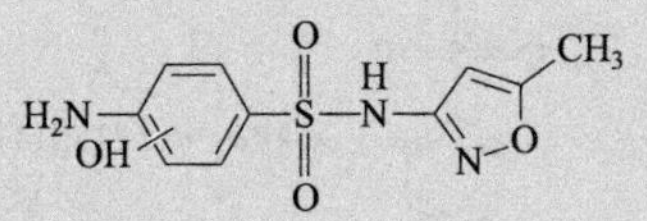 |
| C6 | $C_4H_6N_2O_3S$ | 146 | 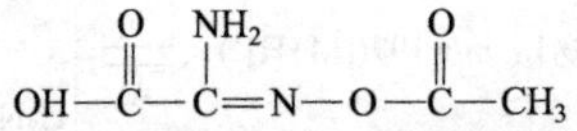 |
| C7 | $C_6H_5NO_3$ | 139 | 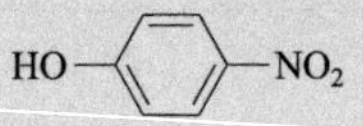 |
| C8 | $C_4H_8N_2O_3$ | 132 | 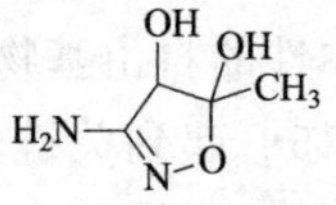 |
| C9 | $C_6H_5NO_2$ | 123 | 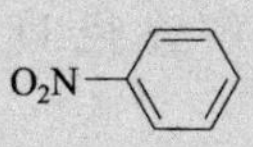 |
| C10 | $C_4H_7NO_3$ | 117 | 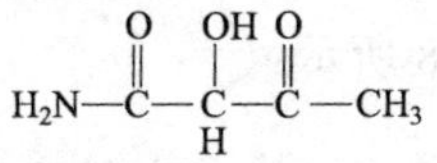 |
| C11 | $C_6H_4O_2$ | 108 | 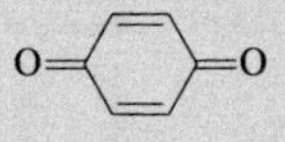 |
| C12 | $C_2H_4N_2O_3$ | 104 | 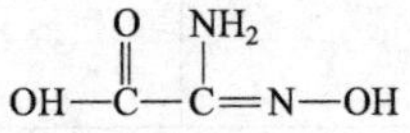 |

　　为了进一步确认在光芬顿催化中 SMX 的光催化降解产物，利用 LC-ESI-MS 方法检测 SMX 的降解中间产物。通过在 0min、5min、30min 和 60min 取样进行质谱分析，得到结果如图 10-44 所示。

　　从图 10-44 中可以看出，在 0min 时，$m/z([M+H]^+)$276 代表初始 SMX 的峰，在 0min 和 5min 时可以检测到，峰值很明显，但是在 30min 和 60min 时未检测出峰值，这表明 SMX 已经被全部降解。从 SMX 降解产物表中可以查出，主要的降解中间产物 $m/z([M+H]^+)$ 为 77、104、134、165、178、194、217、249、301、347 和 365，一共有 11 个降解产物。根据对 SMX 分子式的推测，发现 SMX 降解的途径主要有：①苯环上羟基化形成的磺胺异噁唑；②S—N 键断裂后形成的 3-氨基-5-甲基异噁唑和对氨基苯磺酸；③苯环上的氨基被氧化成硝基后形成的磺胺甲噁唑。据此提出了 SMX 可能的光催化降解途径，如图 10-45 所示。

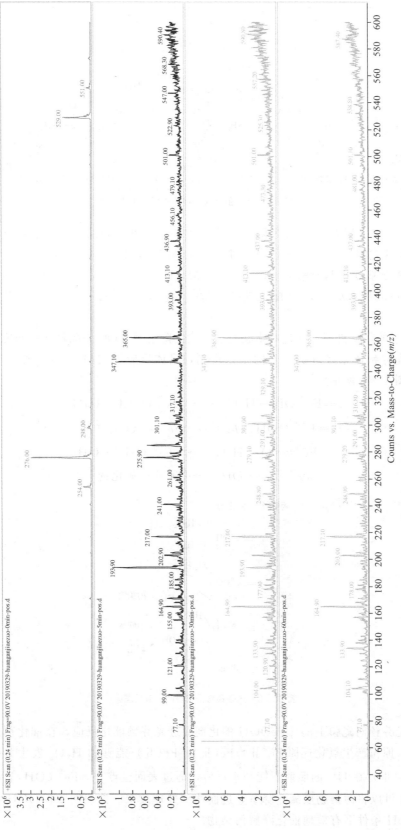

图 10-44　运用 LC-ESI-MS 方法检测 SMX 的光芬顿催化降解化降解到不同时刻（0min、5min、30min 和 60min）的降解产物图谱

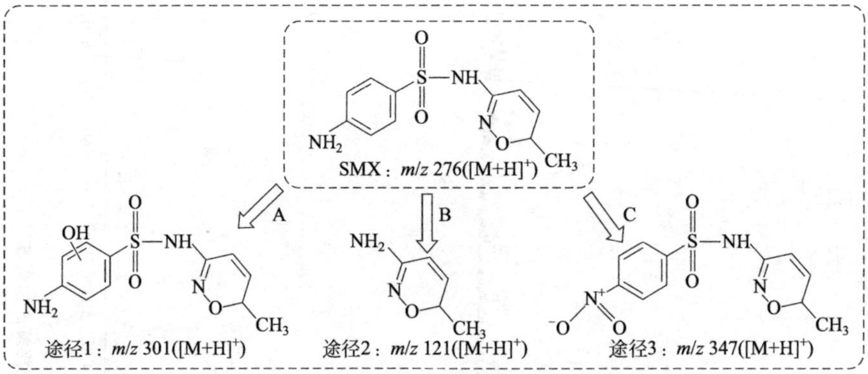

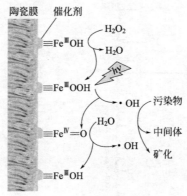

图 10-45　SMX 的降解途径和主要的降解产物

从图 10-45 中可以看出，SMX 降解的途径主要有三种，分别是：羟基化形成的物质是羟基化的磺胺甲噁唑，对应 $m/z([M+H]^+)$ 为 301、104、134、165、178 和 194；S—N 键断裂形成 3-氨基-5-甲基异噁唑，对应 $m/z([M+H]^+)$ 为 121、77 和 104；羧基化形成的物质是 5-(4-甲氧基苯基)-1,3,4-噁二唑-2-硫醇，对应 $m/z([M+H]^+)$ 为 365、347、178 和 249。

⑤ 抗生素的降解机理。通过对磺胺类抗生素的降解及 TOC 去除规律的研究，总结得出陶瓷膜耦合光芬顿体系降解抗生素的主要机制，具体反应如式(10-24)～式(10-27) 所示，降解机理如图 10-46 所示。

$$\equiv Fe^{III} OH + H_2O_2 \longrightarrow \equiv Fe^{III} OOH + H_2O \tag{10-24}$$

$$\equiv Fe^{III} OOH + h\nu \longrightarrow \equiv Fe^{IV} = O + \cdot OH \tag{10-25}$$

$$\equiv Fe^{IV} = O + H_2O \longrightarrow \equiv Fe^{III} OH + \cdot OH \tag{10-26}$$

$$污染物 + \cdot OH \longrightarrow 中间体 + 矿化物 \tag{10-27}$$

图 10-46　光芬顿陶瓷膜表面反应机理图

沉积在光芬顿陶瓷膜上的 α-FeOOH 催化剂促进光芬顿催化反应，在催化剂表面产生光电子和空穴，原位产生氧化还原 Fe(Ⅱ)/Fe(Ⅲ)，Fe(Ⅱ) 能够和 $H_2O_2$ 发生芬顿反应，产生·OH，Fe(Ⅲ) 在 UV 的照射下能与水反应，通过表面位点 $[\equiv Fe^{III}(OH)]$ 产生·OH。产生的·OH 可以将污染物质氧化降解，进而达到处理效果。这表明 α-FeOOH/$H_2O_2$ 系统可以在中性 pH 条件下有效地催化降解污染物。

### (3) 小结

本小节通过对光芬顿陶瓷膜的降解机制和抗生素的矿化、降解途径及产物进行研究，主要得出以下结论：

① 在 UV＋双氧水＋光芬顿陶瓷膜条件下，4-氯苯甲酸的含量下降最快，这表明羟基自由基的产量速率也最快最高效。1min 时羟基自由基的产量是 $118\mu mol/L$，远远高于其他条件下的产量。

② 仅在双氧水、光芬顿陶瓷膜或者双氧水＋光芬顿陶瓷膜条件下，SDZ 没有或者很少被矿化，这表明双氧水难以将 SDZ 氧化成二氧化碳和水。相反，在 UV＋双氧水＋光芬顿陶瓷膜和 UV＋双氧水或 UV＋光芬顿陶瓷膜条件下，60min 后 SDZ 矿化率达分别达到 90％、49％和 42％。

③ 从 $m/z$ 的峰值中，可以确定 4 种 SDZ 和 11 种 SMX 的降解中间产物，同时可以模拟出 4 种 SDZ 和 3 种 SMX 的降解途径。

## 10.2　电催化陶瓷膜技术

近年来，基体负载催化膜应用于电化学领域发展快速。Wang Peifang 等研究发现石墨-$TiO_2$ 复合膜对染料废水降解具有增强的光电催化活性。此外，还可采用溶胶-凝胶法制备 $TiO_2$ 溶胶，以管式炭膜（TCM）作为基体，通过浸渍法在 TCM 表面涂覆 $TiO_2$ 催化层，炭化后得到具有催化性能的 TCM，将得到的管式催化炭膜作为阳极应用于自制的膜反应器，以膜分离和电催化耦合技术处理高含量苯酚废水。膜分离-电催化耦合技术比单纯电催化对苯酚有更好的降解效果，在相同处理时间内可提高约 40％去除率，对苯酚的去除率可达 78％以上，优化的反应器运行条件是外加电压为 5V，膜通量为 $13L/(m^2 \cdot h)$。

目前电催化和膜分离耦合技术基本停留在如何提高污染物降解效率上，施加电压过高，明显高于析氧电位（1.7V 左右），极容易产生水解副反应，额外增加能耗。其次，膜基体孔径过大，往往在 $0.1\mu m$ 以上，对分子量低于 1000 的有机物很难截留。除此以外，所选用的电催化剂催化性能较低，催化效果较差。国外也有部分学者研究一体化电膜耦合，但大多停留在电催化层与分离膜紧贴在一起，并不是真正意义上的一体化，并且几乎都选用有机膜，在加电压状态下容易造成分离膜损坏。

### 10.2.1　电催化与膜分离耦合工艺的主要影响因素

单一膜分离工艺的影响因素在耦合工艺中仍然存在，加上电催化效果的影响，选择最佳参数对保证耦合工艺的高效运行具有重要作用。

#### (1) 电催化剂

电催化剂在耦合工艺中的地位显著，在电催化氧化反应中起着决定性作用。确定合适的催化剂，对于提高电催化效果、节省运行费用等意义重大，所以改性催化剂对有机物的降解效率，即对膜污染的缓解情况，是反应工艺的重要考虑因素之一。

#### (2) pH 因素

pH 作为工艺运行的重要参数，几乎在任何技术中都是重要考察因素。对于催化剂而言，pH 会对其表面性质产生直接影响，从而改变它对不同电荷的吸附-解吸能力。在耦合工艺中，pH 对膜表面电荷及目标污染物都会产生一定影响，因此需要对特定的膜材料及特定的污染物单独进行分析，结合膜通量、有机物截留率和盐透过率来确定最佳 pH 值。

**（3）跨膜压差因素**

对于膜分离过程来讲，一定的跨膜压差是其动力源泉。较大的跨膜压差必然会增大膜通量，但同时也加快了滤饼层的形成，导致浓差极化现象的快速形成，从而浪费能耗。此外，有研究发现，跨膜压差会导致膜表面孔径发生微小变化，从而导致有机污染物的堵塞加剧。一般情况下，在保证膜渗透通量的情况下，选择最低跨膜压差最佳。

**（4）盐浓度因素**

盐浓度与渗透压密切相关，盐浓度增加，渗透压升高，从而使有效推动力下降，结果表现为渗透量下降。除此之外，盐在水中电离，导致溶液中带有不同电荷的盐离子，与膜面带有同种电荷的盐离子相互排斥，带有相反电荷的离子却可透过膜，这样膜与溶液之间就形成了明显的浓度差，随即产生了 Donnan 电势，Donnan 电势很大程度上会影响到膜对盐离子的截留作用，所以，盐浓度也是需要考虑的重要因素。

**（5）水质**

选择合适的废水处理对象，对于高效运行耦合工艺意义重大。废水中天然有机质（NOM）含量对膜分离影响很大。大量研究表明，NOM 对膜污染具有显著影响，因其分子量较大，很容易堵塞膜孔形成滤饼层，并且施加的跨膜压差越大，滤饼层形成速度越快，并逐渐压厚、密实，倘若选取的电催化剂效果差，就难以有效缓解 NOM 造成的膜污染，大大降低了膜通量。相反，对于低 COD 废水脱盐、海水淡化等处理，耦合工艺凸显了它独特的优势。尤其是电催化耦合纳滤膜，利用纳滤膜截留有机物，实现盐和有机物的分离，达到有机物的浓缩回收和盐回用的目的。

此外，有机物的种类、初始浓度等因素对耦合工艺亦有不同程度的影响。尚毅林选取了析氧过电位最高的二氧化锡作为基础电催化材料，对之进行锑、铋等稀土元素的渗杂改性，提高其电催化性能，将改性二氧化锡通过溶胶-凝胶法在 $Al_2O_3$ 膜基材上制备出电催化陶瓷分离膜。并以该膜材料处理高盐有机废水的实验探究电膜耦合抑制膜污染的机制，制备了两种材料，构成不同的复合陶瓷膜。

## 10.2.2　电催化与陶瓷膜耦合工艺研究进展

其一为 Sb-Bi-$SnO_2$/$Al_2O_3$ 复合陶瓷超滤膜，其采用溶胶-凝胶技术，以氯化亚锡作为前驱体，平板 $Al_2O_3$ 膜作支撑体制备而成。通过扫描电镜（SEM）、能量色散 X 射线仪（EDX）、X 射线衍射（XRD）与红外光谱（FTIR）对膜表面进行表征分析，结果表明，Bi 元素成功渗杂到 Bi-$SnO_2$ 里，但没有进入 $SnO_2$ 晶格，而是以 BiClO 形式存在于 $SnO_2$ 表面。Bi 元素的掺杂抑制了二氧化锡晶粒的增长，促进了 $SnO_2$ 向金红石相转变。$SnO_2$ 的平均粒径为 9.3nm，复合膜表面均匀平整，平均孔径 3nm。

实验对高盐罗丹明 B 染料废水的处理结果表明，废水初始浓度、盐含量、电压强度、跨膜压差等工艺参数对该陶瓷膜的分离性能有显著影响。在电压值 1.0V、跨膜压差 0.4MPa、NaCl 质量分数 20%、罗丹明 B 初始浓度 40mg/L、pH 值 5 条件下，电催化效果最好。此时该板式复合陶瓷超滤膜对罗丹明 B 的截留率高达 99%，废水脱色率接近 100%，染料浓缩效果好；对单价无机盐 NaCl 的截留率低于 1%，有效实现了染料和无机盐的分离。

电催化亲合膜分离处理罗丹明 B 染料废水，相比单一分离膜通量提高 110%。通过扫描电镜（SEM）、能量色散 X 射线仪（EDX）、X 射线衍射（XRD）、紫外-可见漫反射吸收光谱（UV-Vis DRS）与 TOC 对缓解膜污染机理进行分析，电膜耦合一体化有效抑制了浓差极化现象，通过减少膜表面及膜孔内的有机污染物实现了膜污染的缓解甚至消除。

其二是 Sb-Ce-SnO$_2$/4A 分子筛/Al$_2$O$_3$ 复合陶瓷纳滤膜。其采用溶胶-凝胶法与刮擦晶种料浆法，以氯化亚锡作为前驱体，平板 Al$_2$O$_3$ 膜作支撑体制备而成。通过扫描电镜（SEM）、能量色散 X 射线仪（EDX）、X 射线衍射（XRD）对膜表面进行表征分析，结果表明，Ce 元素成功掺杂到 Sb-SnO$_2$ 里，掺杂物质的量比 1%（Sb∶Ce∶Sn＝10∶1∶100）时，烧结效果最好，制备的复合陶瓷膜表面平整光滑，没有龟裂。Ce 元素的掺杂抑制了二氧化锡晶粒的增长，促进了 SnO$_2$ 向金红石相转变。SnO$_2$ 的平均粒径为 14.2nm，膜面平均孔径为 2nm。

以含盐罗丹明 B 为目标污染物，对该陶瓷膜的分离性能进行了研究。染料初始浓度、废水 pH、跨膜压差及电压强度等参数对膜分离性能影响显著。电压、跨膜压差等工艺参数对复合陶瓷膜处理染料废水的性能影响较大。在电压值 1.4V、跨膜压差 0.7MPa、NaCl 质量分数 10%、直接橙 S 初始浓度 20mg/L、pH 值 5 条件下，该板式复合陶瓷纳滤膜对直接橙 S 的截留率高达 99%，废水脱色率接近 100%，染料浓缩效果好。对单价无机盐 NaCl 的截留率低于 2%，有效实现了染料和无机盐的分离。电催化耦合膜分离处理罗丹明 B 染料废水，相比单一分离膜通量提高 100%。

通过扫描电镜（SEM）、能量色散 X 射线仪（EDX）、X 射线衍射（XRD）、紫外-可见漫反射吸收光谱（UV-Vis DRS）与 TOC 对缓解膜污染机理进行分析，电膜耦合一体化有效抑制了浓差极化现象，在不施加更高跨膜压差的情况下，膜通量可长时间维持在一个较高的水平。通过降解膜表面及膜孔内的有机污染物实现了膜污染的缓解甚至消除，从而减少了单一膜分离技术中拆卸和膜清洗次数，这对含盐染料废水实现自动化分离、回收具有重要意义。

沈虹以 Al$_2$O$_3$ 平板膜为支撑体，制备了两种复合功能陶瓷纳滤膜，它们分别为石墨烯/Sb-N-TiO$_2$/Sb-SnO$_2$/A 型分子筛/Al$_2$O$_3$ 陶瓷纳滤膜和石墨烯/Zn-Sb-SnO$_2$/A 型分子筛/Al$_2$O$_3$ 陶瓷纳滤膜。

石墨烯/Sb-N-TiO$_2$/Sb-SnO$_2$/A 型分子筛/Al$_2$O$_3$ 陶瓷纳滤膜，是以氯化亚锡、钛酸四丁酯、氧化石墨烯为前驱体，采用刮擦晶种、水热合成、溶胶-凝胶及浸渍涂敷技术制得。通过 SEM、EDX、XPS、XRD、TG、IR、UV-Vis 和 CV 等表征手段对该复合陶瓷膜表面进行分析，结果表明石墨烯/Sb-N-TiO$_2$/Sb-SnO$_2$ 材料已成功负载在复合陶瓷膜表面，金红石型 SnO$_2$ 及光催化效果最好的锐钛矿型 TiO$_2$ 赋予了该陶瓷纳滤膜良好的光电催化性能，复合陶瓷膜膜面平整、均匀，平均孔径为 2nm。

王鹏飞等采用电还原-水热法，以炭膜为基膜制备 Bi 掺杂的 SnO$_2$（Bi-SnO$_2$/CM）电催化膜（如图 10-47 所示），并采用 SEM、XRD、线性伏安法（LSV）、循环伏安法（CV）等表征手段对电催化膜的组成结构及性能进行分析。研究结

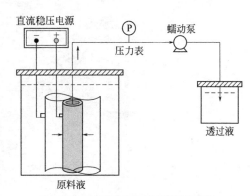

图 10-47　电催化膜反应器装置示意图

果表明，Bi-SnO$_2$通过化学键与炭膜紧密结合，可以增加电催化膜的活性位点数量，使电催化膜对大肠杆菌表现出优异的去除性能。当 Bi 与 Sn 的物质的量比为 0.15，电还原时间为 60min，电流为 0.2mA 时，制得的电催化膜的析氧电势达到 1.74V，电化学腐蚀时间可以达到 44.5h，且连续运行 5h 后对大肠杆菌的去除率仍高于 96.1%。这表明 Bi-SnO$_2$/CM 电催化膜在水中污染物去除方面具有很好的应用前景。

李建新等为实现高性能催化氧化环己烷，以高锰酸钾为锰源，通过控制高锰酸钾的浓度，利用水热法成功制备形貌可控的纳米线、纳米花球和纳米片锰氧化物负载多孔 Ti 电催化膜电极（nano-MnO$_x$/Ti），通过高分辨电子显微镜、循环伏安法和电化学交流阻抗等表征方法考察不同形貌的 nano-MnO$_x$/Ti 多孔膜电极的电催化性能。同时，以此为阳极，不锈钢网为阴极，构建电催化膜反应器（ECMR）。催化氧化环己烷制备环己醇和环己酮（KA油），考察初始浓度、反应温度、停留时间和电流密度等操作参数对环己烷转化率和 KA 油选择性的影响。结果表明：KMnO$_4$ 浓度为 5.0mmol/L 时可制得纳米线状 MnO$_x$，由此制得的纳米线状 MnO$_x$/Ti 膜电极电化学性能最优；环己烷转化率随着初始浓度的降低和停留时间的延长而增大，随着反应温度和电流密度的增大先增大后减小；环己醇选择性随着初始浓度的降低和反应温度、停留时间、电流密度的增大而减小，而环己酮选择性随之增大；最佳操作条件为反应温度 30℃、环己烷 10mmol/L、电流密度 3.0mA/cm$^2$、停留时间 30min，此时采用纳米线状 MnO$_x$/Ti 膜电极构建的 ECMR 中环己烷转化率为 15.2%，环己酮选择性为 81.1%，KA 油总选择性大于 99%。

李益华等为解决膜分离技术在水处理中存在的膜污染和高能耗的问题，通过电氧化聚合法将聚吡咯（polypyrrole，PPy）沉积在 PVDF/碳纤维膜上，制备高活性的 PPy-PVDF/碳纤维膜，研究不同沉积时间对电催化膜催化活性的影响及微电场环境对 PPy-PVDF/碳纤维膜污染的影响，并构建 MFC-电催化膜反应器，如图 10-48 所示，测试反应器在处理污水时的产能效果。结果表明，恒电位（0.8V）聚合 10min 时，PPy10-PVDF/碳纤维膜的催化活性最高，PPy 的最佳沉积密度为 0.75mg/cm$^2$。抗污染通量测试结果表明，在 0.4V/cm 的微电场下，PPy10-PVDF/碳纤维膜的稳定通量［317L/(m$^2$·h)］比无电场时［212L/(m$^2$·h)］提高了约 49.5%，说明 MFC-电催化膜反应器中的微电场可以有效减缓膜污染。在 MFC-电催化膜处理污水的过程中，反应器对 COD 的去除率高达 96% 以上；反应器产能最大功率密度为 166mW/m$^3$，与空白 PVDF/碳纤维膜（产能密度为 99mW/m$^3$）相比提高了约 67%。

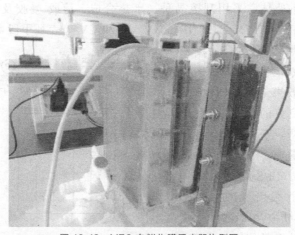

图 10-48   MFC-电催化膜反应器构型图

PPy10-PVDF/碳纤维膜在 MFC-电催化膜反应器中表现出较高的污染物去除率、能源回收效率及对膜污染的有效控制。

张新奇等为了提高电催化膜的电催化性能，通过电化学-水热法制备了以聚四氟乙烯（PTFE）微孔膜为支撑，Bi 掺杂 $SnO_2$ 修饰的碳纳米管（CNT）电催化膜（PTFE/Bi-$SnO_2$-CNT），分别进行了膜的电化学性能分析、形态结构表征及水中双酚 A（BPA）降解性能实验。实验装置如图 10-49 所示。

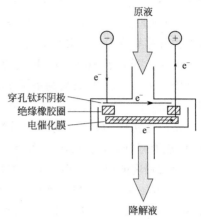

图 10-49　连续式降解装置示意图

结果表明，PTFE/Bi-$SnO_2$-CNT 为多孔导电网络结构，Bi-$SnO_2$ 颗粒均匀负载在碳纳米管表面，粒径为 3.8nm，当铋锡摩尔比为 1:15、电沉积电压为 2.5V 时，制备的 PTFE/Bi-$SnO_2$-CNT 析氧电势为 1.75V，在 3V 直流电压下，连续运行 12h，PTFE/Bi-$SnO_2$-CNT 对浓度为 30mg/L 的 BPA 降解率可达 76.3%。这一结果说明 PTFE/Bi-$SnO_2$-CNT 具有良好的电化学性能、BPA 吸附和降解性能，可成为电催化降解水中有机物的新型膜材料。

李乐等以多孔钛膜为基膜，醋酸锰为锰源，采用溶胶-凝胶法制备出负载纳米氧化锰的钛基电催化膜（nano-$MnO_x$/Ti 膜）。运用 X 射线衍射（XRD）、X 射线光电子能谱（XPS）、场发射扫描电子显微镜（FESEM）、循环伏安法（CV）、交流阻抗法（EIS）和计时电流法（CA）等测试手段，对 $MnO_x$/Ti 膜电极的微观形貌、晶型、电化学性能等进行表征。结果表明，所得催化剂是由直径为 50nm 的 $\gamma$-$MnO_2$ 和 $Mn_2O_3$ 纳米棒所组成，且均匀分布于 Ti 膜上，负载催化剂后钛膜电极电化学性能和催化性能明显提高，催化剂与基体之间键合的形成提高其稳定性。以棒状 nano-$MnO_x$/Ti 膜电极为阳极构建电催化膜反应器（ECMR）处理含酚废水，当苯酚溶液浓度为 10mmol/L、电流密度为 0.25mA/$cm^2$、停留时间为 15min 时，COD 去除率可达 95.1%。

郑玉梅等采用浸渍涂覆法制备出多孔 Ti 负载纳米 $Co_3O_4$ 电催化膜电极（$Co_3O_4$/Ti），以该膜电极为阳极，辅助电极为阴极，构建电催化膜反应器（electrocatalytic membrane reactor，ECMR），用于可控催化氧化苯甲醇制备苯甲醛和苯甲酸，并考察了 $Co_3O_4$/Ti 膜电极结构、电化学性能以及 ECMR 不同操作参数对苯甲醇转化率、苯甲醛和苯甲酸选择性的影响。结果表明，负载 $Co_3O_4$ 纳米颗粒可以显著提高 Ti 膜电极的电化学性能和催化活性。在常温常压下，当反应物苯甲醇浓度为 10mmol/L，pH 值为 7.0，停留时间为 5.0min，电流密度 2.5mA/$cm^2$ 时，苯甲醇的转化率达到 49.8%，苯甲醛选择性为 51.5%，苯甲酸选择性为 23.6%。

刘志猛首先开展了 $TiO_2$/炭膜的制备及性能研究。以炭膜为基膜，钛酸丁酯为钛源，采用溶胶-凝胶法成功地制备出 $TiO_2$/炭膜。$TiO_2$/炭膜对四环素有一定的吸附特性，并且流速对四环素的穿透吸附量有一定影响。流速越小，四环素与 $TiO_2$/炭膜接触越充分，越有利于四环素分子在 $TiO_2$/炭膜孔道内扩散，吸附容量越大。当流速分别为 0.5mL/min、1.0mL/min 和 1.5mL/min 时，原始炭膜的穿透吸附量分别为 1.814mg/g、1.779mg/g 和 1.639mg/g，$TiO_2$/炭膜的穿透吸附量分别为 2.425mg/g、2.312mg/g 和 2.144mg/g，分别增加了 33.7%、30.0% 和 30.8%。$TiO_2$/炭膜和原始炭膜对四环素的吸附过程均符合

Thomas 模型，并且模拟穿透吸附量和实验值相吻合。在电场作用下，由于 $TiO_2$/炭膜良好的电催化活性，对四环素的降解能力显著提高。在相同条件下，原始炭膜对四环素的去除率为 80.5%，而 $TiO_2$/炭膜的去除率则高达 93.8%。电压、流速、温度和初始浓度影响 $TiO_2$/炭膜降解四环素效果。初始浓度越低、流速越小对四环素的去除率越高，电压对四环素的去除率则先升高后降低，温度对四环素的去除率影响较小。

其次，开展了 Sb-$SnO_2$/炭膜的制备及性能研究。以氯化亚锡、三氯化锑为原料，炭膜为基膜，采用溶胶-凝胶法制备了 Sb 掺杂 $SnO_2$ 的 Sb-$SnO_2$/炭膜。最佳制备条件为溶胶浓度 0.3mol/L、涂覆次数 3 次、锑锡比 1：10、煅烧温度 600℃。Sb-$SnO_2$ 粒径尺寸约为 7.1nm，通过 C—O—Sn 的化学键牢固结合在炭膜表面，并且分布非常均匀。炭膜经 Sb-$SnO_2$ 表面修饰后，其孔隙率降低，比表面积增加，并且析氧电势、电催化活性和稳定性均得到很大程度的提高。Sb-$SnO_2$/炭膜对四环素有一定的吸附效果，穿透吸附容量为 2.4mg/g，大于原始炭膜。在电场作用下，Sb-$SnO_2$/炭膜对四环素的去除率明显高于原始炭膜，6h 后 Sb-$SnO_2$/炭膜对四环素的去除率高达 96.5%，而原始炭膜对四环素的去除率只有 72.8%。四环素经 Sb-$SnO_2$/炭膜降解后，对金黄色葡萄球菌和大肠杆菌基本没有杀菌效果，表明四环素降解产物符合生物安全性。

再次，开展了对炭基电催化膜降解四环素操作条件的优化。开展了以电压、流速、温度和浓度为操作条件，以四环素溶液 TOC 的去除率和能耗为考察指标的单因素实验。实验表明，TOC 去除率随电压的升高先升高后下降，随着流速和浓度的升高而下降；能耗随电压升高而升高，随着流速和浓度的升高而下降；温度对 TOC 去除率和能耗的影响不显著。在单因素的基础上，为优化实验操作条件，基于响应面法采用 Box-Behnken 组合设计，建立了以电压、流速、温度和浓度为实验因素，以 Sb-$SnO_2$/炭膜对四环素溶液 TOC 去除率和能耗为响应值的多因素回归预测模型。方差分析表明，TOC 回归模型和能耗回归模型的决定系数 $R^2$ 分别为 0.9885 和 0.9919，模型的拟合度较高，具有很好的拟合准确度。该模型揭示了多因素之间的交互作用并得出了达到最佳 TOC 去除率和最小能耗时所需的条件。在本研究实验条件下，Sb-$SnO_2$/炭膜处理四环素水溶液的最佳参数为：电压 3.07V、流速 1.5mL/min、反应温度 35℃以及初始浓度 30mg/L。此条件下，TOC 去除率为 84.5%，能耗为 33.50kW·h/kg，与模型预测值 TOC 去除率 84.3% 和能耗 33.58kW·h/kg 相吻合。

最后，开展了炭基电催化膜降解四环素的机理研究。计时电流法分析表明，炭基电催化膜的连续操作模式明显提高了有机物和电极之间传质的效率，其连续模式降解四环素的一级反应动力学常数为 1.61$min^{-1}$，而间歇模式的一级反应动力学常数为 0.003$min^{-1}$，进一步证明了连续模式可强化传质，提高降解效率。炭基电催化膜对四环素的降解是吸附和电化学降解共同作用的结果，外加泵提高了炭基电催化膜对四环素的吸附速度，并在电场作用下，通过电化学直接氧化和间接氧化降解四环素。在间接氧化过程中，·OH 是主要活性自由基，起主要氧化降解作用，·$O_2^-$ 作用较小，而 $H_2O_2$ 对四环素降解几乎不起作用。电催化膜对四环素的降解过程主要是在电化学氧化下发生了脱功能基团反应和开环反应，逐渐降解成了小分子中间产物，并最终降解成 $CO_2$ 和 $H_2O$。

李益华首先制备出聚偏氟乙烯（PVDF）/碳纤维膜，随后通过在铸膜液中添加纳米颗粒、对 PVDF/碳纤维膜进行催化改性和对 MBR/MFC 耦合体系结构改进等方法以提升 PVDF/碳纤维复合膜的通量、催化性能及其耦合 MBR/MFC 体系的产能和污染物降解性能。具体研究内容包括：

①　将碳纤维布在高锰酸钾和硝酸铁的饱和溶液中浸泡，随后经高温隔氧灼烧，在碳纤维布表面生成了纳米氧化铁和二氧化锰颗粒。以此作为基底，采用 PVDF 铸膜液刮膜制备 PVDF/碳纤维复合膜。在 PVDF/碳纤维膜耦合的 MBR/MFC 体系对污水的处理过程中，PVDF/碳纤维膜可稳定运行长达 30 天；微电场作用下，该膜的运行通量与无电场相比提升约 60%；膜的纯水通量为 164L/($m^2$ · h)，10kPa；耦合体系产能最大功率密度为 1358mW/$m^3$。

②　为提升 PVDF/碳纤维膜的通量，利用在 PVDF 铸膜液中添加纳米颗粒催化剂的方法，制备高通量的 PVDF/碳纤维膜。首先制备出高活性催化剂 Pd-Rgo-$CoFe_2O_4$；其次在 PVDF 铸膜液中添加碳纳米纤维和 Pd-Rgo-$CoFe_2O_4$ 复合催化剂，并在碳纤维布表面刮膜，制备出高通量的 PVDF/碳纤维膜。结果测得，高通量 PVDF/碳纤维膜的纯水通量为 5563L/($m^2$ · h)，10kPa。在添加纳米颗粒后，复合膜的孔隙率为 94.15%，较改性前提升了约 3 倍。将 PVDF 的涂覆厚度从 700μm 降至 300μm，PVDF 层的电导率从 $3.1×10^{-6}$ S/cm 增长至 $3.3×10^{-3}$ S/cm，提升了约 1000 倍；耦合体系的产能最大功率密度从 506mW/$m^3$ 提升至 683mW/$m^3$，提升了约 34%。

③　为提升 MBR/MFC 耦合体系对抗生素的去除效果，制备 $CoFe_2O_4$-rGO 型光催化阴极膜，在生物电化学反应降解盐酸四环素抗生素的过程中，辅以光催化作用，以期提升 MBR/MFC 耦合体系对盐酸四环素的去除效率。实验制备了 $MFe_2O_4$ 四种双金属氧化物光催化剂（M=Fe、Co、Ni、Zn），选取其中氧还原活性最高的催化剂 $CoFe_2O_4$ 与 rGO 复合制备 $CoFe_2O_4$-rGO 催化剂。将该催化剂与碳纳米纤维一起加入 PVDF 铸膜液中，以碳纤维布作为基底制备出 $CoFe_2O_4$-rGO 型光催化 PVDF/碳纤维阴极膜。在 MBR/MFC 耦合体系处理污水的过程中，对阴极室进行可见光照射，$CoFe_2O_4$-rGO 光催化膜在体系中的产能最大功率密度提升约 8%，$CoFe_2O_4$-rGO 光催化膜对盐酸四环素的去除率均达到 95%。结果表明，阴极可见光催化作用提升了催化剂的活性，促进了生物电化学反应的进行，从而提升了 MBR/MFC 耦合体系的产能及其阴极室对盐酸四环素抗生素的去除效率。

④　为提升 MBR/MFC 耦合体系在污水处理过程中的产能，构建低能耗 MBR/MFC 耦合体系。实验设计并实现了利用重力压差过滤出水，并且外界空气通过扩散到达阴极，去除了曝气能耗和膜过滤能耗，系统的运行能耗全部来自进水压差。在阴极室添加活性炭颗粒动态填充层，不仅能提高 MBR/MFC 耦合体系的产能，而且还可阻挡部分悬浮物质到达膜表面，减缓膜污染。在污水的处理过程中，体系产能最大功率密度达到 506W/$m^3$，库仑效率约 10.89%。在阴极活性炭颗粒（GAC）上负载 FeOOH 和 $TiO_2$ 纳米颗粒（FeOOH/$TiO_2$/GAC），出水中检测出少量双氧水，双氧水遇到 $Fe^{2+}$ 分解为 ·OH，MBR/MFC 耦合体系的阴极室对盐酸四环素抗生素的去除率高达 9% 以上，并保持长期稳定。

于婷婷制备了低成本且催化性能较好的光电催化剂，在传统的光催化技术、微生物燃料电池与膜生物反应器的基础上，构建自偏压式光电催化燃料电池系统与催化膜生物燃料电池系统，在室内光照条件下实现低能耗、高效率地降解各类污染物，研究内容如下：通过溶胶-凝胶、浸渍涂覆方法制得 $TiO_2$/g-$C_3N_4$ 二元复合异质结光电催化阳极，碳纤维布负载铂纳米粒子阴极，构建自偏压式光电催化燃料电池。室内自然光激发光电催化剂产生电子与空穴，且电子在 g-$C_3N_4$ 与 $TiO_2$ 异质结间内建电场的驱动下发生转移，并活化氧气产生活性氧，用于罗丹明 B（RhB）的氧化降解，同时电子传递亦促进电子与空穴分离。研究发现该系统在室内自然光照（68Lx）、低温条件下阳极室内仍可高效降解 RhB（97.5%，1h）并产电（0.6V，1000Ω），单位时间、单位催化剂 $TiO_2/g-C_3N_4$ 去除 114mg/(g·h) RhB，远高于传统光电催化燃料电池无额外光照时的电压与污染物去除率，总能耗仅为 0.0085kW·h/L。为了低能耗且高效地同时降解不同种类污染物，应用 $TiO_2/g-C_3N_4$ 与 $WO_3/W$ 分别作为阳极与阴极，构建自偏压式光电催化燃料电池系统。相比于传统方法，该系统在无外加光照与外加偏压条件下，阳极室内电子活化氧气产生自由基，用于氧化降解污染物，如 4h 降解 RhB（约75%）、三氯生（TCS，约92%）或黄连素（BBR，60%），阳极电子传递至阴极还原硝态氮（$NO_3^--N$，约80%），单位时间、单位催化剂 $TiO_2/g-C_3N_4$ 分别去除 33mg/(g·h) RhB 与 5600mg/(g·h) $NO_3^--N$，200mg/(g·h) TCS 与 5600mg/(g·h) $NO_3^--N$，131mg/(g·h) BBR 与 5600mg/(g·h) $NO_3^--N$，污染物去除能耗均为 0.0228kW·h/L。在室内微弱自然光照条件下，为了进一步促进光电催化剂电子自发产生与转移，在二元异质结光电催化剂基础上，制备 p、n 型半导体与导电基质复合的三元异质结光电催化剂 rGO/$ZnIn_2S_4/g-C_3N_4$。在可见光照条件下，对比自偏压光电催化燃料电池系统对 TCS 的降解率，30min 时三元异质结光电催化电极（83%）优于二元（52.3%）与一元（$ZnIn_2S_4$，35%；$g-C_3N_4$，18%），单位时间、单位催化剂 rGO/$ZnIn_2S_4/g-C_3N_4$，能耗仅为 0.0120kW·h/L。室内自然光条件下，该三元复合光电催化剂中 $ZnIn_2S_4$ 与 $g-C_3N_4$ 界面间形成 p-n 异质结，异质结间电子自发转移，rGO 作为电子传递载体加速电子传递，有利于电子与空穴分离。

# 10.3　微波辅助陶瓷膜技术

新型污染物，如内分泌干扰物（EDCs）、药物和个人护理产品（PPCPs）具有毒性和耐火性，通过常规的水处理工艺去除可能具有挑战性。陶瓷膜过滤技术是一种有效且广泛使用的化学分离和水净化技术。然而，陶瓷膜技术仍存在一定的缺陷，如投资成本高、膜污染和溶解性有机物的去除不充分，特别是对于新型污染物的处理而言。目前，已经开发出一系列能够进行高级氧化过程（AOPs）的功能化反应膜，以去除新型污染物。然而，实现陶瓷膜过滤与各种高级氧化技术的组合仍然存在挑战。例如，工业废水陶瓷膜过滤过程中配置 UV 照射，面临由不透明性导致的有限的光穿透问题。废水和催化剂上的活性点位经常被污染物或中间体的吸附阻断。亟需一种能够穿透膜壳，有效渗透并激发膜表面催化剂的替代辐射源。

微波辐射（MW）提供了一种高效、绿色和非接触的加热方法，它被广泛用于各种科学和工业应用中。具体而言，微波辐射的吸收选择性加热在多相催化中具有广泛的应用。设计微波辐射的混合工艺，如微波-氧化剂、微波-Fenton、微波-光/电/超声工艺，已显示出增强传热和提高反应效率的前景。此外，MW 辐射的非热效应（电、磁和化学效应）可以提高固体催化效率，促进·OH 自由基的产生和加速传质。最近报道微波辐射诱导疏水表面上的纳米气泡（NBs）的产生，例如高度取向的热解石墨（HOPG）。纳米气泡具有一些关键性质，因为它们具有大的比表面积。例如，纳米气泡的坍塌可能导致温度和压力的局部增加，这会通过相邻水分子的热解产生自由基。因此，纳米气泡已被证明可用于水处理、消毒、水污染物降解和表面清洁。已有研究证实，纳米气泡可以有效地清洁污垢表面并防止进一步污染。它们可以施加机械屏障或表面掩膜，以防止污染物吸附在表面上。然而，这些研究中的大多数使用水的电解来实现溶解气体的过饱和并产生表面纳米气泡。他们都没有研究过微波照射下多孔膜上纳米气泡的形成。

保持高通量（渗透性）和多样化的污染物排斥（选择性）是膜过滤过程的两个关键基准。张文等报告了一种微波辅助陶瓷膜过滤工艺，该工艺使用微波辐照和催化剂涂覆的陶瓷膜，以实现有效去除污染物（即1,4-二噁烷）和显著减少污垢。MW辐射被催化剂和过氧化氢选择性地吸收，在膜表面上产生"热点"，促进自由基和纳米气泡的产生。这些活性物质增强了污染物降解并进一步防止了膜污染。与超声波和紫外线辐射相比，微波可以有效地穿透膜外壳材料并选择性地将能量消散到膜浸渍的催化剂纳米颗粒中。我们对MW辅助膜过滤工艺的研究可能为下一代防污和高效分离技术开辟新的途径。

# 10.4　化学辅助陶瓷膜技术

陶瓷膜基于筛分原理仅具有单一的分离功能，对尺寸小于膜孔径的物质基本没有截留作用，且膜污染等问题会导致陶瓷膜分离效率的降低、运行成本的增加。为了缓解陶瓷膜分离过程中存在的问题，提出了臭氧预氧化后续膜分离的联用方法和原位臭氧氧化膜分离方法。

## 10.4.1　预臭氧氧化法

该方法利用臭氧氧化作用，预臭氧氧化能改变水中有机物的性质和污染物分子的形态，不仅可以增加有机物的去除效率，还可以缓解膜污染问题。

在饮用水处理方面，臭氧预氧化与陶瓷膜分离的联用主要用于杀毒除菌，去除痕量毒性有机污染物。范小江等采用臭氧预氧化后续陶瓷膜分离的方法对饮用水处理进行了中试研究。较单独膜分离相比，出水溶解性有机物的去除率由53%提高到73%，三氯甲烷等消毒副产物前驱体的去除率由52%提高到77%，大肠杆菌、贾第虫和隐孢子虫的数量均为零。该结果表明臭氧的使用能够提高有机污染物的去除率，降低出水消毒副产物的含量，有效改善饮用水水质。Stanford等对水源水进行了臭氧预氧化后续反渗透过滤的实验，研究了臭氧预氧化对反渗透膜污染的影响，结果表明即使臭氧投加量在较低的浓度下，臭氧预氧化在没有影响渗透膜对盐截留率的同时，可以有效地缓解膜污染。郭建宁等采用臭氧预氧化与陶瓷膜超滤联用的方法对饮用水进行了处理，研究了臭氧投加量对不同浊度饮用水处理效果的影响，结果表明臭氧氧化作用促使有机污染物结构改变是膜污染减缓的主要原因。相较于无臭氧投加，臭氧投加量为3mg/L时，对于处理浊度为14NTU、52NTU、108NTU和510NTU的原水，陶瓷膜的通量分别增加了104%、65%、52%和21%。郭建宁等还研究了臭氧预氧化对不同孔径陶瓷膜处理微污染水源水的影响，结果表明与单独陶瓷膜过滤相比，臭氧投加量为15mg/L时，膜孔径为200nm、100nm和10nm的陶瓷膜通量分别提高了34.2%、29.2%和7.2%，并发现臭氧有利于水中$UV_{254}$的去除。Hyung等将臭氧预氧化与超滤相联用对饮用水进行了处理，考察了臭氧预氧化对膜通量和出水水质的影响，结果表明臭氧对膜通量的影响与原水水质和臭氧投加量相关；根据串联阻力模型的分析发现臭氧预氧化可以减少滤饼层的形成；与单独超滤相比，联用系统虽然对TOC的去除没有明显提高，但是对$UV_{254}$、三氯甲烷前驱体的去除有显著提高。

在污水处理方面，臭氧预氧化与陶瓷膜分离的联用主要用于对生化污水的深度处理。马宁等开展了活性碳纤维催化臭氧预氧化与纳滤相联用对污水深度处理的研究,结果表明:活性碳纤维显著提高了臭氧氧化的反应效率,该联用方法对污水 $UV_{254}$ 和 TOC 的去除率分别为 98.7% 和 89.5%,均比单独催化臭氧氧化和单独超滤的效果要好;系统运行 5h 后,单独纳滤的膜通量下降 23.8%,而联用方法的膜通量仅下降 14.6%,体现了催化臭氧氧化减缓膜污染的优势。Lu 等采用臭氧预氧化联用陶瓷膜微滤的技术深度处理市政污水,结果表明随着臭氧投加量的增加,污水 COD 和色度的去除效果均显著提高,在臭氧加量为 1mg/L 时,污水的浊度、色度和 COD 的去除率分别为 70%、60% 和 45%。Lehman 等将臭氧预氧化和陶瓷膜分离联用对污水二级生化出水进行了中试规模的深度处理,结果表明通过臭氧对二级出水的预氧化处理,陶瓷膜膜通量可以长期稳定在较高的水平,高效空间排阻色谱法分析发现,臭氧对污水中天然有机物胶体的降解是膜污染减缓的主要原因。Zhu 等研究了二级生化出水所含污染物对膜污染的影响,研究发现污染物中的亲水性物质是导致膜污染的主要物质;考察了臭氧预氧化对膜通量的影响,结果表明虽然臭氧氧化过程中产生了亲水性物质如羧酸、石炭酸等,但是造成膜污染的大部分溶解性有机污染物在臭氧氧化过程中被降解甚至矿化,膜污染得到有效的缓解。

## 10.4.2　原位臭氧氧化法

在原位臭氧氧化过程中,臭氧曝气直接在膜池中进行,臭氧能够氧化膜表面的污染物,并随水流进入膜孔隙通道内,氧化膜孔内部的污染物。因此,相比臭氧氧化或预臭氧氧化,原位臭氧工艺被认为能够更有效地控制膜污染。一些研究表明,原位臭氧能提高对常规有机物、微量有机物和病原微生物的去除效果,并显著增强对膜污染的控制效果。

Schlichter 等采用原位臭氧/陶瓷膜过滤搭载粉末活性炭吸附工艺,处理饮用水源水,结果表明臭氧能极大地减缓膜污染,使得陶瓷膜维持在几乎与纯水通量相当的膜通量水平,不再需要反冲洗,膜出水中总有机碳(Total Organic Carbon,TOC)、COD、可吸附有机卤化物、$UV_{254}$ 浓度和病原微生物数量等均在检测限以下。Szymanska 等采用原位臭氧/氧化铝平板陶瓷膜工艺(膜孔径 0.2μm)过滤以腐殖酸和高岭土配制的原水,结果发现膜污染得到了有效控制。Park 等的研究认为,陶瓷膜能够催化臭氧氧化,分解天然有机物分子,减轻不可逆有机物膜污染。Fujioka 等利用臭氧直接对污染后的陶瓷膜进行反冲洗,结果表明,膜污染得到有效清除,膜通量恢复较好。一些研究表明,原位臭氧能减缓膜滤饼层的污染,使得原先经过滤饼层而被截留的部分有机物能够通过膜过滤截留去除。此外,溶液 pH 条件、电解质和颗粒物等会影响陶瓷膜催化臭氧降解有机物的过程。Zucker 等在研究陶瓷膜催化臭氧氧化痕量有机污染物的过程中,加入粒径 $<50μm$ 的颗粒物,结果表明,颗粒物能与有机物竞争消耗臭氧及羟基自由基,影响臭氧氧化有机物的效率,降低催化臭氧氧化效果。

在原位臭氧控制膜污染的机理方面,Wei 等的研究表明,在臭氧投加量为 1mg/L 时,膜污染减小了 75.8%,原因是原位臭氧氧化能够使膜表面的滤饼层变得更薄和疏松,减少凝胶层阻力。Tang 等研究表明,在臭氧投加量为 5mg/L 时,陶瓷膜跨膜压差增量比对照组降低了 55.6%,主要原因是臭氧将吸附在膜上的有机物进一步氧化,相应地降低了滤饼层膜阻力和凝胶层膜阻力。Guo 等的研究表明,在臭氧投加量为 2~2.5mg/L 时,膜污染得到明显改善,并认为有机物经臭氧氧化后亲水性提高,是膜污染缓解的重要原因。

Zhu 等比较了 α 型-氧化铝陶瓷膜和二氧化钛陶瓷膜对原位臭氧氧化效果的影响,结果表明，在臭氧投加量为 8mg/L 条件下，二氧化钛陶瓷膜能去除 43％的 TOC，高于 α 型-氧化铝陶瓷膜的结果，其原因可能是二氧化钛陶瓷膜表面催化臭氧分解生成了更多的羟基自由基或其他自由基，提高了对有机物的氧化作用。Zhu 等研究了表面涂加钛-锰的二氧化钛陶瓷膜，在臭氧投加量为 2.5mg/L 时，原位臭氧氧化对膜污染和有机物浓度的控制效果最优，其原因可能也是陶瓷膜的催化氧化过程，但是，这些研究并没有实验结果的直接佐证。

Wang 等采用 EPR 和叔丁醇实验方法，检测和验证了陶瓷膜能够催化臭氧生成羟基自由基，在溶解态臭氧浓度为 1.5mg/L 时，原位臭氧氧化能使对氯硝基苯的去除率提高 50％。Alpatova 等利用碳酸根离子捕捉水溶液中的羟基自由基，降低了原位臭氧氧化对膜污染的控制效果。Karnik 等利用水杨酸作为分子探针，比较了水溶液 pH>7 和 pH<3 条件下羟基自由基的浓度水平，比较了掺杂氧化铁材料对陶瓷膜催化臭氧生成羟基自由基的影响，结果表明，掺杂氧化铁能够在一定程度上提高陶瓷膜催化性能。

因此，对陶瓷膜进行表面修饰以提高其催化性能是一个重要的研究方向。Qi 等在氧化锆陶瓷膜表面修饰一层纳米级的氧化锰-四氧化三钴（粒径 7.55nm）颗粒，使得对苯甲酮的催化臭氧氧化效果得到显著提升。Zhu 等在氧化钛表面添加一层纳米级钛-锰金属氧化物颗粒（孔径 10nm），同样提高了膜催化臭氧氧化有机物的效果，减缓了膜污染。Byun 等比较了氧化钛、氧化亚铁和氧化亚锰修饰的陶瓷膜，结果显示，修饰后的陶瓷膜较未修饰的陶瓷膜在对污染物降解效果和膜污染减缓作用方面均有较大幅度改善；相对而言，以氧化亚锰修饰后陶瓷膜的催化氧化作用最强，膜出水通量恢复得最快，对三卤甲烷、卤乙酸的降解作用较优。Park 等的研究表明，经纳米氧化铁修饰的 γ-氧化铝陶瓷膜能提高原位臭氧氧化降解天然有机物的效果。

原位臭氧/陶瓷膜工艺中，臭氧投加主要采用曝气方式，气泡越小，臭氧在水中的溶解效率越高；室温越高，臭氧的溶解效率越低；气态臭氧浓度越高，其在水中的溶解效率越高。针对臭氧溶解效率问题，有些研究者开发了膜接触臭氧投加方式，这有助于提高臭氧在溶解过程中的传质效率。

在适宜的臭氧投加量条件下，原位臭氧能够降解污染物并减缓膜污染，但是，如果臭氧投加量过高或过低，则可能反而加剧膜污染。Jansen 等研究表明，臭氧/$H_2O_2$ 组合能够有效减缓陶瓷膜污染。Oh 等试验 MS2-噬菌体对膜污染的影响，臭氧投加量为 2mg/L、4mg/L 和 10mg/L 时，膜污染加剧，进一步增加臭氧投加量至 20mg/L，膜污染显著减缓。Quan 等研究了臭氧/陶瓷膜工艺对印染废水处理，结果表明，在臭氧投加量为 2.5mg/L 时，膜污染得到减缓。

## 10.5　陶瓷膜发展未来展望

近年来，由于陶瓷纳滤膜可截留多价离子或小分子量物质且具有独特的材料性能，可应用于食品、医药、过程工业及水处理领域，尤其在高温、酸碱、有机溶剂等有机膜无法承受的苛刻环境下具有很好的竞争力。目前，国外在陶瓷纳滤膜方面的研究较多，膜材料种类丰富且性能优异，并已有部分公司具有生产陶瓷纳滤膜的技术及实力，如德国 Inopor 公司能够生产陶瓷纳滤膜，但陶瓷纳滤膜产品规格型号不多。我国目前陶瓷超滤膜、微滤膜等品种已达到国际先进水平，生产规模居于国际前列，但在陶瓷纳滤膜方面尚需加强，久吾公司已开发出采用模板法进行小孔径陶瓷超滤膜微结构精密控制的方法，完成了孔径为 3～10nm 的小孔径陶瓷超滤膜材料的中试生产，并进行了运行性能的评价。因此陶瓷膜材料的发展趋势主要集中在制备低成本高性能的微滤超滤膜和孔径小于 10nm 在苛刻环境体系中性能稳定的纳滤膜两个方面。

值得注意的是，陶瓷膜的价格在过去十几年间几乎呈直线下降趋势，并且随着陶瓷膜制备工艺的不断成熟与完善，其制备成本也会持续降低，这无疑会大力推动陶瓷膜技术在饮用水处理领域的发展。基于现有陶瓷膜技术的特点，陶瓷膜饮用水处理技术还存在巨大的研究空间，今后还应在以下几方面进行更加深入的研究和探讨：

① 优化陶瓷膜制备技术。目前，制备成本较高仍是限制陶瓷膜推广应用的重要因素之一，因此，进一步优化陶瓷膜的制备工艺、降低陶瓷膜制备成本对于陶瓷膜饮用水处理技术的发展具有重要意义。另外，在压力驱动膜中，普遍应用的陶瓷膜以 MF 和 UF 为主，而有机膜的孔径范围则覆盖了 NF 和 RO，因此，制备截留精度更高的精细陶瓷膜、提升陶瓷膜过滤精度也有待于进一步研究。同时，进一步开发新型纳米材料用作陶瓷膜改性研究。

② 强化陶瓷膜污染和膜前预处理机制研究。膜污染研究仍以有机膜为主，关于陶瓷膜污染的研究还相对较少，且膜污染机理研究仍主要停留在利用污染模型进行定性描述，目前的研究成果还不能将膜污染模型和污染物受力情况进行有机结合，更不能进行定量分析，因此，强化陶瓷膜污染和膜前预处理缓解陶瓷膜污染的机制研究对推动以陶瓷膜为核心的净水新工艺意义重大。

③ 以陶瓷膜为核心的组合工艺优化。针对水质的变化与波动，进行膜前预处理、陶瓷膜处理和出水水质稳定安全保障等关键技术的系统集成，形成以陶瓷膜为核心的组合工艺与技术体系，在强化现有预处理技术的同时，开发新的预处理技术，同时进行组合工艺运行参数优化，保障体系的高效、稳定运行。

无机陶瓷膜分离技术以其绿色、高效分离的特点，在苛刻的工业体系过程中应用越来越广泛，在产业结构调整、传统产业改造、节能减排中发挥重要作用。国家出台了系列政策对高性能膜材料等新兴产业给予重点支持，为膜行业带来了巨大发展机遇，这将推动我国陶瓷膜、PVDF 中空纤维膜、反渗透膜、纳滤膜等快速发展，显著提升这些重要膜品种在国内外市场的占有率。

随着面向应用过程的陶瓷膜设计与制备的理论体系的进一步完善，陶瓷膜的应用技术将得到进一步提高，在生物医药、食品与保健、化工与石油化工、环保等诸多领域的应用量显著提升。

无机陶瓷膜处理的各种废水涉及社会的许多行业，市场容量巨大，估计其规模在亿元以上，经济效益、社会效益均比较明显。目前对无机膜过程及膜催化反应的研究较多，无机生物膜反应器的研究工作也开始起步，其良好的发展前景使之成为各国研究的热点。尽管陶瓷膜的研究与应用已经取得了很大的进展，但仍然存在许多制约其广泛应用的问题值得深入地研究和探讨，主要是如何降低陶瓷膜的生产成本，如何提高膜的分离效果及长时间维持膜通量的稳定性，如何扩展无机陶瓷膜的应用范围和应用深度。这些都应是今后陶瓷膜的制备和应用方面应重点突破的方向。

# 参 考 文 献

[1] Enrico D，Leonardo P. Photocatalytic membrane reactors for degradation of organic pollutants in water [J]. Water Research，2011，67 (12)：273-279.

[2] 陈彬. N 掺杂 $TiO_2$ 陶瓷膜的制备及光催化处理含盐有机废水研巧 [D]. 扬州：扬州大学，2012：11-19.

[3] Kim S H，Hwak S Y，Sohn B H，et al. Design of $TiO_2$ nanparticles self-assembled aromatic polyamide thin-film composite (TFC) membrane as an approach to solve biofouling problem [J]. Journal of Membrane Science，2013，211 (1)：157-165

[4] Wang Z，Wei Y M，Xu Z L，Cao Y，Dong Z Q，Shi X L. Preparation，characterization and solvent resistance of $\gamma$-$Al_2O_3$/$\alpha$-$Al_2O_3$ inorganic hollow fiber nanofiltration membrane [J]. Journal of Membrane Science，2016，503：69-80.

[5] Kujawa J，Rozicka A，Cerneaux S，Kujawski W. The influence of surface modification on the physicochemical properties of ceramic membranes [J]. Colloids & Surfaces A Physicochemical & Engineering Aspects，2014，443 (4)：567-575.

[6] Lee K C，Beak H J，Choo K H. Membrane photoreactor treatment of 1,4-dioxane-containing textile wastewater effluent：Performance，modeling，and fouling control [J]. Water Research，2015，86：58-65.

[7] Moslehyani A，Mobaraki M，Isloor A M，Ismail A F，Othman M H D. Photoreactor-ultrafiltration hybrid system for oily bilge water photooxidation and separation from oil tanker [J]. Reactive and Functional Polymers，2016，101：28-38.

[8] Szymański K，Morawski A W，Mozia S. Humic acids removal in a photocatalytic membrane reactor with a ceramic UF membrane [J]. Chem Eng J，2016，102：218-225.

[9] Molinari R，Lavorato C，Argurio P. Photocatalytic reduction of acetophenone in membrane reactors under UV and visible light using $TiO_2$ and Pd/$TiO_2$ catalysts [J]. Chem Eng J，2015，274：307-316.

[10] Nikos L S，Despina R，Eleftheria K，et al. Disinfection of spring water and secondary treated municipal wastewater by $TiO_2$ photo catalysis [J]. Desalination，2010，250：351-355.

[11] 高生旺，郭昌胜，吕佳佩，等. 磁性 $BiOI$/$Fe_3O_4$ 的合成及光催化降解水中的双酚 S [J]. 环境工程学报，2016，10 (11)：6349-6456.

[12] Porcelli N，Judd S. Chemical cleaning of potable water membranes：A review [J]. Sep Purif Technol，2010，71 (2)：137-143

[13] Wu Z C，Wang Q Y，Wang Z W，et al. Membrane fouling properties under different filtration modes in a submerged membrane bioreactor [J]. Process Biochem，2010，45 (10)：1699-1706.

[14] 白红伟，邵嘉慧，张西旺，等. $TiO_2$ 光催化对微滤去除腐殖酸的膜污染控制研究 [J]. 环境工程学报，2010，4 (1)：128-132.

[15] Ma N，Zhang Y B，Quan X，et al. Performing a micro filtration integrated with photocatalysis using an Ag-$TiO_2$/HAP/$Al_2O_3$ composite membrane for water treatment：Evaluating effectiveness for humic acid removal and anti-fouling properties [J]. Water Res，2010，44 (20)：6104-6144.

[16] 肖羽堂，许双双，李志花，等. $TiO_2$ 光催化-膜分离耦合技术在水处理中的应用研究进展 [J]. 科学通报，2010，55 (12)：1085-1093.

[17] 杨涛，谢瑶，乔波，李国朝，刘芬. 光催化陶瓷平板膜反应器临界通量运行膜分离性能 [J]. 膜科学与技术，2017，37 (5)：14-20.

[18] 杨涛，乔波，李国朝，刘芬，柏凌. 光催化对多通道陶瓷膜错流超滤去除腐植酸膜污染的影响 [J]. 化工进展，2017，36 (11)：4293-4300.

[19] 管玉江，陈彬，王子波，蒋胜韬，白书立. 陶瓷介孔膜耦合光催化处理黄连素废水 [J]. 水处理技术，2015，41 (3)：28-32.

[20] 李艳稳，杜宗良，张卫东，张涛，张燕刚. 炭/二氧化钛复合光催化膜的制备工艺研究 [J]. 北京联合大学学

报，2019，33（3）：62-66.

[21] 黄梁，周菊枚. TiO$_2$/氧化石墨烯光催化膜灭活船舶压载水中微绿球藻的有效性 [J]. 船舶工程，2019，41（6）：115-118.

[22] 丁樊. 金纳米粒子和 ZnO 形貌对掺杂 ZnO/TiO$_2$ 薄膜光催化性能的影响 [D]. 上海：华东理工大学，2019：21-29.

[23] 冷宛聪，李文森，黄燕霞，匡鑫，王崇太，华英杰. PW$_{11}$Cu/TiO$_2$/SiO$_2$ 复合膜的制备及可见光催化性能研究 [J]. 海南师范大学学报（自然科学版），2019，32（1）：18-25.

[24] 张志伟，徐斌，张毅敏，杨飞，孔明，朱月明，顾诗云，管祥洋. GO-TiO$_2$ 改性 PVDF 复合膜去除微污染水体中氨氮 [J]. 中国环境科学，2019，39（6）：2395-2401.

[25] Sun Shaobin，Yao H，Fu W，Hua L，Zhang G，Zhang W. Reactive Photo-Fenton ceramic membranes：Synthesis，characterization and antifouling performance [J]. Water Research，2018，144：690-698.

[26] Lian J F，Qiang Z M，Li M K，Qu J H. UV photolysis kinetics of sulfonamides in aqueous solution based on optimized fluence quantification [J]. Water research，2015，75：1-19.

[27] Ocampo-Pérez R，Sánchez-Polo M，Rivera-Utrilla J，Leyva-Ramos R. Degradation of antineoplastic cytarabine in aqueous phase by advanced oxidation processes based on ultraviolet radiation [J]. Chemical Engineering Journal，2010，165（2）：1-21.

[28] Prados-Joya G，Sánchez-Polo M，Rivera-Utrilla J，Ferro-García M. Photodegradation of the antibiotics nitroimidazoles in aqueous solution by ultraviolet radiation [J]. Water Research，2010，45（1）：56-67.

[29] Magureanu M，Mandache N B，Parvulescu V I. Degradation of pharmaceutical compounds in water by nonthermal plasma treatment [J]. Water Research，2015，81：32-44.

[30] Wan Z，Wang J L. Removal of sulfonamide antibiotics from wastewater by gamma irradiation in presence of iron ions [J]. Nuclear Science and Techniques，2016，27（5）：32-36.

[31] Iejandra A，Nebot C，Miranda J M，Vázquez B I. Detection and quantitative analysis of 21 veterinary drugs in river water using high-pressure liquid chromatography coupled to tandem mass spectrometry [J]. Environmental Science and Pollution Research，2012：57-66.

[32] Lindberg R，Jarnheimer P，Olsen B，Johansson M，Tysklind M. Determination of antibiotic substances in hospital sewage water using solid phase extraction and liquid chromatography/mass spectrometry and group analogue internal standards [J]. Chemosphere，2004，57（10）：132-141.

[33] Santos L H M L M，Gros M，Rodriguez-Mozaz S，Delerue-Matos C，Pena A，Barceló D，Montenegro M C B S M. Contribution of hospital effluents to the load of pharmaceuticals in urban wastewaters：Identification of ecologically relevant pharmaceuticals [J]. Science of the Total Environment，2013：461-462.

[34] Verlicchi P，Aukidy M A，Galletti A，Petrovic M，Barceló D. Hospital effluent：Investigation of the concentrations and distribution of pharmaceuticals and environmental risk assessment [J]. Science of the Total Environment，2012，430：226-231.

[35] Rossmann J，Schubert S，Gurke R，Oertel R，Kirch W. Simultaneous determination of most prescribed antibiotics in multiple urban wastewater by SPE-LC-MS/MS [J]. Journal of Chromatography B，2014，969：162-170.

[36] 姚彦红，林波. 抗生素制药废水的污染特点及处理研究进展 [J]. 江西化工，2008（4）：33-35.

[37] Li M，Wang C，Yau M，Bolton J R，Qiang Z. Sulfamethazine degradation in water by the VUV/UV process：Kinetics，mechanism and antibacterial activity determination based on a mini-fluidic VUV/UV photoreaction system [J]. Water Research，2017，108：132-142.

[38] Yang Y，Cao Y，Jiang J，Lu X，Ma J，Pang S，Li J，Liu Y，Zhou Y，Guan C. Comparative study on degradation of propranolol and formation of oxidation products by UV/H$_2$O$_2$ and UV/persulfate（PDS）[J]. Water Research，2018：32-43.

[39] Souza B M，Souza B S，Guimarães T M，Ribeiro T F S，Cerqueira A C，Sant'anna G L，Dezotti M. Removal of recalcitrant organic matter content in wastewater by means of AOPs aiming industrial water reuse [J].

Environmental Science and Pollution Research，2016，23（22）：22947-22956.

[40] Watkinson A J，Murby E J，Costanzo S D. Removal of antibiotics in conventional and advanced wastewater treatment：Implications for environmental discharge and wastewater recycling [J]. Water Research，2007，41 (18)：77-83.

[41] Anke G B. Trace determination of macrolide and sulfonamide antimicrobials，a human sulfonamide metabolite，and trimethoprim in wastewater using liquid chromatography coupled to electrospray tandem mass spectrometry [J]. Analytical chemistry，2004，16（76）：48-53.

[42] Senta I，Terzic S，Ahel M. Occurrence and fate of dissolved and particulate antimicrobials in municipal wastewater treatment [J]. Water Research，2013，47（2）：44-49.

[43] Batt A L，Kim S，Aga D S. Comparison of the occurrence of antibiotics in four full-scale wastewater treatment plants with varying designs and operations [J]. Chemosphere，2007，68（3）：29-37.

[44] Choi K，Kim Y，Park J，Park C K，Kim M，Kim H S，Kim P. Seasonal variations of several pharmaceutical residues in surface water and sewage treatment plants of Han River，Korea [J]. Science of The Total Environment，2008，405（1）：120-128.

[45] Minh T B，Leung H W，Loi I H，Chan W H，So M K，Mao J Q，Choi D，Lam J C W，Zheng G，Martin M，Lee J H W，Lam P K S，Richardson B J. Antibiotics in the Hong Kong metropolitan area：Ubiquitous distribution and fate in Victoria Harbour [J]. Marine Pollution Bulletin，2009，58（7）：88-93.

[46] Qian F，He M，Wu J，Yu H，Duan L. Insight into removal of dissolved organic matter in post pharmaceutical wastewater by coagulation-UV/$H_2O_2$ [J]. Journal of Environmental Sciences，2019，76（2）：329-338.

[47] Sun S，Yao H，Fu W，Hua L，Zhang G，Zhang W. Reactive Photo-Fenton ceramic membranes：Synthesis，characterization and antifouling performance [J]. Water Research，2018，144：690-698.

[48] Fu Wanyi，Zhang Wen. Microwave-enhanced membrane filtration for water treatment [J]. Journal of Membrane Science，2018，568：97-104.

[49] Yadav M S P，Neghi N，Kumar M，Varghese G K. Photocatalytic-oxidation and photo-persulfate-oxidation of sulfadiazine in a laboratory-scale reactor：Analysis of catalyst support，oxidant dosage，removal-rate and degradation pathway [J]. Journal of Environmental Management，2018，222：164-173.

[50] Ngouyap Mouamfon M V，Li W，Lu S，Chen N，Qiu Z，Lin K. Photodegradation of Sulfamethoxazole Applying UV-and VUV-Based Processes [J]. Water，Air，& Soil Pollution，2011，218（1）：265-274.

[51] Barthos R，Novodárszki G，Valyon J. Heterogeneous catalytic Wacker oxidation of ethylene over oxide-supported Pd/VOx catalysts：the support effect [J]. Reaction Kinetics，Mechanisms and Catalysis，2017，121 (1)：17-29.

[52] Neamu M，Catrinescu C，Kettrup A. Effect of dealumination of iron（Ⅲ）-exchanged Y zeolites on oxidation of Reactive Yellow 84 azo dye in the presence of hydrogen peroxide [J]. Applied Catalysis B：Environmental，2004，51（3）：149-157.

[53] Perini J a L，Tonetti A L，Vidal C，Montagner C C，Nogueira R F P. Simultaneous degradation of ciprofloxacin，amoxicillin，sulfathiazole and sulfamethazine，and disinfection of hospital effluent after biological treatment via photo-Fenton process under ultraviolet germicidal irradiation [J]. Applied Catalysis B：Environmental，2018，224：761-771.

[54] Phillips P J，Smith S G，Kolpin D W，Zaugg S D，Buxton H T，Furlong E T，Esposito K，Stinson B. Pharmaceutical Formulation Facilities as Sources of Opioids and Other Pharmaceuticals to Wastewater Treatment Plant Effluents [J]. Environmental Science & Technology，2010，44（13）：4910-4916.

[55] Kolpin D W，Furlong E T，Meyer M T，Thurman E M，Zaugg S D，Barber L B，Buxton H T. Pharmaceuticals，hormones，and other organic wastewater contaminants in U. S. streams，1999-2000：A national reconnaissance [J]. Environmental Science & Technology，2002，36（6）：1202-1211.

[56] Barnes K K，Kolpin D W，Furlong E T，Zaugg S D，Meyer M T，Barber L B. A national reconnaissance of

pharmaceuticals and other organic wastewater contaminants in the United States Groundwater [J]. Science of The Total Environment，2008，402（2）：192-200.

[57] Guo J，Farid M U，Lee E J，Yan D Y S，Jeong S，Kyoungjin An A. Fouling behavior of negatively charged PVDF membrane in membrane distillation for removal of antibiotics from wastewater [J]. Journal of Membrane Science，2018，551：12-19.

[58] 齐鲁. 浸没式超滤膜处理地表水的性能及膜污染控制研究 [D]. 哈尔滨：哈尔滨工业大学，2010：15-33.

[59] Monash P，Pugazhenthi G. Effect of $TiO_2$ addition on the fabrication of ceramic membrane supports：A study on the separation of oil droplets and bovine serum albumin（BSA）from its solution [J]. Desalination，2011，279（1）：104-114.

[60] Sheng Z X L Z Y D F. Effect of the surface properties of an activated coke on its desulphurization performance [J]. Mining Science and Technology，2009，19（6）：769-774.

[61] 荣少鹏. 湿壁式介质阻挡放电等离子体对水中磺胺嘧啶的去除研究 [D]. 南京：南京大学，2014：9-17.

[62] Paspaltsis I，Berberidou C，Poulios I，Sklaviadis T. Photocatalytic degradation of prions using the photo-Fenton reagent [J]. Journal of Hospital Infection，2009，71（2）：149-156.

[63] Rong S P，Sun Y B，Zhao Z H. Degradation of sulfadiazine antibiotics by water falling film dielectric barrier discharge [J]. Chinese Chemical Letters，2014，25（1）：187-192.

[64] 苗笑增. 草酸根对 α-FeOOH 多相 UV-Fenton 催化能力的增效机制 [D]. 南昌：南昌大学，2018：1-9.

[65] Pulicharla R，Hegde K，Brar S K，Rao Y S. Tetracyclines metal complexation：Significance and fate of mutual existence in the environment [J]. Environmental Pollution，2017，221：1-14.

[66] Limin Hu G Z，Meng Liu，Qiao Wang，Peng Wang. Enhanced degradation of Bisphenol A（BPA）by peroxymonosulfate with $Co_3O_4$-$Bi_2O_3$ catalyst activation _ Effects of pH，inorganic anions，and water matrix [J]. Chemical Engineering Journal，2018，338（8）：300-310.

[67] 白晓龙. 介孔 $SiO_2$ 负载多金属催化剂制备及光-Fenton 降解酸性金黄 G 研究 [D]. 徐州：中国矿业大学，2018：22-28.

[68] Liu X，Garoma T，Chen Z，Wang L，Wu Y. SMX degradation by ozonation and UV radiation：A kinetic study [J]. Chemosphere，2012，87（10）：1134-1140.

[69] Li Y，Zhang W，Niu J，Chen Y. Mechanism of photogenerated reactive oxygen species and correlation with the antibacterial properties of engineered metal-oxide nanoparticles [J]. ACS Nano，2012，6（6）：5164-5173.

[70] 刘晓晖. 洞庭湖流域水环境中典型抗生素污染特征、来源及风险评估 [D]. 济南：山东师范大学，2017：25-30.

[71] Liu N，Sijak S，Zheng M，Tang L，Xu G，Wu M. Aquatic photolysis of florfenicol and thiamphenicol under direct UV irradiation，$UV/H_2O_2$ and UV/Fe(Ⅱ) processes [J]. Chemical Engineering Journal，2015，260：826-834.

[72] Zhang R，Yang Y，Huang C H，Li N，Liu H，Zhao L，Sun P. $UV/H_2O_2$ and UV/PDS treatment of trimethoprim and sulfamethoxazole in synthetic human urine：Transformation products and toxicity [J]. Environmental Science & Technology，2016，50（5）：2573-2574.

[73] Zhao F，Lin L F，Lin F，et al. E-Fenton degradation of MB during filtration with Gr/PPy modified membrane cathode [J]. Chemical Engineering journal，2013，230：491-498.

[74] 尚毅林. 电催化耦合膜分离处理高盐有机废水研究 [D]. 扬州：扬州大学，2015：17-24.

[75] 沈虹. 光/电催化复合陶瓷膜处理高盐有机废水 [D]. 扬州：扬州大学，2016：44-50.

[76] 王鹏飞，邓宇，郝丽梅，邓橙，赵蕾，张新奇，朱孟府. 铋掺杂二氧化锡/炭膜电催化膜的制备及表征 [J]. 材料导报，2019，33（18）：3016-3025.

[77] 李建新，亓玉波，张玉军，尹振，王虹. 纳米 $MnO_x$/Ti 电催化膜电极形貌调控及环己烷催化氧化性能 [J]. 天津工业大学学报，2019，38（2）：10-37.

[78] 李益华，沈飞，李泽安，刘兴利.MFC-电催化膜反应器中 PPy-PVDF/碳纤维膜的污水处理性能 [J].环境工程学，2019（8）：1-8.

[79] 张新奇，朱孟府，邓橙，赵蕾，刘红斌，马军.PTFE/Bi-SnO$_2$-CNT 电催化膜的结构及性能表征 [J].膜科学与技术，2019，39（1）：34-40.

[80] 李乐，王虹，马荣花，惠洪森，梁小平，李建新.纳米氧化锰负载钛基电催化膜制备及处理含酚废水性能研究 [J].电化学，2018，24（4）：309-318.

[81] 郑玉梅，尹振，王虹，李建新.Co$_3$O$_4$/Ti 电催化膜电极制备及其苯甲醇催化氧化性能 [J].电化学，2018，24（2）：122-128.

[82] 刘志猛.炭基电催化膜降解水中四环素机理与效能研究 [D].北京：中国人民解放军军事医学科学院，2017：10-17.

[83] 李益华.PVDF/碳纤维催化阴极膜耦合 MBR/MFC 体系的性能提升及应用 [D].大连：大连理工大学，2017：14-21.

[84] 于婷婷.含 g-C3N4 催化电极自偏压系统污染物去除研究 [D].大连：大连理工大学，2017：33-36.

[85] 范小江，雷颖，韦德权，张锡辉，巢猛，野口宽.臭氧/陶瓷膜集成工艺的饮用水安全性研究 [J].中国给水排水，2014：44-49.

[86] Stanford B D，Pisarenko A N，Holbrook R D，Snyder S A.Preozonation effects on the reduction of reverse osmosis membrane fouling in water reuse [J].Ozone-Science & Engineering，2011（33）：379-388.

[87] 郭建宁，张锡辉，胡江泳，王凌云，张建国，盛德洋.臭氧氧化对陶瓷膜超滤工艺降低饮用水中浊度的影响 [J].环境科学学报，2013：968-975.

[88] 郭建宁，张锡辉，王凌云，张建国，盛德洋，胡江泳.臭氧预氧化对不同孔径陶瓷膜过滤微污染饮用水的影响 [J].中南大学学报（自然科学版），2013：3925-2932.

[89] Hyung H，Lee S，Yoon J，Lee C H.Effect of preozonation on flux and water quality in ozonation-ultrafiltration hybrid system for water treatment [J].Ozone-Science & Engineering，2000（22）：637-652.

[90] 马宁，刘操，黄涛，王培京，李其军.多相催化臭氧氧化-纳滤工艺污水深度净化研究 [J].环境科学与技术，2014：182-186.

[91] Lu S G，Lmai T，An D N，Ukita M.A pilot-scale study of tertiary treatment of jizhuangzi wastewater treatment plant by continuous preozonation-microflocculation-filtration process [J].Environmental Technology，2001（22）：331-337.

[92] Lehman S G，Liu L.Application of ceramic membranes with pre-ozonation for treatment of secondary wastewater effluent [J].Water Research，2009（43）：2020-2028.

[93] Zhu H，Wen X，Huang X.Membrane organic fouling and the effect of preozonation in microfiltration of secondary effluent organic matter [J].Journal of Membrane Science，2010（352）：213-221.

[94] Chen S，Yu J，Wang H，et al.A pilot-scale coupling catalytic ozonation membrane filtration system for recirculating aquaculture wastewater treatment [J].Desalination，2015，363：37-43.

[95] Park H，Kim Y，An B，et al.Characterization of natural organic matter treated by iron oxide nanoparticle incorporated ceramic membrane-ozonation process [J].Water Research，2012，46（18）：5861-5870.

[96] Stylianou S K，Szymanska K，Katsoyiannis I A，et al.Novel water treatment processes based on hybrid membrane-ozonation systems：A novel ceramic membrane contactor for bubbleless ozonation of emerging micropollutants [J].Journal of Chemistry，2015，2015：1-12.

[97] Karnik B S，Davies S H，Baumann M J，et al.Removal of Escherichia coli after treatment using ozonation-ultrafiltration with iron oxide-coated membranes [J].OzoneScience & Engineering，2007，29（2）：75-84.

[98] Schlichter B，Mavrov V，Chmiel H.Study of a hybrid process combining ozonation and microfiltration/ultrafiltration for drinking water production from surface water [J].Desalination，2004，168（15）：307-317.

[99] Szymanska K，Zouboulis A I，Zamboulis D.Hybrid ozonation-microfiltration system for the treatment of surface water using ceramic membrane [J].Journal of Membrane Science，2014，468：163-171.

[100] Zhang X，Fan L，Roddick F A. Effect of feedwater pre-treatment using $UV/H_2O_2$ for mitigating the fouling of a ceramic MF membrane caused by soluble algal organic matter [J]. Journal of Membrane Science，2015，493：683-689.

[101] Chen S，Yu J，Wang H，et al. A pilot-scale coupling catalytic ozonation-membrane filtration system for re-circulating aquaculture wastewater treatment [J]. Desalination，2015，363：37-43.

[102] Fujioka T，Nghiem L D. Fouling control of a ceramic microfiltration membrane for direct sewer mining by backwashing with ozonated water [J]. Seperation and Purification Technology，2015，142：268-273.

[103] Zouboulis A，Zamboulis D，Szymanska K. Hybrid membrane processes for the treatment of surface water and mitigation of membrane fouling [J]. Separation and Purification Technology，2014，137：43-52.

[104] Kim J，Shan W Q，Davies S H R，et al. Interactions of aqueous NOM with nanoscale $TiO_2$：Implications for ceramic membrane filtration-ozonation hybrid process [J]. Environmental Science & Technology，2009，43 (14)：5488-5494.

[105] Zucker I，Lester Y，Avisar D，et al. Influence of wastewater particles on ozone degradation of trace organic contaminants [J]. Environmental Science & Technology，2015，49 (1)：301-308.

[106] Wei D Q，Tao Y，Zhang Z H，et al. Effect of in-situ ozonation on ceramic UF membrane fouling mitigation in algal-rich water treatment [J]. Journal of Membrane Science，2016，498：116-124.

[107] Tang S，Zhang Z，Liu J，et al. Double-win effects of in-situ ozonation on improved filterability of mixed liquor and ceramic UF membrane fouling mitigation in wastewater treatment? [J]. Journal of Membrane Science，2017，533：112-120.

[108] Zhang X H，Guo J N，Wang L Y，et al. In situ ozonation to control ceramic membrane fouling in drinking water treatment [J]. Desalination，2013，328：1-7.

[109] Zhu B，Hu Y，Kennedy S，et al. Dual function filtration and catalytic breakdown of organic pollutants in wastewater using ozonation with titania and alumina membranes [J]. Journal of Membrane Science，2011，378 (1-2)：61-72.

[110] Zhu Y Q，Chen S，Quan X，et al. Hierarchical porous ceramic membrane with energetic ozonation capability for enhancing water treatment [J]. Journal of Membrane Science，2013，431：197-204.

[111] Wang Z，Chen Z，Chang J，et al. Fabrication of a low-cost cementitious catalytic membrane for p-chloronitrobenzene degradation using a hybrid ozonation-membrane filtration system [J]. Chemical Engineering Journal，2015，262：904-912.

[112] Alpatova A L，Davies S H，Masten S J. Hybrid ozonation-ceramic membrane filtration of surface waters：The effect of water characteristics on permeate flux and the removal of DBP precursors，dicloxacillin and ceftazidime [J]. Separation and Purification Technology，2013，107：179-186.

[113] Karnik B S，Davies S H，Baumann M J，et al. Use of salicylic acid as a model compound to investigate hydroxyl radical reaction in an ozonation-membrane filtration hybrid process [J]. Environmental Engineering Science，2007，24 (6)：852-860.

[114] Guo Y，Xu B B，Qi F. A novel ceramic membrane coated with $Mn O_2$-$Co_3 O_4$ nanoparticles catalytic ozonation for benzophenone-3 degradation in aqueous solution：Fabrication，characterization and performance [J]. Chemical Engineering Journal，2016，287：381-389.

[115] Zhu Y Q，Chen S，Quan X，et al. Hierarchical porous ceramic membrane with energetic ozonation capability for enhancing water treatment [J]. Journal of Membrane Science，2013，431：197-204.

[116] Byun S，Davies S H，Alpatova A L，et al. Mn oxide coated catalytic membranes for a hybrid ozonation-membrane filtration：Comparison of Ti，Fe and Mn oxide coated membranes for water quality [J]. Water Research，2011，45 (1)：163-170.

[117] Jeonghwan K，Davies S H R，Baumann M J，et al. Effect of ozone dosage and hydrodynamic conditions on the permeate flux in a hybrid ozonation-ceramic ultrafiltration system treating natural waters [J]. Journal of

Membrane Science，2008，311 (1-2)：165-172.

[118] Kukuzaki M，Fujimoto K，Kai S，et al. Ozone mass transfer in an ozone-water contacting processwith Shirasu porous glass (SPG) membranes-A comparative study of hydrophilic and hydrophobic membranes [J]. Separation and Purification Technology，2010，72 (3)：347-356.

[119] Jansen R，de Rijk J W，Zwijnenburg A，et al. Hollow fiber membrane contactors-A means to study the reaction kinetics of humic substance ozonation [J]. Journal of Membrane Science，2005，257 (1-2)：48-59.

[120] Oh B S，Jang H Y，Jung Y J，et al. Microfiltration of $MS_2$ bacteriophage：Effect of ozone on membrane fouling [J]. Journal of Membrane Science，2007，306 (1-2)：244-252.

[121] Zhang J，Yu H，Quan X，et al. Ceramic membrane separation coupled with catalytic ozonation for tertiary treatment of dyestuff wastewater in a pilot-scale study [J]. Chemical Engineering Journal，2016，301：19-26.